제3판

STATISTICAL PROBABILITY DISTRIBUTION THEORY

통계적 확률분포이론

| 강석복 지음 |

KM 경문사

머리말

이 책은 확률분포이론과 관련된 교재로 사용할 수 있도록 꾸며졌다. 수리통계학 교재로 집필하였으나 분량이 많아 두 권으로 나눠 편집하였다. 제1권은 통계적 확률분포와 관련된 전반적인 내용을 다룬 《통계적 확률분포이론》이고 제2권은 통계학에서 매우 중요한 추정 및 검정과 관련된 전반적인 내용을 다룬 《통계적 추정과 가설검정》이다. 많은 학교에서 확률의 기초이론을 다루고 수리통계학을 접하기 때문에 확률의 기초이론을 접한 경우와 그렇지 않은 경우 모두 이용하기 편리하게 다양한 내용을 포함하여 선별 가능하도록 《통계적 확률분포이론》을 편집하였다.

이 책은 통계학을 전공하거나 통계학과 관련된 분야에서 3학점 한 학기 확률분포이론 분야의 수리통계학 교재로 또는 통계학 관련자나 관심 있는 분들에게 적당하리라 생각된다. 통계적 추정과 검정부분은 제2권 《통계적 추정과 가설검정》에서 다룬다. 물론 《통계적 추정과 가설검정》과 전개과정이나 기호 등을 통일시켜 자연스럽게 연결되도록 하였다. 따라서 《통계적 추정과 가설검정》의 추정과 검정을 공부하기 위해 필요한 기초적인 내용을 모두 포함하고 있다. 제3판은 2판에서 학생들이 다소 어렵다고 생각되는 예제나 내용은 수정·정리하여 모든 학생들이 쉽게 이해할 수 있는 내용으로 편집했으며 꼭 필요하지 않다고 생각되는 내용은 가급적 줄이고 대신에 유용하다고 생각되는 부분을 추가하였다. 조금 내용이 어렵거나 생략해도 내용의 연결에 지장을 주지 않는 부분은 절의 번호 앞에 "*" 표시를 해 두어서 이 책을 처음 읽는 분이나 한 학기 강의에서는 이 부분을 생략해도 어려움이 없을 것이다.

저자도 여러 해 동안 수리통계학을 강의하면서 가르치고 배우는 데 도움이 되는 우리 글로된 교재의 필요성을 항상 느껴왔다. 그래서 가능한 다양한 예제와 문제를 많이 다루도록 노력하였으나 부족한 점이 많으리라 생각한다. 앞으로 계속 보충·보완해 나갈 것이다. 해답이 필요하다는 의견에 따라 이 책에서 다룬 연습문제의 해답은 책 뒷부분에 있으며, 이 책에서 다루는 문제 또는 유사한 많은 문제를 경문사에서 출판된 《통계이론과 연습》에 상세하게 풀이해 놓았으니 필요하면 참고하기 바란다.

이 책을 읽거나 배우는 대상자가 확률에 관한 기본지식을 어느 정도 가진 경우는 제1장과 제2장은 생략하고 제3장에서 백분위수와 독립 등에 대해 간단히 언급하고 바로 제4장의 적률부터 시작하여 제5장과 제6장 역시 분포의 기호와 중요한 특징 적률생성함수 그리고 선별한 분포에 대해 강의하고 제7장부터 제9장까지를 상세히 다루는 게 좋을 듯하다. 물론 확률의 기초 지식이 없는 경우는 생략 가능한 기호가 표시되어 있는 부분을 생략하고 앞에서부터 차례로 다루면 될 것이다.

이 책에서 사용한 통계학 용어는 한국통계학회에서 발행한《통계학용어집》을 참조하였다. 가능한 한 모든 분포에 대해 기호를 사용하고 있는데 기호에 대해서는 여러 책을 조사해 보았으나 몇몇 분포를 제외하고는 통일된 기호가 없어 적당하다고 생각되는 기호를 사용하기로 하였다. 기호와 분포의 주요한 성질(확률밀도함수, 확률질량함수, 적률생성함수, 평균, 분산)에 대해서는 이 책 뒷부분의 부록에 첨부해둔 '특별한 분포들의 기호와 특성'을 참고하기 바란다.

이 책이 출간되도록 도움을 준 많은 분들에게 감사드리며, 특히 오랜 시간 동안 원고 작성과 교정에 몰두할 수 있도록 곁에서 여러 가지로 도움을 준 사랑하는 가족에게 고마운 마음을 전한다.

끝으로 이 책이 출판될 수 있도록 여러 가지로 힘써 주신 도서출판 경문사 여러분께 감사한다.

2024년 2월

압량벌 연구실에서 저자 씀

차례

제 1 장

서 론

어떤 일이 일어날 수 있는 경우의 수를 계산하는 효과적인 방법을 알 수 있다면 매우 유용할 것이다. 사실 확률의 많은 문제들이 어떤 사건이 발생할 수 있는 서로 다른 경우의 수를 계산하여 간단히 해결할 수 있다. 따라서 여기서는 확률계산에 필요한 몇 가지 원리와 예제를 간략히 소개하고자 한다.

1.1 • 곱셈원리

많은 통계학 문제에서 주어진 상황에서 가능한 모든 방법을 나열해야 하거나, 적어도 얼마나 많은 서로 다른 방법이 존재하는가를 결정해야 한다. 계산의 기본원리(basic principle of counting) 또는 곱셈원리(multiplication principle) 등으로 알려진 다음 정리가 가능한 방법의 개수를 결정하는 데 유용하다.

정리 1.1.1

첫째 실험에서는 n_1개의 가능한 결과가 존재하고, 둘째 실험에서는 n_2개의 가능한 결과가 존재하면, 두 실험에서는 $n_1 \times n_2$개의 가능한 결과가 존재한다.

예제 1.1.1 남자 5명과 여자 8명으로 구성된 집단에서 남녀 각각 1명씩을 뽑아 위원회를 구성하려고 할 때, 구성할 수 있는 가능한 경우의 수는 남자의 선택을 시행 1로 여자의 선택을 시행 2로 생각하면, 각각 5가지와 8가지의 방법이 있으므로 구성방법은 $5 \times 8 = 40$가지이다. ■

정리 1.1.1의 곱셈원리는 실험이 세 가지 이상인 경우에도 다음과 같이 일반화시킬 수 있다.

정리 1.1.2

첫째 실험에는 n_1개의 가능한 결과가 존재하고, 둘째 실험에는 n_2개의 가능한 결과가 존재하며, 일반적으로 i번째 실험에서 $n_i(i = 1, \ldots, n)$개의 가능한 결과가 존재하면, 전체에서 가능한 모든 결과는 $n_1 \times n_2 \times \cdots \times n_r$개가 존재한다.

예제 1.1.2 0, 1, 2, 3, 4 숫자를 반복 사용할 수 있고 첫 자리에 0이 오지 않도록 하여 구성할 수 있는 3자리 홀수는, 첫째 자리에 올 수 있는 가능한 숫자는 0이 올 수 없기 때문에 4개, 둘째 자리에 올 수 있는 가능한 숫자는 5개, 마지막에 올 수 있는 가능한 숫자는 홀수이어야 하므로 2개이다. 따라서 가능한 3자리 홀수는 $4 \times 5 \times 2 = 40$개이다. ■

> **정리 1.1.3**
>
> 어떤 실험의 r번 시행 각각에 N가지 가능한 결과가 있다면, 이 실험에서 가능한 결과는 N^r개이다.

예제 1.1.3 지역번호를 제외한 전화번호는 7자리 숫자로 구성되어 있다. 국을 나타내는 세 자리의 첫째 숫자는 0이 올 수 없다면, 가능한 서로 다른 전화번호는 아무런 제약이 없을 때 세 자리 국의 첫째 자리만 0이 아닌 숫자가 오면 되니까 9×10^6개이다. 만일 국을 791로 고정해야 한다면, 가능한 번호는 10^4개이다. ■

예제 1.1.4 세 개의 동전을 던져 나타날 수 있는 가능한 결과는 각 동전이 앞면이거나 뒷면의 두 가지 결과를 가지므로 $2^3 = 8$가지이다. ■

예제 1.1.5 n개의 원소로 구성된 집합의 부분집합의 개수는 n개의 원소가 각각 부분집합에 포함되는지의 여부를 결정하는 두 가지 선택이 있을 수 있으므로, 공집합을 포함하여 2^n개의 부분집합이 있다. ■

연습문제

1.1.1 (a) 자동차 번호판을 만드는 데 앞자리는 16개 지역(특별시, 광역시, 도) 중 하나로 나머지는 4자리 숫자로 만들 때, 서로 다르게 만들 수 있는 번호판은 몇 가지인가? 단, 4자리 숫자의 첫째 자리에는 0이 올 수 없다.

(b) (a)에서 숫자를 반복하여 사용할 수 없을 때, 서로 다르게 만들 수 있는 번호판은 몇 가지인가?

1.1.2 한 식당에는 김치 종류 3가지, 찌개 종류 3가지, 채소 류 5가지, 과일 4가지로 식단이 짜여 있다. 각 종류에서 한 가지씩 선택한다면 가능한 방법은 몇 가지인가?

1.1.3 미국과 캐나다의 지역 전화번호는 세 자리 숫자로 구성되어 있다. 첫째 숫자는 2에서 9까지의 정수 중 하나이고, 둘째 숫자는 0 또는 1이며, 셋째 숫자는 1에서 9까지의 정수 중 하나이다. 가능한 지역번호는 몇 가지인가? 숫자 8로 시작되는 지역번호는 몇 가지인가?

1.1.4 상자에 붉은 공 1개, 검은 공 1개, 흰 공 1개가 들어 있다. 이 상자에서 무작위로 한 개를 선택하여 색상을 기록하고 다시 넣는다. 그리고 같은 방법으로 두 번째와 세 번째 공을 선택하여 색상을 기록할 때, 서로 다른 기록방법은 몇 가지인가?

1.1.5 암호 낱말이 A에서 Z까지의 영문자로 구성되어 있다.

(a) 문자를 반복 사용하지 않을 때, 26개의 문자로 된 낱말의 수는 몇 개인가?

(b) 문자를 반복 사용하지 않을 때, 4개의 문자로 된 낱말의 수는 몇 개인가?

(c) 문자를 반복 사용할 때, 4개의 문자로 된 낱말의 수는 몇 개인가?

1.1.6 면허증 번호는 ABC123과 같이 앞에 세 개의 문자와 뒤에 3자리 숫자로 되어 있다.

(a) 문자와 숫자를 반복 사용할 때, 몇 개의 서로 다른 면허증 번호를 만들 수 있는가?

(b) 문자를 반복 사용할 수 없을 때는 어떤가?

1.1.7 숫자 5, 6, 7, 8, 9를 오직 한 번만 사용하여 만들 수 있는 세 자리 짝수는 몇 가지인가?

1.1.8 $0, 1, \ldots, 9$를 사용해서 만들 수 있는 세 자리 숫자는 몇 가지인가?

1.2 • 순열과 조합

여기서는 언급된 어떤 경우에 대해 가능한 배열의 수를 계산하는 데 도움이 되는 몇 가지 특정한 공식을 소개한다.

어떤 대상물 집합의 모두 또는 일부분의 순서화된 배열을 순열(permutation)이라 한다.

> **정리 1.2.1**
>
> n개의 서로 다른 대상물의 순열의 수는 $n!$이다.

증명 곱셈원리를 적용하여 증명할 수 있다. n개의 위치에 서로 다른 n개 대상물을 놓기 위해, 첫 번째 위치에 n개 중 어느 하나를 놓을 수 있는 방법은 n가지이고, 두 번째 위치에 나머지 $n-1$개 중 어느 하나를 놓을 수 있는 방법은 $n-1$가지이며, 이러한 방법으로 계속 생각하여 마지막 위치에 마지막 대상물을 놓을 수 있는 방법이 한 가지임을 알 수 있다. 따라서 곱셈원리에 의해 가능한 방법은 $n \cdot (n-1) \cdots 1 = n!$이다. ✤

예제 1.2.1 어느 지역 국회의원 선거에 5명이 후보로 등록했다. 합동연설회에서 연설 순서를 정할 수 있는 방법의 수는 $5! = 120$이다. ■

예제 1.2.2 남학생 6명과 여학생 5명으로 구성된 학급이 있다. 시험을 보아 성적에 따라 순위를 정하려고 한다. 단, 두 학생의 점수가 같은 경우는 없다고 한다. 순위를 정할 수 있는 경우의 수는 $11! = 39,916,800$이다. 만약 성별로 순위를 정한다면 가능한 방법은 $6! \times 5! = 86,400$가지이다. ■

> **정리 1.2.2**
>
> n개의 서로 다른 대상물에서 r개를 택하는 순열의 수는
>
> $$ {}_nP_r = \frac{n!}{(n-r)!} \tag{1.2.1}$$
>
> 이다.

증명 n개의 대상물에서 r개를 택하기 위해, 첫 번째 n개의 대상물 중 어느 하나를 택할 수 있는 방법은 n가지이고, 두 번째는 $n-1$가지 방법이 있으며, 이렇게 계속 생각하면 r번째는 $n-(r-1)$가지 방법이 있다. 따라서 가능한 방법의 총 개수는

$$n \cdot (n-1) \cdot (n-2) \cdots (n-(r-1)) = \frac{n!}{(n-r)!}$$

이다. ✣

예제 1.2.3 20명 중에서 각각 다른 사람으로 회장, 부회장, 총무, 서기를 선출할 수 있는 방법은 ${}_{20}P_4 = 20!/16! = 116,280$가지이다. ■

예제 1.2.4 4개의 서로 다른 상품을 20명의 학생에게 나누어 주려고 한다. 다음 각 경우에 나누어 줄 수 있는 가능한 방법을 구해 보자. 첫째, 학생이 상품을 중복해서 받을 수 있는 경우는 $20^4 = 160,000$가지이다. 둘째, 각 학생은 기껏해야 한 개의 상품만 받을 수 있는 경우는 20명 중에서 4명을 선택하는 순열이므로 가능한 방법은 ${}_{20}P_4 = 116,280$가지이다. ■

정리 1.2.3

n개의 서로 다른 대상물을 원형으로 배열하는 순열의 수는 $(n-1)!$이다.

예제 1.2.5 4명이 카드 게임을 하기 위해 원형으로 앉을 수 있는 방법은 정리 1.2.3에 의해 $(4-1)! = 3! = 6$가지이다. ■

만일 대상물의 순서가 중요하지 않으면, n개의 서로 다른 대상물에서 순서를 생각하지 않고 r개를 택하는 조합(combination)의 수에만 관심이 있을 수 있다.

정리 1.2.4

n개의 서로 다른 대상물에서 r개를 택하는 조합의 수는

$$\binom{n}{r} = \frac{n!}{r!(n-r)!} \tag{1.2.2}$$

이다.

$\binom{n}{r}$은 조합기호로 고등학교 등에서 사용되는 기호 ${}_nC_r$와 동일하다. 앞으로는 ${}_nC_r$보다는 $\binom{n}{r}$를 사용한다.

예제 1.2.6 20명의 집단에서 4명을 뽑아 위원회를 구성하려고 한다. 위원회를 구성할 가능한 방법의 수는 $\binom{20}{4} = \dfrac{20!}{4!16!} = 4,845$이다. ■

예제 1.2.7 7명의 통계학자와 9명의 수학자로부터 각각 3명씩 선출하여 위원회를 구성할 때, 가능한 방법의 수는 $\binom{7}{3}\binom{9}{3} = 2,940$이다. ■

다음 정리는 수학적 귀납법에 의해 쉽게 증명할 수 있는 고등학교에서 잘 알려진 정리이다.

정리 1.2.5 **이항정리** (binomial theorem)

$$(x+y)^n = \sum_{k=0}^{n} \binom{n}{k} x^k y^{n-k} \tag{1.2.3}$$

$\binom{n}{k}$를 이항계수라고도 한다.

예제 1.2.8 $(x+y)^4 = \binom{4}{0}x^0y^4 + \binom{4}{1}x^1y^3 + \binom{4}{2}x^2y^2 + \binom{4}{3}x^3y^1 + \binom{4}{4}x^4y^0$

$= y^4 + 4xy^3 + 6x^2y^2 + 4x^3y + x^4$ ■

예제 1.2.9 n개의 원소에서 j개를 택하는 방법의 수는 $\binom{n}{j}$이므로, n개의 원소로 구성된 집합에서 공집합을 포함하여 부분집합의 총 개수는

$$\sum_{j=0}^{n} \binom{n}{j} = (1+1)^n = 2^n$$

이다. ■

다음은 이항계수와 관련된 유용한 정리들이다.

정리 1.2.6

임의의 양의 정수 n과 $r(\le n)$에 대해 다음이 성립된다.

$$\binom{n}{r} = \binom{n}{n-r} \tag{1.2.4}$$

정리 1.2.7

임의의 양의 정수 n과 $r(\le n-1)$에 대해 다음이 성립된다.

$$\binom{n}{r} = \binom{n-1}{r} + \binom{n-1}{r-1} \tag{1.2.5}$$

증명

$$\begin{aligned}\binom{n-1}{r}+\binom{n-1}{r-1} &= \frac{(n-1)!}{r!(n-1-r)!}+\frac{(n-1)!}{(r-1)!(n-r)!}\\ &= \frac{n-r}{n}\binom{n}{r}+\frac{r}{n}\binom{n}{r}\\ &= \binom{n}{r}\end{aligned}$$

이므로 증명된다. 즉, n명에서 r명을 선택하는 방법은 특정한 사람 1명을 포함하여 $n-1$명에서 나머지 $r-1$명을 선택하는 경우와 특정한 사람 1명을 포함하지 않고 $n-1$명에서 r명을 선택하는 경우로 나누어 생각할 수 있다. ✣

정리 1.2.8

$$\binom{n+m}{k} = \sum_{r=0}^{k}\binom{n}{r}\binom{m}{k-r}, \quad k \le n, \ k \le m \tag{1.2.6}$$

증명 이항정리 1.2.5에 의해

$$(x+1)^n = \sum_{i=0}^{n}\binom{n}{i}x^i, \ (x+1)^m = \sum_{j=0}^{m}\binom{m}{j}x^j$$

이며

$$(x+1)^{n+m} = \sum_{k=0}^{n+m} \binom{n+m}{k} x^k$$

이다. $(x+1)^{n+m} = (x+1)^n (x+1)^m$ 이므로

$$\begin{aligned} \sum_{k=0}^{n+m} \binom{n+m}{k} x^k &= \sum_{i=0}^{n} \binom{n}{i} x^i \sum_{j=0}^{m} \binom{m}{j} x^j \\ &= \sum_{i=0}^{n} \sum_{j=0}^{m} \binom{n}{i} \binom{m}{j} x^{i+j} \\ &= \sum_{k=0}^{n+m} \sum_{r=0}^{k} \binom{n}{r} \binom{m}{k-r} x^k \end{aligned}$$

이다. 여기서 마지막 등식은 $k=i+j$, $r=i$라 하면 $0 \le k \le n+m$, $j=k-r \ge 0$이므로 위의 식을 얻을 수 있다. 위의 식으로부터 양식의 계수를 비교하면 증명된다. 다음은 계산적인 증명이 아닌 간단한 방법에 대해 생각해 보자.

n명의 남자와 m명의 여자가 있는 집단에서 k명을 선출하는 방법은 $\binom{n+m}{k}$가지이다. 이것을 남자가 한 명도 포함되지 않는 경우, 한 명이 포함되는 경우, ..., k명이 모두 남자인 경우로 나누어 생각할 수 있다. 이 경우의 가능한 방법이

$$\binom{n}{0}\binom{m}{k} + \binom{n}{1}\binom{m}{k-1} + \cdots + \binom{n}{k}\binom{m}{0}$$

이므로 정리가 증명된다. ✤

정리 1.2.8에 의해 다음 정리를 얻을 수 있다.

정리 1.2.9

$$\sum_{r=0}^{n} \binom{n}{r}^2 = \binom{2n}{n} \tag{1.2.7}$$

정리 1.2.10

$x_1 + \cdots + x_r = n$을 만족하는 음이 아닌 서로 다른 정숫값 벡터 $(x_1, \ldots, x_r)$의 개수는

$$\binom{n+r-1}{n}$$

이다.

예제 1.2.10 $x_1+x_2+x_3=5$의 음이 아닌 서로 다른 정숫값 해의 개수는

$$\binom{5+3-1}{5}=\binom{7}{5}=21$$

이다. ■

정리 1.2.11

$x_1+\ \cdots\ +x_r=n$; $x_i>0,\ i=1,2,\ ...,r$을 만족하는 서로 다른 양의 정숫값 벡터 $(x_1,\ ...,x_r)$의 개수는

$$\binom{n-1}{r-1}$$

이다.

예제 1.2.11 $x_1+x_2+x_3=5$의 서로 다른 양의 정숫값 해의 개수는 $\binom{5-1}{3-1}=\binom{4}{2}=6$이다. 여기서 양의 정숫값 해는

$$(1,\ 1,\ 3),\ (1,\ 3,\ 1),\ (3,\ 1,\ 1),\ (2,\ 1,\ 2),\ (1,\ 2,\ 2),\ (2,\ 2,\ 1)$$

이다. ■

연습문제

1.2.1 4권의 서로 다른 책을 책장에 일렬로 배열하는 방법은 몇 가지인가?

1.2.2 어느 국제대회에 참석한 한국인 5명, 미국인 4명, 중국인 3명, 영국인 3명을 일렬로 좌석을 배열하고자 한다. 같은 나라 사람을 서로 옆에 앉게 할 때, 좌석을 배열할 수 있는 방법은 몇 가지인가?

1.2.3 4명의 소녀와 5명의 소년이 일렬로 의자에 앉으려 한다. 소녀와 소년이 교대로 의자에 앉을 수 있는 방법은 몇 가지인가?

1.2.4 4쌍의 부부가 어느 연주회 입장권을 8장 구입했다. 그들이 앉을 수 있는 서로 다른 방법은 몇 가지인가? 단 좌석번호는 옆으로 나란히 지정되어 있다고 하자.
(a) 제약이 없을 때
(b) 각 부부가 함께 앉을 때
(c) 모든 남자가 모든 여자의 오른쪽에 앉을 때

1.2.5 (a) 남자 3명과 여자 3명을 일렬로 앉게 하는 방법은 몇 가지인가?
(b) (a)에서 남자는 남자끼리 여자는 여자끼리 앉게 하는 방법은 몇 가지인가?
(c) (a)에서 남자들만 이웃해서 앉아야 한다면, 좌석 배열방법은 몇 가지인가?
(d) (a)에서 같은 성별끼리 이웃해서 앉지 않는다면, 가능한 배열방법은 몇 가지인가?

1.2.6 다음 각 경우에 8명을 일렬로 앉게 할 수 있는 배열방법은 몇 가지인가?
(a) 좌석 배열에 아무런 제약이 없는 경우
(b) A와 B는 서로 옆에 앉게 할 경우
(c) 4명의 남자와 4명의 여자가 있고, 같은 성별끼리 이웃해서 앉을 수 없는 경우
(d) 5명의 남자가 있다. 그들이 서로 곁에 앉아야 할 경우

1.2.7 5권의 통계학책, 3권의 전산책 그리고 1권의 수학책을 책장에 배열하려고 한다. 다음 각 경우에 가능한 배열방법은 몇 가지인가?
(a) 책의 순서를 무작위로 배열할 경우
(b) 통계학책은 통계학책끼리 전산책은 전산책끼리 배열할 경우

(c) 통계학책은 함께 배열하고 다른 책들은 무작위로 배열할 경우

1.2.8 어느 광역시에서 우수 시민에게 4가지 서로 다른 상을 수여하려고 한다. 이 상을 받을 수 있는 후보자가 6명이 있을 때, 이 상을 수여할 수 있는 가능한 방법은 몇 가지인가? 단 한 사람이 상을 중복 수여할 수는 없다.

1.2.9 7명의 학생이 버스를 타기 위해 줄을 서려고 한다. 다음 각각 줄을 서는 방법은 몇 가지인가?

(a) 제약조건이 없는 경우

(b) 특정한 두 학생이 앞뒤로 나란히 줄서길 거부할 경우

(c) 특정한 학생 3명이 같이 줄서길 원할 경우

1.2.10 어느 포지션이든 잘 소화해 낼 수 있는 8명의 선수 중에서 5명의 선두 주자 순위를 정하는 방법은 몇 가지인가?

1.2.11 30명의 집단에서 모든 사람이 다른 사람과 모두 악수를 한다면, 몇 번 악수를 하게 되는가?

1.2.12 1학년 학생 20명과 2학년 학생 15명으로 구성된 동아리에서 5명의 위원을 선출하여 위원회를 만들려고 한다.

(a) 위원회를 만들 수 있는 방법은 몇 가지인가?

(b) 1학년 3명과 2학년 2명으로 위원회를 만들 수 있는 방법은 몇 가지인가?

1.2.13 (a) 통계학과 1학년 50명, 2학년 60명, 3학년 40명, 4학년 30명 중에서 1학년 2명, 2학년 2명, 3학년 4명, 4학년 2명으로 위원회를 구성할 수 있는 방법은 몇 가지인가?

(b) 2학년 학생 A는 3학년 학생 B와 커플이기 때문에 함께 위원회에 참가하거나 함께 참가하지 않는다면 가능한 방법은 몇 가지인가?

1.2.14 한국당 5명, 고려당 5명, 조선당 2명 중에서 한국당 2명, 고려당 2명, 조선당 1명을 선발하여 5명의 위원회를 구성하려 한다. 서로 다른 위원회를 구성할 수 있는 방법은 몇 가지인가?

1.2.15 다음의 합을 구하라.

(a) $\binom{6}{0}+\binom{6}{2}+\binom{6}{4}+\binom{6}{6}$

(b) $\sum_{i=0}^{n}\binom{2n}{2i}$

1.2.16 이항정리를 이용하여 다음을 증명하라.

(a) $\sum_{r=0}^{n}(-1)^r\binom{n}{r}=0$

(b) $\sum_{r=0}^{n}\binom{n}{r}(a-1)^r=a^n$

1.2.17 다음을 증명하라.

(a) $\sum_{k=1}^{n}k\binom{n}{k}=n2^{n-1}$

(b) $\sum_{k=1}^{n}\binom{n}{k}k^2=2^{n-2}n(n+1)$

(c) $\sum_{k=1}^{n}\binom{n}{k}k^3=2^{n-3}n^2(n+3)$

1.2.18 식 $x_1+x_2+\cdots+x_r=n$에서 정확히 k개의 x가 0이 되는 해는 $\binom{r}{k}\binom{n-1}{n-r+k}$개 존재함을 밝혀라.

1.2.19 $x_1+x_2+x_3+x_4=8$의 음이 아닌 서로 다른 정숫값의 해는 몇 개인가?

1.2.20 정리 1.2.11을 증명하라.

1.2.21 20,000달러를 가지고 4가지의 가능한 대상에 투자를 하려고 한다. 각 대상에는 1,000달러 단위로 투자를 해야 하는데 최소 투자액이 각각 2,000, 2,000, 3,000, 4,000달러라고 한다. 다음 경우에 이용할 수 있는 서로 다른 투자방법은 몇 가지인가?

(a) 4가지 대상에 모두 투자해야 할 경우

(b) 4가지 대상 중 적어도 3가지 대상에 투자해야 할 경우

1.3 • 구별되지 않는 대상물의 배열과 분할

지금까지는 n개의 서로 다른 대상물의 배열에 관해 설명했다. 그러나 많은 응용에서 서로 구별되지 않는 대상물을 포함하는 경우가 많이 있다.

정리 1.3.1

r개가 서로 같은 것이고 $n-r$개 역시 서로 같은 두 종류로 구성된 n개 대상물의 구별할 수 있는 순열의 수는

$$\binom{n}{r} = \frac{n!}{r!(n-r)!} \tag{1.3.1}$$

이다.

예제 1.3.1 검은 공 4개와 흰 공 5개를 일렬로 배열할 때, 가능한 서로 다른 방법의 수는

$$\frac{9!}{4!5!} = 126$$

이다. ■

정리 1.3.2

n_1개가 동일한 것, n_2개가 두 번째 동일한 것, $\cdots$, n_k개가 k번째 동일한 것으로 구성되어 있는 n개 대상물의 순열의 수는

$$\frac{n!}{n_1!n_2!\cdots n_k!} \tag{1.3.2}$$

이다.

예제 1.3.2 검은 공 3개, 흰 공 2개, 빨간 공 2개, 노란 공 3개가 있다. 같은 색깔의 공이 서로 구별되지 않기 때문에 서로 다르게 나열할 수 있는 순열의 수는

$$\frac{10!}{3!2!2!3!} = 25,200$$

이다. ■

예제 1.3.3 STATISTICS의 문자를 사용하여 구성할 수 있는 서로 다른 문자 배열은

$$\frac{10!}{3!3!2!1!1!} = 50,400$$

가지이다. ■

만일 $n_1 + n_2 + \cdots + n_k = n$일 때, 다음과 같은 기호를 정의한다.

$$\binom{n}{n_1, n_2, \ldots, n_k} = \frac{n!}{n_1! n_2! \cdots n_k!} \tag{1.3.3}$$

서로 다른 n개의 대상물에서 r개를 택하여 하나의 집단으로 나머지 $n-r$개를 다른 집단으로 분할하는 방법은 $\binom{n}{r}$가지이다.

> **정리 1.3.3**
>
> 서로 다른 n개의 대상물을 첫 번째 집단에는 n_1개, 두 번째 집단에는 n_2개, ..., k번째 집단에는 n_k개인 k개의 집단으로 분할할 수 있는 방법은
>
> $$\binom{n}{n_1, n_2, \ldots, n_k} = \frac{n!}{n_1! n_2! \cdots n_k!} \tag{1.3.4}$$
>
> 가지이다. 물론 여기서 $n_1 + \cdots + n_k = n$이다.

예제 1.3.4 10명의 학생을 3명이 잘 수 있는 방 2개와 두 명이 잘 수 있는 방 2개에 배정하는 방법은

$$\frac{10!}{3!3!2!2!} = 25,200$$

가지이다. ■

예제 1.3.5 10명의 소년을 각 5명씩 A팀과 B팀으로 나누려고 한다. A팀은 A리그에서, B팀은 B리그에서 경기를 갖는다면, 분할할 수 있는 방법의 수는 $10!/(5!5!) = 252$이다. ■

정리 1.3.4 다항정리 (multinomial theorem)

$$(x_1 + x_2 + \cdots + x_k)^n = \sum_{\substack{(r_1,\ r_2,\ \ldots,\ r_k) \\ r_1 + \cdots + r_k = n}} \binom{n}{r_1, r_2, \ldots, r_k} x_1^{r_1} x_2^{r_2} \cdots x_k^{r_k} \tag{1.3.5}$$

합은 $r_1 + \cdots + r_k = n$을 만족하는 모든 가능한 양의 정수 해 $(r_1, \ldots, r_k)$에서의 합이 된다. 여기서

$$\binom{n}{r_1, r_2, \ldots, r_k}$$

를 다항계수 (multinomial coefficient)라 한다.

예제 1.3.6 $(x_1 + x_2 + x_3)^3 = \binom{3}{3,\ 0,\ 0} x_1^3 x_2^0 x_3^0 + \binom{3}{0,\ 3,\ 0} x_1^0 x_2^3 x_3^0 + \binom{3}{0,\ 0,\ 3} x_1^0 x_2^0 x_3^3$

$$+ \binom{3}{2,\ 1,\ 0} x_1^2 x_2^1 x_3^0 - \binom{3}{2,\ 0,\ 1} x_1^2 x_2^0 x_3^1 + \binom{3}{1,\ 2,\ 0} x_1^1 x_2^2 x_3^0$$

$$+ \binom{3}{0,\ 2,\ 1} x_1^0 x_2^2 x_3^1 - \binom{3}{1,\ 0,\ 2} x_1^1 x_2^0 x_3^2 + \binom{3}{0,\ 1,\ 2} x_1^0 x_2^1 x_3^2$$

$$+ \binom{3}{1,\ 1,\ 1} x_1^1 x_2^1 x_3^1$$

$$= x_1^3 + x_2^3 + x_3^3 + 3x_1^2 x_2 + 3x_1^2 x_3 + 3x_1 x_2^2 + 3x_2^2 x_3 + 3x_1 x_3^2$$

$$+ 3x_2 x_3^2 + 6x_1 x_2 x_3$$ ■

예제 1.3.7 $(x_1 + x_2 + \cdots + x_r)^n$을 전개할 때, 항의 개수는 정리 1.2.10에 의해 $\binom{n+r-1}{n}$개이다. ■

예제 1.3.8 $(x_1 + 2x_2 + 3x_3)^7$의 전개에서 $x_1^2 x_2^3 x_3^2$의 계수를 구하면, 다항정리에 의해 $\binom{7}{2,\ 3,\ 2}(2^3)(3^2) = 15{,}120$이다. ■

연습문제

1.3.1 다음과 같은 문자를 가지고 만들 수 있는 서로 다른 문자배열은 몇 가지인가?

(a) GREAT (b) MATHEMATICS

(c) MISSISSIPPI (d) COLLEGE

1.3.2 대학 축구팀은 한 시즌 동안 10번 경기를 하는데, 10번의 경기 중 5번 이기고, 4번 지고, 1번 비기는 경우는 몇 가지인가?

1.3.3 6명이 저녁식사를 하는데 3명은 된장찌개, 2명은 비빔밥, 1명은 갈비탕을 시킬 수 있는 경우는 몇 가지인가?

1.3.4 자동차 20대가 자동차 경주에 참가했다. 10대는 A회사 제품, 6대는 B회사 제품, 나머지는 C회사 제품이다.

(a) 생산된 회사가 같은 자동차끼리만 순위를 기록한다면 가능한 기록은 몇 가지인가?

(b) 순위를 자동차 회사만 기록한다면 가능한 기록은 몇 가지인가?

(c) A회사에서 생산된 자동차가 1등을 했다면, (b)에서 가능한 기록은 몇 가지인가?

(d) A회사에서 생산된 자동차가 1등과 2등을 했다면, (b)에서 가능한 기록은 몇 가지인가?

1.3.5 약의 효과를 비교하기 위해 두 가지 약(A와 B)과 위약(겉보기는 일반 약과 동일하나 약의 성분이 전혀 함유되어 있지 않은 실험용)을 20명에게는 A약, 20명에게는 B약, 나머지에게는 위약을 나누어 주려고 한다. 연구에 참여한 50명에게 약을 나누어 줄 수 있는 방법은 몇 가지인가?

1.3.6 ATARI로 만들 수 있는 모든 낱말을 찾아내는 시합이 있다. A는 두 번 사용할 수 있고 나머지는 한 번만 사용할 수 있다.

(a) 5개의 문자로 된 낱말은 몇 개나 되는가?

(b) 2개의 문자로 된 낱말은 몇 개나 되는가?

(c) 모두 몇 개의 낱말을 만들 수 있는가?

1.3.7 8개의 선물을 3명의 어린이에게 나누어 주려고 한다. 나이가 많은 두 아이에게 3개씩 주고 나머지 1명에게는 2개를 나누어 줄 수 있는 방법은 몇 가지인가?

1.3.8 어떤 여행을 하는데 100명의 학생을 4대의 버스에 나누어 태운다. 버스좌석은 각각 30, 30, 25, 15개로 되어 있다. 학생들이 버스에 나누어 탈 수 있는 방법은 몇 가지인가?

1.3.9 10명으로 구성된 위원회를 3명, 3명, 4명의 소위원회로 분할하는 방법은 몇 가지인가?

1.3.10 수리통계학을 수강 신청한 학생 10명에게 3명은 A, 4명은 B, 2명은 C, 1명은 F학점을 줄 수 있는 가능한 방법은 몇 가지인가?

1.3.11 $(x_1+x_2+x_3)^6$의 전개에서 $x_1^3x_2x_3^2$의 계수를 구하라.

1.3.12 $(2x_1+3x_2-4x_3+2x_4)^7$의 전개에서 $x_1^3x_2^2x_3x_4$의 계수를 구하라.

제2장

확 률

2.1 • 서론

이 장에서는 "기회"의 직관적인 개념을 형식화한 "확률"의 개념을 소개하고 이 확률들이 어떤 상황에서 어떻게 계산될 수 있는지 설명한다. 또한 확률이론에서 매우 중요한 개념의 하나인 조건부 확률의 개념을 소개한다. 실험에 관한 어떤 일부분의 정보가 주어졌을 때의 확률을 계산하는 경우에 이용할 수 있을 뿐 아니라, 정보가 주어지지 않은 경우에도 조건부 확률을 이용하여 보다 쉽게 확률을 계산할 수 있다. 먼저 표본공간과 사건의 개념을 소개한다.

2.2 • 표본공간과 사건

지금까지 "실험"과 "시행" 등의 용어를 그냥 사용하였으나, 이제 구체적으로 그 의미를 정의한다. 여기서 "실험"이라는 용어는 실험실에서 행하여지는 연구에 한정하지 않고 결과가 변이를 나타내는 데이터 수집이나 관측의 모든 행위를 포함하는 넓은 의미로 사용한다.

실험 (experiment)이란 어떤 현상의 관측 결과를 얻는 과정을 말하며, 실험을 행하는 것을 시행 (trial)이라 한다. 실험은 시행 전에 결과를 확실히 예측할 수는 없으나 실험의 결과를 사전에 알지 못할지라도 일어날 수 있는 모든 결과들의 집합은 시행 전에 완전히 파악할 수 있다고 하자.

정의 2.2.1

어떤 실험에서 일어날 수 있는 모든 결과들의 집합을 그 실험의 표본공간 (sample space)이라 하고 S로 나타낸다.

예제 2.2.1 세 개의 동전을 던지는 실험에서 H를 앞면, T를 뒷면이라 하면 이 실험에서 가능한 결과의 집합인 표본공간은

$$S = \{HHH,\ HHT,\ HTH,\ THH,\ HTT,\ THT,\ TTH,\ TTT\}$$

이다. ■

예제 2.2.2 두 명의 자식이 있는 가정을 생각해 보자. 그들의 성별을 남자는 b로 여자는 g로 나타낸다면 가능한 결과들의 표본공간은 다음과 같다.

$$S = \{bb,\ bg,\ gb,\ gg\}$$ ■

예제 2.2.3 주사위를 던지는 실험에서, $i\,(i=1, 2, \ldots, 6)$를 주사위 표면에 나타난 눈금이라 할 때, 이 실험의 표본공간은 다음과 같다.

$$S = \{1,\ 2,\ 3,\ 4,\ 5,\ 6\}$$ ■

표본공간은 보통 그에 포함되어 있는 원소들의 개수에 따라 분류한다. 위의 예에서는 표본공간 S가 유한개의 원소를 포함하고 있지만, 만일 3의 눈금이 처음 나타날 때까지 공정한 주사위를 던진다면, 첫 번째 3의 눈금이 나타나거나, 두 번째 3의 눈금이 나타나거나, 세 번째 3의 눈금이 나타나거나, ⋯ 등으로 무수히 많은 가능성이 존재한다. 이 실험의 표본공간은

$$S = \{3,\ i_1 3,\ i_1 i_2 3,\ i_1 i_2 i_3 3,\ \ldots \mid i_j = 1,\ 2,\ 4,\ 5,\ 6\ ;\ j = 1,\ 2,\ \ldots\}$$

이다. 이와 같이 표본공간의 원소들이 양의 정수와 일대일로 대응될 수 있으면, 표본공간이 가산(countable)이라 한다. 예제 2.2.1, 2.2.2, 2.2.3과 같이 표본공간이 유한개의 원소를 포함하거나 가산 무한개의 원소를 포함하면, 이러한 표본공간을 이산표본공간(discrete sample space)이라 한다.

어떤 실험의 결과들은 유한도 아니고 가산무한도 아닌 경우가 있다. 예를 들어, 어떤 제품의 수명(단위: 시간)을 측정하는 실험을 생각하면, 표본공간은 음이 아닌 실수로 구성된다. 즉

$$S = \{x \mid 0 \le x < \infty\}$$

이다. 이러한 표본공간을 연속표본공간(continuous sample space)이라 한다.

많은 문제에서 표본공간의 특정한 원소들의 집합에 관심이 있는 경우가 많다. 먼저 이러한 표본공간의 부분집합에 대해 정의한다.

정의 2.2.2

표본공간 S의 부분집합을 사건(event) 또는 사상이라 한다. 사건은 영문자의 대문자 A, B, C, ... 등으로 표시한다. 사건 A의 여사건(complement)을 A^c로 표시하며, 표본공간 S에서 A에 포함되지 않는 모든 원소들로 구성된 사건으로 정의한다.

예제 2.2.4 예제 2.2.3에서 $E=\{2, 4, 6\}$이라 하면 E는 주사위를 던졌을 때, 짝수의 눈금이 나타나는 사건이다. E의 여사건 $E^c=\{1, 3, 5\}$는 홀수의 눈금이 나타나는 사건이다. ■

정의 2.2.3

사건 중에서 단 하나의 실험 결과만을 포함하는 사건을 단순사건 또는 기본사건(elementary event)이라 한다.

많은 확률 문제에서 두 개 또는 그 이상 사건들의 조합으로 구성된 사건들에 관심이 많다. 사건들은 집합이므로 사건들의 합집합, 교집합, 여집합 역시 사건이 되고, 이러한 사건을 각각 합사건(union), 교사건(intersection), 여사건이라 한다. 이러한 관계는 벤다이어그램을 이용하면 쉽게 이해할 수 있다. 이러한 용어에 대해서는 매우 익숙할 것으로 생각되어 상세히 설명하지 않고 간략히 소개만 하고자 한다.

어떤 표본공간 S의 임의의 두 사건 A와 B에 대해, A 또는 B에 포함되는 결과나 A와 B에 동시에 포함되는 결과로 이루어진 사건이 합사건 $A \cup B$이다. A와 B에 동시에 포함되는 결과들로 구성된 사건이 교사건 $A \cap B$이다. 물론 세 개 이상의 사건들에 대해 합사건과 교사건을 정의할 수 있다.

정의 2.2.4

두 사건 A와 B가 $A \cap B = \varnothing$일 때, A와 B는 상호배반(mutually exclusive 또는 disjoint)이라 하고, 모든 $i \neq j$에 대해 $A_i \cap A_j = \varnothing$이면 사건들 $A_1, A_2, \ldots$은 상호배반(mutually exclusive) 또는 쌍별로 배반(pairwise disjoint)이라 한다.

예제 2.2.5 어떤 사건 A와 그 여사건 A^c는 항상 상호배반이다. 또한 예제 2.2.3에서 $A=\{1, 3\}$, $B=\{2, 4\}$라 하면 A와 B는 상호배반이며, $C=\{1\}$은 기본사건이다. $A_i = \left[\frac{1}{i+1}, \frac{1}{i}\right)$, $i=1, 2, \ldots$이라 하면 $A_1, A_2, \ldots$은 쌍별로 배반이다. ■

사건들 사이의 논리적 관계를 설명하는 매우 유용한 표현이 벤다이어그램이다. 따라서 사건들의 연산에 관련된 계산이나 증명은 벤다이어그램을 이용하여 쉽게 해결할 수 있다. 사건들의 합사건, 교사건, 여사건의 연산은 다음 법칙을 따른다.

교환법칙: $A \cup B = B \cup A$, $A \cap B = B \cap A$ (2.2.1)

결합법칙: $(A \cup B) \cup C = A \cup (B \cup C)$, $(A \cap B) \cap C = A \cap (B \cap C)$ (2.2.2)

분배법칙: $(A \cup B) \cap C = (A \cap C) \cup (B \cap C)$ (2.2.3)

$(A \cap B) \cup C = (A \cup C) \cap (B \cup C)$

합사건, 교사건, 여사건에 대한 기본적인 세 연산 사이의 유용한 관계가 잘 알려진 다음의 드모르간의 법칙(De Morgan's law)이다.

$$(A \cup B)^c = A^c \cap B^c \tag{2.2.4}$$

$$(A \cap B)^c = A^c \cup B^c \tag{2.2.5}$$

연습문제

2.2.1 동전을 n번 던져 나타난 앞면의 횟수를 기록하는 실험에서 표본공간을 작성하라.

2.2.2 상자 속에 있는 빨간색 1개, 녹색 1개, 푸른색 1개의 구슬 중에서 2개의 구슬을 선택한다. 다음의 경우에 표본공간을 작성하라.

(a) 상자에서 1개의 구슬을 꺼내 확인한 다음, 그것을 다시 상자에 넣고 상자에서 두 번째 구슬을 꺼내는 경우 (복원추출)

(b) 상자에서 1개의 구슬을 꺼내 확인한 다음, 그것을 상자에 다시 넣지 않고 두 번째 구슬을 꺼내는 경우 (비복원추출)

2.2.3 한 주사위를 6이 나타날 때까지 계속 던지는 실험을 생각해 보자.

(a) 표본공간을 작성하라.

(b) 주사위를 k번째 던져 6이 나타났다면, 이에 대응되는 표본공간의 원소의 개수는 얼마인가?

2.2.4 동전 1개를 뒷면이 두 번 나타날 때까지 던지는데 4번까지만 던진다. 이 실험의 표본공간을 나타내라.

2.2.5 동전을 세 번 던지는 실험을 할 때, 뒷면보다 앞면이 많이 나타나는 실험에 대응되는 사건 A는 어떤 것인가?

2.2.6 동전을 세 번 던지는 실험에서 A는 적어도 앞면이 두 번 나타나는 사건, B는 처음 두 번 앞면이 나타나는 사건, C는 마지막에 뒷면이 나타나는 사건이라 할 때, 다음을 구하라.

(a) A^c (b) $A \cap B$ (c) $A \cup C$

2.2.7 두 개의 공정한 주사위를 던져 나타난 눈금을 기록하는 실험을 생각해 보자.

(a) 표본공간을 작성하라.

(b) A는 두 눈금의 합이 기껏해야 5인 사건, B는 첫 번째 주사위의 눈금이 두 번째 주사위 눈금보다 큰 사건, C는 첫 번째 주사위 눈금이 5인 사건이라 할 때, (i) $A \cap C$ (ii) $B \cap C$ (iii) $A \cap (B \cup C)$를 나타내라.

2.2.8 항아리에 1부터 6까지 숫자가 기록되어 있는 6개의 공이 있다. 이 중에서 2개를 비복원으로 꺼내는 실험을 생각해 보자. 여기서 꺼낸 순서는 생각하지 않는다.

(a) 표본공간을 작성하라.

(b) 꺼낸 공에 적힌 가장 작은 숫자가 2인 결과들을 나열하라.

2.2.9 10개의 품목 중에 세 개가 불량품이다. 불량품 세 개가 모두 발견될 때까지 비복원으로 한 개씩 품목을 선택하여 조사하는 실험에서 필요한 조사횟수를 기록할 때 표본공간은 어떤가?

2.2.10 세 회사에서 생산된 사탕(A, B, C)을 어린이에게 맛보게 한 후 맛있는 순서대로 순위를 결정하게 하는 실험을 생각해 보자.

(a) 표본공간을 작성하라.

(b) A회사 제품이 C회사 제품보다 맛있게 나타나는 사건 D를 작성하라.

2.2.11 네 가지 기본 혈액형은 O, A, B, AB형이다. 누구나 자신의 혈액형이나 O형의 혈액은 수혈할 수 있고, AB형인 사람은 모든 혈액형을 수혈할 수 있다. 혈액은행에 들어오는 순서대로 두 사람의 혈액형을 검사한다.

(a) 가능한 결과를 나열하라.

(b) 두 번째 기증자가 첫 번째 기증자의 혈액을 수혈할 수 있는 사건의 결과를 나열하라.

(c) 기증자 각각 상호간에 혈액을 수혈할 수 있는 사건의 결과를 나열하라.

2.3 • 확률의 정의 및 성질

확률은 어떤 사건이 일어날 가능성을 측정하는 척도로 0과 1 사이의 값으로 표현된다. 확률은 운에 맡겨진 게임으로부터 유래되었는데, 공정한 주사위를 던질 때 나타날 수 있는 가능한 결과는 6가지이고 각각 나타날 가능성이 동일하므로, 각 값이 나타날 가능성은 1/6이라고 생각하는 것이다.

2.3.1 확률의 정의

사건의 확률은 실험이 같은 조건하에서 반복될 때 사건이 일어날 것이라고 기대되는 횟수의 비율을 나타내는 수치로 사건 A의 확률을 $P(A)$로 표시한다.

표본공간이 S인 어떤 실험이 정확히 동일한 조건하에서 반복적으로 실행된다고 하자. 표본공간 S의 사건 A에 대해, $n(A)$를 n번의 반복실험에서 A의 발생횟수라 하면

$$P(A) = \lim_{n \to \infty} \frac{n(A)}{n} \tag{2.3.1}$$

로 정의한다.

상대도수에 의한 확률의 정의를 제안하는 경우는 대개 $n(A)/n$이 일정한 극한값에 수렴한다는 가정을 하거나 공리를 언급하여 이러한 문제점을 해결한다. 사실 확률에 관해 더욱더 간편하고 명백한 공리를 가정하고 나서 일정한 극한도수가 어떤 의미에서 존재함을 증명하는 것이 더 합리적이다.

먼저 표본공간 S에 속하는 각 사건 A에 대해 A의 확률 $P(A)$값이 존재한다고 가정하고, 이 확률들이 직관적인 확률의 개념과 일치하는 일련의 공리들을 만족한다고 가정한다. 다음과 같이 확률집합함수를 정의한다.

정의 2.3.1

어떤 실험에서 S를 표본공간 A, A_1, A_2, ...을 가능한 사건들이라 하자. 다음 조건을 만족하는 표본공간의 부분집합에서 정의된 실숫값을 갖는 집합함수 P를 확률집합함수(probability set function) 또는 확률측도(probability measure)라 하고 $P(A)$를 A의 확률(probability)이라 한다.

(i) $P(S)=1$ (2.3.2)

(ii) 모든 사건 A에 대해

$$P(A) \geq 0 \tag{2.3.3}$$

(iii) A_1, A_2, ...가 상호배반 사건(즉 $i \neq j$이면 $A \cap B = \varnothing$)일 때

$$P\left(\bigcup_{i=1}^{\infty} A_i\right) = \sum_{i=1}^{\infty} P(A_i) \tag{2.3.4}$$

가 성립한다.

예제 2.3.1 예제 2.2.1에서와 같이 세 개의 동전을 던지는 실험을 하면 표본공간은 8개의 기본결과들로 이루어졌기 때문에, 공정한 동전이라면 8가지 결과는 동등하게 나타날 것이라고 생각할 수 있다. $P(S)=1$이므로 각 기본사건에 부여되는 확률은 1/8이 된다. 또한 $A=\{HHH,\ TTT\}$라 하면

$$P(A) = P(\{HHH\}) + P(\{TTT\}) = \frac{1}{8} + \frac{1}{8} = \frac{1}{4}$$

이다. 마찬가지로 예제 2.2.4에서

$$P(E^c) = P(\{1\}) + P(\{3\}) + P(\{5\}) = \frac{1}{2}$$

이 된다. ■

정의 2.3.2

서로 다른 유한개의 대상물에서 각 대상물들이 선택될 확률이 동등하게 하나의 대상물을 선택할 때, 그 대상물은 무작위(at random)로 선택되었다고 한다.

예제 2.3.2 동일한 형태의 공 20개가 들어 있는 항아리에서 1개의 공을 꺼낸다고 하자. 이때 한 개의 공을 무작위로 선택한다는 말은 20개의 공 모두 선택될 확률이 $\frac{1}{20}$ 이 되도록 한 개를 꺼낸다는 말이다. ■

2.3.2 확률의 성질

먼저 정의로부터 다음 두 성질을 증명한다. 첫째는 공집합인 사건의 확률이 0이라는 것이고, 다음은 정의 2.3.1의 (iii)번 조건이 유한개의 사건들에 대해서도 성립한다는 것이다.

정리 2.3.1

$P(\varnothing) = 0$이다.

증명 $A_i = \varnothing,\ i = 1, 2, \ldots$라 하면, $\bigcup_{i=1}^{\infty} A_i = \varnothing$이고 $A_i \cap A_j = \varnothing$이므로, 정의 2.3.1의 (iii)번 조건에 의해

$$P(\varnothing) = P\left(\bigcup_{i=1}^{\infty} A_i\right) = \sum_{i=1}^{\infty} P(A_i) = \sum_{i=1}^{\infty} P(\varnothing)$$

이다. P는 실숫값 함수이므로, $P(\varnothing) = 0$이다. ✤

정리 2.3.2

$A_1, A_2, \ldots, A_n$이 상호배반인 사건이면, 다음이 성립된다.

$$P(A_1 \cup A_2 \cup \cdots \cup A_n) = P(A_1) + P(A_2) + \cdots + P(A_n) \tag{2.3.5}$$

증명 정의 2.3.1의 조건 (iii)에서 $A_j = \varnothing,\ j = n+1, n+2, \ldots$이라 하자. 그러면

$$\begin{aligned} P\left(\bigcup_{i=1}^{n} A_i\right) &= P\left(\bigcup_{i=1}^{\infty} A_i\right) = \sum_{i=1}^{\infty} P(A_i) \\ &= \sum_{i=1}^{n} P(A_i) + \sum_{i=n+1}^{\infty} P(A_i) \end{aligned}$$

$$= \sum_{i=1}^{n} P(A_i)$$

이다. ✤

정의 2.3.1로부터, 확률의 유용한 다음 성질들을 유도할 수 있다.

정리 2.3.3

A가 어떤 사건이고 A^c가 A의 여사건이면, 다음이 성립된다.

$$P(A) = 1 - P(A^c) \tag{2.3.6}$$

증명 $S = A \cup A^c$이고 A와 A^c는 상호배반이므로, 정의 2.3.1의 (i)번과 정리 2.3.2에 의해

$$1 = P(S) = P(A \cup A^c) = P(A) + P(A^c)$$

이다. 따라서 정리가 증명된다. ✤

정리 2.3.4

임의의 사건 A에 대해 $0 \le P(A) \le 1$이다.

증명 정리 2.3.3에 의해 $P(A) = 1 - P(A^c)$이고, 정의 2.3.1에 의해 $P(A^c) \ge 0$이므로, $0 \le P(A) \le 1$이다. ✤

만일 A의 모든 기본결과가 역시 B의 기본결과이면, A의 발생 가능성이 B의 발생가능성보다 높지 않음이 직관적으로 명백하다. 이 사실을 다음 정리에서 소개한다.

정리 2.3.5

$A \subset B$이면 $P(A) \le P(B)$이다.

증명

$$\begin{aligned} B = B \cap S &= B \cap (A \cup A^c) \\ &= (B \cap A) \cup (B \cap A^c) \end{aligned}$$

$$= A \cup (B \cap A^c)$$

이고

$$A \cap (B \cap A^c) = \varnothing$$

이므로, 정리 2.3.2와 정리 2.3.4에 의해

$$\begin{aligned} P(B) &= P(A \cup (B \cap A^c)) \\ &= P(A) + P(B \cap A^c) \\ &\geq P(A) \end{aligned}$$

이다. ✤

정리 2.3.6

임의의 두 사건 A와 B에 대해, 다음이 성립된다.

$$P(A \cup B) = P(A) + P(B) - P(A \cap B) \tag{2.3.7}$$

증명 $A \cup B = (A \cap B^c) \cup B$이고 $A = (A \cap B) \cup (A \cap B^c)$이다(그림 2.3.1 참조). 사건 $A \cap B^c$와 B는 상호배반이기 때문에, 정리 2.3.2에 의해

$$P(A \cup B) = P(A \cap B^c) + P(B) \tag{2.3.8}$$

이다. 마찬가지로, $A \cap B$와 $A \cap B^c$가 상호배반이므로

$$P(A) = P(A \cap B) + P(A \cap B^c) \tag{2.3.9}$$

이다. 식 (2.3.8)과 (2.3.9)에 의해

$$\begin{aligned} P(A \cup B) &= P(A \cap B^c) + P(B) \\ &= [P(A) - P(A \cap B)] + P(B) \\ &= P(A) + P(B) - P(A \cap B) \end{aligned}$$

이므로 정리가 증명된다. 물론 이 정리는 벤다이어그램을 이용해 쉽게 증명할 수도 있다. ✤

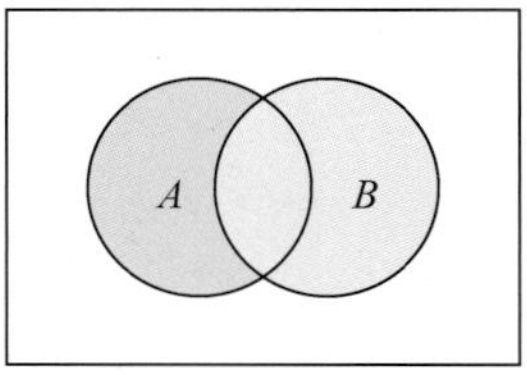

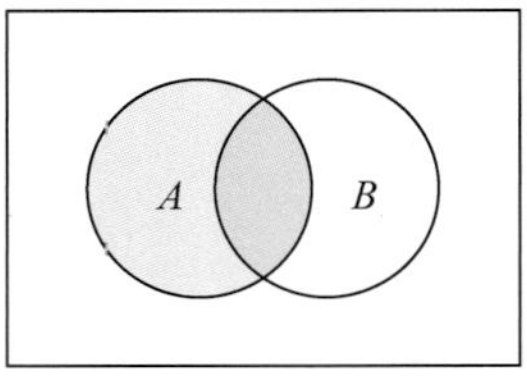

$A \cup B = (A \cap B^c) \cup B$ $\quad\quad$ $A = (A \cap B) \cup (A \cap B^c)$

그림 2.3.1 벤다이어그램

예제 2.3.3 공정한 두 동전을 던졌을 때, 표본공간 $S = \{HH, TH, HT, TT\}$의 4원소가 나타날 확률이 동등하므로 각 원소가 나타날 확률은 $\frac{1}{4}$이다. $A = \{HH, TT\}$, $B = \{HH, TH\}$라 하면

$$P(A) = \frac{1}{2} = P(B), \quad P(A \cap B) = P(\{HH\}) = \frac{1}{4}$$

이다. 따라서 다음 확률을 구할 수 있다.

$$\begin{aligned} P(A^c) &= 1 - P(A) = 1 - \frac{1}{2} = \frac{1}{2} \\ P(A \cup B) &= P(A) + P(B) - P(A \cap B) \\ &= \frac{1}{2} + \frac{1}{2} - \frac{1}{4} \\ &= \frac{3}{4} \end{aligned}$$

■

다음 정리는 정리 2.3.6에 의해 쉽게 증명할 수 있다.

정리 2.3.7

세 개의 사건 A, B, C에 대해 다음이 성립된다.

$$\begin{aligned} P(A \cup B \cup C) = &P(A) + P(B) + P(C) \\ &- P(A \cap B) - P(B \cap C) - P(A \cap C) \\ &+ P(A \cap B \cap C) \end{aligned} \tag{2.3.10}$$

네 개 사건의 합사건에 대한 확률식으로 정리 2.3.7을 확장하면 다음 정리를 얻을 수 있다.

정리 2.3.8

네 개의 사건 E_1, E_2, E_3, E_4에 대해 다음이 성립된다.

$$\begin{aligned} P(E_1 \cup E_2 \cup E_3 \cup E_4) = &P(E_1) + P(E_2) + P(E_3) + P(E_4) \\ &- P(E_1 \cap E_2) - P(E_1 \cap E_3) - P(E_1 \cap E_4) \\ &- P(E_2 \cap E_3) - P(E_2 \cap E_4) - P(E_3 \cap E_4) \\ &+ P(E_1 \cap E_2 \cap E_3) + P(E_1 \cap E_2 \cap E_4) \\ &+ P(E_1 \cap E_3 \cap E_4) + P(E_2 \cap E_3 \cap E_4) \\ &- P(E_1 \cap E_2 \cap E_3 \cap E_4) \end{aligned} \tag{2.3.11}$$

정의 2.3.1의 성질 (iii)은 사건들이 상호배반일 때 가산무한개 합사건의 확률에 대한 공식을 제공해 준다. 만일 사건들이 상호배반이 아니면, 다음 정리에서 볼 수 있듯이 합사건의 확률이 각 확률의 합보다 항상 작거나 같게 된다.

정리 2.3.9 **불의 부등식** (Boole's inequality)

A_1, A_2, ...이 사건일 때, 다음 부등식이 성립된다.

$$P\left(\bigcup_{i=1}^{\infty} A_i\right) \le \sum_{i=1}^{\infty} P(A_i) \tag{2.3.12}$$

증명 $B_1 = A_1$, $B_2 = A_2 \cap A_1^c$, ..., $B_i = A_i \cap \left(\bigcup_{j=1}^{i-1} A_j\right)^c$라 하면, $\bigcup_{i=1}^{\infty} A_i = \bigcup_{i=1}^{\infty} B_i$이고 B_1, B_2, ...은 상호배반이다. 그리고 모든 i에 대해 $B_i \subset A_i$이므로, 확률의 정의와 정리 2.3.5에 의해

$$P\left(\bigcup_{i=1}^{\infty} A_i\right) = P\left(\bigcup_{i=1}^{\infty} B_i\right) = \sum_{i=1}^{\infty} P(B_i) \le \sum_{i=1}^{\infty} P(A_i)$$

가 성립된다. ✤

위의 정리에 의해 유한개의 사건 $A_1, \dots, A_k$에 대해 다음이 성립된다.

$$P(A_1 \cup A_2 \cup \cdots \cup A_k) \le P(A_1) + P(A_2) + \cdots + P(A_k) \tag{2.3.13}$$

정리 2.3.10 **본페로니 부등식** (Bonferroni's inequality)

사건 $A_1, \ldots, A_k$에 대해 다음 부등식이 성립된다.

$$P\left(\bigcap_{i=1}^{k} A_i\right) \geq 1 - \sum_{i=1}^{k} P(A_i^c) \tag{2.3.14}$$

증명 드모르간의 법칙에 의해 $\bigcap_{i=1}^{k} A_i = \left(\bigcup_{i=1}^{k} A_i^c\right)^c$로 나타낼 수 있으므로

$$P\left(\bigcap_{i=1}^{k} A_i\right) = P\left[\left(\bigcup_{i=1}^{k} A_i^c\right)^c\right] = 1 - P\left(\bigcup_{i=1}^{k} A_i^c\right)$$

가 성립되고 불의 부등식을 이용하면

$$P\left(\bigcap_{i=1}^{k} A_i\right) = 1 - P\left(\bigcup_{i=1}^{k} A_i^c\right) \geq 1 - \sum_{i=1}^{k} P(A_i^c)$$

가 성립된다. ✣

본페로니 부등식의 특별한 경우로 다음 부등식을 얻을 수 있다.

$$P(A \cap B) \geq P(A) + P(B) - 1 \tag{2.3.15}$$

표본공간이 N개의 결과로 구성된 경우에 각 결과가 일어날 가능성이 동일하다면, 사건 A의 확률은

$$\begin{aligned} P(A) &= \frac{A\text{에 속하는 결과의 수}}{S\text{에 속하는 결과의 수}} \\ &= \frac{A\text{에 속하는 결과의 수}}{N} \end{aligned} \tag{2.3.16}$$

이다.

예제 2.3.4 주사위 두 개를 던져 나타난 두 눈금의 합이 5 이하일 확률은 주사위 두 개를 던져 나타날 수 있는 가능한 결과가 36가지이고 두 눈금의 합이 5 이하일 경우가 (1, 1), (1, 2), (1, 3), (1, 4), (2, 1), (2, 2), (2, 3), (3, 1), (3, 2), (4, 1)과 같이 10가지이므로 $\frac{10}{36} = \frac{5}{18}$이다. ■

예제 2.3.5 공정한 동전을 5번 던지는 실험을 생각해 보자. 앞면이 전혀 나오지 않을 사건은 $\{TTTTT\}$와 같은 한 가지 결과밖에 없다. 따라서 앞면이 전혀 나오지 않을 확률은 $\frac{1}{32}$이다. 또한 앞면이 적어도 한 번 나타날 확률은 정리 2.3.3에 의해 $1-\frac{1}{32}=\frac{31}{32}$임을 쉽게 알 수 있다. ■

연습문제

2.3.1 어떤 실험에서 4가지의 가능한 결과 A, B, C, D가 존재하는데 각 결과들은 상호배반이다. 다음 경우에 확률모형이 될 수 있는지 설명하라.

(a) $P(A)=0.3,\ P(B)=0.25,\ P(C)=0.36,\ P(D)=0.1$

(b) $P(A)=0.35,\ P(B)=0.25,\ P(C)=0.1,\ P(D)=0.3$

2.3.2 두 개의 주사위를 던져 나타난 눈금의 합이 4의 배수일 확률은 얼마인가?

2.3.3 연습문제 2.2.5번에서 뒷면보다 앞면이 많이 나타날 확률은 얼마인가?

2.3.4 공정한 동전을 4번 던진다. 정확히 앞면이 3번 나타날 확률은 얼마인가?

2.3.5 A부터 Z까지의 문자 중에서 무작위 복원추출로 5개를 선택하여 단어를 만들 때, 동일한 문자가 한 번도 나타나지 않을 확률은 얼마인가?

2.3.6 연습문제 2.2.8번에서 꺼낸 공에 적힌 가장 작은 숫자가 2일 확률을 구하라.

2.3.7 40개의 제품이 있는데 그중에 양품이 30개, 사소한 불량이 있는 제품이 6개, 중대한 불량이 있는 제품이 4개이다. 여기서 한 개를 무작위로 택할 때, 다음을 구하라.

(a) 양품일 확률

(b) 중대한 불량품이 아닐 확률

(c) 양품이거나 중대한 불량품일 확률

2.3.8 숫자 1, 2, 3, 4에서 반복을 허용하지 않고 무작위로 4자리 수를 만들 때, 2000보다 큰 수가 만들어질 확률은 얼마인가?

2.3.9 세 사람이 동전을 던져 두 사람과 다른 결과가 나오는 사람이 점심 값을 내기로 했다. 물론 세 사람 모두 동일한 결과가 나오면 다시 동전을 던진다. 세 사람이 한 번 동전을 던져 내기가 결정될 확률은 얼마인가?

2.3.10 1학년 학생 20명과 2학년 학생 15명으로 구성된 동아리에서 무작위로 5명의 학생을 선출하여 위원회를 만들려고 한다. 1학년 3명과 2학년 2명으로 위원회가 구성될 확률은 얼마인가?

2.3.11 5개의 양수와 5개의 음수에서 무작위 비복원추출로 4개를 선택하여 그들을 곱할 때, 음수가 될 확률은 얼마인가?

2.3.12 한 벌의 카드에서 카드 5장을 나누어 줄 때, 일어날 수 있는 경우의 가능성이 동일하다고 가정하고 다음 결과가 나타날 확률을 구하라.

(a) 스트레이트 (5장의 카드가 연속적인 단위를 갖고 무늬가 모두 같지 않은 경우)

(b) 풀하우스 (3장이 동일한 단위이고 2장이 또 다른 동일한 단위일 경우)

(c) 로얄플러시 (에이스, 킹, 퀸, 잭, 10이면서 모두 무늬가 같은 경우)

(d) 투 페어 (같은 단위가 두 쌍이 있는 경우)

(e) 트리플 (같은 단위가 세 개인 경우)

2.3.13 TV 토론회에 수도권 학자 30명과 비수도권 학자 30명이 참석했다. 이 60명 중 5명이 공개 토론회의에 참석하기 위해 무작위로 선택된다. 적어도 두 명의 비수도권 학자가 선택될 확률은 얼마인가?

2.3.14 카드게임에서 13장의 카드를 나누어 줄 때, 스페이드 3장, 하트 6장, 다이아몬드 3장, 클로버 1장을 가질 확률은 얼마인가?

2.3.15 10개의 서로 다른 물건에서 무작위로 4개를 복원추출한다.

(a) 같은 물건이 두 번 이상 뽑히지 않을 확률은 얼마인가?

(b) 한 물건이 적어도 두 번 이상 뽑힐 확률은 얼마인가?

2.3.16 7명이 어떤 회사의 회계원으로 지원하였다.

(a) 7명의 지원자 중 3명이 채용될 방법은 몇 가지인가?

(b) 3명의 남자와 4명의 여자가 지원했다면, 3명 모두 동성이 채용될 확률은 얼마인가?

(c) 7명의 지원자가 인터뷰를 위해서 기다릴 동안 한 줄로 서 있는 방법은 몇 가지인가?

(d) 3명의 남자와 4명의 여자 지원자 중 처음 여자 3명을 앞에 세운다면, 몇 가지 방법으로 줄을 설 수 있는가?

2.3.17 항아리에 붉은 공 5개, 녹색 공 4개, 푸른 공 3개, 흰 공 4개가 들어 있다. 이 중에서 8개를 무작위로 비복원추출한다. 이때 붉은 공 3개, 녹색 공 2개, 푸른 공 1개가 선택될 확률은 얼마인가?

2.3.18 어떤 축구감독은 30명의 선수를 지도하고 있다.

(a) 경기에 출전하기 위하여 11명이 선발되어야 한다면, 선수를 선발할 수 있는 서로 다른 방법은 몇 가지인가?

(b) 30명 중 15명은 공격수이고 15명이 수비수라면, 무작위로 선택한 11명 중에서 5명이 공격수이고 6명이 수비수일 확률은 얼마인가?

2.3.19 어느 교수가 학생들에게 15문제를 내주면서 기말고사는 이 문제 중에서 5문제를 무작위로 선택하여 친다고 알려주었다. 만일 한 학생이 이 문제 중 해결할 수 있는 문제가 10개라면, 그 학생이 기말시험에서 정확히 답한 문제가

(a) 5문제일 확률은 얼마인가?

(b) 적어도 4문제일 확률은 얼마인가?

2.3.20 연습문제 2.2.11번에서, 어떤 특정 인종은 4가지 혈액형이 동일한 확률로 나타난다고 하자.

(a) 두 번째 혈액 기증자가 첫 번째 기증자의 혈액을 수혈할 수 있을 확률을 구하라.

(b) 혈액 기증자의 각각이 상호간에 혈액을 수혈할 수 있을 확률을 구하라.

(c) 상호간에 어느 누구도 혈액을 수혈할 수 없을 확률을 구하라.

2.3.21 연습문제 2.2.6번에서 다음을 구하라.

(a) $P(A^c)$ (b) $P(A \cap B)$ (c) $P(A \cup C)$

2.3.22 연습문제 2.2.7번에서 다음을 구하라.

(a) $P(A \cap C)$ (b) $P(B \cap C)$ (c) $P(A \cap (B \cup C))$

2.3.23 $P(A^c \cap B) = 0.4$일 때, $P(A \cup B^c)$를 구하라.

2.3.24 A와 B를 두 개의 사건이라 할 때, 다음을 보여라.

$$P(A \cap B^c) = P(A) - P(A \cap B)$$

2.3.25 $P(A) = P(B) = 0.5$, $P(A^c \cap B^c) = 1/3$일 때, 다음을 구하라.

(a) $P(B^c)$ (b) $P(A \cup B^c)$

(c) $P(B \cap A^c)$ (d) $P(A \cup B)$

2.3.26 $P(A) = 0.15$, $P(B) = 0.85$, $P(A \cap B) = 0.05$일 때, 다음을 구하라.

(a) $P(A \cup B)$ (b) $P(A^c \cap B)$ (c) $P(A \cap B^c)$

(d) $P(A^c \cup B)$ (e) $P(A^c \cup B^c)$ (f) $P(A \cup B^c)$

2.3.27 정리 2.3.7을 증명하라.

2.3.28 $P(A) = 0.3$, $P(B) = 0.4$, $P(C) = 0.1$이고 A, B, C가 상호배반일 때, 다음을 구하라.

(a) $P(A \cup B \cup C)$ (b) $P(A^c \cap B^c \cap C^c)$

2.3.29 A사건 또는 B사건 중 정확히 하나만 일어나는 사건은 $(A \cap B^c) \cup (A^c \cap B)$로 나타낼 수 있다. 다음을 보여라.

$$P[(A \cap B^c) \cup (A^c \cap B)] = P(A) + P(B) - 2P(A \cap B)$$

2.4 • 조건부 확률과 베이즈 법칙

여기서는 확률이론의 중요한 개념 중의 하나인 조건부 확률과 사건의 독립에 대해 살펴보고자 한다.

2.4.1 조건부 확률

확률모형을 만드는 주된 목적은 어떤 실험이 실시되었을 때, 사건 A가 일어날 가능성의 정도를 결정하는 것이다. 그러나 A에 대응되는 확률이 다른 사건 B의 발생 여부에 따라 영향을 받게 되는 경우가 많이 있다. 이런 경우에 필요한 조건부 확률(conditional probability)을 다음과 같이 정의한다.

정의 2.4.1

$P(B)>0$인 사건 B가 발생했다는 조건이 주어졌을 때 사건 A가 발생할 조건부 확률을 $P(A|B)$로 표시하고 다음과 같이 정의한다.

$$P(A|B)=\frac{P(A\cap B)}{P(B)} \tag{2.4.1}$$

예제 2.4.1 예제 2.2.1의 동전을 세 개 던지는 실험을 다시 생각해 보자. 적어도 한 개가 앞면이 나왔다고 할 때, 두 개 이상 앞면이 나올 확률은 얼마인가?

풀이 A를 적어도 한 개 앞면이 나올 사건, B를 두 개 이상 앞면이 나올 사건이라 하면

$$A=\{HHH,\ HHT,\ HTH,\ THH,\ HTT,\ THT,\ TTH\}$$
$$B=\{HHH,\ HHT,\ HTH,\ THH\}$$

이므로 구하는 조건부 확률은

$$\begin{aligned}P(B|A)&=\frac{P(A\cap B)}{P(A)}\\&=\frac{4/8}{7/8}=\frac{4}{7}\end{aligned}$$

이다. 물론 이 조건부 확률은 주어진 조건 A하에서의 가능한 결과 7개 중에서 B가 발생할 경우가 4개이므로 $\frac{4}{7}$로 생각할 수 있다. ■

예제 2.4.2 육면체 주사위가 있는데, 이 주사위를 던질 때 홀수의 눈금이 나타날 가능성이 짝수의 눈금이 나타날 가능성의 두 배라 하자. 이 주사위를 한 번 던져, 정수의 제곱이 되는 눈금이 나타날 확률은 얼마인가? 나타난 눈금이 3보다 크다고 할 때, 그 눈금이 정수의 제곱일 확률은 얼마인가?

풀이 표본공간은 $S=\{1, 2, 3, 4, 5, 6\}$이므로, 짝수가 나타날 확률을 w라 하면 홀수가 나타날 확률은 $2w$가 된다. 따라서 $2w+w+2w+w+2w+w=9w=1$이므로 $w=\frac{1}{9}$이 된다. 즉, 짝수가 나타날 확률은 $\frac{1}{9}$이고 홀수가 나타날 확률은 $\frac{2}{9}$이다. A를 나타난 눈금이 3보다 큰 사건이라 하고 B를 나타난 눈금이 정수의 제곱이 되는 사건이라 하면, $A=\{4, 5, 6\}$, $B=\{1, 4\}$이며, $A\cap B=\{4\}$이다. 그러므로

$$P(B)=\frac{2}{9}-\frac{1}{9}=\frac{1}{3}$$

이고

$$P(A\cap B)=\frac{1}{9}\text{이며 } P(A)=\frac{1}{9}+\frac{2}{9}+\frac{1}{9}=\frac{4}{9}$$

이므로

$$P(B|A)=\frac{P(A\cap B)}{P(A)}=\frac{1/9}{4/9}=\frac{1}{4}$$

이다. ■

조건부 확률은 확률 본래의 정의를 만족하므로 확률의 성질들이 모두 성립된다.

정리 2.4.1

조건부 확률의 정의에 의해 다음이 성립됨을 쉽게 증명할 수 있다.

(i) $P(S|B)=1$ (2.4.2)

(ii) $0\le P(A|B)\le 1$ (2.4.3)

(iii) $A_1, A_2, \ldots$가 상호배반인 사건들이면, 다음이 성립된다.

$$P\left(\bigcup_{i=1}^{\infty} A_i \middle| B\right) = \sum_{i=1}^{\infty} P(A_i | B) \tag{2.4.4}$$

정의 2.4.1에 의해 다음의 곱셈정리를 쉽게 얻을 수 있다.

정리 2.4.2 **곱셈정리** (multiplication theorem)

어떤 사건 A와 B가 $P(A)>0$, $P(B)>0$일 때, 다음이 성립된다.

$$P(A \cap B) = P(B)P(A|B) = P(A)P(B|A) \tag{2.4.5}$$

예제 2.4.3 한 학생이 수학을 신청할 것인지 통계학을 신청할 것인지 결정하지 못하고 있다. 그는 실제로 통계학을 좋아하지만 A학점을 받을 확률이 수학은 $\frac{2}{3}$이며, 통계학은 $\frac{3}{5}$이라고 추정할 수 있다. 그가 한 개의 동전을 던져 신청과목을 결정한다면, 그가 통계학을 신청하여 A학점을 받을 확률은 곱셈정리를 이용하여 구할 수 있다. B를 그가 통계학을 신청할 사건, A를 그가 어떤 과목을 신청하든 A학점을 받을 사건이라 하면 구하는 확률은

$$P(A \cap B) = P(B)P(A|B) = \frac{1}{2}\left(\frac{3}{5}\right) = \frac{3}{10}$$

이다. ■

정리 2.4.2를 좀더 일반화하면 다음 정리를 얻을 수 있다.

정리 2.4.3

$P(A_i)>0$인 사건 $A_i (i=1, 2, \ldots, k)$에 대해 다음이 성립된다.

$$P(A_1 \cap A_2 \cap \cdots \cap A_k) = P(A_1)P(A_2|A_1)P(A_3|A_1 \cap A_2) \cdots P(A_k|A_1 \cap \cdots \cap A_{k-1}) \tag{2.4.6}$$

예제 2.4.4 한 상자에 25개의 제품이 들어 있는데, 그 중 6개가 불량품이다. 만일 3개를 계속해서 비복원추출로 그 상자에서 하나씩 선택한다면, 선택된 세 개 모두 불량품일 확률은 얼마인가?

풀이 A를 첫 번째 선택한 제품이 불량품일 사건이라 하고, B를 두 번째 선택한 제품이 불량품인 사건이라 하며, C를 세 번째 선택한 제품이 불량품인 사건이라 하자. 그러면

$$P(A)=\frac{6}{25},\ P(B\mid A)=\frac{5}{24},\ P(C\mid A\cap B)=\frac{4}{23}$$

이므로

$$\begin{aligned}P(A\cap B\cap C)&=P(A)P(B\mid A)P(C\mid A\cap B)\\&=\frac{6}{25}\left(\frac{5}{24}\right)\left(\frac{4}{23}\right)\\&=\frac{1}{115}\end{aligned}$$

이다. ■

예제 2.4.5 항아리에 검은 공 4개, 녹색 공 3개, 흰 공 5개가 들어 있다. 이 항아리에서 3개의 공을 비복원추출할 때, 녹색 공, 흰 공, 검은 공의 순서대로 추출될 확률은 얼마인가?

풀이 G_1을 처음 추출한 공이 녹색일 사건, W_2를 두 번째 추출한 공이 흰색일 사건, B_3를 세 번째 추출한 공이 검은색일 사건이라 하자. 그러면

$$P(G_1)=\frac{3}{12},\ P(W_2\mid G_1)=\frac{5}{11},\ P(B_3\mid G_1\cap W_2)=\frac{4}{10}$$

이므로 정리 2.4.3에 의해 구하는 확률은

$$\begin{aligned}P(G_1\cap W_2\cap B_3)&=P(G_1)P(W_2\mid G_1)P(B_3\mid G_1\cap W_2)\\&=\frac{3}{12}\left(\frac{5}{11}\right)\left(\frac{4}{10}\right)\\&=\frac{1}{22}\end{aligned}$$

이다. ■

2.4.2 베이즈 법칙

하나의 사건 A를 두 개 또는 그 이상의 상호배반인 사건의 합으로 분할하는 것이 종종 유용하다. 예를 들어, $A=(A\cap B)\cup(A\cap B^c)$로 분할되므로

$$\begin{aligned} P(A) &= P(A\cap B)+P(A\cap B^c) \\ &= P(A\mid B)P(B)+P(A\mid B^c)P(B^c) \end{aligned} \tag{2.4.7}$$

로 나타낼 수 있다.

위의 결과를 k개의 상호배반인 사건으로 확장시켜 다음 정리를 얻을 수 있다.

정리 2.4.4 **총확률의 법칙** (law of total probability)

$B_1, \ldots, B_k$가 상호배반이고 전체를 이루는 사건(즉 $i\neq j$일 때, $B_i\cap B_j=\varnothing$이고, $B_1\cup\cdots\cup B_k=S$를 만족하는 사건)일 때, 어떤 사건 A에 대해

$$P(A)=\sum_{i=1}^{k}P(B_i)P(A\mid B_i) \tag{2.4.8}$$

이다.

증명 $B_1\cup B_2\cup\cdots\cup B_k=S$이므로

$$\begin{aligned} A &= A\cap(B_1\cup B_2\cup\cdots\cup B_k) \\ &= (A\cap B_1)\cup(A\cap B_2)\cup\cdots\cup(A\cap B_k) \end{aligned}$$

이다. $B_1, \ldots, B_k$가 상호배반이므로, $A\cap B_1,\ A\cap B_2, \ldots, A\cap B_k$도 상호배반이다. 따라서

$$\begin{aligned} P(A) &= P(A\cap B_1)+P(A\cap B_2)+\cdots+P(A\cap B_k) \\ &= \sum_{i=1}^{k}P(B_i)P(A\mid B_i) \end{aligned}$$

이다. ✣

정리 2.4.5 **베이즈 법칙 (Bayes' rule)**

총확률의 법칙의 조건이 만족되면, 각 $j=1, 2, ..., k$에 대해, 다음이 성립된다.

$$P(B_j|A)=\frac{P(B_j)P(A|B_j)}{\sum_{i=1}^{k}P(B_i)P(A|B_i)} \tag{2.4.9}$$

예제 2.4.6 항아리 A에는 흰 공 4개와 붉은 공 3개, 항아리 B에는 흰 공 2개와 붉은 공 3개가 들어 있다. 항아리 A에서 무작위로 한 개의 공을 택하여 항아리 B에 넣은 다음 항아리 B에서 1개의 공을 무작위로 택한다.

(a) 항아리 B에서 택한 공이 흰 공일 확률은 얼마인가?

(b) 항아리 B에서 택한 공이 흰 공이었다면, 옮겨진 공이 흰 공일 조건부 확률은 얼마인가?

풀이 W_1을 옮겨진 공이 흰 공일 사건, W_2를 항아리 B에서 택한 공이 흰 공일 사건이라 하면 구하는 확률은 다음과 같다.

(a)
$$\begin{aligned} P(W_2) &= P(W_2|W_1)P(W_1)+P(W_2|W_1^c)P(W_1^c) \\ &= \frac{3}{6}\left(\frac{4}{7}\right)+\frac{2}{6}\left(\frac{3}{7}\right) \\ &= \frac{3}{7} \end{aligned}$$

(b)
$$\begin{aligned} P(W_1|W_2) &= \frac{P(W_1\cap W_2)}{P(W_2)} \\ &= \frac{P(W_2|W_1)P(W_1)}{P(W_2)}=\frac{2}{3} \end{aligned}$$

■

예제 2.4.7 볼트 제조공장에서 기계 I, II, III은 각각 전체의 20%, 30%, 50%를 생산하고, 각각 그들 생산품의 5%, 3%, 2%는 결함이 있다고 할 때, 무작위로 하나의 볼트를 택했다.

(a) 그것이 결함 있는 것일 확률은 얼마인가?

(b) 결함 있는 것이 선택되었을 경우 그것이 기계 I에서 생산되었을 확률은 얼마인가?

풀이 결함이 있는 사건을 D로 표시하자.

(a) $P(D)=P(D|\text{I})P(\text{I})+P(D|\text{II})P(\text{II})+P(D|\text{III})P(\text{III})$

$$= 0.05(0.2) + 0.03(0.3) + 0.02(0.5) = 0.029$$

(b) $$P(\mathrm{I}|D) = \frac{P(\mathrm{I} \cap D)}{P(D)} = \frac{P(D|\mathrm{I})P(\mathrm{I})}{P(D)}$$

$$= \frac{0.05(0.2)}{0.029} = \frac{10}{29}$$

■

예제 2.4.8 암 진단 검사는 실제로 암에 걸려 있는 사람과 그렇지 않은 사람 모두 97% 정확하게 진단할 수 있으며, 모집단의 0.5%가 암에 걸려 있다고 하자. 검사결과 암에 걸렸다고 진단을 내렸다면, 검사받은 사람이 실제로 암에 걸렸을 확률은 얼마인가?

풀이 E를 검진에서 암에 걸렸다고 진단을 내릴 사건, D를 실제로 암에 걸려 있을 사건이라 하면, 구하는 확률은

$$\begin{aligned} P(D|E) &= \frac{P(D \cap E)}{P(E)} \\ &= \frac{P(E|D)P(D)}{P(E|D)P(D) + P(E|D^c)P(D^c)} \\ &= \frac{0.97(0.005)}{0.97(0.005) + 0.03(0.995)} \\ &= \frac{97}{694} \\ &\approx 0.1398 \end{aligned}$$

이다.

■

연습문제

2.4.1 항아리에 검은 공 5개, 흰 공 3개, 녹색 공 2개가 들어 있다. 이 항아리에서 3개를 무작위로 비복원추출할 때, 정확히 1개가 검은 공이었다면 각 색깔의 공이 1개씩 포함되어 있을 확률을 구하라.

2.4.2 한 상자에 20개의 양품과 5개의 불량품이 들어 있다. 이 상자에서 무작위로 연속해서 3개의 상품을 택하여 검사를 한다. 이때 다음을 구하라.

(a) 처음 두 상품이 양품이었을 때, 세 번째도 양품일 확률

(b) 처음 두 상품이 하나는 양품 하나는 불량품일 때, 세 번째 상품이 불량품일 확률

2.4.3 항아리에 흰 공 4개를 포함하여 6개의 공이 들어 있다. 주사위를 던져 나타난 눈금의 수만큼 항아리로부터 비복원으로 공을 꺼낸다.

(a) 꺼낸 모든 공이 흰색일 확률은 얼마인가?

(b) 꺼낸 모든 공이 흰색이라면, 던진 주사위 눈금이 3일 조건부 확률은 얼마인가?

2.4.4 항아리 A에는 붉은 공 4개와 흰 공 3개가 들어 있고 항아리 B에는 붉은 공 3개와 흰 공 4개가 들어 있다. 공정한 동전을 던져 앞면이 나타나면 항아리 A에서 한 개의 공을 꺼내고 뒷면이 나타나면 항아리 B에서 한 개의 공을 꺼낸다.

(a) 붉은 공이 선택될 확률을 구하라.

(b) 선택된 공이 붉은 공이라면 동전을 던져 뒷면이 나타났을 확률을 구하라.

2.4.5 어느 학교 대학원생의 80%가 어떤 종류든지 장학금을 받고 있고, 장학금을 받은 학생의 20%가 아르바이트를 하고 있다면, 무작위로 선택된 대학원생이 장학금을 받으며 아르바이트를 하고 있을 확률은 얼마인가?

2.4.6 1부터 20까지의 정수에서 무작위로 3개의 서로 다른 정수를 택할 때, 다음을 구하라.

(a) 세 정수의 합이 홀수일 확률

(b) 세 정수의 곱이 홀수일 확률

(c) 합이 홀수라는 사실을 안다면, 곱이 홀수일 확률

2.4.7 한 쌍의 쌍둥이가 모두 남자일 확률은 0.3이고 모두 여자일 확률은 0.25라 하자. 어느 어린이든 여자일 확률과 남자일 확률이 같을 때, 다음을 구하라.

(a) 쌍둥이의 첫 번째 아이가 남자라 할 때, 두 번째도 남자일 확률

(b) 쌍둥이의 첫 번째 아이가 여자라 할 때, 두 번째도 여자일 확률

2.4.8 항아리에 검은 공 5개와 흰 공 7개가 들어 있다. 이 항아리에서 무작위 비복원추출로 4개의 공을 꺼낼 때, 다음을 구하라.

(a) 색상이 교대로 나타날 확률

(b) 세 번째 선택에서 처음으로 흰 공이 나타날 확률

2.4.9 어느 한 도시에 거주하는 인구의 약 0.1%가 AIDS 증후군을 일으킨다고 믿고 있는 HIV 바이러스를 갖고 있다고 하자. 매우 훌륭한 혈액 검사는 환자가 HIV 바이러스를 갖고 있다면 검사 결과는 90% 양성반응을 보이고, HIV 바이러스를 갖고 있지 않다면 96%는 음성반응을 보인다고 한다.

(a) 이 도시에서 무작위로 한 사람을 선택하여 이 혈액 검사를 했을 때 HIV에 대해 양성반응을 보일 확률은 얼마인가?

(b) 환자가 혈액검사에서 음성반응이 나타났다면, 그가 실제 HIV 바이러스를 가지고 있을 확률은 얼마인가?

2.4.10 임산부가 흡연자인 경우 비흡연자보다 자궁외 임신을 할 가능성이 두 배라 한다. 분만 연령의 여성 중 20%가 흡연자이면, 자궁외 임신을 한 여성의 몇 퍼센트가 흡연자인가?

2.4.11 항아리 I에는 붉은 공 5개와 흰 공 4개가 들어 있다. 이 항아리에서 4개를 무작위로 비복원추출하여 비어 있는 항아리 II에 넣는다. 그리고 항아리 II에서 무작위로 한 개의 공을 꺼내는데 이 공이 흰 공이라 할 때, 2개의 붉은 공과 2개의 흰 공을 항아리 I에서 꺼냈을 확률은 얼마인가?

2.4.12 주사위 A는 4면이 빨간색이고 2면이 파란색이며, 주사위 B는 2면이 빨간색이고 4면이 파란색이다. 먼저 한 개의 동전을 던져 앞면이 나오면 주사위 A를 사용하고 뒷면이 나오면 주사위 B를 사용한다.

(a) 각 시행에서 빨간색이 나타날 확률은 1/2임을 보여라.

(b) 처음 두 번 빨간색이 나왔다면, 세 번째도 빨간색이 나올 확률은 얼마인가?

(c) 처음 두 번 빨간색이 나왔다면, 주사위 A를 사용했을 확률은 얼마인가?

2.4.13 한 남자가 15개의 열쇠를 가지고 있는데 그 문을 열 수 있는 열쇠는 하나뿐이다. 무작위로 하나의 열쇠를 택하여 문을 열어보고 열리지 않으면 그 열쇠는 버린다. 6번째 시도에서 문을 열 확률은 얼마인가?

2.4.14 항아리에 붉은 공 5개와 흰 공 4개가 들어 있다. 항아리에서 한 개의 공을 무작위로 꺼내 색을 확인한 후 다른 색의 공 3개와 함께 항아리에 다시 넣는다. 그리고 두 번째 공을 항아리에서 꺼낸다. 다음을 구하라.

(a) 두 번째 선택한 공이 붉은 색일 확률

(b) 선택한 두 공이 모두 같은 색일 확률

(c) 두 번째 공이 붉은색이라고 할 때, 첫 번째 선택한 공이 흰색일 확률

2.4.15 대학생의 40%가 남자이고 60%가 여자이다. 여학생의 30%와 남학생의 60%가 담배를 피운다. 한 학생이 담배를 핀다고 할 때 그 학생이 남학생일 확률은 얼마인가?

2.4.16 항아리에 8개의 흰 공을 포함하여 12개의 공이 있다. 이 중에서 4개의 공을 무작위로 다음과 같은 방법으로 추출한다. 이때 정확히 3개가 흰 공이라면, 처음과 세 번째 추출된 공이 흰 공일 조건부 확률은 얼마인가?

(a) 복원추출인 경우

(b) 비복원추출인 경우

2.4.17 어떤 가정에 두 명의 아이가 있다. 그들 중 적어도 한 명이 남자라 할 때, 두 명 모두 남자일 확률은 얼마인가? 단 $P(\text{남자})=\frac{1}{2}$이다.

2.4.18 호주머니 안에 3개의 동전이 들어 있는데, 그 중 1개는 양면 모두 앞면으로 되어 있고, 나머지 두 개는 정상적인 동전이다. 무작위로 한 개를 택하여 세 번 던진다.

(a) 세 번 모두 앞면이 나올 확률을 구하라.

(b) 만일 앞면이 세 번 나왔다면, 양면 모두 앞면인 동전일 확률은 얼마인가?

2.4.19 상자 속에 3개의 동전이 있는데 하나는 양면 모두 앞면인 동전, 다른 하나는 정상적인 동전, 또 다른 하나는 양면 모두 뒷면인 동전이다. 3개의 동전 중에서 무작위로 하나를 골라 던졌을 때 앞면이 나왔다면, 다음을 구하라.

(a) 선택된 동전이 양면 모두 앞면일 확률

(b) 한 번 더 동전을 던진다면 앞면이 나올 확률

2.4.20 모양이 같은 세 개의 캐비닛에 각각 서랍이 두 개씩 있다. 각 서랍에는 한 개의 동전이 들어 있다. 캐비닛 A에는 두 개의 금화가 들어 있고, 캐비닛 B에는 두 개의 은화가, C에는 한 개의 금화와 한 개의 은화가 들어 있다. 한 캐비닛을 무작위로 선택하여 서랍 하나를 열었을 때 은화가 발견되었다.

(a) 그 캐비닛의 다른 서랍에 은화가 있을 확률은 얼마인가?

(b) 캐비닛 C를 선택했을 확률은 얼마인가?

2.4.21 5개의 불량품과 7개의 양품이 들어 있는 항아리에서 5개를 무작위로 비복원추출한다. 적어도 3개의 불량품이 포함되어 있다고 할 때, 정확히 두 개의 양품을 포함할 확률은 얼마인가?

2.4.22 서랍 A에는 10원짜리 동전 5개와 100원짜리 동전 3개가 들어 있고, 서랍 B에는 10원짜리 동전 3개와 100원짜리 동전 7개가 들어 있다. 무작위로 하나의 서랍을 택하여 한 개의 동전을 꺼낸다.

(a) 100원짜리 동전을 꺼낼 확률을 구하라.

(b) 100원짜리 동전이 나왔다면, 그것이 서랍 B에서 나왔을 확률을 구하라.

2.4.23 $P(A\cap B)>0$이고 $P(B|A)=aP(A|B)$일 때, $P(A)/[P(A)+P(B)]$를 구하라.

2.4.24 세 사건 E, F, G에 대해 다음을 증명하라.

$$P(E|F)=P(E|F\cap G)P(G|F)+P(E|F\cap G^c)P(G^c|F)$$

2.4.25 $P(A)=P(B)=0.5$, $P(A|B)=1/3$일 때, $P(A\cap B^c)$를 구하라.

2.4.26 4장의 에이스를 포함한 52장의 카드 한 벌을 13장씩 4명에게 무작위로 나누어 준다. 각자 한 장씩 에이스를 가질 확률 p를 결정하고자 한다. E_i를 i번째 사람이 정확히 한 장의 에이스를 가질 사건이라 하자. 곱셈법칙을 이용하여 $p=P(E_1\cap E_2\cap E_3\cap E_4)$를 구하라.

2.5 • 독립사건

앞 절에서 정의한 조건부 확률 $P(A|B)$는 일반적으로 $P(A)$와 같지 않다. 다시 말해 B가 발생하면 일반적으로 A가 발생하는 데 영향을 미친다. 그러나 특별히 $P(A|B)$가 $P(A)$와 같아지는 경우가 있는데, 이때 A와 B가 독립이라 한다.

정의 2.5.1

두 사건 A와 B가

$$P(A \cap B) = P(A)P(B) \tag{2.5.1}$$

를 만족할 때, A와 B는 **독립**(independent)이라 하고 그렇지 않을 때 **종속**(dependent)이라 한다.

예제 2.5.1 두 개의 주사위를 던지는 실험을 생각하자. A는 두 주사위 눈금의 합이 5 이하인 사건, B는 4의 눈금이 나타난 사건이라 하면

$$P(A \cap B) = P(\{(4,\ 1),\ (1,\ 4)\}) = \frac{2}{36}$$

인 반면

$$P(A)P(B) = \frac{5}{18}\left(\frac{11}{36}\right) = \frac{55}{648}$$

이므로 A와 B는 독립이 아니다. ■

정리 2.4.2의 곱셈정리로부터 다음 정리를 얻을 수 있다.

정리 2.5.1

A와 B가 $P(A)>0$, $P(B)>0$를 만족하는 두 개의 사건일 때, 두 사건 A와 B가 독립일 필요충분조건은 다음과 같다.

$$P(A|B)=P(A) \text{ 또는 } P(B|A)=P(B) \tag{2.5.2}$$

예제 2.5.2 예제 2.3.1에서 $B=\{HHH, HHT, TTH, HTH\}$라 하면,

$$P(A|B)=\frac{P(A\cap B)}{P(B)}=\frac{1/8}{4/8}=\frac{1}{4}=P(A)$$

이므로, A와 B는 독립이다. ■

정리 2.5.2

두 사건 A와 B가 독립이면, 다음 사건들도 독립이다.

(a) A와 B^c

(b) A^c와 B

(c) A^c와 B^c

증명 A와 B가 독립일 때, A와 B^c가 독립임을 보이면 충분하다.

$$A=A\cap S=A\cap(B\cup B^c)=(A\cap B)\cup(A\cap B^c)$$

이므로

$$\begin{aligned}P(A)&=P[(A\cap B)\cup(A\cap B^c)]=P(A\cap B)+P(A\cap B^c) \text{ (상호배반이므로)}\\&=P(A)P(B)+P(A\cap B^c)\end{aligned}$$

이다. 따라서

$$\begin{aligned}P(A\cap B^c)&=P(A)-P(A)P(B)\\&=P(A)[1-P(B)]\\&=P(A)P(B^c)\end{aligned}$$

이다. 즉 A와 B^c가 독립이다. ✤

다음은 세 개 이상의 사건들에 대해 독립의 개념을 확장 정의한 것이다.

정의 2.5.2

$A_1, \ldots, A_k$가 사건일 때

$$P(A_i \cap A_j) = P(A_i)P(A_j), \quad i, j = 1, 2, \ldots, k \tag{2.5.3}$$

를 만족하면 $A_1, \ldots, A_k$는 쌍별로 독립 (pairwise independent)이라 한다.

이제 이 조건보다 더 강한 상호독립을 정의한다.

정의 2.5.3

모든 $j = 2, 3, \ldots, k$와 서로 다른 지수들 $i_1, i_2, \ldots, i_j$의 모든 부분집합에 대해

$$P(A_{i_1} \cap A_{i_2} \cap \cdots \cap A_{i_j}) = P(A_{i_1})P(A_{i_2}) \cdots P(A_{i_j}) \tag{2.5.4}$$

가 성립하면 k개의 사건들 $A_1, \ldots, A_k$는 독립 또는 상호독립 (mutually independent)이라 한다.

간단히, 세 사건에 대해 독립의 정의를 생각해 보면

$$\begin{aligned} P(A_1 \cap A_2) &= P(A_1)P(A_2) \\ P(A_1 \cap A_3) &= P(A_1)P(A_3) \\ P(A_2 \cap A_3) &= P(A_2)P(A_3) \end{aligned} \tag{2.5.5}$$

조건을 만족하면 A_1, A_2, A_3는 쌍별로 독립이며, 위 조건과 함께

$$P(A_1 \cap A_2 \cap A_3) = P(A_1)P(A_2)P(A_3) \tag{2.5.6}$$

을 만족하면, A_1, A_2, A_3는 상호독립이다.

예제 2.5.3 세 개의 독립된 성분이 직렬로 연결되어 있다. 각 성분이 고장날 확률이 p일 때, 그 시스템이 고장나지 않을 확률은 얼마인가?

풀이 각 성분이 직렬로 연결되어 있기 때문에 모든 성분들이 고장나지 않고 작동될 때 그 시스템이 작동되므로 구하고자 하는 확률은

$$P(\text{I} \cap \text{II} \cap \text{III}) = P(\text{I})P(\text{II})P(\text{III}) = (1-p)^3$$

이다. 여기서 I, II, III은 첫 번째, 두 번째, 세 번째 성분이 각각 작동할 사건이다. ■

세 개 이상의 사건에 대해 독립을 생각할 때, 정의에서 알 수 있듯이 두 개씩 쌍으로 독립이 성립한다고 하여 항상 상호독립이 되는 것은 아니다.

예제 2.5.4 집합 $\{1, 2, 3, 4\}$에서 한 숫자를 무작위로 선택한다고 하자. 그리고 $A = \{1, 3\}$, $B = \{1, 2\}$, $C = \{1, 4\}$라 하면

$$P(A \cap B) = P(B \cap C) = P(A \cap C) = P(\{1\}) = \frac{1}{4}$$

이고

$$P(A) = P(B) = P(C) = \frac{1}{2}$$

이다. 따라서 A, B, C는 서로 쌍별로 독립이다. 그러나

$$P(A \cap B \cap C) = P(\{1\}) = \frac{1}{4} \neq \frac{1}{2}\left(\frac{1}{2}\right)\left(\frac{1}{2}\right) = P(A)P(B)P(C)$$

이므로 A, B, C가 상호독립은 아니다. ■

예제 2.5.5 집합 $\{1, 2, 3, 4, 5\}$에서 한 숫자를 택하는 실험을 생각해 보자. 각 숫자가 선택될 확률이 다음과 같다고 하자.

$$P(\{1\}) = \frac{1}{8},\ P(\{2\}) = P(\{3\}) = P(\{4\}) = \frac{3}{16},\ P(\{5\}) = \frac{5}{16}$$

그리고

$$A = \{1, 2, 3\},\ B = \{1, 2, 4\},\ C = \{1, 3, 4\}$$

라 하면

$$A \cap B = \{1, 2\},\ A \cap B \cap C = \{1\}$$

이므로

$$P(A \cap B \cap C) = \frac{1}{8} = \frac{1}{2}\left(\frac{1}{2}\right)\left(\frac{1}{2}\right) = P(A)P(B)P(C)$$

는 성립되지만

$$P(A \cap B) = \frac{5}{16} \neq \frac{1}{2}\left(\frac{1}{2}\right) = P(A)P(B)$$

이다. 따라서 A, B, C는 상호독립이 아니다. ■

예제 2.5.6 예제 2.2.1에서 생각한 세 개의 동전을 던지는 실험에서 H_i, $i = 1, 2, 3$을 i 번째 동전이 앞면이 나타난 사건이라 하자. 즉,

$$H_1 = \{HHH, HHT, HTH, HTT\}$$

이다. 그러면

$$H_1 \cap H_2 \cap H_3 = \{HHH\},\ H_1 \cap H_2 = \{HHH, HHT\},$$
$$H_2 \cap H_3 = \{HHH, THH\},\ H_1 \cap H_3 = \{HHH, HTH\}$$

이므로

$$\begin{aligned} P(H_1 \cap H_2 \cap H_3) &= P(\{HHH\}) \\ &= \frac{1}{8} = \frac{1}{2}\left(\frac{1}{2}\right)\left(\frac{1}{2}\right) = P(H_1)P(H_2)P(H_3) \end{aligned}$$

이고

$$P(H_1 \cap H_2) = P(\{HHH, HHT\}) = \frac{2}{8} = \frac{1}{2}\left(\frac{1}{2}\right) = P(H_1)P(H_2)$$

가 성립하므로 H_1, H_2, H_3는 상호독립이다. 그 외 조건의 증명은 동일하기 때문에 생략한다. ■

연습문제

2.5.1 한 쌍의 공정한 주사위를 던진다. 이때 E를 두 주사위에 나타난 눈금의 합이 7인 사건이라 하자.

(a) E는 첫 번째 주사위의 눈금이 4인 사건 F와 독립임을 보여라.

(b) E는 두 번째 주사위의 눈금이 3인 사건 G와 독립임을 보여라.

2.5.2 $P(A)=0.3,\ P(B)=0.6$이다.

(a) A와 B가 독립일 때 $P(A\cup B)$를 구하라.

(b) A와 B가 상호배반일 때 $P(A|B)$를 구하라.

2.5.3 $P(A)=0.3,\ P(A\cup B)=0.7$이라 하자.

(a) $P(B)$가 얼마일 때 A와 B는 상호배반인가?

(b) $P(B)$가 얼마일 때 A와 B는 독립인가?

2.5.4 A와 B가 주사위를 던지는 게임을 한다. A가 먼저 시작하여 A와 B가 교대로 주사위를 던져 먼저 6이 나오는 사람이 이긴다. A가 이길 확률은 얼마인가?

2.5.5 A와 B가 독립이고 $P(A)=P(B)$이며 $P(A\cup B)=0.5$일 때, $P(A)$를 구하라.

2.5.6 A와 B가 독립이고 $P(A)=1/4,\ P(B)=3/4$일 때, 다음을 구하라.

(a) $P(A\cup B)$　　(b) $P(A|A\cup B)$　　(c) $P(B|A\cup B)$

2.5.7 두 개의 주사위를 던지는 실험에서 A는 두 주사위 모두 동일한 눈금이 나올 사건, B는 두 주사위 눈금의 합이 7부터 10까지인 사건, C는 두 주사위 눈금의 합이 2, 7 또는 8인 사건이다. $A,\ B,\ C$가 상호독립인가?

2.5.8 공정한 동전을 두 번 던진다. A를 첫 번째 시행에서 앞면이 나타날 사건, B를 두 번째 시행에서 앞면이 나타날 사건, C를 정확히 한 번 앞면이 나타날 사건이라 하자.

(a) $A,\ B,\ C$가 쌍별로 독립인가?

(b) $A,\ B,\ C$가 상호독립인가?

2.5.9 공정한 주사위를 두 번 던진다. A는 처음 던진 주사위의 눈금이 5나 6인 사건, B는 두 번째 주사위의 눈금이 5인 사건, C는 두 번 모두 동일한 눈금이 나올 사건이라 할 때, A, B, C는 쌍별로 독립인가? A, B, C는 상호독립인가?

2.5.10 검은 색 주사위와 흰색 주사위 한 쌍을 던질 때, A는 검은 색 주사위의 눈금이 3, 4 또는 5일 사건, B는 흰색 주사위의 눈금이 1 또는 2일 사건, C는 두 주사위 눈금의 합이 7인 사건이라 하자.

(a) A, B, C가 쌍별로 독립인가?

(b) A, B, C가 상호독립인가?

2.5.11 어떤 도시에 7명으로 구성된 지방의회 의원 중 3명이 운영위원이다. 새로운 법령의 규정은 먼저 운영위원회에 제시하여 운영위원 3명 중 적어도 2명이 찬성하면 의회에 제출한다. 그리고 법령이 제정되기 위해서는 의회 의원 전원 참석에 적어도 4명이 찬성해야 된다. 이제 새로운 법령이 제시되었으며 각 지방의회 의원은 독립적으로 그 법령에 찬성할 확률이 p라 가정한다. 운영위원 중 어느 한 위원의 표가 번복되면 법률 제정의 최종 결정이 바뀌게 된다는 의미에서, 그 사람의 표가 결정적일 확률은 얼마인가?

2.5.12 어떤 사격수가 한 번의 사격에서 목표물에 명중시킬 확률은 0.9이고, 반복사격들은 독립이다. 그는 권총 두 점을 가졌는데, 하나는 총알이 두 개, 다른 하나는 총알이 한 개 장전되어 있다. 그가 무작위로 하나의 권총을 택하여 총알이 없어질 때까지 목표물에 사격한다면 목표물을 정확히 한 번 명중시킬 확률은 얼마인가?

2.5.13 $P(A)=0.3$, $P(B)=0.3$, $P(C)=0.2$일 때, 다음 가정하에서 $P(A\cup B\cup C)$를 구하라.

(a) A, B, C는 상호배반

(b) A, B, C는 독립

2.5.14 한 상자에 번호 111, 221, 212, 122인 4장의 복권이 들어 있다. 한 장을 무작위 로 뽑아 $A_i(i=1,\ 2,\ 3)$를 i번째 위치에 2가 있는 사건이라 하면, A_1, A_2, A_3가 상호독립인지 아닌지를 밝혀라.

2.5.15 A와 B가 상호배반인 사건이면, A와 B가 독립일 필요충분조건이 $P(A)$나 $P(B)$ 중 적어도 하나가 0임을 보여라.

2.5.16 $A_1, \ldots, A_n$이 상호독립 사건이면, 다음이 성립됨을 보여라.

$$P\left(\bigcup_{i=1}^{n} A_i\right) = 1 - \prod_{i=1}^{n} P(A_i^c)$$

2.5.17 $P(E_1 | E_2 \cap F) = P(E_1 | F)$가 성립하면 사건 F가 주어진 경우 사건 E_1과 E_2가 조건부 독립(conditional independent)이라 한다. 사건 F가 주어진 경우 E_1과 E_2가 조건부 독립일 필요충분조건이

$$P(E_1 \cap E_2 | F) = P(E_1 | F) P(E_2 | F)$$

임을 보여라.

제3장

확률변수

3.1 • 서론

많은 실험에서 원래의 확률구조보다는 요약된 변수를 취급하는 것이 더 용이하다. 표본공간이 주어진 경우, 확률이론의 중요한 목적은 관심의 대상이 되는 사건들의 확률을 계산하는 것이다. 그러한 계산은 표본공간을 실수들의 부분집합으로 변환함으로 용이하게 해결될 수 있다. 실제로, 동전을 10번 던진다면, 표본공간에 속하는 2^{10}가지의 가능한 결과 중 어떤 결과가 발생했는지에 관심이 있는 것이 아니라 앞면이 모두 몇 번 나타났는지를 알고자 할 것이다. 운에 맡겨진 게임에서도 어떤 게임자의 순이득과 손실에 관심을 가질 것이다. 이 장에서는 이러한 실숫값 함수인 확률변수의 정의와 성질에 대해 살펴본다.

3.2 • 확률변수와 분포함수

실험이 실행될 때 실제 결과 그 자체보다는 주로 결과들의 어떤 함수에 관심을 갖는 경우가 많다. 예를 들어, 두 개의 주사위를 던질 때 종종 두 주사위 눈금의 합에 관심을 갖게 된다. 즉, 두 주사위 눈금의 합이 8인 경우에 관심을 가질 수 있는데, 이 경우는 실제 결과 (2, 6), (3, 5), (4, 4), (5, 3), (6, 2) 각각에 관계 없이 합이 8인 경우에만 관심을 갖게 된다. 이와 같이 실험에서 실제 결과보다는 그에 대응되는 수치적인 값에 관심이 있을 수 있다. 이 실숫값 함수를 정의하고자 한다.

정의 3.2.1 **확률변수**(random variable)

확률변수 X는 표본공간 S의 가능한 각 결과 e에 대해 $X(e)=x$의 실숫값으로 대응되는 표본공간상에서 정의된 실숫값 함수이다.

확률변수는 X, Y, Z 등과 같이 대문자로 표시하고, 확률변수가 취하는 값은 x, y, z 등과 같이 소문자로 표시한다.

확률변수의 개념은 임의의 표본공간 S를 실수들의 집합으로 구성된 표본공간으로 대응시키고, 관심 있는 사건들을 실수들의 부분집합에 대응시킨다. 만일 그러한 실숫값 사건을 A

라 하면,

$$B = \{e \mid e \in S\text{이고 } X(e) \in A\} \tag{3.2.1}$$

는 주어진 표본공간 S에 속하는 사건이다. A와 B가 다른 공간상의 부분집합이지만, A와 B는 동등사건 (equivalent event)이라 하고

$$P[X \in A] = P(B) \tag{3.2.2}$$

로 나타낸다.

예제 3.2.1 예제 2.2.1에서 생각한 동전 3개를 던지는 실험에서 X를 앞면이 나타난 동전의 개수라 하자. 그러면 X는 다음과 같은 확률을 갖는 확률변수가 된다.

$$P[X=0] = P(\{TTT\}) = \frac{1}{8}$$

$$P[X=1] = P(\{TTH,\ THT,\ HTT\}) = \frac{3}{8}$$

$$P[X=2] = P(\{THH,\ HTH,\ HHT\}) = \frac{3}{8}$$

$$P[X=3] = P(\{HHH\}) = \frac{1}{8}$$

■

예제 3.2.1에서 $A = \{0,\ 1,\ 2\}$라 하면

$$\begin{aligned} B &= \{e \mid e \in S\text{이고 } X(e) \in A\} \\ &= \{TTT,\ TTH,\ THT,\ HTT,\ THH,\ HTH,\ HHT\} \end{aligned}$$

이고, B는 기껏해야 앞면이 2번 나타나는 사건이 된다. 이때 A와 B는 확률변수 X에 의해 동등사건이 된다.

예제 3.2.2 흰 공 7개, 검은 공 4개, 노란 공 2개가 들어 있는 항아리에서 2개의 공을 무작위로 선택한다. 여기서 선택된 검은 공에 대해서는 각각 2달러씩 받고 흰 공에 대해서는 1달러씩 준다. X를 받은 돈의 총액이라 하자.

(a) X의 가능한 값은 무엇인가?

(b) X가 각 값을 가질 확률을 구하라.

풀이 (a) $x = -2, -1, 0, 1, 2, 4$

(b)

x	$P[X=x]$
-2	$\binom{7}{2}\Big/\binom{13}{2} = \frac{21}{78}$
-1	$\binom{7}{1}\binom{2}{1}\Big/\binom{13}{2} = \frac{14}{78}$
0	$\binom{2}{2}\Big/\binom{13}{2} = \frac{1}{78}$
1	$\binom{4}{1}\binom{7}{1}\Big/\binom{13}{2} = \frac{28}{78}$
2	$\binom{4}{1}\binom{2}{1}\Big/\binom{13}{2} = \frac{8}{78}$
4	$\binom{4}{2}\Big/\binom{13}{2} = \frac{6}{78}$

■

모든 실수 x에 대해 실숫값 사건 $A = (-\infty, x]$에 대응되는 확률을 누적분포함수라 한다.

정의 3.2.2

확률변수 X의 누적분포함수(cumulative distribution function)는 임의의 실수 x에 대해 다음과 같이 정의한다.

$$F_X(x) = P[X \le x] \tag{3.2.3}$$

함수 $F_X(x)$를 종종 X의 분포함수(distribution function)라고도 하며, 이 책에서는 간단히 cdf로 표기하고 $F(x)$로 표시한다.

예제 3.2.3 예제 3.2.1에서 정의한 확률변수 X의 cdf $F_X(x)$는 다음과 같다.

$$F_X(x) = \begin{cases} 0, & x < 0 \\ \frac{1}{8}, & 0 \le x < 1 \\ \frac{4}{8}, & 1 \le x < 2 \\ \frac{7}{8}, & 2 \le x < 3 \\ 1, & 3 \le x \end{cases}$$

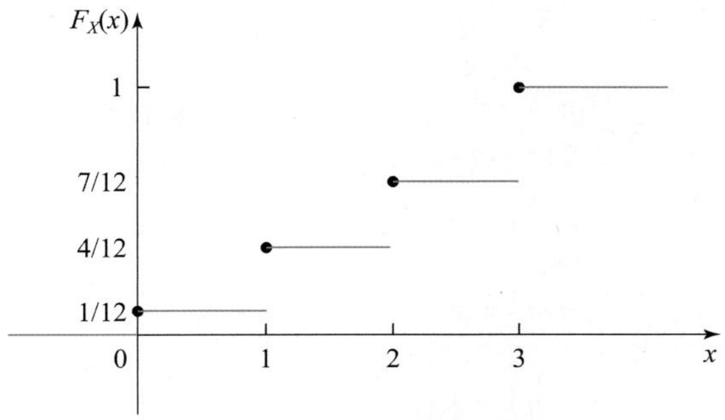

그림 3.2.1　X의 분포함수

정리 3.2.1

함수 $F(x)$가 어떤 확률변수 X의 cdf일 필요충분조건은 다음과 같다.

(i) $\lim_{x\to-\infty} F(x)=0,\ \ \lim_{x\to\infty} F(x)=1$ (3.2.4)

(ii) $F(x)$는 우측연속이다. 즉,

$$\lim_{h\to0^+} F(x+h)=F(x) \tag{3.2.5}$$

이다. 여기서 기호 $\lim_{h\to0^+}$는 $h>0$인 조건하에서 얻어진 $h\to0$과 같은 극한을 나타낸다.

(iii) $F(x)$는 x의 비감소함수이다. 즉 $a<b$이면, $F(a)\le F(b)$이다. (3.2.6)

일반적으로 $a<b$에 대해

$$(-\infty,\ b]=(-\infty,\ a]\cup(a,\ b] \tag{3.2.7}$$

이므로, $F(b)=F(a)+P[a<X\le b]$이기 때문에 식 (3.2.6)이 쉽게 증명될 뿐 아니라 다음의 유용한 결과를 얻을 수 있다.

$$P[a<X\le b]=F(b)-F(a) \tag{3.2.8}$$

예제 3.2.4　다음 함수가 누적분포함수의 조건 4가지를 만족하는가?

$$F(x)=\begin{cases}0.25e^{x}, & -\infty<x<0\\ 0.5, & 0\le x<1\\ 1-e^{-x}, & 1\le x<\infty\end{cases}$$

풀이 누적분포함수의 4가지 조건은 $\lim_{x\to-\infty} F(x)=0$, $\lim_{x\to\infty} F(x)=1$, $\lim_{h\to0^+} F(x+h)=F(x)$, $a<b$이면 $F(a)\le F(b)$이다. 불연속점은 $x=0$과 $x=1$ 두 점이고, $0.25e^x$, 0.5, $1-e^{-x}$ 함수들은 연속이며 비감소함수이다. 따라서 $x=0$과 $x=1$에서만 세 번째 조건을 보여주면 된다.

$$\lim_{h\to0^+} F(0+h)=0.5=F(0)$$

$$\lim_{h\to0^+} F(1+h)=\lim_{h\to0^+}[1-e^{-(1+h)}]=1-e^{-1}=F(1)$$

이므로 세 번째 조건이 만족됨을 알 수 있고, 세 번째 조건을 제외한 나머지는 쉽게 성립함을 알 수 있다. ■

확률분포의 성질들은 백분위수에 의해서도 묘사될 수 있다. 따라서 먼저 일반적인 확률변수에 대해 백분위수를 소개한다.

정의 3.2.3

$0<p<1$일 때, $F(x_p)\ge p$를 만족하는 최소의 x_p값을 확률변수 X의 분포의 $100p$ 백분위수(percentile) 또는 p 분위수(quantile)라 한다. 즉,

$$x_p=\min_x\{x\,|\,F(x)\ge p\} \tag{3.2.9}$$

이다. 특별히 $x_{0.25}$, $x_{0.5}$, $x_{0.75}$를 각각 이 분포의 제1 사분위수(first quartile), 제2 사분위수(second quartile), 제3 사분위수(third quartile)라 한다. 특히 제2 사분위수를 중앙값(median)이라 하고 $x_{0.5}$, m 또는 m_X 등으로 나타낸다.

저자에 따라서는 $100p$ 백분위수를 다음을 만족하는 x값으로 정의하기도 한다.

$$p\le F(x)\le p+P[X=x] \tag{3.2.10}$$

이렇게 정의하면 두 개 이상의 $100p$ 백분위수가 존재할 수 있다.

예제 3.2.5 예제 3.2.3에서 동전 3개를 던져 나타난 앞면의 개수인 X의 cdf를 구했다. X의 분포에 대한 중앙값과 사분위수를 구해 보자. 중앙값은 $F(x)\ge 0.5$를 만족하는 x의

최솟값이므로 $x_{0.5}=1$이고, 사분위수의 정의에 의해 제 1 사분위수는 1, 제 3 사분위수는 2이다. ■

연습문제

3.2.1 3명의 자식을 둔 가정을 첫째, 둘째, 셋째의 성별에 따라 분류할 때, X를 남자아이의 수라 하자.

(a) X의 가능한 값들을 나열하라.

(b) 기껏해야 두 명이 남자일 사건을 X로 나타내라.

(c) 적어도 한 명이 남자일 사건을 X로 나타내라.

(d) 자식이 남자와 여자일 확률이 같을 때, (b)와 (c)의 확률을 구하라.

3.2.2 상자 안에 5개의 검은 공과 3개의 녹색 공이 들어 있다. 이 상자에서 3개를 연속해서 복원추출한다. 꺼낸 공 중에 녹색 공의 개수를 X라 하자.

(a) X의 가능한 값을 나열하라.

(b) X의 누적분포함수를 구하라.

3.2.3 통계학과 학생 4학년 5명, 3학년 4명, 2학년 3명, 1학년 5명에서 4명을 선택하여 학과 위원회를 구성하려고 한다. X와 Y를 선택된 학생 중 각각 4학년과 2학년 학생의 수라 할 때, 다음을 구하라.

(a) X의 가능한 값과 그에 대응되는 확률

(b) $P[X=1,\ Y=2]$

(c) $P[X=3,\ Y=1]$

3.2.4 공정한 동전을 4번 던지는 실험을 생각해 보자. 뒷면이 나타나기 전에 나타난 앞면의 개수를 X, 앞면의 개수에서 뒷면의 개수를 뺀 값을 Y라 할 때, X와 Y의 가능한 값들을 나열하라.

3.2.5 연습문제 3.2.4번에서 Z를 동전을 4번 던져 나타난 앞면의 개수라 할 때, 다음을 구하라.

(a) Z의 누적분포함수

(b) Z의 분포의 중앙값과 사분위수

3.2.6 항아리에 1, 2, 3의 숫자가 적힌 공이 들어 있다. 이 항아리에서 한 개의 공을 무작위로 선택하여 공에 적힌 숫자만큼 공정한 동전을 던진다. X를 동전을 던져 나타난 앞면의 수라 할 때, X의 가능한 값들을 나열하라.

3.2.7 한 개의 주사위를 두 번 던질 때, 다음 확률변수들이 취할 수 있는 가능한 값은 무엇인가?

(a) 두 번 던져 나타난 눈금의 합

(b) 두 번 던져 나타난 눈금의 차

(c) 두 번 던져 나타난 눈금 중 최댓값

(d) 두 번 던져 나타난 눈금 중 최솟값

3.2.8 연습문제 3.2.7번에서 공정한 주사위를 사용한다면, (a)~(d)에서 정의된 확률변수가 각 값을 가질 확률은 얼마인가?

3.2.9 모든 공이 4개의 어느 상자에나 들어갈 가능성이 동일하게 2개의 공을 상자에 넣는다. X를 첫 번째 상자에 넣은 공의 개수라 할 때, X의 가능한 값들을 나열하라.

3.2.10 다음 함수가 누적분포함수가 될 수 있는가?

(a) $F(x)=\begin{cases}0, & x<0\\ x, & 0\le x<0.5\\ 1, & x\ge 0.5\end{cases}$

(b) $F(x)=\begin{cases}0, & x\le 0\\ 0.5, & 0<x<1\\ 1, & x\ge 1\end{cases}$

3.2.11 1부터 20까지의 숫자가 적힌 공 20개가 들어 있는 상자에서 무작위 복원추출로 3개의 공을 추출한다. 3개 중에서 적어도 한 개가 17 이상인 숫자가 나오면 게임에서 이긴다. 이 게임에서 이길 확률은 얼마인가?

3.2.12 흰 공 3개, 붉은 공 3개, 검은 공 5개가 들어 있는 항아리에서 무작위로 3개의 공을 선택한다. 선택된 흰 공에 대해서는 각각 1달러씩 받고 선택된 붉은 공에 대해서는 1달러씩 준다. 이 게임에서 얼마의 돈을 벌었다고 할 때(즉, 게임에서 이겼다고 할 때) $i(i=1,\ 2,\ 3)$달러를 벌었을 조건부 확률은 얼마인가?

3.2.13 확률변수 X의 cdf F가 주어졌다고 하자. 이때 $P[X=1]$을 어떻게 계산할 수 있는지 설명하라.

3.2.14 x를 초과하지 않는 최대의 정수를 $[x]$로 나타낸다. 정12면체 주사위를 두 번 던져 나타난 눈금 중 최댓값을 X라 할 때, X의 cdf가 다음과 같음을 보여라.

$$F(x) = \begin{cases} 0, & x \le 0 \\ \left(\dfrac{[x]}{12}\right)^2, & 0 < x < 12 \\ 1, & x \ge 12 \end{cases}$$

3.3 • 이산확률변수

이제까지 일반적인 경우의 확률변수와 누적분포함수에 대해 정의하였으며, 누적분포함수의 일반적인 성질 및 누적분포함수를 이용한 백분위수에 대해 살펴보았다. 제 2 장에서 표본공간을 정의할 때 이산표본공간과 연속표본공간으로 구분하여 설명하였듯이 확률변수도 이산확률변수와 연속확률변수로 구분한다. 먼저 이산확률변수에 대해 살펴보자.

정의 3.3.1

확률변수 X의 모든 가능한 값들이 유한개이거나 셀 수 있을 정도의 무한개(가산무한개)일 때 X를 이산확률변수(discrete random variable)라 한다. 그리고

$$f(x) = P[X=x],\ x = x_1,\ x_2,\ \ldots \tag{3.3.1}$$

을 확률질량함수(probability mass function)라 하며 간단히 pmf로 나타낼 것이다.

예제 3.2.1에서 정의한 확률변수 X의 모든 가능한 값들이 0, 1, 2, 3이므로 X는 이산확률변수이다. 물론 예제 3.2.2에서 정의한 확률변수 X도 이산확률변수이다.

정의 3.3.2

만일 X의 pmf가 $x = m_0$에서 유일한 최댓값 $\max f(x) = f(m_0)$를 갖는다면 m_0를 X의 최빈값(mode)이라 한다.

예제 3.3.1 이산확률변수 X의 pmf가

$$f(x) = \left(\frac{1}{2}\right)^x, \quad x = 1,\ 2,\ 3,\ \ldots$$

일 때, X의 최빈값을 구하라.

풀이

$$f(x) = \left(\frac{1}{2}\right)^x$$

은 감소함수이다. 따라서 $x = 1$일 때 $f(x)$가 최대가 된다. 즉

$$f(1) = \max_x f(x) = \frac{1}{2}$$

이므로 최빈값은 $m_0 = 1$이다. ■

다음 정리는 이산확률변수의 pmf가 될 조건을 제시해 준다.

정리 3.3.1

함수 $f(x)$가 pmf가 될 필요충분조건은 기껏해야 가산무한 집합인 실수 $x_1, x_2, \ldots$에 대해 다음 두 성질이 만족되어야 한다.

(a) 모든 x_i에 대해 $f(x_i) \geq 0$이다. (3.3.2)

(b) $\sum_{x_i} f(x_i) = 1$ (3.3.3)

증명 조건 (a)인 식 (3.3.2)는 식 (3.3.1)에서 정의한 것과 같이 pmf가 확률이므로 확률의 정의에서 쉽게 증명된다. 조건 (b)는 $x_1,\ x_2,\ \ldots$이 X의 모든 가능한 값을 나타내므로, 사건들 $[X = x_1],\ [X = x_2],\ \ldots$은 표본공간의 완전 분할이다. 따라서

$$\sum_{x_i} f(x_i) = \sum_{x_i} P[X = x_i] = 1$$

이다. ✤

결과적으로, 어떤 pmf도 식 (3.3.2)와 (3.3.3)을 만족하며, 식 (3.3.2)와 (3.3.3)을 만족하는 어떠한 함수도 확률변수의 pmf가 된다는 것이다.

예제 3.3.2 함수

$$f(x) = \frac{1-x}{4}, \quad x = -1, \ 0, \ 2$$

가 pmf가 될 수 있는지 알아보자. $f(2) = -\frac{1}{4} < 0$이므로 정리 3.3.1에 의해 pmf가 될 수 없다. ■

예제 3.3.3 이산확률변수 X의 pmf가 다음과 같다.

$$f(x) = \begin{cases} k(x+1), & x = 1, \ 2, \ 3, \ 4 \\ 0, & \text{그 외} \end{cases}$$

이때 상수 k의 값을 구하라.

풀이 $f(x)$가 X의 pmf이므로, 정리 3.3.1에 의해 모든 x에 대해 $f(x) \geq 0$이고

$$\sum_x f(x) = 1$$

을 만족해야 한다. 따라서 $x = 1, \ 2, \ 3, \ 4$에 대해 $k(x+1) \geq 0$이어야 하므로 $k \geq 0$이다. 두 번째 조건에 의해

$$\sum_x f(x) = k(1+1) + k(2+1) + k(3+1) + k(4+1) = 1$$

이어야 한다. 따라서 $k = \frac{1}{14}$이다. ■

정리 3.3.2

X는 pmf $f(x)$와 cdf $F_X(x)$를 갖는 이산확률변수이고, X의 가능한 값들이 $x_1 < x_2 < x_3 < \cdots$을 만족하면 다음이 성립된다.

(a) $f(x_1) = F_X(x_1)$ (3.3.4)

(b) 모든 $i > 1$에 대해

$$f(x_i) = F_X(x_i) - F_X(x_{i-1}) \tag{3.3.5}$$

이다.

(c) $$F_X(x) = \begin{cases} 0, & x < x_1 \\ \sum_{x_i \le x} f(x_i), & x \ge x_1 \end{cases} \tag{3.3.6}$$

예제 3.3.4 음이 아닌 정숫값 확률변수 X의 cdf가

$$F(x) = \begin{cases} 0, & x < 0 \\ 1 - \left(\frac{1}{2}\right)^{i+1}, & i \le x < i+1,\ i = 0, 1, 2, \ldots \end{cases}$$
$$= \begin{cases} 0, & x < 0 \\ 1 - \left(\frac{1}{2}\right)^{[x]+1}, & x \ge 0 \end{cases}$$

이다. 여기서 $[x]$는 x를 초과하지 않는 최대의 정수이다. 이때 다음을 구하라.

(a) X의 pmf

(b) $P[5 < X \le 15]$

(c) $P[X$가 짝수$]$

풀이 (a) 이산확률변수 X의 pmf는 정숫값 x에 대해 정리 3.3.2에 의해 $f(x) = F(x) - F(x-1)$에 의해 구할 수 있다. 따라서

$$\begin{aligned} f(x) &= F(x) - F(x-1) \\ &= 1 - \left(\frac{1}{2}\right)^{x+1} - \left[1 - \left(\frac{1}{2}\right)^{x}\right] \\ &= \left(\frac{1}{2}\right)^{x} - \left(\frac{1}{2}\right)^{x+1} = \left(\frac{1}{2}\right)^{x+1}, \quad x = 0, 1, 2, \ldots \end{aligned}$$

이다.

(b) $$\begin{aligned} P[5 < X \le 15] &= F(15) - F(5) \\ &= \left(\frac{1}{2}\right)^{6} - \left(\frac{1}{2}\right)^{16} \end{aligned}$$

$$= \left(\frac{1}{2}\right)^6 \left[1 - \left(\frac{1}{2}\right)^{10}\right]$$

(c) $P[X\text{가 짝수}] = \sum_{k=0}^{\infty} \left(\frac{1}{2}\right)^{2k+1} = \frac{2}{3}$ ■

예제 3.3.5 이산확률변수 X의 pmf가 다음과 같다고 하자.

x	0	1	2	3	4
$f(x)$	$\frac{1}{8}$	$\frac{2}{8}$	$\frac{3}{8}$	$\frac{1}{8}$	$\frac{1}{8}$

X의 분포의 중앙값과 25 백분위수를 구해 보자. 먼저 X의 누적분포함수를 구해야 한다. 정리 3.3.2에 의해, X의 cdf는

$$F(x) = \begin{cases} 0, & x < 0 \\ \frac{1}{8}, & 0 \le x < 1 \\ \frac{3}{8}, & 1 \le x < 2 \\ \frac{6}{8}, & 2 \le x < 3 \\ \frac{7}{8}, & 3 \le x < 4 \\ 1, & x \ge 4 \end{cases}$$

이므로, 정의 3.2.3에 의해 X의 분포의 중앙값은 2이고 25백분위수는 1이다. ■

예제 3.3.6 예제 3.3.1에서 X의 분포의 중앙값은 얼마인가?

풀이 $F(1) = f(1) = \frac{1}{2}$이므로 중앙값은 1이다. ■

연습문제

3.3.1 8개의 제품 중에 3개의 불량품이 포함되어 있는 상자에서 2개를 무작위로 비복원추출한다. 이때 선택된 불량품의 개수 X의 확률질량함수를 구하라.

3.3.2 연습문제 3.2.1번에서 X의 확률질량함수를 구하라.

3.3.3 연습문제 3.2.2번에서 선택된 녹색 공의 개수 X의 확률질량함수를 구하라.

3.3.4 연습문제 3.2.4번에서 뒷면이 나타나기 전에 나타난 앞면의 개수 X의 확률질량함수를 구하라.

3.3.5 항아리에 n개의 공이 들어 있다. 한 소년이 한 번에 한 개씩 공을 계속 추출하는데, 다른 공을 추출하기 전에 추출한 공을 항아리에 다시 넣는다고 하자. 이러한 시행을 그 소년이 사전에 선택한 공을 추출할 때까지 계속한다. 공을 추출한 횟수를 X라 할 때, X의 확률질량함수를 계산하라.

3.3.6 다음과 같은 함수가 주어졌다. 이것을 확률질량함수로 사용할 수 있는지를 밝혀라.

(a) $f(x) = \left(\frac{1}{4}\right)^{|x|}\left(\frac{1}{2}\right)^{1-|x|}, \quad x = -1,\ 1,\ 0$

(b) $f(x) = \binom{2}{x}\left(\frac{1}{2}\right)^{2}, \quad x = 0,\ 1,\ 2$

(c) $f(x) = \frac{x-2}{5}, \quad x = 1,\ 2,\ 3,\ 4,\ 5$

3.3.7 X의 분포함수(cdf)가

$$F(x) = \begin{cases} 0, & x < -1 \\ \frac{1}{4}, & -1 \le x < 1 \\ \frac{1}{2}, & 1 \le x < 3 \\ \frac{3}{4}, & 3 \le x < 5 \\ 1, & x \ge 5 \end{cases}$$

일 때, 다음을 구하라.

(a) $P[X \le 3]$

(b) $P[X = 3]$

(c) $P[X < 3]$

(d) $P[-0.4 < X < 4]$

(e) X의 확률질량함수

(f) X의 분포의 제 1 사분위수와 제 3 사분위수

3.3.8 다음 각각에 대해, 주어진 값들이 $x=1,\ 2,\ 3,\ 4$의 값을 갖는 확률변수의 분포함수의 값으로 사용할 수 있는지를 결정하라.

(a) $F(1)=0.3,\ F(2)=0.5,\ F(3)=0.8,\ F(4)=1.2$

(b) $F(1)=0.25,\ F(2)=0.61,\ F(3)=0.83,\ F(4)=1.0$

3.3.9 X가 다음의 확률질량함수를 갖는 확률변수라 하자.

x	-3	-2	0	2	3
$f(x)$	$\frac{2}{9}$	$\frac{1}{9}$	p	p^2	$\frac{2}{9}$

(a) p를 구하라.

(b) $P[\lvert X+1\rvert \geq 2]$를 구하라.

3.3.10 X가 다음의 확률질량함수를 갖는 확률변수라 하자.

x	1	2	3
$f(x)$	0.2	0.5	0.3

X의 분포의 중앙값을 구하라.

3.3.11 X의 확률질량함수가 다음과 같다.

x	0	1	2	3	4
$f(x)$	0.4	0.3	0.1	0.05	0.15

(a) X의 누적분포함수를 구하라.

(b) X의 분포의 중앙값을 구하라.

3.3.12 확률변수 X의 pmf가 다음과 같다.

$$f(x)=\frac{4!}{x!(4-x)!}\left(\frac{1}{4}\right)^{x}\left(\frac{3}{4}\right)^{4-x},\quad x=0,\ 1,\ 2,\ 3,\ 4$$

(a) X의 분포의 중앙값을 구하라.

(b) X의 최빈값을 구하라.

3.4 • 연속확률변수

앞 절에서 확률변수의 가능한 값들이 유한집합이거나 가산 무한집합인 이산확률변수와 분포에 대해 알아보았다. 그러나 확률변수 X의 모든 가능한 값들의 집합이 셀 수 없는 경우가 역시 존재한다. 예를 들면, 어떤 제품의 수명, 사람의 키, 몸무게, 강우량 등을 들 수 있다. 이런 확률변수에 대해 살펴보자.

정의 3.4.1

X를 cdf가 $F(x)$인 확률변수라 하자. 어떤 함수 $f(x)$가 존재하여

$$F(x)=\int_{-\infty}^{x} f(t)dt \tag{3.4.1}$$

를 만족하면 X를 연속확률변수(continuous random variable)라 한다. 이때 $f(x)$를 X의 확률밀도함수(probability density function)라 하고 간단히 pdf로 나타낸다.

위의 정의로부터 X가 연속확률변수일 때, 도함수가 존재하는 경우 X의 pdf는 다음과 같이 cdf를 미분하여 구할 수 있다.

$$f(x)=\frac{d}{dx}F(x) \tag{3.4.2}$$

a와 b를 $a<b$인 실수라 하면,

$$\begin{aligned} P[a<X\le b] &= F(b)-F(a) \\ &= \int_a^b f(t)dt \end{aligned} \tag{3.4.3}$$

이다. 따라서 X가 연속확률변수일 때 임의의 상수 a에 대해

$$\begin{aligned} P[X=a] &= P[a\le X\le a] \\ &= \int_a^a f(t)dt \\ &= 0 \end{aligned} \tag{3.4.4}$$

이다. 그러므로 연속확률변수가 한 고정된 값을 가질 확률은 0이 된다. 이 사실로부터 다음 정리를 얻을 수 있다.

> **정리 3.4.1**
>
> X가 pdf $f(x)$와 cdf $F(x)$를 갖는 연속확률변수이면, $a<b$일 때 다음이 성립된다.
>
> $$\begin{aligned} P[a<X\le b] = P[a\le X<b] = P[a<X<b] &= P[a\le X\le b] \\ &= F(b)-F(a) \end{aligned} \tag{3.4.5}$$

예제 3.4.1 어떤 전자제품 수명(단위: 시간)의 pdf가 다음과 같다.

$$f(x)=\begin{cases} \dfrac{20}{x^2}, & x>20 \\ 0, & x\le 20 \end{cases}$$

(a) $P[X>30]$을 구하라.

(b) X의 cdf $F(x)$를 구하라.

풀이 (a) $P[X>30]=\int_{30}^{\infty}\frac{20}{x^2}dx=\left[-20x^{-1}\right]_{30}^{\infty}=\frac{2}{3}$

(b) $F(x)=\int_{-\infty}^{x}f(t)dt=\int_{20}^{x}\frac{20}{t^2}dt=1-\frac{20}{x},\quad x>20$ ■

예제 3.4.2 X의 cdf가 $F(x)=1-e^{-\lambda x}$, $0\le x<\infty$, $\lambda>0$일 때, X의 pdf는 식 (3.4.2)에 의해 다음과 같다.

$$f(x)=\lambda e^{-\lambda x},\quad 0<x<\infty$$ ■

다음은 임의의 함수 $f(x)$가 연속확률변수의 pdf가 될 조건을 제시한 정리를 소개한다.

> **정리 3.4.2**
>
> 함수 $f(x)$가 어떤 연속확률변수 X의 pdf가 될 필요충분조건은 다음과 같다.
>
> (a) 모든 x에 대해 $f(x)\ge 0$이다. (3.4.6)

(b) $\int_{-\infty}^{\infty} f(x)dx = 1$ (3.4.7)

예제 3.4.3 X가 다음의 pdf를 갖는 연속확률변수라 하자.

$$f(x) = \begin{cases} c(x+1), & 2 < x < 4 \\ 0, & \text{그 외} \end{cases}$$

그러면 $f(x)$가 pdf이므로 $\int_{-\infty}^{\infty} f(x)dx = 1$이어야 한다. 따라서 상수 c의 값은 다음 식에서 구할 수 있다.

$$c\int_{2}^{4}(x+1)dx = 1$$

이것을 풀면 $c = \frac{1}{8}$이다. ■

X가 cdf $F(x)$와 pdf $f(x)$를 갖는 연속확률변수일 때, $100p$ 백분위수는 간단히 $F(x_p) = p$를 만족하는 x_p이다.

예제 3.4.4 어떤 제품의 수명 (단위: 개월) X의 cdf가 다음과 같다고 하자.

$$F(x) = 1 - e^{-x^2}, \quad 0 < x < \infty$$

이때 X의 분포의 $100p$백분위수는

$$1 - e^{-x_p^2} = p$$

를 만족하는 x_p로

$$x_p = \sqrt{-\ln(1-p)}$$

이다. 따라서 중앙값은

$$\begin{aligned} m = x_{0.5} &= \sqrt{-\ln\left(1 - \frac{1}{2}\right)} \\ &= \sqrt{\ln 2} \approx 0.8326 \end{aligned}$$

이고 제 30 백분위수는

$$x_{0.3} = \sqrt{-\ln(0.7)} \approx 0.5972$$

이다. ■

연속확률변수인 경우 3절에서 정의한 최빈값에 대해 생각해 보자. 정의 3.3.2에서 연속확률변수인 경우는 pmf 대신에 pdf를 사용하면 된다.

예제 3.4.5 예제 3.4.4에서 생각한 제품의 수명 X의 pdf가

$$f(x) = F'(x) = 2xe^{-x^2}, \quad x > 0$$

이므로 $f'(x) = 2(1-2x^2)e^{-x^2} = 0$을 만족하는 x는 $x = m_0 = \frac{\sqrt{2}}{2} \approx 0.7071$이다. 즉, X의 최빈값은 0.7071이다. ■

예제 3.4.6 pdf가

$$f(x) = \begin{cases} e^{-x}, & x > 0 \\ 0, & x \le 0 \end{cases}$$

인 확률변수의 cdf는

$$F(x) = \int_0^x f(t)dt = \int_0^x e^{-t}dt = 1 - e^{-x}, \quad x > 0$$

이므로 이 분포의 중앙값은

$$1 - e^{-x} = \frac{1}{2}$$

을 만족하는 x의 값이다. 따라서 중앙값은 $x_{0.5} \approx \ln 2 = 0.6931$이다. ■

*3.4.1 위험률 함수

제품의 수명, 어떤 사건이 발생할 때까지의 시간, 병이 완쾌될 때까지의 시간 등과 같이 실제적인 수명을 나타내는 확률변수 T를 생각해 보자. T의 cdf와 pdf를 각각 $F(t)$와 $f(t)$

라 하면

$$F(t)=\int_0^t f(x)dx,\ t>0 \tag{3.4.8}$$

이다. 그리고

$$\overline{F}(t)=1-F(t)=P[T>t]=\int_t^{\infty} f(x)dx \tag{3.4.9}$$

를 일반적으로 생존함수(survival function)라 한다.

정의 3.4.2

$t>0$에 대해

$$h(t)=-\frac{d}{dt}[\ln \overline{F}(t)]=\frac{f(t)}{\overline{F}(t)} \tag{3.4.10}$$

를 확률변수 T의 위험률 함수(hazard rate function) 또는 고장률 함수(failure rate function)라 한다.

위험률 함수의 의미를 살펴보기 위해, t시간까지 작동한 제품(즉, 수명이 t시간보다 긴 제품)이 $t+\delta t$시간 전에 고장날 확률을 구해 보자.

$$\begin{aligned} P[t<T<t+\delta t \mid T>t] &= \frac{P[t<T<t+\delta t]}{P[T>t]} \\ &\approx \frac{f(t)}{\overline{F}(t)}\delta t \end{aligned} \tag{3.4.12}$$

이다. 즉, 위험률 함수는 t시간까지 고장나지 않은 제품들이 t시간에 고장날 고장률이다.

이제 위험률 함수 $h(t)$가 분포함수 $F(t)$를 유일하게 결정하는 정리를 소개한다.

정리 3.4.3

$h(t)$를 확률변수 T의 위험률 함수라 하면, 다음이 성립된다.

$$F(t)=1-\exp\left(-\int_0^t h(u)du\right) \tag{3.4.13}$$

증명 정의에 의해

$$h(t) = -\frac{d}{dt}[\ln \overline{F}(t)]$$

이므로, 양변을 적분하면

$$\ln(1-F(t)) = -\int_0^t h(u)du + k$$

또는

$$1-F(t) = e^k \exp\left(-\int_0^t h(u)du\right)$$

이다. $t=0$으로 두면, $k=0$이므로

$$F(t) = 1-\exp\left(-\int_0^t h(u)du\right)$$

이다. ✣

예제 3.4.7 어떤 제품의 수명 T의 위험률 함수가 $h(t)=t^2,\ t>0$이라 하자.

(a) 그 제품이 3년 이상 작동할 확률은 얼마인가?

(b) 그 제품의 수명이 1년에서 2년 사이일 확률은 얼마인가?

(c) 2년 동안 사용한 제품이 앞으로 1년 이상 작동할 확률은 얼마인가?

풀이 정리 3.4.3을 이용하면 다음과 같이 쉽게 계산할 수 있다.

(a) $P[T \geq 3] = 1-F(3) = \exp\left(-\int_0^3 t^2 dt\right) = e^{-9}$

(b) $P[1 \leq T \leq 2] = P[T \geq 1] - P[T > 2]$

$$= \exp\left(-\int_0^1 t^2 dt\right) - \exp\left(-\int_0^2 t^2 dt\right)$$

$$= e^{-1/3} - e^{-8/3}$$

(c) $P[T \geq 3 \mid T > 2] = \dfrac{P[T \geq 3]}{P[T > 2]}$

$$= \exp\left(-\int_2^3 t^2 dt\right)$$

$$= e^{-19/3}$$ ■

연습문제

3.4.1 다음의 cdf를 갖는 확률변수의 pdf를 구하라.

$$F(x)=\frac{x^2+2x+1}{16}, \quad -1 \le x \le 3$$

3.4.2 확률변수 X의 분포함수가

$$F(x)=\begin{cases} 1-\dfrac{9}{x^2}, & x \ge 3 \\ 0, & \text{그 외} \end{cases}$$

일 때, $P[X \le 6]$과 $P[X>10]$을 구하라.

3.4.3 X의 cdf가 다음과 같을 때, 각 확률을 구하라.

$$F(x)=\begin{cases} 0, & x < 0 \\ 1-0.3e^{-\alpha x}, & x \ge 0 \end{cases}$$

(a) $P[X=0]$

(b) $P[X \le 3]=3/4$일 때 α의 값은 얼마인가?

(c) $P[|X| \le 4]$

3.4.4 예제 3.4.3에서 정의한 확률변수 X에 대해 다음을 구하라.

(a) $P[X<3]$ (b) $P[3<X<5]$

3.4.5 연속확률변수 X의 pdf가 다음과 같다.

$$f(x)=\begin{cases} \dfrac{1}{2}, & 1<x<3 \\ 0, & \text{그 외} \end{cases}$$

(a) X의 cdf를 구하라.

(b) $P[1.5<X<2]$를 계산하라.

(c) $P[X \le 2.4]$를 계산하라.

3.4.6 어떤 도시에서 매일 물 소비량(단위: 백만 리터)은 다음과 같은 밀도함수를 갖는 확률변수이다.

$$f(x)=\begin{cases}\frac{1}{16}xe^{-x/4}, & x>0\\ 0, & \text{그 외}\end{cases}$$

어느 주어진 날에 다음 각 확률을 구하라.

(a) 이 도시에서 물 소비량이 8백만 리터를 초과하지 않을 확률

(b) 만일 이 도시의 매일 소비량이 천만 리터라면, 물 공급이 부족할 확률

3.4.7 확률변수 X의 확률밀도함수가 다음과 같다.

$$f(x)=\begin{cases}x, & 0<x<1\\ 2-x, & 1\le x<2\\ 0, & \text{그 외}\end{cases}$$

(a) X의 누적분포함수를 구하라.

(b) $P[X<1.5]$를 구하라.

(c) $P[0.5<X<1.2]$를 구하라.

3.4.8 확률변수 X의 확률밀도함수가 다음과 같을 때, 각 확률을 구하라.

$$f(x)=\begin{cases}\frac{2}{27}(x+1), & 2<x<5\\ 0, & \text{그 외}\end{cases}$$

(a) $P[X<3]$

(b) $P[3<X<5]$

3.4.9 확률변수 X의 밀도함수가 다음과 같다.

$$f(x)=\begin{cases}cx(1-x), & 0<x<1\\ 0, & \text{그 외}\end{cases}$$

(a) c값을 구하라.

(b) $P\left[X<\frac{1}{5}\right]$와 $P\left[X>\frac{1}{4}\right]$을 구하라.

3.4.10 확률변수 X의 확률밀도함수가 다음과 같다.

$$f(x)=\begin{cases} cx^2, & 0<x<1 \\ 0, & \text{그 외} \end{cases}$$

(a) c값을 구하라.

(b) X의 누적분포함수를 구하라.

(c) $P[0.3<X<0.8]$을 구하라.

3.4.11 다음 함수는 어떤 확률변수 X의 pdf이다.

$$f(x)=\begin{cases} k\sqrt{x}, & 0<x<1 \\ 0, & \text{그 외} \end{cases}$$

(a) k값을 구하라.

(b) cdf $F(x)$를 구하고, cdf를 이용하여 $P[0.4<X<0.7]$을 계산하라.

3.4.12 X의 pdf가 다음과 같다.

$$f(x)=\begin{cases} ce^{-2x}, & 0<x<\infty \\ 0, & x\le 0 \end{cases}$$

(a) c의 값을 구하라.

(b) $P[X>2]$를 구하라.

3.4.13 X는 $(0,\ a)$와 $(a+2,\ b)$에서 균일분포를 따르는 확률변수이다. 즉, X의 pdf가 다음과 같다.

$$f_X(x)=\begin{cases} \dfrac{1}{b-2}, & 0<x<a,\ a+2<x<b \\ 0, & \text{그 외} \end{cases}$$

$F_X(x)$를 X의 cdf라 하고 $F_X(4)=0.2,\ F_X(a+1)=0.25$일 때, 다음을 구하라.

(a) a와 b

(b) $F_X(8)$

(c) $P[3.0\le X\le 8.5]$

3.4.14 다음 함수가 어떤 확률변수의 누적분포함수가 될 수 있는가? 누적분포함수라면 pdf(pmf)를 구하라.

(a) $F(x)=\begin{cases}0, & x<0\\ x/2, & 0\le x<1\\ 1/2, & 1\le x<2\\ x/4, & 2\le x<4\\ 1, & x\ge 4\end{cases}$ (b) $F(x)=\begin{cases}0, & x<0\\ 1-(1+x)e^{-x}, & x\ge 0\end{cases}$

3.4.15 확률변수 X의 누적분포함수가 다음과 같다.

$$F(x)=\begin{cases}0, & x<0\\ x^2, & 0\le x\le 1\\ 1, & x>1\end{cases}$$

(a) X의 분포의 중앙값을 구하라.

(b) X의 분포의 제 1 사분위수와 제 3 사분위수를 구하라.

3.4.16 확률변수 X의 pdf가 다음과 같다.

$$f(x)=\begin{cases}3(1+x)^{-4}, & x>0\\ 0, & \text{그 외}\end{cases}$$

(a) X의 누적분포함수를 구하라.

(b) X의 분포의 중앙값을 구하라.

3.4.17 X의 cdf가 다음과 같을 때, 중앙값, 제 1 사분위수, 제 3 사분위수를 구하라.

$$F(x)=\begin{cases}0, & x<0\\ 1-\alpha e^{-x}, & 0\le x<1\\ 1, & x\ge 1\end{cases}$$

3.4.18 노선 거리가 2마일인 버스에 탑승한 승객이 버스를 타고 가는 거리 X는 다음의 pdf를 갖는 것으로 알려져 있다.

$$f(x)=\begin{cases}\frac{3}{8}(2-x)^2, & 0<x<2\\ 0, & \text{그 외}\end{cases}$$

(a) 이 분포의 중앙값을 구하라.

(b) 이 분포의 최빈값을 구하라.

3.4.19 X의 pdf가 다음과 같을 때, 각 분포의 최빈값을 구하라.

(a) $f(x) = \begin{cases} 12x^2(1-x), & 0<x<1 \\ 0, & \text{그 외} \end{cases}$

(b) $f(x) = \begin{cases} \dfrac{1}{2}x^2e^{-x}, & 0<x<\infty \\ 0, & x \le 0 \end{cases}$

3.4.20 X의 pdf가 다음과 같을 때, 각 분포의 중앙값을 구하라.

(a) $f(x) = \begin{cases} 3x^2, & 0<x<1 \\ 0, & \text{그 외} \end{cases}$

(b) $f(x) = \dfrac{1}{\pi(1+x^2)}, \quad -\infty<x<\infty$

3.4.21 연속확률변수 X의 cdf가 다음과 같다.

$$F(x) = \begin{cases} 0, & x<1 \\ 2\left(x-2+\dfrac{1}{x}\right), & 1 \le x \le 2 \\ 1, & 2<x \end{cases}$$

(a) 이 분포의 40백분위수를 구하라.

(b) X의 pdf를 구하라.

3.4.22 어떤 제품의 수명 T의 위험률 함수가 $h(t)=\alpha$, $t>0$(α는 양의 실수)라 하자.

(a) T의 누적분포함수를 구하라.

(b) T의 pdf를 구하라.

(c) $P[X<5]$를 구하라.

3.4.23 어떤 제품의 수명 T의 pdf가 $f(t)=\beta t^{\beta-1}e^{-t^\beta}$, $t>0$이라 하자.

(a) T의 생존함수를 구하라.

(b) T의 위험률 함수 $h(t)$를 구하라.

3.4.24 T의 누적분포함수가 $F(t)=1-e^{-at-bt^2}$, $t>0$일 때, T의 위험률 함수 $h(t)$를 구하라.

3.5 • 다변량분포

지금까지는 하나의 확률변수에 대해 생각해 보았다. 그러나 확률실험은 두 개 이상의 확률변수를 포함하는 경우가 많다. 예를 들어, 초등학교에 입학한 학생들 중 임의로 몇 명을 선택하는 실험을 생각할 수 있다. 이때 교장은 그 학생들의 I.Q에 관심이 있을 수 있고, 양호교사는 그들의 체중에 관심이 있을 수 있으며, 담임 선생은 결석횟수에 관심이 있을 수 있다. 먼저 이산인 경우 두 확률변수의 결합분포에 대해 정의해 보자.

3.5.1 결합이산분포

정의 3.5.1

X와 Y가 이산확률변수일 때, 모든 가능한 값 $(x,\ y)$에 대해

$$f(x,\ y) = P[X = x,\ Y = y] \tag{3.5.1}$$

로 정의된 함수 $f(x,\ y)$를 X와 Y의 결합확률질량함수(joint probability mass function)라 한다. 간단히 결합 pmf로 나타내기로 한다.

이산확률변수일 때 X와 Y의 결합확률질량함수라는 용어를 연속인 경우와 구별하기 위해 사용하였으나, 서로 구분하지 않고 간단히 결합 pdf로 나타내기도 한다. 명확하게 표시하기 위해 첨자를 사용하여 $f_{X,Y}(x,\ y)$로 나타내기도 하지만, 꼭 필요한 경우를 제외하고는 간단히 $f(x,\ y)$로 나타낼 것이다.

예제 3.5.1 두 개의 공정한 주사위를 던질 때, X는 두 주사위에 나타난 눈금의 최댓값이고, Y는 두 눈금의 합이라 하면, X와 Y의 결합 pmf는 다음과 같다.

x \ y	2	3	4	5	6	7	8	9	10	11	12
1	$\frac{1}{36}$	0	0	0	0	0	0	0	0	0	0
2	0	$\frac{2}{36}$	$\frac{1}{36}$	0	0	0	0	0	0	0	0
3	0	0	$\frac{2}{36}$	$\frac{2}{36}$	$\frac{1}{36}$	0	0	0	0	0	0
4	0	0	0	$\frac{2}{36}$	$\frac{2}{36}$	$\frac{2}{36}$	$\frac{1}{36}$	0	0	0	0
5	0	0	0	0	$\frac{2}{36}$	$\frac{2}{36}$	$\frac{2}{36}$	$\frac{2}{36}$	$\frac{1}{36}$	0	0
6	0	0	0	0	0	$\frac{2}{36}$	$\frac{2}{36}$	$\frac{2}{36}$	$\frac{2}{36}$	$\frac{2}{36}$	$\frac{1}{36}$

즉

$$f(x, y) = \begin{cases} \frac{1}{36}, & 1 \le x \le 6,\ y = 2x \\ \frac{2}{36}, & 2 \le x \le 6,\ x+1 \le y < 2x \\ 0, & \text{그 외} \end{cases}$$

정리 3.5.1

함수 $f(x, y)$가 이산확률변수 X와 Y의 결합 pmf일 필요충분조건은 다음과 같다.

(a) 모든 (x, y)값에 대해 $f(x, y) \ge 0$이다. (3.5.2)

(b) $\sum_x \sum_y f(x, y) = 1$ (3.5.3)

예제 3.5.2 X와 Y는 다음 결합 pmf를 갖는 이산확률변수이다.

$$f(x, y) = c(x+y), \quad x = 0, 1, 2\ ;\ y = 0, 1, 2$$

상수 c를 구하라.

풀이 $f(x, y)$가 X와 Y의 결합 pmf이므로

$$\sum_x \sum_y f(x, y) = 1$$

이어야 한다. 한편

$$\sum_{x=0}^{2}\sum_{y=0}^{2} f(x,\ y) = c\sum_{x=0}^{2}(3x+3) = 18c$$

이므로 $c = \dfrac{1}{18}$ 이다. ■

일변량의 함수와 같이, 두 확률변수의 값이 어떤 실수 x와 y 이하일 확률을 알고자 하는 경우가 많다. 이런 결합누적분포함수를 다음과 같이 정의한다.

정의 3.5.2

X와 Y의 결합누적분포함수(joint cumulative distribution function)는 다음과 같이 정의한다.

$$F(x,\ y) = P[X \le x,\ Y \le y] \tag{3.5.4}$$

명확하게 하기 위해 첨자를 사용하여 $F_{X,Y}(x,\ y)$로 표시하기도 하지만 필요한 경우를 제외하고 $F(x,\ y)$로 나타내고, 이 책에서는 간단히 결합 cdf로 표기한다.

예제 3.5.3 예제 3.5.2에서 정의된 X와 Y에 대해 $F(1,\ 1)$을 구하면 다음과 같다.

$$\begin{aligned} F(1,\ 1) &= P[X \le 1,\ Y \le 1] \\ &= f(0,\ 0) + f(0,\ 1) + f(1,\ 0) + f(1,\ 1) \\ &= \frac{1}{18}(0+1+1+2) \\ &= \frac{2}{9} \end{aligned}$$

■

정리 3.5.2

함수 $F(x,\ y)$가 2변량 cdf(즉, X와 Y의 결합 cdf)일 필요충분조건은 다음과 같다.

(a) 모든 y에 대해 다음이 성립된다.

$$\lim_{x \to -\infty} F(x,\ y) = F(-\infty,\ y) = 0 \tag{3.5.5}$$

(b) 모든 x에 대해 다음이 성립된다.

$$\lim_{y \to -\infty} F(x, y) = F(x, -\infty) = 0 \tag{3.5.6}$$

(c) $\lim_{\substack{x \to \infty \\ y \to \infty}} F(x, y) = F(\infty, \infty) = 1$ (3.5.7)

(d) 모든 $a < b$와 $c < d$에 대해 다음이 성립된다.

$$F(b, d) - F(b, c) - F(a, d) + F(a, c) \geq 0 \tag{3.5.8}$$

(e) 모든 x, y에 대해 $\lim_{h \to 0^+} F(x+h, y) = \lim_{h \to 0^+} F(x, y+h) = F(x, y)$ (3.5.9)

위의 5가지 조건 중 어느 하나만 만족되지 않아도 cdf가 될 수 없다.

예제 3.5.4 다음과 같이 정의된 두 변수의 함수를 생각해 보자.

$$F(x, y) = \begin{cases} 0, & x < 0 \text{ 또는 } x + y < 1 \text{ 또는 } y < 0 \\ 1, & \text{그 외} \end{cases}$$

정리 3.5.2에서 $a = c = \frac{1}{3}$, $b = d = 1$이라 하면

$$\begin{aligned} F(1, 1) - F\left(1, \frac{1}{3}\right) - F\left(\frac{1}{3}, 1\right) + F\left(\frac{1}{3}, \frac{1}{3}\right) &= 1 - 1 - 1 + 0 \\ &= -1 < 0 \end{aligned}$$

이므로 (d)번 조건이 만족되지 않는다. 그러므로 그 외의 다른 성질들은 모두 만족되지만 $F(x, y)$는 결합 cdf가 될 수 없다. ■

3.5.2 결합연속분포

앞에서 소개한 다양한 개념을 이제 연속인 경우로 확장시켜 보자.

정의 3.5.3

X와 Y의 결합누적분포함수를 $F(x,\ y)$라 하자. 모든 $(x,\ y)$에 대해 어떤 함수 $f(x,\ y)$가 존재하여

$$F(x,\ y) = \int_{-\infty}^{y}\int_{-\infty}^{x} f(t_1,\ t_2)dt_1 dt_2 \tag{3.5.10}$$

가 성립될 때, $\boldsymbol{X} = (X,\ Y)$는 연속(continuous)이라 하고, $f(x,\ y)$를 X와 Y의 결합확률밀도함수(joint probability density function)라 한다.

이 경우에는 결합확률밀도함수를 간단히 결합 pdf로 나타낼 것이다.

일차원인 경우와 같이 결합 pdf는 결합 cdf를 미분하여 구할 수 있다. 편도함수가 존재할 경우 결합 pdf는

$$f(x,\ y) = \frac{\partial^2}{\partial x \partial y} F(x,\ y) \tag{3.5.11}$$

이다. 일반적으로 $(x,\ y)$ 평면에 속하는 임의의 사건 A에 대해

$$P[(X,\ Y) \in A] = \iint_A f(x,\ y)dxdy \tag{3.5.12}$$

이다.

정리 3.4.2와 유사하게 다음 정리는 결합 pdf가 될 조건을 제시해 준다.

정리 3.5.3

함수 $f(x,\ y)$가 어떤 연속확률변수 X와 Y의 결합 pdf일 필요충분조건은 다음과 같다.

(a) $f(x,\ y) \geq 0,\ -\infty < x < \infty,\ -\infty < y < \infty$ (3.5.13)

(b) $\int_{-\infty}^{\infty}\int_{-\infty}^{\infty} f(x,\ y)dxdy = 1$ (3.5.14)

예제 3.5.5 X와 Y의 결합 pdf가

$$f(x, y) = \begin{cases} \frac{2}{5}(2x+3y), & 0<x<1,\ 0<y<1 \\ 0, & \text{그 외} \end{cases}$$

이고, $A = \left\{(x, y) \,\middle|\, 0<x<\frac{1}{2},\ \frac{1}{4}<y<\frac{1}{2}\right\}$이라 하자. 그러면

$$\int_{-\infty}^{\infty}\int_{-\infty}^{\infty} f(x, y)dxdy = \int_0^1\int_0^1 \frac{2}{5}(2x+3y)dxdy$$
$$= \int_0^1 \left(\frac{2}{5}+\frac{6}{5}y\right)dy = 1$$

이므로, 정리 3.5.3이 성립됨을 알 수 있다. 또한

$$P[(X, Y)\in A] = P\left[0<X<\frac{1}{2},\ \frac{1}{4}<Y<\frac{1}{2}\right]$$
$$= \int_{1/4}^{1/2}\int_0^{1/2} \frac{2}{5}(2x+3y)dxdy$$
$$= \frac{13}{160}$$

이다. ■

예제 3.5.6 X와 Y의 결합 pdf가

$$f(x, y) = \begin{cases} x+y, & 0<x<1,\ 0<y<1 \\ 0, & \text{그 외} \end{cases}$$

일 때, X와 Y의 결합 cdf를 구하라.

풀이 (i) $x \le 0$ 또는 $y \le 0$일 때

$$F(x, y) = 0$$

(ii) $0<x<1,\ 0<y<1$일 때

$$F(x, y) = \int_0^y\int_0^x (s+t)dsdt = \frac{1}{2}xy(x+y)$$

(iii) $x \ge 1,\ 0<y<1$일 때

$$F(x,\ y) = \int_0^y \int_0^1 (s+t)dsdt = \frac{1}{2}y(y+1)$$

(iv) $0 < x < 1,\ y \geq 1$일 때

$$F(x,\ y) = \int_0^1 \int_0^x (s+t)dsdt = \frac{1}{2}x(x+1)$$

(v) $x \geq 1,\ y \geq 1$일 때

$$F(x,\ y) = \int_0^1 \int_0^1 (s+t)dsdt = 1$$

이다. 따라서 X와 Y의 결합 cdf는 다음과 같다.

$$F(x,\ y) = \begin{cases} 0, & x \leq 0 \text{ 또는 } y \leq 0 \\ \frac{1}{2}xy(x+y), & 0 < x < 1,\ 0 < y < 1 \\ \frac{1}{2}y(y+1), & x \geq 1,\ 0 < y < 1 \\ \frac{1}{2}x(x+1), & 0 < x < 1,\ y \geq 1 \\ 1, & x \geq 1,\ y \geq 1 \end{cases}$$

■

예제 3.5.7 X와 Y의 결합 pdf가

$$f(x,\ y) = \begin{cases} 2, & 0 < x < y,\ 0 < y < 1 \\ 0, & \text{그 외} \end{cases}$$

일 때, $P\left[X + Y > \frac{1}{2}\right]$을 구하라.

풀이 $\left[X + Y > \frac{1}{2}\right]$ 사건의 영역은 다음 그림과 같다.

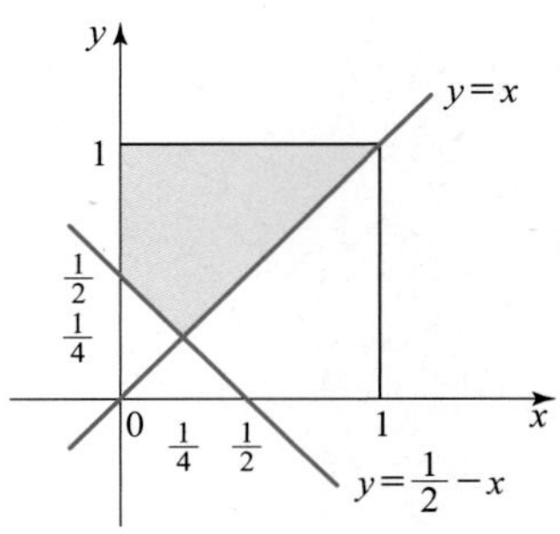

그림 3.5.1

$$P\left[X+Y>\frac{1}{2}\right]=\int_{1/4}^{1/2}\int_{1/2-y}^{y}2dx\,dy+\int_{1/2}^{1}\int_{0}^{y}2dx\,dy$$

$$=\int_{1/4}^{1/2}2\left(2y-\frac{1}{2}\right)dy+\int_{1/2}^{1}2y\,dy$$

$$=\int_{1/4}^{1/2}(4y-1)dy+\left[y^2\right]_{1/2}^{1}$$

$$=\left[2y^2-y\right]_{1/4}^{1/2}+\frac{3}{4}$$

$$=\frac{7}{8}$$

적분순서를 바꿔 생각하면

$$P\left[X+Y>\frac{1}{2}\right]=\int_{0}^{1/4}\int_{1/2-x}^{1}2dy\,dx+\int_{1/4}^{1}\int_{x}^{1}2dy\,dx$$

$$=\int_{0}^{1/4}(1+2x)dx+\int_{1/4}^{1}(2-2x)dx$$

$$=[x+x^2]_0^{1/4}+[2x-x^2]_{1/4}^{1}$$

$$=\frac{7}{8}$$

또는

$$P\left[X+Y>\frac{1}{2}\right]=1-P\left[X+Y\le\frac{1}{2}\right]$$

$$=1-\int_{0}^{1/4}\int_{x}^{\frac{1}{2}-x}2dy\,dx$$

$$=1-\int_{0}^{1/4}2\left(\frac{1}{2}-2x\right)dx$$

$$=1-\int_{0}^{1/4}(1-4x)dx$$

$$=1-\left[x-2x^2\right]_0^{1/4}$$

$$=\frac{7}{8}$$

■

*3.5.3 일반적인 결합분포

두 개의 확률변수에 대해 사용했던 정의와 정리를 k개의 확률변수로 일반화시킬 수 있다. 정의 3.5.1에 대응되는 k개의 이산확률변수 $X_1, \ldots, X_k$의 결합확률질량함수는 모든 $(x_1, \ldots, x_k)$에 대해

$$f(x_1, \ldots, x_k) = P[X_1 = x_1, \ldots, X_k = x_k] \tag{3.5.15}$$

로 정의한다. 만일 $\boldsymbol{X} = (X_1, \ldots, X_k)$가 k차원 이산확률변수로 결합 pmf $f(x_1, \ldots, x_k)$를 가지며 A가 하나의 사건이면

$$P[\boldsymbol{X} \in A] = \sum_{\boldsymbol{x} \in A} \cdots \sum f(x_1, \ldots, x_k) \tag{3.5.16}$$

이다. 정의 3.5.2에 대응되는 $X_1, \ldots, X_k$의 결합누적분포함수는

$$F(x_1, \ldots, x_k) = P[X_1 \le x_1, \ldots, X_k \le x_k], \tag{3.5.17}$$
$$-\infty < x_1 < \infty, \ \ldots, -\infty < x_k < \infty$$

로 정의한다. 물론 정리 3.5.1도 쉽게 일반화시킬 수 있다.

정리 3.5.4

함수 $f(x_1, \ldots, x_k)$가 $X_1, \ldots, X_k$의 결합 pmf일 필요충분조건은 다음과 같다.

(a) 모든 가능한 값 $(x_1, \ldots, x_k)$에 대해 $f(x_1, \ldots, x_k) \ge 0$이다. (3.5.18)

(b) $\sum_{x_1} \cdots \sum_{x_k} f(x_1, \ldots, x_k) = 1$ (3.5.19)

연속인 경우에도 정의와 정리 및 성질들을 쉽게 일반화시킬 수 있다. 정의 3.5.3에 대응되는 결합밀도함수는, 결합 cdf $F(x_1, \ldots, x_k)$에 대해

$$F(x_1, \ldots, x_k) = \int_{-\infty}^{x_k} \cdots \int_{-\infty}^{x_1} f(t_1, \ldots, t_k)\, dt_1 \cdots dt_k, \tag{3.5.20}$$
$$-\infty < x_1 < \infty, \ \ldots, -\infty < x_k < \infty$$

을 만족하는 함수 $f(x_1, \ldots, x_k)$를 연속확률변수 $X_1, \ldots, X_k$의 결합확률밀도함수라 정의한다.

일차원인 경우와 같이 결합 pdf는 결합 cdf를 미분하여 얻을 수 있다. 편도함수가 존재하

는 경우에 결합 pdf는

$$f(x_1, \ldots, x_k) = \frac{\partial^k}{\partial x_1 \cdots \partial x_k} F(x_1, \ldots, x_k) \tag{3.5.21}$$

이다.

일반적으로 k차원 연속확률변수 $\boldsymbol{X} = (X_1, \ldots, X_k)$와 k차원 사건 A에 대해

$$P[\boldsymbol{X} \in A] = \int \cdots \int_A f(x_1, \ldots, x_k) dx_1 \cdots dx_k \tag{3.5.22}$$

이다. 또한 정리 3.5.3에 대응되는 다음 정리를 얻을 수 있다.

정리 3.5.5

함수 $f(x_1, \ldots, x_k)$가 k차원 연속확률변수의 결합 pdf일 필요충분조건은 다음과 같다.

(a) 모든 $x_1, \ldots, x_k$에 대해 $f(x_1, \ldots, x_k) \geq 0$이다. (3.5.23)

(b) $\int_{-\infty}^{\infty} \cdots \int_{-\infty}^{\infty} f(x_1, \ldots, x_k) dx_1 \cdots dx_k = 1$ (3.5.24)

예제 3.5.8 X, Y, Z의 결합 pdf가 다음과 같다.

$$f(x, y, z) = \begin{cases} kxy^2z, & 0 < x < 1,\ 0 < y < 1,\ 0 < z < 2 \\ 0, & \text{그 외} \end{cases}$$

(a) k를 구하라.

(b) $P\left[X < \frac{1}{4},\ Y > \frac{1}{2},\ 1 < Z < 2\right]$를 계산하라.

풀이 (a) $\int_{-\infty}^{\infty} \int_{-\infty}^{\infty} \int_{-\infty}^{\infty} f(x, y, z) dx dy dz = 1$이므로

$$k \int_0^2 \int_0^1 \int_0^1 xy^2 z\, dx\, dy\, dz = k \int_0^2 z \int_0^1 \frac{1}{2} y^2 dy\, dz$$
$$= \frac{k}{6} \int_0^2 z\, dz = \frac{k}{3} = 1$$

에서 $k = 3$임을 알 수 있다.

(b) $P\left[X<\frac{1}{4},\ Y>\frac{1}{2},\ 1<Z<2\right]=3\int_{1}^{2}\int_{1/2}^{1}\int_{0}^{1/4} xy^2z\,dx\,dy\,dz$

$$=3\left(\int_{1}^{2} z\,dz\right)\left(\int_{1/2}^{1} y^2 dy\right)\left(\int_{0}^{1/4} x\,dx\right)$$

$$=\frac{21}{512}$$

■

연습문제

3.5.1 동전 세 개를 던질 때, X를 앞면이 나타난 동전의 개수라 하고 Y를 앞면이 나타난 동전의 개수에서 뒷면이 나타난 동전의 개수를 뺀 값이라 한다. X와 Y의 결합 pmf를 구하라.

3.5.2 두 개의 공정한 주사위를 던질 때, 다음 각 경우에 X와 Y의 결합확률질량함수를 구하라.

(a) X는 첫 번째 주사위에 나타난 눈금이고, Y는 두 눈금 중 큰 값이다.

(b) X는 두 주사위에 나타난 눈금의 최솟값이고, Y는 최댓값이다.

3.5.3 5개의 흰 공과 8개의 붉은 공이 들어 있는 항아리에서 비복원추출로 3개의 공을 선택한다. 만일 i번째 선택된 공이 흰 공이면, $X_i=1$이고 그렇지 않으면 X_i는 0이라 하자. 다음의 결합확률질량함수를 구하라.

(a) $X_1,\ X_2$ (b) $X_1,\ X_2,\ X_3$

3.5.4 공정한 주사위를 두 번 던지는 실험을 생각해 보자. 이때 눈금 2가 나온 횟수를 X라 하고, 6이 나온 횟수를 Y라 할 때, 다음을 구하라.

(a) X와 Y의 결합 pmf (b) $P[2X+Y<3]$

3.5.5 다음 각 함수가 X와 Y의 결합 pmf이다. 상수 c값을 구하라.

(a) $f(x,\ y)=cxy,\quad x=1,\ 2,\ 3\ ;\ y=1,\ 2,\ 3$

(b) $f(x,\ y)=c|x-y|,\ x=-2,\ 0,\ 2\ ;\ y=-2,\ 3$

3.5.6 X와 Y의 결합 pmf가

$$f(x, y) = \frac{(x+y)}{30}, \quad x = 0, 1, 2, 3 \,;\, y = 0, 1, 2$$

일 때, 다음을 구하라.

(a) $P[X > 2, Y \le 1]$ (b) $P[X > Y]$

(c) $P[X + Y = 3]$

3.5.7 $a_1 < a_2$이고 $b_1 < b_2$일 때, 확률변수 X와 Y에 대해 다음을 증명하라.

$$P[a_1 < X \le a_2, b_1 < Y \le b_2] = F(a_2, b_2) + F(a_1, b_1) - F(a_1, b_2) - F(a_2, b_1)$$

3.5.8 함수 $F(x, y)$가 다음과 같이 정의되었다.

$$F(x, y) = \begin{cases} 0, & x < 0 \text{ 또는 } y < 0 \\ 0.25(x+y)^2, & 0 \le x < 1, 0 \le y < 1 \\ 1, & \text{그 외} \end{cases}$$

$F(x, y)$는 2변량 cdf인가?

3.5.9 결합 cdf가

$$F(x, y) = \begin{cases} 0, & x < 0 \text{ 또는 } y < 0 \\ 0.5xy(x+y), & 0 < x < 1, 0 < y < 1 \\ 0.5x(x+1), & 0 < x < 1, y \ge 1 \\ 0.5y(y+1), & x \ge 1, 0 < y < 1 \\ 1, & x \ge 1, y \ge 1 \end{cases}$$

인 연속확률변수 X와 Y가 있다. 다음을 구하라.

(a) 결합 pdf, $f(x, y)$ (b) $P[X \le 0.6, Y \le 0.6]$

(c) $P[X < Y]$ (d) $P[X + Y \le 0.5]$

(e) $P[X + Y \le 1.5]$ (f) $P[X + Y \le z], z > 0$

3.5.10 X와 Y의 결합 cdf가 다음과 같을 때, X와 Y의 결합 pdf를 구하라.

$$F(x, y) = \begin{cases} (1 - e^{-x^2})(1 - e^{-y^2}), & x > 0, y > 0 \\ 0, & \text{그 외} \end{cases}$$

3.5.11 두 확률변수의 결합 pdf가

$$f(x,\ y)=\begin{cases}4xy, & 0<x<1,\ 0<y<1\\ 0, & \text{그 외}\end{cases}$$

일 때, 다음을 구하라.

(a) $P\left[0\le X\le \frac{3}{4},\ \frac{1}{8}\le Y\le \frac{1}{2}\right]$

(b) $P[Y>X]$

3.5.12 두 확률변수의 결합 pdf가

$$f(x,\ y)=\begin{cases}k(x^2+y^2), & 0<x<2,\ 1<y<4\\ 0, & \text{그 외}\end{cases}$$

일 때, 다음을 구하라.

(a) k값

(b) $P[1<X<2,\ 2<Y\le 3]$

(c) $P[1\le X\le 2]$

(d) $P[X+Y>4]$

3.5.13 X와 Y의 결합 pdf가

$$f(x,\ y)=\begin{cases}cxy, & 0<x<2,\ 0<y<5\\ 0, & \text{그 외}\end{cases}$$

일 때, 다음을 구하라.

(a) c값

(b) $P[X<2,\ 2<Y<4]$

(c) $P[X>Y]$

3.5.14 X와 Y의 결합 pdf가 $f(x,\ y)=cxy^2,\ 0<x<1,\ 0<y<1$인 연속확률변수이다.

(a) c값을 구하라.

(b) $P[X^2\le Y\le X]$를 구하라.

(c) X와 Y의 결합 cdf를 구하라.

3.5.15 X와 Y의 결합 pdf가 $f(x,\ y)=e^{-x-y},\ x>0,\ y>0$일 때, 다음을 구하라.

(a) $P[X<Y]$

(b) $P[X+Y\le 3]$

3.5.16 X와 Y는 결합 pdf가 $f(x, y)=2(x+y),\ 0<x<y<1$인 연속확률변수이다. $P[Y>2X]$를 구하라.

3.5.17 X와 Y의 결합 pdf가

$$f(x, y)=\begin{cases}24xy, & 0<x<1,\ 0<y<1,\ x+y<1\\ 0, & \text{그 외}\end{cases}$$

일 때, $P\left[X+Y<\frac{1}{2}\right]$을 구하라.

3.5.18 X_1, X_2, X_3의 결합 pdf가

$$f(x_1, x_2, x_3)=\begin{cases}(x_1+x_2)e^{-x_3}, & 0<x_1<1,\ 0<x_2<1,\ x_3>0\\ 0, & \text{그 외}\end{cases}$$

일 때, $P\left[0<X_1<\frac{1}{2},\ \frac{1}{2}<X_2<1,\ X_3<1\right]$을 구하라.

3.6 • 주변분포

앞 절에서 k개 확률변수에 대해 결합 pmf (pdf)와 결합 cdf를 정의했다. 이 결합함수로부터 각 확률변수의 pmf (pdf)와 cdf를 구할 수 있다.

정의 3.6.1

이산확률변수의 쌍 (X, Y)가 결합 pmf $f(x, y)$를 가질 때, X와 Y의 주변확률질량함수(marginal probability mass function)는 각각 다음과 같이 정의한다.

$$f_X(x)=\sum_y f(x, y) \tag{3.6.1}$$

$$f_Y(y)=\sum_x f(x, y) \tag{3.6.2}$$

주변확률질량함수를 간단히 주변 pmf로 나타내기로 한다.

예제 3.6.1 동전을 세 번 던질 때, X를 처음 두 번째까지 나타난 앞면의 수라 하고 Y를 세 번 던질 때까지 나타난 앞면의 총수라 하면, X와 Y의 결합 pmf와 주변 pmf는 다음과 같다.

x \ y	0	1	2	3	$f_X(x)$
0	$\frac{1}{8}$	$\frac{1}{8}$	0	0	$\frac{1}{4}$
1	0	$\frac{1}{4}$	$\frac{1}{4}$	0	$\frac{1}{2}$
2	0	0	$\frac{1}{8}$	$\frac{1}{8}$	$\frac{1}{4}$
$f_Y(y)$	$\frac{1}{8}$	$\frac{3}{8}$	$\frac{3}{8}$	$\frac{1}{8}$	1.00

사건 $A=[X<Y]$에 대응되는 가능한 (X, Y)의 값은 (0, 1), (0, 2), (0, 3), (1, 2), (1, 3), (2, 3)이므로, 식 (3.5.16)에 의해

$$\begin{aligned} P(A)=P[X<Y]&=f(0,\ 1)+f(0,\ 2)+f(0,\ 3)+f(1,\ 2)+f(1,\ 3)+f(2,\ 3) \\ &=\frac{1}{8}+0+0+\frac{1}{4}+0+\frac{1}{8}=\frac{1}{2} \end{aligned}$$

이다. ■

X와 Y가 연속확률변수일 때, 주변확률질량함수의 정의에서 주변확률밀도함수는 합기호 대신에 적분기호를 사용하여 얻을 수 있다.

정의 3.6.2

한 쌍의 연속확률변수 (X, Y)가 결합 pdf $f(x, y)$를 가질 때, X와 Y의 주변확률밀도함수(marginal probability density function)는 각각 다음과 같이 정의한다.

$$f_X(x)=\int_{-\infty}^{\infty} f(x,\ y)dy \tag{3.6.3}$$

$$f_Y(y)=\int_{-\infty}^{\infty} f(x,\ y)dx \tag{3.6.4}$$

주변확률밀도함수를 간단히 주변 pdf로 나타내기로 한다.

예제 3.6.2 예제 3.5.5에서 정의한 X와 Y 각각의 주변 pdf는

$$\begin{aligned} f_X(x) &= \int_{-\infty}^{\infty} f(x, y)dy = \int_0^1 \frac{2}{5}(2x+3y)dy \\ &= \frac{4x+3}{5}, \quad 0<x<1 \\ f_Y(y) &= \int_{-\infty}^{\infty} f(x, y)dx = \int_0^1 \frac{2}{5}(2x+3y)dx \\ &= \frac{2(1+3y)}{5}, \quad 0<y<1 \end{aligned}$$

이다. ■

$X_1, \ldots, X_k$의 결합 cdf로부터 X_j들 각각의 cdf를 구할 수 있다. 다음은 k차원 확률변수들의 결합 cdf와 결합 pdf (pmf)로부터 각각의 주변 cdf와 주변 pdf (pmf)를 정의한다.

정의 3.6.3

$\boldsymbol{X} = (X_1, \ldots, X_k)$가 결합 cdf $F(x_1, \ldots, x_k)$를 갖는 k차원 확률변수이면, X_j의 주변누적분포함수 (주변 cdf)는

$$F_j(x_j) = \lim_{\substack{x_i \to \infty \\ \text{모든 } i \neq j}} F(x_1, \ldots, x_j, \ldots, x_k) \tag{3.6.5}$$

이다. $\boldsymbol{X}$가 이산확률변수이면, X_j의 주변 pmf는

$$f_j(x_j) = \underset{\text{모든 } i \neq j}{\sum \cdots \sum} f(x_1, \ldots, x_j, \ldots, x_k) \tag{3.6.6}$$

이고 $\boldsymbol{X}$가 연속확률변수이면, X_j의 주변 pdf는

$$f_j(x_j) = \int \cdots \int f(x_1, \ldots, x_j, \ldots, x_k)dx_1 \cdots dx_{j-1}dx_{j+1} \cdots dx_k \tag{3.6.7}$$

이다.

예제 3.6.3 $X_1,\ X_2,\ X_3$의 결합 pdf가

$$f(x_1,\ x_2,\ x_3)=\begin{cases}6x_1x_2^2x_3, & 0<x_1<1,\ 0<x_2<1,\ 0<x_3<\sqrt{2}\\ 0, & \text{그 외}\end{cases}$$

일 때, X_3의 주변 pdf는

$$f_3(x_3)=\int_0^1\int_0^1 6x_1x_2^2x_3\,dx_1dx_2=x_3,\quad 0<x_3<\sqrt{2}$$

이고, X_1과 X_2의 결합 pdf는

$$\begin{aligned}f(x_1,\ x_2)&=\int_0^{\sqrt{2}}6x_1x_2^2x_3\,dx_3\\&=6x_1x_2^2,\quad 0<x_1<1,\ 0<x_2<1\end{aligned}$$

이다. ■

연습문제

3.6.1 연습문제 3.5.6번의 결합 pmf로부터 다음을 구하라.

(a) X의 주변 pmf (b) Y의 주변 pmf

3.6.2 동전을 두 번 던진다. 이때 Z를 첫 번째 던질 때 나타난 앞면의 수라 하고 W를 두 번 던질 때까지 나타난 앞면의 총 개수라 하자. 만일 동전을 던질 때, 앞면이 나올 확률이 0.4인 편의된 동전이라 할 때, 다음을 구하라.

(a) W와 Z의 결합 pmf

(b) W의 주변 pmf

(c) Z의 주변 pmf

(d) 적어도 한 번 앞면이 나타날 확률

3.6.3 X와 Y의 결합 pmf가 다음과 같다.

y \ x	2	4
1	0.10	0.15
3	0.20	0.30
5	0.10	0.15

(a) X의 주변 pmf를 구하라. (b) Y의 주변 pmf를 구하라.

3.6.4 확률변수 X와 Y의 결합 pdf가 다음과 같다.

$$f(x, y) = \begin{cases} \frac{2}{3}(x+2y), & 0<x<1,\ 0<y<1 \\ 0, & \text{그 외} \end{cases}$$

(a) X의 주변 pdf를 구하라. (b) Y의 주변 pdf를 구하라.

(c) $P\left[X < \frac{1}{4}\right]$을 구하라.

3.6.5 미사일 시스템의 두 가지 전기 부품은 전체 시스템이 제대로 운영되기 위해 조화롭게 작동한다. X와 Y를 두 전기 부품의 수명(단위: 시간)이라 하면, X와 Y의 결합 pdf는 다음과 같다.

$$f(x, y) = \begin{cases} ye^{-y(1+x)}, & x>0,\ y>0 \\ 0, & \text{그 외} \end{cases}$$

(a) X와 Y의 주변 pdf를 각각 구하라.

(b) 두 부품 모두 2시간을 초과할 확률을 구하라.

3.6.6 확률변수 X와 Y의 결합 pdf가 다음과 같다.

$$f(x, y) = \begin{cases} x+y, & 0<x<1,\ 0<y<1 \\ 0, & \text{그 외} \end{cases}$$

(a) X와 Y의 주변 pdf를 각각 구하라.

(b) $P[X>0.5,\ Y>0.5]$를 계산하라.

3.6.7 X와 Y의 결합 pdf가 다음과 같다.

$$f(x,\ y)=\begin{cases}24y(1-x-y), & x>0,\ y>0,\ x+y<1\\ 0, & \text{그 외}\end{cases}$$

(a) X의 주변 pdf를 구하라. (b) Y의 주변 pdf를 구하라.

3.6.8 연습문제 3.5.15번의 결합 pdf로부터 다음을 구하라.

(a) X의 주변 pdf (b) Y의 주변 pdf

3.6.9 연습문제 3.5.16번의 결합 pdf로부터 다음을 구하라.

(a) X의 주변 pdf (b) Y의 주변 pdf

3.6.10 X와 Y의 결합 pdf가 $f(x,\ y)=2/c^2,\ 0<x<y,\ 0<y<c$일 때, 다음을 구하라.

(a) c값 (b) X와 Y의 주변 pdf

3.6.11 X와 Y의 결합 pdf가

$$f(x,\ y)=2(x+y-3xy^2),\quad 0<x<1,\ 0<y<1$$

일 때, 다음을 구하라.

(a) X의 주변 pdf (b) Y의 주변 pdf

3.6.12 $X,\ Y,\ Z$의 결합 pmf가 다음과 같다.

$$f(x,\ y,\ z)=\frac{xyz}{108},\ x=1,\ 2,\ 3\ ;\ y=1,\ 2,\ 3\ ;\ z=1,\ 2$$

(a) X와 Y의 결합 주변 pmf를 구하라.

(b) X와 Z의 결합 주변 pmf를 구하라.

(c) X의 주변 pmf를 구하라.

3.6.13 $X_1,\ X_2,\ X_3$는 $f(x_1,\ x_2,\ x_3)=6,\ 0<x_1<x_2<x_3<1$의 결합 pdf를 갖는 연속확률변수이다.

(a) X_1의 주변 pdf $f_1(x_1)$을 구하라.

(b) X_2의 주변 pdf $f_2(x_2)$를 구하라.

3.6.14 X_1, X_2, X_3의 결합 pdf가

$$f(x_1,\ x_2,\ x_3) = \begin{cases} (x_1 + x_2)e^{-x_3}, & 0 < x_1 < 1,\ 0 < x_2 < 1,\ x_3 > 0 \\ 0 & \text{그 외} \end{cases}$$

일 때, X_1과 X_2의 결합 주변 pdf와 X_1의 주변 pdf를 구하라.

3.7 • 조건부 분포

2.4절에서 사건 B가 주어졌을 때 사건 A의 조건부 확률을 $P(B) \neq 0$이면

$$P(A \mid B) = \frac{P(A \cap B)}{P(B)} \tag{3.7.1}$$

로 정의했다. 이제 X와 Y는 이산확률변수이고 $A = \{X = x\}$, $B = \{Y = y\}$인 사건이라 하면, $P[Y = y] = f_Y(y) \neq 0$일 때

$$\begin{aligned} P[X = x \mid Y = y] &= \frac{P[X = x,\ Y = y]}{P[Y = y]} \\ &= \frac{f(x,\ y)}{f_Y(y)} \end{aligned} \tag{3.7.2}$$

로 나타낼 수 있다. 여기서 $f(x,\ y)$는 X와 Y의 결합 pmf이고 $f_Y(y)$는 Y의 주변 pmf이다. 따라서 다음 정의를 제안할 수 있다.

정의 3.7.1

X와 Y를 결합 pdf (pmf)가 $f(x,\ y)$인 연속(이산)확률변수이면, $X = x$가 주어진 경우 Y의 조건부 확률밀도함수(conditional probability density function) (조건부 확률질량함수(conditional probability mass function))는 $f_X(x) > 0$인 x에 대해

$$f(y \mid x) = \frac{f(x,\ y)}{f_X(x)} \tag{3.7.3}$$

로 정의한다. 마찬가지로 $Y=y$가 주어진 경우 X의 조건부 확률밀도함수(조건부 확률질량함수)는 $f_Y(y)>0$인 y에 대해

$$f(x|y)=\frac{f(x,\ y)}{f_Y(y)} \tag{3.7.4}$$

로 정의한다. 이 책에서는 간단히 조건부 pdf(조건부 pmf)로 나타낼 것이다.

X와 Y가 연속확률변수인 경우는 $X=x$가 주어졌을 때, 사건 A의 조건부 확률은

$$P[Y\in A|X=x]=\int_A f(y|x)dy \tag{3.7.5}$$

이다. 특별히 $A=(-\infty,\ y)$로 두면, $X=x$가 주어졌을 때 Y의 조건부 cdf는

$$\begin{aligned} F(y|x)&=P[Y\le y|X=x] \\ &=\int_{-\infty}^{y} f(t|x)dt \end{aligned} \tag{3.7.6}$$

이다.

물론 조건부 확률이 확률의 모든 성질을 만족하는 것처럼 조건부 확률질량함수(확률밀도함수) 역시 일반 확률질량함수(확률밀도함수)의 모든 성질을 만족한다.

예제 3.7.1 예제 3.6.1에서 $X=1$이 주어진 경우 Y의 조건부 pmf는 다음과 같다.

$$\begin{aligned} f(0|1)&=0 \\ f(1|1)&=\frac{1/4}{1/2}=\frac{1}{2} \\ f(2|1)&=\frac{1/4}{1/2}=\frac{1}{2} \\ f(3|1)&=0 \end{aligned}$$

■

예제 3.7.2 X와 Y의 결합 pdf가 다음과 같다.

$$f(x,\ y)=\begin{cases} \dfrac{x(1+3y^2)}{4}, & 0<x<2,\ 0<y<1 \\ 0, & \text{그 외} \end{cases}$$

조건부 pdf를 구하기 위해, 먼저 X와 Y 각각의 주변 pdf를 구해 보자.

$$f_X(x) = \int_{-\infty}^{\infty} f(x, y)dy = \int_0^1 \frac{x(1+3y^2)}{4}dy$$
$$= \frac{x}{4}[y+y^3]_0^1 = \frac{x}{2}, \quad 0<x<2$$
$$f_Y(y) = \int_{-\infty}^{\infty} f(x, y)dx = \int_0^2 \frac{x(1+3y^2)}{4}dx$$
$$= \frac{(1+3y^2)}{4}\left[\frac{1}{2}x^2\right]_0^2 = \frac{1+3y^2}{2}, \quad 0<y<1$$

이므로

$$f(x \mid y) = \frac{f(x, y)}{f_Y(y)} = \frac{x(1+3y^2)/4}{(1+3y^2)/2} = \frac{x}{2}, \quad 0<x<2$$

이고

$$P\left[\frac{1}{4}<X<\frac{1}{2} \,\middle|\, Y=\frac{1}{3}\right] = \int_{1/4}^{1/2} \frac{x}{2}dx = \frac{3}{64}$$

이다. ■

예제 3.7.3 X와 Y는 결합 pdf가 $f(x, y) = 60x^2y, \ 0<x, \ 0<y, \ x+y<1$인 연속확률변수이다.

(a) X의 주변 pdf를 구하라.

(b) $X=x$가 주어진 경우 Y의 조건부 pdf를 구하라.

(c) $P[Y>0.1 \mid X=0.6]$을 구하라.

풀이 (a) $f_X(x) = \int_0^{1-x} 60x^2y\,dy = 30x^2(1-x)^2, \quad 0<x<1$

(b) $f(y \mid x) = \frac{f(x, y)}{f_X(x)} = \frac{60x^2y}{30x^2(1-x)^2} = \frac{2y}{(1-x)^2}, \quad 0<y<1-x$

(c) $P[Y>0.1 \mid X=0.6] = \int_{0.1}^{1-0.6} \frac{2y}{(1-0.6)^2}dy$

$$= 6.25(0.4^2-0.1^2) = 0.9375$$ ■

정의 3.7.1로부터 쉽게 다음 정리를 얻을 수 있다.

정리 3.7.1

X와 Y가 결합 pdf (pmf) $f(x, y)$와 각각의 주변 pdf (pmf) $f_X(x)$, $f_Y(y)$를 갖는 확률변수이면, 다음이 성립된다.

$$f(x, y) = f_X(x) f(y|x) = f_Y(y) f(x|y) \tag{3.7.7}$$

조건부 분포의 개념을 확률변수들의 벡터에 확장시킬 수 있다. 예를 들면, $\boldsymbol{X} = (X_1, \dots, X_r, \dots, X_k)$의 결합 pdf (pmf)가 $f(x_1, \dots, x_r, \dots, x_k)$이고 $\boldsymbol{X}_1 = (X_1, \dots, X_r)$의 결합 pdf (pmf)가 $f_1(x_1, \dots, x_r)$이라 하자. 만일 $\boldsymbol{X}_2 = (X_{r+1}, \dots, X_k)$라 하면, $\boldsymbol{X}_1 = \boldsymbol{x}_1 = (x_1, \dots, x_r)$이 주어졌을 때 $\boldsymbol{X}_2$의 조건부 결합 pdf (pmf)는 $f_1(x_1, \dots, x_r) > 0$인 $\boldsymbol{x}_1 = (x_1, \dots, x_r)$에 대해

$$f(x_{r+1}, \dots, x_k | x_1, \dots, x_r) = \frac{f(x_1, \dots, x_r, \dots, x_k)}{f_1(x_1, \dots, x_r)} \tag{3.7.8}$$

이다.

예제 3.7.4 예제 3.6.3에서, $(X_1, X_2) = (x_1, x_2)$가 주어졌을 때 X_3의 조건부 pdf는 다음과 같다.

$$\begin{aligned} f(x_3|x_1, x_2) &= \frac{f(x_1, x_2, x_3)}{f(x_1, x_2)} \\ &= \frac{6x_1x_2^2x_3}{6x_1x_2^2} \\ &= x_3, \quad 0 < x_3 < \sqrt{2} \end{aligned}$$

■

예제 3.7.5 X_1, X_2, X_3는 결합 pdf가

$$f(x_1, x_2, x_3) = 6, \quad 0 < x_1 < x_2 < x_3 < 1$$

인 연속확률변수이다. 다음을 구하라.

(a) X_1, X_3의 결합 pdf

(b) X_2, X_3의 결합 pdf

(c) $(X_1, X_3)=(x_1, x_3)$가 주어진 경우 X_2의 조건부 pdf

(d) $(X_2, X_3)=(x_2, x_3)$가 주어진 경우 X_1의 조건부 pdf

(e) $X_3=x_3$가 주어진 경우 (X_1, X_2)의 조건부 pdf

풀이 (a) $$f(x_1, x_3)=\int_{-\infty}^{\infty} f(x_1, x_2, x_3)dx_2$$
$$=\int_{x_1}^{x_3} 6\, dx_2 = 6(x_3-x_1),\ 0<x_1<x_3<1$$

(b) $$f(x_2, x_3)=\int_{-\infty}^{\infty} f(x_1, x_2, x_3)dx_1$$
$$=\int_{0}^{x_2} 6\, dx_1 = 6x_2,\quad 0<x_2<x_3<1$$

(c) $$f(x_2|x_1, x_3)=\frac{f(x_1, x_2, x_3)}{f(x_1, x_3)}=\frac{6}{6(x_3-x_1)}=\frac{1}{(x_3-x_1)},\quad x_1<x_2<x_3$$

(d) $$f(x_1|x_2, x_3)=\frac{f(x_1, x_2, x_3)}{f(x_2, x_3)}=\frac{1}{x_2},\quad 0<x_1<x_2$$

(e) $$f_3(x_3)=\int_{-\infty}^{\infty} f(x_2, x_3)dx_2=\int_{0}^{x_3} 6x_2\, dx_2 = 3x_3^2,\ 0<x_3<1$$이므로

$$f(x_1, x_2|x_3)=\frac{f(x_1, x_2, x_3)}{f_3(x_3)}=\frac{2}{x_3^2},\quad 0<x_1<x_2<x_3<1$$ ■

연습문제

3.7.1 연습문제 3.5.4번에서 정의한 확률변수 X와 Y에 대하여 다음을 구하라.

(a) $f(y|1)$ (b) $P[Y=0|X=1]$

3.7.2 X와 Y의 결합 pmf가 다음과 같다.

y \ x	1	2	3
1	0	$\frac{1}{6}$	$\frac{1}{12}$
2	$\frac{1}{5}$	$\frac{1}{9}$	0
3	$\frac{2}{15}$	$\frac{1}{4}$	$\frac{1}{18}$

(a) X의 주변 pmf를 구하라.

(b) Y의 주변 pmf를 구하라.

(c) $P[Y=3|X=2]$를 계산하라.

3.7.3 X_1과 X_2는 다음 결합 pmf를 갖는 이산확률변수이다.

x_1 \ x_2	1	2	3
1	$\frac{1}{12}$	$\frac{1}{6}$	0
2	0	$\frac{1}{9}$	$\frac{1}{5}$
3	$\frac{1}{18}$	$\frac{1}{4}$	$\frac{2}{15}$

(a) X_1과 X_2의 주변 pmf를 각각 구하라.

(b) $P[X_1 \le 2]$를 구하라.

(c) $P[X_1 \le X_2]$를 구하라.

(d) 조건부 pmf $f(x_2|x_1)$과 $f(x_1|x_2)$를 표로 작성하라.

3.7.4 연습문제 3.5.3번에서 다음 조건이 주어졌을 때, X_1의 조건부 확률질량함수를 계산하라.

(a) $X_2 = 1$ (b) $X_2 = 0$

3.7.5 세 결과 중 어느 하나가 나타나는 실험을 생각해 보자. 여기서 결과 i가 발생할 확률은 p_i, $i = 1, 2, 3$이다. 이 실험을 n번 독립적으로 반복 실행한다고 가정하고 X_i, $i = 1, 2, 3$을 결과 i가 나타난 횟수라 하자. $X_2 = m$이 주어졌을 때, X_1의 조건부 확률질량함수를 결정하라.

3.7.6 연습문제 3.5.15번에서 정의한 확률변수에 대해, 다음을 구하라.

(a) 결합 cdf, $F(x, y)$ (b) $P[X > 2]$

(c) $P[X < a]$ (d) $P[X + Y > 2]$

(e) $P[X < a \mid Y = 1]$

3.7.7 어느 제과회사는 세 종류 초콜릿 A, B, C를 혼합하여 각 상자의 무게가 1kg이 되도록 포장한다. 그러나 각 상자 속에 들어 있는 세 종류의 초콜릿 개별 무게는 상자마다 다르다고 한다. 무작위로 선택한 상자에서, X와 Y를 각각 A와 B종류의 초콜릿 무게라 하고 그 결합 pdf가 다음과 같다고 하자.

$$f(x, y) = \begin{cases} 24xy, & 0 < x < 1,\ 0 < y < 1,\ x + y < 1 \\ 0, & \text{그 외} \end{cases}$$

(a) 어느 주어진 상자에서 C종류 초콜릿 무게가 $\frac{1}{2}$kg을 초과할 확률을 구하라.

(b) A종류 초콜릿 무게의 주변 pdf를 구하라.

(c) A종류의 무게가 $\frac{3}{4}$kg임을 알고 있다면, 한 상자에 있는 B종류 초콜릿 무게가 $\frac{1}{8}$kg 미만일 확률을 구하라.

3.7.8 X와 Y의 결합 pdf가

$$f(x, y) = \begin{cases} \dfrac{6 - x - y}{8}, & 0 < x < 2,\ 2 < y < 4 \\ 0, & \text{그 외} \end{cases}$$

일 때, $P[1 < Y < 3 \mid X = 1]$을 구하라.

3.7.9 연습문제 3.6.4번의 확률변수에 대해 다음을 구하라.

(a) 조건부 pdf $f(x|y)$ (b) 조건부 pdf $f(y|x)$

(c) $P\left[X<\frac{1}{2} \middle| Y=\frac{1}{2}\right]$

3.7.10 연습문제 3.6.5번의 확률변수에 대해 다음을 구하라.

(a) 조건부 pdf $f(x|y)$ (b) $P[X \le 3 | Y=2]$

3.7.11 연습문제 3.6.7번의 확률변수에 대해 다음을 구하라.

(a) 조건부 pdf $f(x|y)$ (b) $P\left[X<\frac{1}{4} \middle| Y=\frac{1}{2}\right]$

(c) $P\left[X<\frac{1}{4} \middle| Y<\frac{1}{2}\right]$

3.7.12 연습문제 3.6.10번의 확률변수에 대해 다음을 구하라.

(a) 조건부 pdf $f(y|x)$ (b) 조건부 pdf $f(x|y)$

3.7.13 연습문제 3.6.13번의 확률변수에 대해 다음을 구하라.

(a) $f(x_3|x_1, x_2)$ (b) $f(x_2, x_3|x_1)$

3.7.14 연습문제 3.6.14번의 확률변수에 대해 다음을 구하라.

(a) $f(x_3|x_1, x_2)$ (b) $f(x_2, x_3|x_1)$

3.7.15 확률변수 X, Y, Z의 결합 pdf가

$$f(x, y, z)=\begin{cases} \frac{4xyz^2}{9}, & 0<x<1,\ 0<y<1,\ 0<z<3 \\ 0, & \text{그 외} \end{cases}$$

일 때, 다음을 구하라.

(a) Y와 Z의 결합 pdf (b) Y의 주변 pdf

(c) $P\left[\frac{1}{4}<X<\frac{1}{2},\ Y>\frac{1}{3},\ 1<Z<2\right]$ (d) $P\left[0<X<\frac{1}{2} \middle| Y=\frac{1}{4},\ Z=2\right]$

3.8 • 독립확률변수

두 개 이상의 확률변수를 취급할 때, 독립성의 여부는 매우 중요하다. 예제 3.7.2에서

$$f(x|y) = \frac{x}{2}, \quad 0 < x < 2$$

이므로, 주어진 y의 값에 종속하지 않음을 알 수 있다. 그러나 예제 3.7.3에서는

$$f(y|x) = \frac{2y}{(1-x)^2}, \quad 0 < y < 1-x$$

이므로, 주어진 x의 값에 조건부 pdf가 종속된다. 예제 3.7.2와 같이 조건부 pdf (pmf)가 조건으로 주어진 확률변수의 값에 종속하지 않을 때, 독립이라 한다. 여기서는 확률을 이용한 식으로 정의한다.

정의 3.8.1

모든 $a_i < b_i$에 대해

$$\begin{aligned} &P[a_1 \le X_1 \le b_1, \ldots, a_k \le X_k \le b_k] \\ &\quad = P[a_1 \le X_1 \le b_1] \cdots P[a_k \le X_k \le b_k] \\ &\quad = \prod_{i=1}^{k} P[a_i \le X_i \le b_i] \end{aligned} \tag{3.8.1}$$

이면, 확률변수 $X_1, \ldots, X_k$는 독립 (independent)이라 하고, 이 등식이 성립되지 않으면 종속 (dependent)이라 한다.

cdf 또는 pdf (pmf)를 이용한 독립조건은 다음과 같다.

정리 3.8.1

확률변수 $X_1, \ldots, X_k$가 독립일 필요충분조건은 모든 $(x_1, \ldots, x_k)$에 대해

$$F(x_1, \ldots, x_k) = F_1(x_1) \cdots F_k(x_k) \tag{3.8.2}$$

이거나

$$f(x_1, \ldots, x_k) = f_1(x_1) \cdots f_k(x_k) \tag{3.8.3}$$

이다. 여기서 $F_i(x_i)$와 $f_i(x_i)$는 각각 X_i의 cdf와 pdf (pmf)이다.

예제 3.8.1 예제 3.6.1에서, 예를 들어

$$f(1,\ 1) = \frac{1}{4} \neq f_X(1)f_Y(1) = \frac{1}{2}\left(\frac{3}{8}\right)$$

이므로 정리 3.8.1의 조건을 만족하지 않는다. 따라서 X와 Y는 독립이 아니다. ■

다음 정리는 각 확률변수의 주변 pdf (pmf)를 구하지 않고도 결합 pdf (pmf)를 보고 독립인지를 쉽게 알 수 있는 유용한 정리이다.

정리 3.8.2

결합 pdf (pmf) $f(x,\ y)$를 갖는 두 확률변수 X와 Y가 독립일 필요충분조건은 다음과 같다.

(a) 집합 $\{(x,\ y) \mid f(x,\ y) > 0\}$이 데카르트 곱(Cartesian product) $A \times B = \{(a,\ b) \mid a \in A,\ b \in B\}$이고

(b) 결합 pdf (pmf)가 x만의 함수와 y만의 함수의 곱으로 나타낼 수 있다. 즉,

$$f(x,\ y) = g(x)h(y) \tag{3.8.4}$$

증명 (⇒) X와 Y가 결합 pdf $f(x,\ y)$를 갖는 독립확률변수이면

$$f(x,\ y) = f_X(x)f_Y(y)$$

로 표시되므로 $g(x) = f_X(x)$, $h(y) = f_Y(y)$로 택하면 증명된다.

(⇐) $\{(x,\ y) \mid f(x,\ y) > 0\}$이 데카르트 곱으로 표시되고, $f(x,\ y) = g(x)h(y)$이면, 연속확률변수에 대해

$$f_X(x) = \int_{-\infty}^{\infty} g(x)h(y)dy = g(x)\int_{-\infty}^{\infty} h(y)dy = c_1 g(x)$$

(데카르트 곱으로 표시되므로)

$$f_Y(y) = \int_{-\infty}^{\infty} g(x)h(y)dx = h(y)\int_{-\infty}^{\infty} g(x)dx = c_2 h(y)$$

(데카르트 곱으로 표시되므로)

이다. 여기서 c_1과 c_2는 상수이고 x나 y의 함수는 아니다. 결합 pdf의 조건으로부터

$$1 = \int_{-\infty}^{\infty}\int_{-\infty}^{\infty} g(x)h(y)dxdy = \left[\int_{-\infty}^{\infty} g(x)dx\right]\left[\int_{-\infty}^{\infty} h(y)dy\right] = c_2 c_1$$

이므로

$$f(x,\ y) = g(x)h(y) = c_1 c_2 g(x)h(y) = f_X(x) f_Y(y)$$

가 성립되어 X와 Y가 독립이다. ✣

예제 3.8.2 X와 Y의 결합 pdf가

$$f(x,\ y) = \begin{cases} 2e^{-(x+2y)}, & 0 < x < \infty,\ 0 < y < \infty \\ 0, & \text{그 외} \end{cases}$$

이면 정리 3.8.2에 의해 X와 Y는 독립임을 알 수 있다. 여기서 $g(x) = e^{-x}$, $h(y) = 2e^{-2y}$로 두면, $f(x,\ y) = g(x)h(y)$가 성립된다. ■

예제 3.8.3 예제 3.5.5에서 정의한 결합 pdf는 x와 y 각각의 함수의 곱으로 나타낼 수 없기 때문에, X와 Y는 독립이 아니다. 즉, X와 Y는 종속이다. ■

다음 정리는 조건부 pdf (pmf)의 정의와 정리 3.8.1에 의해 쉽게 유도할 수 있다.

정리 3.8.3

X와 Y가 결합 pdf (pmf) $f(x,\ y)$와 각각의 주변 pdf (pmf) $f_X(x)$와 $f_Y(y)$를 갖는 확률변수이면, X와 Y가 독립일 필요충분조건은

$$f(y|x) = f_Y(y) \tag{3.8.5}$$

이거나

$$f(x|y) = f_X(x) \tag{3.8.6}$$

이다.

예제 3.8.4 예제 3.7.2에서 $f_X(x)f_Y(y)=f(x,\ y)$이므로, 정리 3.8.1에 의해 X와 Y가 독립임을 알 수 있다. 그러면 정리 3.8.3으로부터

$$f(y|x)=f_Y(y)=\frac{1+3y^2}{2},\quad 0<y<1$$

임을 알 수 있다. ■

연습문제

3.8.1 연습문제 3.5.11번에서 정의한 확률변수 X와 Y는 독립인가?

3.8.2 연습문제 3.5.12번에서 정의한 확률변수 X와 Y는 독립인가?

3.8.3 연습문제 3.5.13번에서 정의한 확률변수 X와 Y는 독립인가?

3.8.4 연습문제 3.5.15번에서 정의한 확률변수 X와 Y는 독립인가?

3.8.5 연습문제 3.5.17번에서 정의한 확률변수 X와 Y는 독립인가?

3.8.6 연습문제 3.6.3번에서 정의한 확률변수 X와 Y는 독립인가?

3.8.7 연습문제 3.6.4번에서 정의한 확률변수 X와 Y는 독립인가?

3.8.8 연습문제 3.6.7번에서 정의한 확률변수 X와 Y는 독립인가?

3.8.9 연습문제 3.6.10번에서 정의한 확률변수 X와 Y는 독립인가?

3.8.10 연습문제 3.6.11번에서 정의한 확률변수 X와 Y는 독립인가?

3.8.11 연습문제 3.6.14번에서 정의한 확률변수 X_1과 X_2는 독립인가?

3.8.12 연습문제 3.7.2번에서 정의한 확률변수 X와 Y는 독립인가?

3.8.13 연습문제 3.7.3번에서 정의한 확률변수 X_1과 X_2는 독립인가?

3.8.14 확률변수 X와 Y의 결합 pdf가

$$f(x, y) = \begin{cases} 1/x, & 0 < y < x, \ 0 < x < 1 \\ 0, & \text{그 외} \end{cases}$$

일 때, 확률변수 X와 Y는 독립인가?

3.8.15 확률변수 X와 Y의 결합 pdf가

$$f(x, y) = \begin{cases} \dfrac{3x - y}{9}, & 1 < x < 3, \ 1 < y < 2 \\ 0, & \text{그 외} \end{cases}$$

일 때, 다음을 구하라.

(a) X와 Y의 주변 pdf

(b) X와 Y는 독립인가?

(c) $P[X > 2]$

3.8.16 X와 Y의 결합확률밀도함수가 다음과 같을 때, X와 Y는 독립인가?

(a) $f(x, y) = \begin{cases} xe^{-(x+y)}, & x > 0, \ y > 0 \\ 0, & \text{그 외} \end{cases}$

(b) $f(x, y) = \begin{cases} 2, & 0 < x < y, \ 0 < y < 1 \\ 0, & \text{그 외} \end{cases}$

3.8.17 X와 Y의 결합 pdf가 다음과 같다.

$$f(x, y) = \begin{cases} 6x, & 0 < x < 1, \ 0 < y < 1 - x \\ 0, & \text{그 외} \end{cases}$$

(a) X와 Y가 독립이 아님을 보여라.

(b) $P[X > 0.3 \mid Y = 0.5]$를 구하라.

제4장

확률변수의 적률

4.1 • 서론

매우 자주 이용되는 확률변수를 적률(moment)이라는 것을 생각하여 특성화할 수도 있고 효과적으로 실제적인 목적을 위해 이용될 수 있다(예를 들어, 게임자는 게임에서 평균수입에 관심이 있을 수 있고, 사업가는 한 생산품의 평균이득에 관심이 있을 수 있다. 이 확률변수의 "평균값"이 "적률"의 하나이다). 이 장에서는 적률의 개념과 성질에 대해 알아보고자 한다.

4.2 • 기댓값

확률이론에서 가장 중요한 개념 중의 하나가 확률변수의 기댓값이다. 먼저 기댓값의 정의부터 소개한다.

정의 4.2.1

X가 pdf (pmf) $f(x)$를 갖는 확률변수일 때, X의 기댓값(expected value)은

$$E(X)=\begin{cases}\sum_x xf(x), & X\text{ 가 이산확률변수이면}\\ \int_{-\infty}^{\infty} xf(x)dx, & X\text{ 가 연속확률변수이면}\end{cases} \tag{4.2.1}$$

로 정의한다. $E(X)$를 μ 또는 μ_X로 나타내고 X의 평균(mean)이라고도 한다.

물론 정의 4.2.1에서 합이 존재하고 적분이 가능하다고 가정한다. 만일 $E[|X|]=\infty$ 이면, $E(X)$가 존재하지 않는다고 한다.

예제 4.2.1 예제 3.2.1에서 정의한 확률변수 X의 평균은 다음과 같다.

$$E(X)=0\left(\frac{1}{8}\right)+1\left(\frac{3}{8}\right)+2\left(\frac{3}{8}\right)+3\left(\frac{1}{8}\right)$$

$$= \frac{12}{8} = 1.5$$ ■

예제 4.2.2 예제 3.4.3에서 정의한 pdf를 갖는 확률변수 X의 평균은 다음과 같다.

$$\begin{aligned} E(X) &= \int_{-\infty}^{\infty} x f(x) dx \\ &= \int_2^4 \frac{1}{8} x(x+1) dx \\ &= \frac{1}{8} \int_2^4 (x^2 + x) dx \\ &= \frac{1}{8} \left[\frac{1}{3} x^3 + \frac{1}{2} x^2 \right]_2^4 \\ &= \frac{37}{12} \end{aligned}$$ ■

다음은 기댓값이 존재하지 않는 예이다.

예제 4.2.3 pdf가

$$f_X(x) = \frac{1}{\pi} \frac{1}{1+x^2}, \quad -\infty < x < \infty$$

인 확률변수 X에 대해

$$\begin{aligned} E[|X|] = \int_{-\infty}^{\infty} |x| \frac{1}{\pi} \frac{1}{1+x^2} dx = \frac{2}{\pi} \int_0^{\infty} \frac{x}{1+x^2} dx &\\ = \left[\frac{2}{\pi} \frac{1}{2} \log(1+x^2) \right]_0^{\infty} &\\ = \infty & \end{aligned}$$

이므로 $E(X)$가 존재하지 않는다. 이 pdf를 갖는 분포를 코시분포(cauchy distribution)라 한다. ■

따라서 확률변수 X의 기댓값은 X가 가지는 값에 해당하는 확률가중을 사용한 가중평균(weighted average)이라 할 수 있다. 종종 확률변수 X의 기댓값뿐만 아니라 X와 관련된 확률변수의 기댓값에 관심이 있는 경우가 많다. 이러한 확률변수를 X의 함수인 $Y=g(X)$라 하자. X가 pdf (pmf) $f(x)$를 갖는 확률변수이면, Y 역시 확률변수이며 그 확률변수의 pdf (pmf)를 $f_Y(y)$라 하자. 예를 들어, X가 pmf $f(x)$를 갖는 이산확률변수이면 $Y=g(X)$ 역시 pmf $f_Y(y)$를 갖는 이산확률변수이고 Y의 기댓값은 정의 4.2.1에 의해 $E(Y)=\sum_y y f_Y(y)$가 된다. 그러나 정의 4.2.1에 의해 기댓값을 구하기 위해서는 반드시 Y의 pmf를 알아야 한다. 물론 X의 pdf (pmf)로부터 $Y=g(X)$의 pdf (pmf)를 구하는 방법은 제 7 장에서 상세히 소개한다. 그러나 여기서는 Y의 pdf (pmf)를 구하지 않고 직접 Y의 기댓값을 구할 수 있는 유용한 정리를 소개한다.

정리 4.2.1

만일 X가 pdf (pmf) $f(x)$를 갖는 확률변수이면, 임의의 실숫값 함수 g에 대해 $Y=g(X)$의 기댓값은 다음과 같다.

$$E[g(X)]=\begin{cases} \sum_x g(x)f(x), & X\text{가 이산확률변수이면} \\ \int_{-\infty}^{\infty} g(x)f(x)dx, & X\text{가 연속확률변수이면} \end{cases} \tag{4.2.2}$$

예제 4.2.4 공정한 동전을 독립적으로 두 번 던질 때 나타난 앞면의 횟수를 X라 하자. 이때 $E(X^2)$을 구해 보자. 확률변수 X의 pmf는 다음과 같다.

$$f(0)=P[X=0]=\frac{1}{4}$$

$$f(1)=P[X=1]=\frac{2}{4}=\frac{1}{2}$$

$$f(2)=P[X=2]=\frac{1}{4}$$

그러므로 $Y=X^2$의 기댓값은 정리 4.2.1에 의해 다음과 같다.

$$E(Y)=E(X^2)=0^2\left(\frac{1}{4}\right)+1^2\left(\frac{1}{2}\right)+2^2\left(\frac{1}{4}\right)=\frac{3}{2}$$ ■

예제 4.2.5 연속확률변수 X의 pdf가 다음과 같다.

$$f(x)=\begin{cases}1, & 0<x<1\\ 0, & \text{그 외}\end{cases}$$

이때 $Y=g(X)=e^X$의 기댓값은

$$\begin{aligned}E(Y)=E(e^X)&=\int_{-\infty}^{\infty}e^x f(x)dx\\ &=\int_0^1 e^x dx\\ &=e-1\end{aligned}$$

이다. 그리고 X^3의 기댓값은

$$E(X^3)=\int_0^1 x^3 dx=\frac{1}{4}$$

이다. ■

이제 기댓값의 구체적인 성질을 살펴보기로 하자. 먼저 음이 아닌 확률변수일 때, 기댓값과 cdf와의 관계를 나타내는 유용한 정리를 소개한다.

정리 4.2.2

X가 cdf $F(x)$를 갖는 음이 아닌 연속확률변수이면, 다음이 성립된다.

$$E(X)=\int_0^{\infty}[1-F(x)]dx \tag{4.2.3}$$

증명 $E(X)<\infty$이면

$$E(X)=\int_0^{\infty}xf(x)dx=\lim_{n\to\infty}\int_0^n xf(x)dx$$

이고, 부분적분을 이용하면

$$\int_0^n xf(x)dx = nF(n) - \int_0^n F(x)dx$$
$$= -n[1-F(n)] + \int_0^n [1-F(x)]dx$$
$$n[1-F(n)] = n\int_n^\infty f(x)dx$$
$$\le \int_n^\infty xf(x)dx$$

이며 $E(X) < \infty$ 이므로,

$$\lim_{n\to\infty}\{n[1-F(n)]\} \le \lim_{n\to\infty}\int_n^\infty xf(x)dx = 0$$

이다. 따라서 다음과 같이 증명된다.

$$E(X) = \lim_{n\to\infty}\int_0^n xf(x)dx = \lim_{n\to\infty}\int_0^n [1-F(x)]dx$$
$$= \int_0^\infty [1-F(x)]dx$$

또한 다음과 같이 증명할 수도 있다.

$$\int_0^\infty [1-F(x)]dx = \int_0^\infty P[X > x]dx$$
$$= \int_0^\infty \int_x^\infty f_X(t)dt\, dx$$
$$= \int_0^\infty \int_0^t f_X(t)dx\, dt$$
$$= \int_0^\infty tf_X(t)dt$$
$$= E(X)$$

✣

정리 4.2.2에서 X가 음이 아닌 정숫값을 갖는 이산확률변수이면 적분기호 대신에 합의 기호를 사용하면 된다.

다음은 일반적인 연속확률변수 X의 기댓값과 cdf와의 관계를 나타낸 정리이다.

정리 4.2.3

X가 cdf $F(x)$를 갖는 연속확률변수이면, 다음이 성립된다.

$$E(X) = \int_0^{\infty} [1 - F(x)]dx - \int_{-\infty}^{0} F(x)dx \tag{4.2.4}$$

이제 기댓값의 유용한 성질로 확률변수의 함수에 대한 기댓값 계산에 널리 이용되는 정리를 소개한다

정리 4.2.4

X가 확률변수이고 a와 b가 상수이면, 다음이 성립된다.

$$E(aX + b) = aE(X) + b \tag{4.2.5}$$

증명 X가 pdf $f(x)$를 갖는 연속확률변수일 때 증명해 보자.
정리 4.2.1에서 $g(X) = aX + b$라 하면,

$$\begin{aligned} E(aX + b) &= \int_{-\infty}^{\infty} (ax + b) f(x)dx \\ &= a\int_{-\infty}^{\infty} xf(x)dx + b\int_{-\infty}^{\infty} f(x)dx \\ &= aE(X) + b \end{aligned}$$

이다. ✤

다음은 정리 4.2.4를 일반화시킨 정리로 증명 없이 소개한다.

정리 4.2.5

$g_i(x)$, $i = 1, 2$가 실숫값 함수이면, 다음이 성립된다.

$$E[g_1(X) + g_2(X)] = E[g_1(X)] + E[g_2(X)] \tag{4.2.6}$$

예제 4.2.6 $E(X)=2$이고 $E(X^2)=8$일 때, 다음을 구하라.

(a) $E[(2+4X)^2]$

(b) $E[X^2+(X+1)^2]$

풀이 (a) $$\begin{aligned} E[(2+4X)^2] &= E(4+16X+16X^2) \\ &= 4+16E(X)+16E(X^2) \\ &= 4+16\times 2+16\times 8=164 \end{aligned}$$

(b) $$\begin{aligned} E[X^2+(X+1)^2] &= E(X^2+X^2+2X+1) \\ &= E(2X^2+2X+1) \\ &= 2E(X^2)+2E(X)+1 \\ &= 2\times 8+2\times 2+1=21 \end{aligned}$$ ■

k개 확률변수의 함수 $Y=g(X_1, \ldots, X_k)$의 기댓값이 필요한 경우가 종종 있다. 여기서는 이런 경우에 어떻게 기댓값을 구할 수 있는지 살펴보기로 한다.

정리 4.2.6

$\boldsymbol{X}=(X_1, \ldots, X_k)$의 결합 pdf(pmf)가 $f(x_1, \ldots, x_k)$이고 $Y=g(X_1, \ldots, X_k)$가 $\boldsymbol{X}$의 함수이면, Y의 기댓값은 다음과 같다.

$$E(Y)=E[g(X_1, \ldots, X_k)]$$
$$=\begin{cases} \sum_{x_1}\cdots\sum_{x_k} g(x_1, \ldots, x_k)f(x_1, \ldots, x_k), & \boldsymbol{X}\text{가 이산일 때} \\ \int_{-\infty}^{\infty}\cdots\int_{-\infty}^{\infty} g(x_1, \ldots, x_k)f(x_1, \ldots, x_k)dx_1\cdots dx_k, & \boldsymbol{X}\text{가 연속일 때} \end{cases} \quad (4.2.7)$$

예제 4.2.7 예제 3.5.6에서 정의한 확률변수에 대해 $E(XY)$를 계산해 보자.

풀이 정리 4.2.6에 의해

$$\begin{aligned} E(XY) &= \int_{-\infty}^{\infty}\int_{-\infty}^{\infty} xy\, f(x, y)dx\, dy \\ &= \int_0^1\int_0^1 xy(x+y)dx\, dy \end{aligned}$$

$$= \int_0^1 y\left(\frac{1}{3} + \frac{1}{2}y\right)dy$$

$$= \frac{1}{3}$$

이다. ■

정리 4.2.6으로부터 다음 정리를 쉽게 얻을 수 있다.

정리 4.2.7

X_1과 X_2가 결합 pdf (pmf) $f(x_1, x_2)$를 갖는 확률변수이면, 다음이 성립된다.

$$E(X_1 + X_2) = E(X_1) + E(X_2) \tag{4.2.8}$$

증명 연속인 경우에 이 정리를 증명해 보자.

$$\begin{aligned} E(X_1 + X_2) &= \int_{-\infty}^{\infty}\int_{-\infty}^{\infty}(x_1 + x_2)f(x_1, x_2)dx_1dx_2 \\ &= \int_{-\infty}^{\infty}\int_{-\infty}^{\infty}x_1 f(x_1, x_2)dx_1dx_2 + \int_{-\infty}^{\infty}\int_{-\infty}^{\infty}x_2 f(x_1, x_2)dx_1dx_2 \\ &= \int_{-\infty}^{\infty}x_1\int_{-\infty}^{\infty}f(x_1, x_2)dx_2dx_1 + \int_{-\infty}^{\infty}x_2\int_{-\infty}^{\infty}f(x_1, x_2)dx_1dx_2 \\ &= \int_{-\infty}^{\infty}x_1 f_1(x_1)dx_1 + \int_{-\infty}^{\infty}x_2 f_2(x_2)dx_2 \\ &= E(X_1) + E(X_2) \end{aligned}$$

이산인 경우는 적분기호 대신 합 기호를 사용하여 증명할 수 있다. ✣

위의 정리들을 이용하여 $X_1, \ldots, X_k$가 결합확률변수이면

$$E\left(\sum_{i=1}^{k}X_i\right) = \sum_{i=1}^{k}E(X_i) \tag{4.2.9}$$

임을 보일 수 있다.

예제 4.2.8 항아리 A에는 흰 공 5개와 검은 공 6개가 들어 있고, 항아리 B에는 흰 공 8개와 검은 공 10개가 들어 있다. 항아리 A에서 2개의 공을 무작위로 선택하여 항아리 B에 넣은 다음 항아리 B에서 3개의 공을 무작위로 선택할 때, 흰 공의 개수에 대한 기댓값은 얼마인가?

풀이 X를 항아리 B에서 무작위로 선택한 공 3개 중에서 흰 공의 개수라 하고, Y를 항아리 A에서 선택한 공 2개 중에서 흰 공의 개수라 하자. 간단히 구할 수 있는 방법은 확률변수들의 합으로 표현하여 기댓값을 구하는 것이다. 먼저

$$X_i = \begin{cases} 1, & \text{처음 항아리 A에 있던 } i\text{번째 흰 공이 마지막으로 선택된 3개} \\ & \text{중에 포함되면} \\ 0, & \text{그렇지 않으면} \end{cases}$$

$$Y_j = \begin{cases} 1, & \text{항아리 B에 있던 } j\text{번째 흰 공이 선택된 3개 중에 포함되면} \\ 0, & \text{그렇지 않으면} \end{cases}$$

으로 정의하면, 선택된 흰 공의 개수 X는

$$X = \sum_{i=1}^{5} X_i + \sum_{j=1}^{8} Y_j$$

로 나타낼 수 있다. 그리고

$$E(X_i) = P[X_i = 1] = \frac{\binom{10}{1}\binom{19}{2}}{\binom{11}{2}\binom{20}{3}} = \frac{2}{11}\left(\frac{3}{20}\right)$$

이고

$$E(Y_j) = P[Y_j = 1] = \frac{\binom{19}{2}}{\binom{20}{3}} = \frac{3}{20}$$

이므로, X의 기댓값은

$$\begin{aligned} E(X) &= \sum_{i=1}^{5} E(X_i) + \sum_{j=1}^{8} E(Y_j) \\ &= 5\left(\frac{2}{11}\right)\left(\frac{3}{20}\right) + 8\left(\frac{3}{20}\right) \end{aligned}$$

$$= \frac{147}{110}$$

이다. ■

식 (4.2.9)에서 알 수 있듯이 유한개 확률변수의 합에 대한 기댓값은 각 기댓값의 합과 같다. 즉, 유한개 확률변수의 합에 대해서는 기댓값의 기호와 합의 기호가 교환 가능하다는 것이다. 그러나 무한개 확률변수의 합에 대해서는 일반적으로 성립하지 않는다. 그러나 특별한 경우에는 무한개 확률변수의 합에 대해서도 기댓값의 기호와 합의 기호가 교환가능하다. 이러한 조건을 제시하는 다음 정리를 소개한다.

정리 4.2.8

X_i가 모두 음이 아닌 확률변수, 즉 모든 i에 대해

$$P[X_i \geq 0] = 1 \tag{4.2.10}$$

이거나 $\sum_{i=1}^{\infty} E(|X_i|) < \infty$이면, 다음이 성립된다.

$$E\left(\sum_{i=1}^{\infty} X_i\right) = \sum_{i=1}^{\infty} E(X_i) \tag{4.2.11}$$

다음은 몇 가지 기댓값의 성질을 나타낸 것이다.

정리 4.2.9

X는 기댓값이 존재하는 확률변수이고 g_i, $i=1, 2$와 g는 임의의 실숫값 함수이면 다음 결과가 성립한다.

(a) 모든 x에 대해 $g_1(x) \leq g_2(x)$이면 $E[g_1(X)] \leq E[g_2(X)]$이다.

(b) 모든 x에 대해 $a \leq g(x) \leq b$이면 $a \leq E[g(X)] \leq b$이다.

(c) $|E(g(X))| \leq E(|g(X)|)$

(d) $0 < r < s$에 대해 $E(|X|^s) < \infty$이면 $E(|X|^r) < \infty$이다.

정리 4.2.9에서 (a)번 사실과 $|x|^r \le 1 + |x|^s$ 부등식에 의해 (d)번이 성립된다.

정리 4.2.6에서 특별히 $g(x,\ y) = g_1(x)g_2(y)$라 하자. 그러면 다음 정리를 얻을 수 있다.

정리 4.2.10

X와 Y가 독립인 확률변수이면, 임의의 함수 g_1과 g_2에 대해, 다음이 성립된다.

$$E[g_1(X)g_2(Y)] = E[g_1(X)]E[g_2(Y)] \tag{4.2.12}$$

증명 연속인 경우에 증명해 보자.

$$\begin{aligned} E[g_1(X)g_2(Y)] &= \int_{-\infty}^{\infty}\int_{-\infty}^{\infty} g_1(x)g_2(y)f(x,\ y)dxdy \\ &= \int_{-\infty}^{\infty}\int_{-\infty}^{\infty} g_1(x)g_2(y)f_X(x)f_Y(y)dxdy \\ &= \left[\int_{-\infty}^{\infty} g_1(x)f_X(x)dx\right]\left[\int_{-\infty}^{\infty} g_2(y)f_Y(y)dy\right] \\ &= E[g_1(X)]E[g_2(Y)] \end{aligned}$$

✣

정리 4.2.10을 일반화할 수 있다. $X_1,\ \ldots, X_k$가 독립인 확률변수이면, 함수 $g_i(x)$에 대해, 다음이 성립된다.

$$E\,[g_1(X_1)\cdots g_k(X_k)] = E\,[g_1(X_1)]\cdots E[g_k(X_k)] \tag{4.2.13}$$

예제 4.2.9 확률변수 X와 Y가 독립이면 정리 4.2.10에 의해

$$E(XY) = E(X)E(Y)$$

이므로, 각 확률변수의 평균을 알면 쉽게 곱의 평균을 구할 수 있다. ■

연습문제

4.2.1 X는 다음과 같은 pmf를 갖는 확률변수이다. 다음을 구하라.

x	-3	6	9
$f(x)$	$\frac{1}{6}$	$\frac{1}{2}$	$\frac{1}{3}$

(a) $E(X)$ (b) $E(X^2)$

(c) $E[(2X+1)^2]$

4.2.2 X가 이산확률변수로

$$P[X=-c]=P[X=c]=\frac{1}{2}$$

일 때, X의 기댓값을 구하라.

4.2.3 연습문제 3.2.2번에서 정의한 확률변수 X의 기댓값을 구하라.

4.2.4 연습문제 3.3.1번에서 정의한 확률변수 X의 기댓값을 구하라.

4.2.5 연습문제 3.3.7번에서 정의한 확률변수 X의 기댓값을 구하라.

4.2.6 한 개의 주사위를 두 번 던져 나타난 눈금 중 최댓값 X의 기댓값을 구하라.

4.2.7 X를 공정한 주사위를 던져 나타난 눈금의 수라 하자. 다음을 구하라.

(a) $E(X)$ (b) $E(2X^2+1)$

4.2.8 자선기금을 마련하기 위해 1,000원짜리 복권 10,000장을 팔았다. 이 중에 무작위로 한 장을 추첨하여 당첨자에게 3,000,000원짜리 상품을 준다고 한다. 만일 한 장을 구입했다면 기대이득은 얼마인가?

4.2.9 항아리에 4개의 붉은 공, 1개의 노란색 공, 3개의 녹색 공이 들어 있다. 이 항아리에

서 무작위 비복원추출로 한 개의 녹색 공이 나올 때까지 계속 한 개씩 꺼낸다. X를 이때 필요한 시행 횟수라 하면, X의 기댓값을 구하라.

4.2.10 연습문제 3.4.2번에서 정의한 확률변수 X의 기댓값을 구하라.

4.2.11 연습문제 3.4.8번에서 정의한 확률변수 X에 대해, $E(X)$를 구하라.

4.2.12 연습문제 3.4.18번에서 승객이 버스를 타고 가는 평균거리 $E(X)$를 구하라.

4.2.13 다음의 pdf를 갖는 확률변수 X의 기댓값을 구하라.

(a) $f_X(x) = \lambda e^{-\lambda x},\ x > 0$　　(b) $f_X(x) = \frac{1}{3},\ 0 < x < 3$

(c) $f_X(x) = 4xe^{-2x},\ x > 0$

4.2.14 X의 pdf가 $f(x) = 3x^2,\ 0 < x < 1$일 때, X의 기댓값을 구하라.

4.2.15 X의 pdf가 $f(x) = 2x,\ 0 < x < 1$일 때, 다음을 구하라.

(a) $E(X)$　　(b) $E(1/X)$

4.2.16 함수 $f(x)$가 다음과 같다.

$$f(x) = \begin{cases} kx^{-(k+1)}, & 1 < x < \infty \\ 0, & x \le 1 \end{cases}$$

(a) k가 어떤 값일 때 $f(x)$는 pdf가 되는가?

(b) (a)에 근거하여 cdf를 구하라.

(c) k가 어떤 값일 때 $E(X)$가 존재하는가?

(d) k가 어떤 값일 때 $E(X^2)$이 존재하는가?

4.2.17 연속확률변수 X의 확률밀도함수가 다음과 같을 때, 물음에 답하라.

$$f(x) = \begin{cases} \dfrac{1}{x^2}, & 1 < x < \infty \\ 0, & \text{그 외} \end{cases}$$

(a) $E(X)$가 존재하는가?

(b) $E\left(\frac{1}{X}\right)$은 존재하는가?

(c) 어떤 k값에 대해 $E(X^k)$이 존재하는가?

4.2.18 X의 pdf가

$$f(x)=\begin{cases}\frac{1}{\theta}e^{-x/\theta}, & x>0\\ 0, & \text{그 외}\end{cases}$$

일 때, 다음을 구하라.

(a) $E(X)$

(b) $E(e^{aX}),\ a<1/\theta$

4.2.19 한 대의 퍼스널 컴퓨터를 수리하는 데 걸리는 시간은 다음 pdf를 갖는 확률변수이다.

$$f(x)=\begin{cases}\frac{1}{2}, & 0<x<2\\ 0, & \text{그 외}\end{cases}$$

수리비용은 수리하는 데 걸린 시간에 따라 다르며, 수리시간이 x일 때 그 비용은 $40+30\sqrt{x}$라 하자. 한 대의 퍼스널 컴퓨터를 수리하는 비용의 기댓값을 구하라.

4.2.20 X의 pdf가 $f(x)=2(1-x),\ 0<x<1$일 때, 다음을 구하라.

(a) $E(X)$

(b) $E(X^2)$

(c) $E[(2X+1)^2]$

(d) $E[1/(1-X)]$

4.2.21 X의 pdf가 $f(x)=e^{-x},\ x>0$일 때, 다음을 구하라.

(a) $E(X)$

(b) $E(e^{3X/4})$

4.2.22 음이 아닌 정숫값 확률변수 X에 대해 다음을 증명하라.

$$E(X)=\sum_{n=0}^{\infty}P[X>n]$$

4.2.23 음이 아닌 정숫값 확률변수 N에 대해 다음을 증명하라.

$$\sum_{i=0}^{\infty} iP[N>i] = \frac{1}{2}[E(N^2) - E(N)]$$

4.2.24 X는 연속확률변수로 유한인 기댓값을 갖고 pdf가 $f(x)$라 하자.

(a) 만일 m을 이 분포의 중앙값이라 하고 c를 임의의 상수라 하면, 다음이 성립됨을 보여라.

$$E[|X-c|] = E[|X-m|] + 2\int_m^c (c-x)f(x)dx$$

(b) $E[|X-c|]$는 $c=m$에서 최소임을 보여라.

4.2.25 임의의 연속확률변수 Y에 대해, 다음을 증명하라.

$$E(Y) = \int_0^{\infty} P[Y>y]dy - \int_0^{\infty} P[Y<-y]dy$$

4.2.26 연습문제 4.2.18번에서 정의한 확률변수 X의 기댓값 $E(X)$를 정리 4.2.2를 이용해 구하라.

4.2.27 음이 아닌 연속확률변수 X에 대해

$$E(X^n) = \int_0^{\infty} nx^{n-1}[1-F(x)]dx$$

임을 보여라.

4.2.28 연습문제 4.2.27번을 이용하여, 연습문제 4.2.18번에서 정의한 확률변수 X에 대해 $E(X^k)$를 구하라.

4.2.29 공정한 동전을 세 번 던지는 실험을 생각해 보자. X는 세 번째 동전을 던져 나타난 앞면의 개수이고, Y는 세 번 던져 나타난 앞면의 총 개수라 하자. 다음을 구하라.

(a) $E(X)$ (b) $E(Y)$

(c) $E(3X-2XY+Y)$

4.2.30 연습문제 3.5.15번에서 정의한 확률변수에 대해, 다음을 구하라.

(a) $E(X+Y)$ (b) $E(3X^2Y+2X)$

4.2.31 10쌍의 부부를 둥근 테이블에 무작위로 앉게 한다면, 그들 남편 옆에 앉은 부인의 수에 대한 기댓값을 구하라.

4.2.32 X와 Y는 독립인 확률변수로 평균이 각각 5와 4일 때, $E(4XY+3X+3Y)$를 구하라.

4.3 • 적률

앞 절에서 정의한 확률변수의 함수의 기댓값 중에서 특별히 $g(X)=X^r$인 경우에 대해 생각해 보자.

정의 4.3.1

X가 확률변수일 때

$$\mu_r{}' = E(X^r) \tag{4.3.1}$$

을 X의 원점에 관한 r차 적률(rth moment about the origin)이라 하고

$$\mu_r = E[(X-E(X))^r] = E[(X-\mu)^r] \tag{4.3.2}$$

을 X의 평균에 관한 r차 적률(rth moment about the mean) 또는 r차 중심적률(rth central moment)이라 한다. 그리고

$$E[X(X-1)\cdots(X-r+1)] \tag{4.3.3}$$

을 X의 r차 계승적률(rth factorial moment)이라 한다.

제 1 차 적률이 바로 평균인데 $\mu_1{}'$기호보다는 μ기호를 일반적으로 널리 사용한다. 평균에 관한 1차 적률은 0이다. 즉

$$\mu_1 = E[X - E(X)] = E(X) - E(X) = 0$$

평균에 관한 2차 적률은 통계학에서 매우 중요하다. 왜냐하면 평균에 관한 2차 적률은 그 분포의 흩어짐 정도를 나타내기 때문이다. 따라서 특정한 기호와 특정한 이름으로 다음과 같이 정의한다.

정의 4.3.2

평균에 관한 2차 적률

$$\mu_2 = E[(X - \mu)^2] \tag{4.3.4}$$

을 확률변수 X의 분산(variance)이라 하고, σ^2, σ_X^2, $\mathrm{Var}(X)$ 등으로 표기한다. 또한 분산의 양의 제곱근 $\sigma = \sigma_X = \sqrt{\mathrm{Var}(X)}$ 를 X의 표준편차(standard deviation)라 한다.

정의 4.3.2에 의해 분산을 계산하기보다는 다음 정리를 이용하는 것이 편리하다.

정리 4.3.1

X가 확률변수이면, 다음이 성립된다.

$$\mathrm{Var}(X) = E(X^2) - \mu^2 \tag{4.3.5}$$

증명

$$\begin{aligned}\mathrm{Var}(X) &= E[(X - \mu)^2] \\ &= E(X^2 - 2\mu X + \mu^2) \\ &= E(X^2) - 2\mu E(X) + \mu^2 \\ &= E(X^2) - \mu^2\end{aligned}$$

✣

정리 4.3.1로부터 원점에 관한 2차 적률은

$$E(X^2) = \mathrm{Var}(X) + \mu^2 \tag{4.3.6}$$

으로 나타낼 수 있다.

제 5 장에서 다룰 특별한 이산확률변수의 경우에는 정리 4.3.1을 이용하는 것보다 2차 계

승적률을 이용하여 분산을 계산하는 게 편리할 수 있다. 여기서는 계승적률을 이용하여 분산을 구하는 정리를 소개한다.

정리 4.3.2

X가 확률변수이고 2차 계승적률이 존재하면, 다음이 성립된다.

$$\mathrm{Var}(X) = E[X(X-1)] + E(X)[1-E(X)] \tag{4.3.7}$$

예제 4.3.1 X의 pmf가

$$f(x) = \binom{n}{x} p^x (1-p)^{n-x}, \quad x = 0, 1, 2, \ldots, n$$

일 때, X의 r차 계승적률을 구하라.

풀이 이 분포의 r차 계승적률을 구해 보면

$$\begin{aligned} E[X(X-1)\cdots(X-r+1)] &= \sum_{x=0}^{n} x(x-1)\cdots(x-r+1)\binom{n}{x} p^x (1-p)^{n-x} \\ &= \sum_{x=r}^{n} \frac{n!}{(x-r)!(n-x)!} p^x (1-p)^{n-x} \\ &= \sum_{y=0}^{n-r} \frac{n!}{y!(n-r-y)!} p^{y+r} (1-p)^{n-r-y} \\ &= n(n-1)\cdots(n-r+1)p^r \sum_{y=0}^{n-r} \binom{n-r}{y} p^y (1-p)^{n-r-y} \\ &= n(n-1)\cdots(n-r+1)p^r \end{aligned}$$

이다. 이 식은 4.5.4절에서 소개할 계승적률생성함수를 이용해 쉽게 구할 수도 있다. 여기서 세 번째 식은 $y = x - r$로 치환해서 구한 것이다. 따라서

$$\begin{aligned} E(X) &= np \\ \mathrm{Var}(X) &= E[X(X-1)] + E(X) - [E(X)]^2 \\ &= n(n-1)p^2 + np - n^2p^2 \\ &= np(1-p) \end{aligned}$$

■

예제 4.3.2 예제 3.4.3에서 정의한 확률변수 X의 분산을 구해 보자. 예제 4.2.2에서 $E(X)=\frac{37}{12}$임을 보였다.

$$\begin{aligned} E(X^2) &= \int_{-\infty}^{\infty} x^2 f(x)dx \\ &= \int_2^4 \frac{1}{8}x^2(x+1)dx \\ &= \frac{1}{8}\int_2^4 (x^3+x^2)dx \\ &= \frac{1}{8}\left[\frac{1}{4}x^4+\frac{1}{3}x^3\right]_2^4 \\ &= \frac{59}{6} \end{aligned}$$

이므로,

$$\mathrm{Var}(X) = E(X^2) - \mu^2 = \frac{47}{144}$$

■

정리 4.3.3

임의의 상수 c에 대해 다음이 성립된다.

$$E[(X-c)^2] \geq \mathrm{Var}(X) \tag{4.3.8}$$

증명

$$\begin{aligned} \mathrm{Var}(X) &= E[(X-\mu)^2] \\ &= E[(X-c+c-\mu)^2] \\ &= E[(X-c)^2] + (c-\mu)^2 + 2(c-\mu)E(X-c) \\ &= E[(X-c)^2] - (c-\mu)^2 \\ &\leq E[(X-c)^2] \end{aligned}$$

✣

정리 4.3.3은 $E[(X-c)^2]$을 최소화하는 c값은 $c=E(X)$임을 말해주고 있다. 이러한 사실은 《통계적 추정과 가설검정》의 베이즈 추정량을 구하는 데 유용하게 이용된다.

정리 4.3.4

X가 확률변수이고 a와 b가 상수이면, 다음이 성립된다.

$$\mathrm{Var}(aX+b) = a^2\mathrm{Var}(X) \tag{4.3.9}$$

평균과 분산은 모분포에 관한 좋은 정보를 제공해주지만, 고차 적률과 다른 값들도 또한 유용하다. 예를 들어, 평균에 관한 3차 적률 μ_3은 분포의 비대칭 (skewness)의 측도이다. 여기서는 비대칭과 뾰족한 정도의 측도로 이용되는 왜도와 첨도에 대해 살펴보자.

정의 4.3.3

X를 평균이 $\mu = E(X)$이고 분산이 $\sigma^2 = \mathrm{Var}(X)$이며 4차 적률이 유한인 확률변수라 하자.

$$\alpha_3 = E\left(\frac{X-\mu}{\sigma}\right)^3 = \frac{\mu_3}{\sigma^3}$$

을 확률변수 X의 분포의 왜도 또는 비대칭도 (skewness)라 하며 분포의 비대칭 정도를 나타내는 측도로 이용된다. 만일 $\alpha_3 > 0$이면 분포가 오른쪽으로 긴 꼬리를 가진 분포이고, $\alpha_3 < 0$이면 왼쪽으로 긴 꼬리를 가진 분포이다(그림 4.3.1 참조). 또한

$$\alpha_4 = E\left(\frac{X-\mu}{\sigma}\right)^4 - 3 = \frac{\mu_4}{\sigma^4} - 3$$

을 X의 분포의 첨도 (kurtosis)라 하며 분포의 뾰족한 정도, 즉 꼬리의 두꺼운 정도를 나타내는 측도이다.

제 6 장에서 소개할 표준정규분포의 첨도가 0임을 참조하면 된다. $\alpha_4 > 0$이면 표준정규분포보다 더 뾰족하며, $\alpha_4 < 0$이면 덜 뾰족한 분포이다. 그리고 X의 분포가 평균에 관해 대칭이면, $\alpha_3 = 0$이다. 저자에 따라 첨도를 $\alpha_4 = \mu_4/\sigma^4$으로 정의하기도 한다. 이런 경우는 표준정규분포의 첨도가 3이 되므로 3을 기준으로 생각하면 된다.

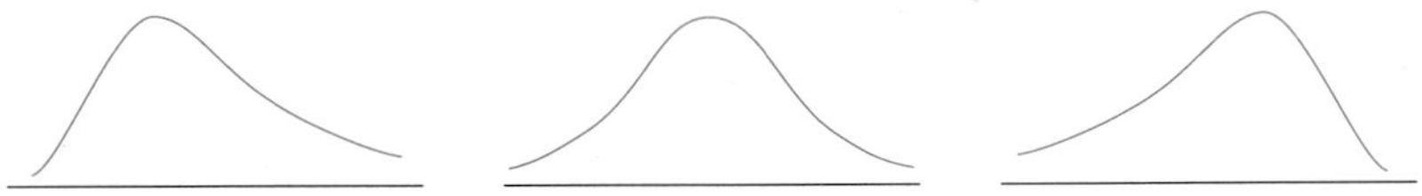

(a) 오른쪽으로 긴 꼬리를 가진 분포 ($\alpha_3 > 0$) (b) 좌우대칭인 분포 ($\alpha_3 = 0$) (c) 왼쪽으로 긴 꼬리를 가진 분포 ($\alpha_3 < 0$)

그림 4.3.1 **분포의 비대칭도**

예제 4.3.3

(a) X의 pmf가 $f(x) = \binom{n}{x} p^x (1-p)^{n-x}$, $x = 0, 1, 2, \ldots, n$인 분포의 왜도를 구해 보자.

예제 4.3.1에 의해

$$\mu = E(X) = np,\ \sigma^2 = \mathrm{Var}(X) = np(1-p)$$

이며

$$\begin{aligned} E(X^3) &= E[X(X-1)(X-2) + 3X(X-1) + X] \\ &= n(n-1)(n-2)p^3 + 3n(n-1)p^2 + np \end{aligned}$$

이므로

$$\begin{aligned} \mu_3 = E[(X-\mu)^3] &= E(X^3) - 3\mu E(X^2) + 2\mu^3 \\ &= n(n-1)(n-2)p^3 + 3n(n-1)p^2 + np \\ &\quad - 3np[np(1-p) + n^2p^2] + 2n^3p^3 \\ &= np(1-p)(1-2p) \end{aligned}$$

이다. 따라서 이 분포의 왜도는

$$\alpha_3 = \frac{E[(X-\mu)^3]}{\sigma^3} = \frac{np(1-p)(1-2p)}{(\sqrt{np(1-p)})^3} = \frac{1-2p}{\sqrt{np(1-p)}}$$

이다. 그러므로 $p < \frac{1}{2}$이면 오른쪽으로 긴 꼬리를 가진 분포이고, $p > \frac{1}{2}$이면 왼쪽으로 긴 꼬리를 가진 분포이며, $p = \frac{1}{2}$이면 좌우대칭인 분포임을 알 수 있다. 이 분포는 제 5장에서 소개할 이항분포이다. 이 분포의 적률과 계승적률은 4.5절에서 소개할 적률생성 함수 또는 계승적률생성 함수를 이용하면 쉽게 구할 수 있다.

(b) 확률변수 X의 pdf가 $f(x) = 3x^2$, $0 < x < 1$인 분포의 왜도와 첨도를 구해 보자. 먼저 X의 원점에 관한 r차 적률을 구하면

$$\mu_r{}' = E(X^r) = \int_0^1 3x^{r+2}dx = \frac{3}{r+3}$$

이므로

$$\sigma^2 = \mathrm{Var}(X) = E(X^2) - [E(X)]^2 = \frac{3}{5} - \left(\frac{3}{4}\right)^2 = \frac{3}{80}$$

이고

$$\begin{aligned}\mu_3 = E[(X-\mu)^3] &= E(X^3) - 3\mu E(X^2) + 2\mu^3 \\ &= \frac{3}{6} - 3\left(\frac{3}{4}\right)\left(\frac{3}{5}\right) + 2\left(\frac{3}{4}\right)^3 \\ &= -\frac{1}{160} \\ \mu_4 = E[(X-\mu)^4] &= E(X^4) - 4\mu E(X^3) + 6\mu^2 E(X^2) - 3\mu^4 \\ &= \frac{3}{7} - 4\left(\frac{3}{4}\right)\left(\frac{3}{6}\right) + 6\left(\frac{3}{4}\right)^2\left(\frac{3}{5}\right) - 3\left(\frac{3}{4}\right)^4 \\ &= \frac{39}{8960}\end{aligned}$$

이다. 따라서 이 분포의 왜도는

$$\alpha_3 = \frac{\mu_3}{\sigma^3} = \frac{-1/160}{(\sqrt{3/80})^3} = -\frac{\sqrt{20}}{3\sqrt{3}}$$

이고 이 분포의 첨도는

$$\alpha_4 = \frac{\mu_4}{\sigma^4} - 3 = \frac{39/8960}{(3/80)^2} - 3 = \frac{2}{21}$$

이다. 그러므로 이 분포는 왼쪽으로 긴 꼬리를 가진 분포이며, 표준정규분포보다 더 뾰족한 분포이다. ■

정리 4.3.5

X의 분포가 평균 $\mu = E(X)$에 관해 대칭이면, 평균 μ에 관한 3차 적률은 $\mu_3 = 0$이다.

증명 X를 pdf $f(x)$를 갖는 연속확률변수라 하자. 그러면

$$\mu_3 = E[(X-\mu)^3] = \int_{-\infty}^{\infty} (x-\mu)^3 f(x)dx$$

이다. $y = x - \mu$로 변환하여 정리하면

$$\mu_3 = \int_{-\infty}^{\infty} y^3 f(y+\mu)dy$$

이다. 여기서 $g(y) = y^3 f(y+\mu)$라 두면

$$\begin{aligned} g(-y) = (-y)^3 f(\mu - y) &= -y^3 f(y+\mu) \quad (f(x)\text{가 } \mu\text{에 관해 대칭이므로}) \\ &= -g(y) \end{aligned}$$

이므로 g는 기함수이다. 따라서

$$\mu_3 = \int_{-\infty}^{\infty} g(y)dy = 0$$

이다. ✤

정리 4.3.5에 의해 앞에서도 언급했지만 X의 분포가 평균에 관해 대칭이면 그 분포의 비대칭도는 0임을 알 수 있다. 또한 $\mu_3 \neq 0$이면 그 분포는 대칭이 아니다. 그러나 정리 4.3.5의 역은 일반적으로 성립하지 않는다. 즉, 대칭은 아니지만 $\mu_3 = 0$인 분포가 존재한다. 다음 예제를 살펴보자.

예제 4.3.4 이산확률변수 X가 다음과 같은 pmf를 갖는다고 하자.

x	-3	-1	0	2	$2\sqrt{2}$
$f(x)$	$\frac{1}{4}$	$\frac{1}{4}$	$\frac{6-3\sqrt{2}}{16}$	$\frac{1}{8}$	$\frac{3\sqrt{2}}{16}$

X의 분포가 대칭이 아님은 명백하지만

$$\mu = E(X) = -3\left(\frac{1}{4}\right) - 1\left(\frac{1}{4}\right) + 2\left(\frac{1}{8}\right) + 2\sqrt{2}\left(\frac{3\sqrt{2}}{16}\right) = 0$$

이고

$$\mu_3 = E(X^3) = (-3)^3\left(\frac{1}{4}\right) + (-1)^3\left(\frac{1}{4}\right) + 2^3\left(\frac{1}{8}\right) + (2\sqrt{2})^3\left(\frac{3\sqrt{2}}{16}\right)$$
$$= -\frac{27}{4} - \frac{1}{4} + 1 + 6 = 0$$

이다. ■

연습문제

4.3.1 확률변수 X의 pmf가 다음과 같다.

x	2	3	4	5	6
$f(x)$	0.01	0.25	0.4	0.3	0.04

(a) $E(X)$를 구하라.
(b) $\mathrm{Var}(X)$를 구하라.
(c) $E(3X-2)$를 구하라.

4.3.2 X가 1, 2, 3, 4 중 어느 값이나 취할 확률이 모두 동일하다고 하자.
(a) $E(X)$를 계산하라.
(b) $\mathrm{Var}(X)$를 계산하라.

4.3.3 정사면체 주사위를 두 번 던져 나타난 두 눈금 중 최댓값을 X라 하자.
(a) X의 기댓값을 계산하라.
(b) X의 분산을 계산하라.

4.3.4 연습문제 4.2.7번에서 정의한 확률변수 X의 분산을 구하라.

4.3.5 연습문제 4.2.9번에서 정의한 확률변수 X의 분산을 구하라.

4.3.6 확률변수 X의 pmf가

x	0	1	2	3
$f(x)$	$\frac{1}{4}$	$\frac{1}{8}$	$\frac{1}{2}$	$\frac{1}{8}$

일 때, 다음을 구하라.

(a) $E(X)$ (b) $\mathrm{Var}(X)$

(c) $\mathrm{Var}(2X+3)$

4.3.7 연습문제 4.2.15번에서 정의한 확률변수 X에 대해 다음을 구하라.

(a) $\mathrm{Var}(X)$ (b) 왜도 α_3

4.3.8 확률변수 X의 pdf가

$$f(x)=\begin{cases}\dfrac{x}{2}, & 0<x<2\\ 0, & \text{그 외}\end{cases}$$

일 때, 다음을 구하라.

(a) $\mathrm{Var}(X)$ (b) 왜도 α_3

(c) 첨도 α_4

4.3.9 확률변수 X의 pdf가

$$f(x)=\begin{cases}2x^{-3}, & x>1\\ 0, & \text{그 외}\end{cases}$$

일 때, 평균과 분산이 존재하는지 점검하라.

4.3.10 연습문제 4.2.20번에서 정의한 확률변수 X의 분산을 구하라.

4.3.11 X의 pdf가

$$f(x)=\begin{cases}\dfrac{1}{2\sqrt{x}}, & 0<x<1\\ 0, & \text{그 외}\end{cases}$$

일 때, 다음을 구하라.

(a) $E(X)$ (b) $\mathrm{Var}(X)$

(c) $\text{Var}(3X+5)$

4.3.12 연습문제 4.2.29번에서 정의한 확률변수 Y의 분산을 구하라.

4.3.13 $p_i = P[X=i]$이고 $p_1+p_2+p_3=1$이라 하자. $E(X)=2$이면, $\text{Var}(X)$가 (a) 최대, (b) 최소가 되는 p_1, p_2, p_3의 값은 얼마인가?

4.3.14 X의 표준편차를 $\text{SD}(X)$로 나타낼 때, X의 분산이 σ^2이면, $\text{SD}(aX+b)$는 얼마인가?

4.3.15 X의 pdf가 $f(x)=e^{-x}$, $x>0$일 때

(a) X의 분포의 왜도와 첨도를 구하라.

(b) (a)에서 구한 왜도에 근거하여 X의 분포의 기울어진 형태를 말하라.

4.4 • 확률부등식

정확한 확률값을 구하기 어려운 경우에는 적률에 근거하여 확률들의 하한이나 상한값을 구할 수 있다. 다음은 적률과 관계되는 유용한 부등식을 소개한다.

정리 4.4.1

X가 확률변수이고 $g(x)$가 음이 아닌 실숫값 함수이면, 임의의 양의 실수 c에 대해

$$P[g(X) \ge c] \le \frac{E[g(X)]}{c} \tag{4.4.1}$$

이다.

증명 pdf $f(x)$를 갖는 연속확률변수에 대해 증명해 보자. $A=\{x \mid g(x) \ge c\}$라 하면,

$$
\begin{aligned}
E[g(X)] &= \int_{-\infty}^{\infty} g(x)f(x)dx \\
&= \int_A g(x)f(x)dx + \int_{A^c} g(x)f(x)dx \\
&\geq \int_A g(x)f(x)dx \\
&\geq \int_A cf(x)dx \\
&= cP[X \in A] \\
&= cP[g(X) \geq c]
\end{aligned}
$$

이므로 증명된다. 이산인 경우의 증명도 유사하다. ✣

정리 4.4.1의 특별한 경우로, $g(x) = |x|^r$, $r > 0$이라 하면 다음의 마르코프 부등식을 얻을 수 있다.

정리 4.4.2 **마르코프 부등식** (Markov's inequality)

임의의 양의 실수 c와 $r > 0$에 대해, 다음이 성립된다.

$$P[|X| \geq c] \leq \frac{E(|X|^r)}{c^r} \tag{4.4.2}$$

19세기 러시아 수학자 체비셰프 (P.L. Chebyshev) 이후에 체비셰프 부등식으로 잘 알려진 다음 정리를 얻을 수 있다. 다음 정리는 마르코프 부등식의 특별한 형태로 제 9 장 극한분포의 확률수렴에서 사용되며 또한《통계적 추정과 가설검정》의 일치성에서 이용된다.

정리 4.4.3 **체비셰프 부등식** (Chebyshev's inequality)

X가 평균이 μ이고 분산이 σ^2인 확률변수이면, 임의의 실수 $k > 0$에 대해

$$P[|X - \mu| \geq k\sigma] \leq \frac{1}{k^2} \tag{4.4.3}$$

또는 임의의 실수 $\epsilon > 0$에 대해

$$P[|X-\mu| \geq \epsilon] \leq \frac{\sigma^2}{\epsilon^2} \qquad (4.4.4)$$

이다.

증명 식 (4.4.1)에서 $g(x)=(x-\mu)^2$, $c=k^2\sigma^2$이라 하면

$$P[(X-\mu)^2 \geq k^2\sigma^2] \leq \frac{E[(X-\mu)^2]}{k^2\sigma^2} = \frac{1}{k^2}$$

이므로 증명된다. ✣

예제 4.4.1 X의 pdf가 $f(x)=e^{-x}$, $x>0$인 경우를 생각해 보자. 연습문제 4.2.27번을 이용하면

$$E(X) = \int_0^\infty [1-F(x)]dx = \int_0^\infty e^{-x}dx = 1$$

이고

$$\begin{aligned} E(X^2) &= \int_0^\infty 2x[1-F(x)]dx \\ &= 2\int_0^\infty xe^{-x}dx \\ &= 2E(X) \\ &= 2 \end{aligned}$$

이다. 따라서 $\mathrm{Var}(X)=2-1=1$이다. 체비셰프 부등식을 이용하면

$$P[|X-1| \geq 2] \leq \frac{1}{4} = 0.25$$

이며, 정확한 확률은

$$P[|X-1| \geq 2] = P[X \geq 3] = \int_3^\infty e^{-x}dx = e^{-3} \approx 0.04979$$

이다. ■

분산이 $\sigma^2 = 0$이면, 체비셰프 부등식에 의해 임의의 $n \geq 1$에 대해

$$P\left[|X-\mu| \geq \frac{1}{n}\right] = 0 \tag{4.4.5}$$

이다. 확률의 연속성을 이용하면,

$$\begin{aligned} 0 = \lim_{n\to\infty} P\left[|X-\mu| \geq \frac{1}{n}\right] &= P\left[\lim_{n\to\infty}\left\{|X-\mu| \geq \frac{1}{n}\right\}\right] \\ &= P[X \neq \mu] \end{aligned} \tag{4.4.6}$$

이므로 다음 정리를 얻는다.

정리 4.4.4

$\mu = E(X)$, $\sigma^2 = \mathrm{Var}(X)$라 하자. 만일 $\sigma^2 = 0$이면, 다음이 성립된다.

$$P[X = \mu] = 1 \tag{4.4.7}$$

이와 같이 분산이 0인 분포를 퇴화분포(degenerate distribution)라 한다.

위에서 소개한 부등식 외에 종종 유용하게 이용할 수 있는 정리를 간략하게 소개하고자 한다.

정리 4.4.5 단측 체비셰프 부등식(One-Sided Chebyshev's inequality)

X가 평균이 0이고 분산이 $\sigma^2 < \infty$인 확률변수일 때, 임의의 $a > 0$에 대해

$$P[X \geq a] \leq \frac{\sigma^2}{\sigma^2 + a^2} \tag{4.4.8}$$

이다.

증명 $g(t) = (t+c)^2$, $c > 0$이고, $t > a > 0$이면 $g(t) \geq (a+c)^2$이다. 따라서 정리 4.4.1에 의해 모든 $c > 0$, $x > 0$에 대해

$$P[X \geq a] \leq P[g(X) \geq (a+c)^2]$$

$$
\begin{aligned}
&\le \frac{E[g(X)]}{(a+c)^2} \\
&= \frac{E[(X+c)^2]}{(a+c)^2} \\
&= \frac{E(X^2+2cX+c^2)}{(a+c)^2} \\
&= \frac{E(X^2)+2cE(X)+c^2}{(a+c)^2} \\
&= \frac{\sigma^2+c^2}{(a+c)^2}
\end{aligned}
$$

의 최소가 되는 c값을 구하면 $c=\sigma^2/a$이다. 따라서 부등식이 증명된다. ✣

예제 4.4.2 어느 회사에서 생산되는 전구의 수명 X는 평균이 1,000시간이고 분산이 500인 확률변수라 하자. 만일 이 회사에서 생산된 전구를 구입했다면, 그 전구의 수명이 1,050시간 이상일 확률의 상한은 단측 체비셰프 부등식에 의해

$$P[X \ge 1{,}050] = P[X-1{,}000 \ge 50] \le \frac{500}{500+(50)^2} = \frac{1}{6}$$

이다. 즉, 그 전구의 수명이 1,050시간 이상일 확률은 기껏해야 $\frac{1}{6}$이다. ■

정리 4.4.6

만일 $E(X)=\mu$이고 $\mathrm{Var}(X)=\sigma^2<\infty$이면, $a>0$에 대해, 다음이 성립된다.

$$P[X \ge \mu+a] \le \frac{\sigma^2}{\sigma^2+a^2} \tag{4.4.9}$$

$$P[X \le \mu-a] \le \frac{\sigma^2}{\sigma^2+a^2} \tag{4.4.10}$$

정의 4.4.1

$f(x)$는 연속인 실숫값 함수이다. 만일 모든 $0<\alpha<1$와 x, y에 대해

$$f(\alpha x+(1-\alpha)y) \le \alpha f(x)+(1-\alpha)f(y)$$

가 성립할 때, $f(x)$를 볼록함수 (convex function)라 한다. $-f(x)$가 볼록함수일 때 $f(x)$를 오목함수 (concave function)라 한다.

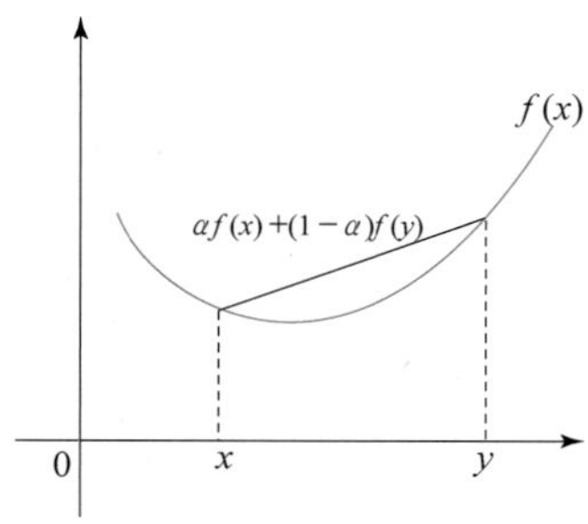

그림 4.4.1 볼록함수

α값이 0에서 1까지 움직이면 $\alpha f(x)+(1-\alpha)f(y)$는 $f(x)$와 $f(y)$를 연결하는 직선이 된다. 그림 4.4.1에서 볼 수 있듯이 $f(x)$가 볼록함수이면 임의의 두 점을 연결하는 직선이 두 점 사이의 함수 위에 놓이게 된다.

다음은 볼록함수를 찾는 유익한 정리이다.

정리 4.4.7

$f(x)$가 두 번 미분가능한 실숫값 함수라 하자. $f(x)$가 볼록함수일 필요충분조건은 다음 결과 중 어느 하나를 만족하는 것이다.

(a) 모든 x에 대해 $f''(x) \ge 0$이다.

(b) $f'(x)$가 비감소함수이다. 즉, $x<y$이면 $f'(x) \le f'(y)$이다.

(c) 모든 x에 대해 $(x,\ f(x))$점을 지나면서 함수 $f(x)$의 그래프보다 아래에 있거나 함수 $f(x)$의 그래프와 겹치는 직선이 존재한다.

$f(x)=x^2,\ f(x)=e^{ax},\ f(x)=\dfrac{1}{x}\ (x>0)$ 등은 볼록함수이다.

정리 4.4.8 **젠센 부등식 (Jensen's inequality)**

평균이 존재하는 임의의 확률변수 X에 대해, $f(x)$가 볼록함수이면

$$E[f(X)] \geq f(E(X))$$

가 성립된다.

증명 $f(x)$가 연속이고 볼록함수이므로 $l(x) = a + bx \leq f(x)$이고 $l(E(X)) = f(E(X))$를 만족하는 직선 $l(x) = a + bx$가 존재한다. 즉 $(E(X),\ f(E(X)))$점에서 $f(x)$의 접선을 생각하면 된다.

$$\begin{aligned} E[l(X)] &= E(a + bX) \\ &= a + bE(X) \\ &= l(E(X)) \end{aligned}$$

이므로, 정리 4.2.9의 (a)에 의해

$$f(E(X)) = l(E(X)) = E[l(X)] \leq E[f(X)]$$

이다. 따라서 정리가 증명된다. ✣

예제 4.4.3 $f(x) = x^2$은 볼록함수이므로 젠센 부등식을 이용해 보면

$$E(X^2) = E[f(X)] \geq f(E(X)) = [E(X)]^2$$

이 성립된다. 즉 $\mathrm{Var}(X) = E(X^2) - [E(X)]^2 \geq 0$이라는 사실을 확인할 수 있다. 또한 $f(x) = e^x$도 볼록함수이므로, 젠센 부등식을 이용하면

$$f(E(X)) = e^{E(X)} \leq E[f(X)] = E(e^X)$$

또는

$$E(X) \leq \ln(E(e^X))$$

이 성립한다. ■

다음은 상관계수의 절대값이 1 이하임을 쉽게 보일 수 있는 부등식을 소개한다.

정리 4.4.9 **코시–슈바르츠 부등식** (Cauchy-Schwarz inequality)

X와 Y가 유한분산을 갖는 확률변수이면

$$[E(XY)]^2 \le E(X^2)E(Y^2)$$

이 성립하며, 등식이 성립할 필요충분조건은 0이 아닌 적당한 실수 a, b가 존재하여 $P[aX+bY=0]=1$이다.

증명 모든 실수 t에 대해

$$0 \le E[(tX+Y)^2] = t^2E(X^2)+2tE(XY)+E(Y^2)$$

이다. 위의 오른편 식은 t에 관한 2차방정식이고 항상 0 이상이기 위해선 판별식 D가 0 이하가 되어야 한다. 즉

$$D = 4[E(XY)]^2 - 4E(X^2)E(Y^2) \le 0$$

이다. 따라서

$$[E(XY)]^2 \le E(X^2)E(Y^2)$$

이다. 또한 등식이 성립할 필요충분조건은

$$E[(tX+Y)^2]=0$$

이므로

$$P[tX+Y=0]=1$$

이 되어야 한다. 따라서 정리가 증명된다. ✣

연습문제

4.4.1 $E(X)=3$이고 $E(X^2)=13$인 확률변수에 대해, 체비셰프 부등식을 이용해 $P[-2<X<8]$의 하한값을 결정하라.

4.4.2 확률변수 X는 평균이 25이고 분산이 16이다. $P[17<X<33]$의 하한값을 구하라.

4.4.3 X를 공정한 주사위를 던져 나타난 눈금의 수라 하자.
(a) $P[|X-3.5|<2.5]$의 하한값을 구하라.
(b) $P[X \geq 5]$의 상한값을 단측 체비셰프 부등식을 이용하여 구하라.

4.4.4 확률변수 X의 평균과 분산이 모두 10일 때, 다음을 구하라.
(a) $P[5<X<15]$의 하한값
(b) $P\left[1-k<\frac{X}{10}<1+k\right]$의 하한값

4.4.5 확률변수 X의 pdf가 다음과 같을 때

$$f(x)=\begin{cases}6x(1-x), & 0<x<1 \\ 0, & \text{그 외}\end{cases}$$

(a) $P[\mu-2\sigma<X<\mu+2\sigma]$를 구하라. 여기서 μ와 σ^2은 X의 평균과 분산이다.
(b) (a)의 결과를 체비셰프 부등식을 이용한 결과와 비교하라.

4.4.6 평균이 μ이고 분산이 σ^2인 확률변수가 $\mu-k\sigma$와 $\mu+k\sigma$ 사이일 확률이 적어도 0.95일 k의 최솟값을 체비셰프 부등식을 이용해 구하라.

4.4.7 X는 평균이 10이고 분산이 8인 음이 아닌 확률변수이다.
(a) 마르코프 부등식을 이용하여 $p=P[X \geq 12]$의 상한값을 구하라.
(b) 단측 체비셰프 부등식을 이용하여 p의 상한값을 구하라.

4.4.8 $a_1, \ldots, a_n$은 양의 실수이다. $\bar{a}=\frac{1}{n}\sum_{i=1}^{n}a_i$와 $a_G=\left(\prod_{i=1}^{n}a_i\right)^{1/n}$은 각각 $a_1, \ldots, a_n$의 산

술평균과 기하평균이다. 젠센 부등식을 이용해 $a_G \le \bar{a}$임을 보여라.

4.4.9 음이 아닌 확률변수 X와 양의 정수 i에 대해 다음을 증명하라.

$$[E(X^i)]^{\frac{1}{i}} \le [E(X^{i+1})]^{\frac{1}{i+1}}$$

4.5 • 적률생성함수

많은 분포들의 적률이 비록 필요한 적분이나 합을 계산하여 직접 결정할 수 있지만, 간단히 계산할 수 있는 방법이 존재한다. 적률을 생성할 수 있는 특별한 함수의 기댓값을 적률생성함수라 한다.

4.5.1 정의와 개념

정의 4.5.1

X가 확률변수일 때, $h > 0$인 0을 포함하는 개구간 $(-h, h)$에 속하는 모든 t에 대해 기댓값 $E(e^{tX})$이 존재하면

$$M_X(t) = E(e^{tX}) \tag{4.5.1}$$

을 X의 적률생성함수(moment generating function)라 하고 간단히 mgf로 나타낸다.

다음 정리는 적률생성함수가 어떻게 적률을 생성하는지를 보여주고 있다

정리 4.5.1

확률변수 X의 적률생성함수 $M_X(t)$가 존재하면, r차 적률은 다음과 같이 구할 수 있다.

$$E(X^r) = \frac{d^r}{dt^r} M_X(t) \bigg|_{t=0} = M_X^{(r)}(0), \quad r = 1, 2, \ldots \tag{4.5.2}$$

증명 pdf $f(x)$를 갖는 연속확률변수에 대해 증명해 보자. 연속확률변수 X의 mgf는

$$M_X(t) = \int_{-\infty}^{\infty} e^{tx} f(x) dx$$

이다. 사실 mgf가 존재하면 모든 차수의 도함수가 존재하며, 미분과 적분의 순서를 바꿔 계산할 수 있다. 이에 대한 상세한 내용은 여기서 생략한다.

$$\begin{aligned} \frac{d}{dt} M_X(t) &= \frac{d}{dt} \int_{-\infty}^{\infty} e^{tx} f(x) dx \\ &= \int_{-\infty}^{\infty} \left(\frac{d}{dt} e^{tx} \right) f(x) dx \\ &= \int_{-\infty}^{\infty} x e^{tx} f(x) dx \\ &= E(Xe^{tX}) \end{aligned}$$

마찬가지로 r번 반복 미분하면

$$\frac{d^r}{dt^r} M_X(t) = M_X^{(r)}(t) = \int_{-\infty}^{\infty} x^r e^{tx} f(x) dx = E(X^r e^{tX})$$

이므로

$$\frac{d^r}{dt^r} M_X(t) \bigg|_{t=0} = M_X^{(r)}(0) = E(X^r)$$

이다. ✤

적률생성함수의 원점에서 계산된 도함수가 X의 적률을 생성함을 보일 수 있는 또 다른 방법은 e^{tx}의 매클로린 급수이다.

$$e^{tx} = 1 + tx + \frac{(tx)^2}{2!} + \frac{(tx)^3}{3!} + \cdots \tag{4.5.3}$$

이므로

$$M_X(t) = E(e^{tX})$$
$$= E\left[1 + tX + \frac{(tX)^2}{2!} + \frac{(tX)^3}{3!} + \cdots\right] \tag{4.5.4}$$
$$= 1 + tE(X) + \frac{t^2}{2!}E(X^2) + \frac{t^3}{3!}E(X^3) + \cdots$$

이다. 따라서

$$M_X^{(r)}(0) = E(X^r) \tag{4.5.5}$$

이 성립함을 알 수 있다. 물론 여기서 기댓값과 무한 합의 교환이 가능하고 미분과 무한 합의 교환이 가능해야 한다. 이는 mgf의 존재성 가정에 의해 가능하다.

식 (4.5.4)는 $M_X(t)$를 매클로린 급수전개하여 정리 4.5.1을 이용하면 쉽게 다음과 같이 얻을 수도 있다.

$$M_X(t) = 1 + \sum_{r=1}^{\infty} \frac{E(X^r)}{r!} t^r = \sum_{r=0}^{\infty} \frac{E(X^r)}{r!} t^r \tag{4.5.6}$$

만일 X가 이산확률변수로 가능한 값들이 x_1, x_2, ... 이라 하자. 그러면 X의 mgf는

$$M_X(t) = E(e^{tX})$$
$$= \sum_{x_i} e^{tx_i} f(x_i)$$
$$= f(x_1)e^{tx_1} + f(x_2)e^{tx_2} + f(x_3)e^{tx_3} + \cdots \tag{4.5.7}$$

이다. 따라서 e^{tx_i}의 계수가 $f(x_i) = P[X = x_i]$이다.

예제 4.5.1 X의 적률생성함수가

$$M_X(t) = \frac{1}{15} + \frac{2}{15}e^{2t} + \frac{5}{15}e^{4t} + \frac{7}{15}e^{5t}$$

이라 하면, X는 0, 2, 4, 5의 값을 갖는 이산확률변수이며 pmf는 다음과 같다.

x	0	2	4	5
$f(x)$	$\frac{1}{15}$	$\frac{2}{15}$	$\frac{5}{15}$	$\frac{7}{15}$

■

예제 4.5.2 이산확률변수 X의 pmf가 $f(x) = \binom{3}{x}\frac{1}{8}$, $x = 0, 1, 2, 3$일 때, X의 적률생성함수를 구하고, 적률생성함수를 이용해 평균 μ와 2차 적률 $\mu_2{}'$을 구해 보자.

풀이

$$M_X(t) = E(e^{tX}) = \sum_{x=0}^{3} e^{tx} f(x) = \frac{1}{8}(1 + 3e^t + 3e^{2t} + e^{3t})$$

이다. 따라서 정리 4.5.1에 의해

$$\mu = M_X{}'(0) = \frac{1}{8}(3e^t + 6e^{2t} + 3e^{3t})\Big|_{t=0} = \frac{3}{2}$$

이고

$$\mu_2{}' = M_X{}''(0) = \frac{1}{8}(3e^t + 12e^{2t} + 9e^{3t})\Big|_{t=0} = 3$$

이다. ■

예제 4.5.3 X의 확률밀도함수가

$$f(x) = \begin{cases} e^{-x}, & x > 0 \\ 0, & \text{그 외} \end{cases}$$

일 때, X의 mgf를 구하고, mgf를 이용하여 원점에 관한 r차 적률 $\mu_r{}' = E(X^r)$을 구하라.

풀이

$$M_X(t) = E(e^{tX}) = \int_0^\infty e^{tx} e^{-x} dx = \int_0^\infty e^{-(1-t)x} dx$$
$$= -\frac{1}{1-t} e^{-(1-t)x}\Big|_0^\infty = \frac{1}{1-t}, \quad t < 1$$

잘 알려진 바와 같이, $|t| < 1$일 때, 이 mgf의 매클로린 급수는

$$M_X(t) = 1 + t + t^2 + t^3 + \cdots + t^r + \cdots$$
$$= 1 + 1!\frac{t}{1!} + 2!\frac{t^2}{2!} + 3!\frac{t^3}{3!} + \cdots + r!\frac{t^r}{r!} + \cdots$$

이므로, 식 (4.5.4)에 의해 $\mu_r{}' = E(X^r) = r!$, $r = 0, 1, 2, \ldots$이다. ■

4.5.2 적률생성함수의 성질

적률생성함수를 이용하는 경우에 다음 정리들이 유용하게 적용될 수 있다.

정리 4.5.2

$M_X(t)$가 확률변수 X의 적률생성함수이면 다음이 성립된다.

(a) $M_X(0)=1$ (4.5.8)

(b) 상수 a와 b에 대해

$$M_{aX+b}(t)=e^{bt}M_X(at) \tag{4.5.9}$$

이다.

증명 (a) $M_X(0)=E(e^{0X})=1$

(b) $M_Y(t)=E(e^{tY})=E[e^{t(aX+b)}]=E(e^{atX}e^{bt})$
$=e^{bt}E(e^{atX})=e^{bt}M_X(at)$ ✣

이 정리를 이용하여 평균에 관한 r차 적률 $E[(X-\mu)^r]$을 계산할 수 있다. $M_{X-\mu}(t)=e^{-\mu t}M_X(t)$이므로

$$E[(X-\mu)^r]=\frac{d^r}{dt^r}[e^{-\mu t}M_X(t)]\bigg|_{t=0} \tag{4.5.10}$$

으로 계산할 수 있다.

식 (4.2.13)에 의해 다음 정리를 얻을 수 있다.

정리 4.5.3

$X_1, \ldots, X_n$이 독립이며 각각 mgf $M_{X_i}(t)$를 갖는 확률변수이면, $Y=\sum_{i=1}^{n}X_i$의 mgf는

$$M_Y(t)=M_{X_1}(t)M_{X_2}(t)\cdots M_{X_n}(t) \tag{4.5.11}$$

이다.

이 정리에 대한 예는 제 5 장에서 특정한 분포들을 소개한 후에 그 분포들의 특성을 밝히는데 매우 유용하게 이용된다. 다음은 mgf의 중요한 성질로 mgf가 분포를 유일하게 결정한다는 것이다. 이 성질 때문에 mgf가 널리 이용될 수 있는 것이다.

정리 4.5.4 적률생성함수의 유일성

$F_X(x)$와 $F_Y(y)$를 확률변수 X와 Y의 cdf라 하자. 그리고 X와 Y의 mgf $M_X(t)$와 $M_Y(t)$가 존재하면 다음이 성립된다.

0을 포함하는 구간 $(-h,\ h)$에 있는 모든 t에 대해 $M_X(t)=M_Y(t)$

$\Leftrightarrow$ 모든 실수 x에 대해 $F_X(x)=F_Y(x)$이다.

정리 4.5.4는 mgf를 이용해 그 분포의 특성을 밝히는데 유용하게 이용된다. 즉, mgf를 알면 그 분포를 결정할 수 있다는 것이다.

*4.5.3 특성함수

적률생성함수는 적률을 생성할 뿐 아니라 분포를 유일하게 결정하기 때문에 여러 가지로 유용하게 이용되지만 특정한 분포의 경우는 적률생성함수가 존재하지 않는 문제점을 가지고 있다. 이러한 문제를 해결하기 위해 모든 분포에 대해 존재하며 적률생성함수의 유용한 특성을 가지고 있는 함수를 소개한다.

정의 4.5.2

X가 pdf (pmf) $f(x)$를 갖는 확률변수일 때

$$\phi_X(t)=E(e^{itX})=E[\cos(tX)]+iE[\sin(tX)],\ t\in R \tag{4.5.12}$$

를 X의 특성함수 (characteristic function)라 하고 간단히 chf로 나타낸다. 여기서 $i=\sqrt{-1}$ 이다.

적률생성함수가 존재하면 특성함수는 적률생성함수에서 t 대신에 it를 대입하여 구할 수 있다. 이제 특성함수의 기본성질에 대해 알아보자.

정리 4.5.5

$\phi_X(t)$가 확률변수 X의 특성함수이고 $E(|X^r|) < \infty$이면, 다음이 성립된다.

$$\left.\frac{d^r}{dt^r}\phi_X(t)\right|_{t=0} = i^r E(X^r),\ r = 1,\ 2,\ \ldots \tag{4.5.13}$$

증명

$$\begin{aligned}\frac{d^r}{dt^r}\phi_X(t) &= \frac{d^r}{dt^r}E(e^{itX}) \\ &= E\left(\frac{d^r}{dt^r}e^{itX}\right) \\ &= E(i^r X^r e^{itX})\end{aligned}$$

이므로

$$\left.\frac{d^r}{dt^r}\phi_X(t)\right|_{t=0} = i^r E(X^r)$$

이다. ✣

다음은 정리 4.5.2부터 4.5.4까지에 대응되는 특성함수의 성질을 나타내는 정리이다.

정리 4.5.6

$\phi_X(t)$가 확률변수 X의 특성함수이면, 다음이 성립된다.

(a) $\phi_X(0) = 1$ (4.5.14)

(b) $|\phi_X(t)| \le 1$ (4.5.15)

(c) $\phi_X(t)$는 연속함수이다.

(d) $\phi_{aX+b}(t) = e^{ibt}\phi_X(at)$ (4.5.16)

증명 (a) $\phi_X(0) = E(e^0) = 1$

(b)
$$\begin{aligned}|\phi_X(t)| &= |E(e^{itX})| \le E(|e^{itX}|) \\ &= E[|\cos(tX) + i\sin(tX)|] \\ &= E[\sqrt{\cos^2(tX) + \sin^2(tX)}] \\ &= 1\end{aligned}$$

(c) $|\phi_X(t+h)-\phi_X(t)| = |E(e^{i(t+h)X})-E(e^{itX})|$

$$\begin{aligned} &= |E[e^{itX}(e^{ihX}-1)]| \\ &\le E[|e^{itX}(e^{ihX}-1)|] \\ &= E[|e^{ihX}-1|] \end{aligned}$$

이므로

$$\lim_{h\to 0}|\phi_X(t+h)-\phi_X(t)| \le \lim_{h\to 0}E[|e^{ihX}-1|] = E[\lim_{h\to 0}|e^{ihX}-1|] = 0$$

이다. 따라서 $\phi_X(t)$는 연속함수이다.

(d) $\phi_{aX+b}(t) = E[e^{it(aX+b)}] = E(e^{iatX}e^{ibt}) = e^{ibt}E(e^{iatX}) = e^{ibt}\phi_X(at)$ ✣

정리 4.5.7

$X_1, \ldots, X_n$이 독립이며 각각 chf $\phi_{X_i}(t)$를 갖는 확률변수이면, $Y=\sum_{i=1}^{n}X_i$의 chf는

$$\phi_Y(t) = \phi_{X_1}(t)\phi_{X_2}(t)\cdots\phi_{X_n}(t) \tag{4.5.17}$$

이다.

다음은 적률생성함수의 정리 4.5.4에 해당되는 정리로 특성함수 역시 분포를 유일하게 결정한다는 것이다.

정리 4.5.8

확률변수의 특성함수와 pdf (pmf)는 일대일 대응관계에 있다.

4.5.4 계승적률생성함수

정의 4.5.3

X가 확률변수일 때 $h>0$인 1을 포함하는 개구간 $(1-h,\ 1+h)$에 속하는 모든 t에 대해 기댓값 $E(t^X)$이 존재하면, X의 계승적률생성함수(factorial moment generating function)는

$$\eta_X(t) = E(t^X) \tag{4.5.18}$$

으로 정의하고 간단히 fmgf로 나타낸다.

정리 4.5.9

확률변수 X가 fmgf $\eta_X(t)$를 가지면 다음이 성립된다.

(a) $\eta_X{}'(1) = E(X)$

(b) $\eta_X{}''(1) = E[X(X-1)]$

(c) $\eta_X^{(r)}(1) = \dfrac{d^r}{dt^r}\eta_X(t)\Big|_{t=1} = E[X(X-1)\cdots(X-r+1)]$

따라서 X의 분산은 정리 4.3.2에 의해

$$\mathrm{Var}(X) = \eta_X{}''(1) + \eta_X{}'(1)[1-\eta_X{}'(1)] \tag{4.5.19}$$

이다.

적률생성함수 $M_X(t)$와 계승적률생성함수의 관계는 다음과 같다.

$$\eta_X(t) = E(t^X) = E(e^{X\ln t}) = M_X(\ln t) \tag{4.5.20}$$

$\Psi_X(t) = \ln[M_X(t)]$를 누율생성함수(cumulant generating function)라 하고, $\kappa_r = \dfrac{d^r}{dt^r}\Psi_X(t)\Big|_{t=0} = \Psi_X^{(r)}(t)|_{t=0}$을 X의 r차 누율 또는 누적적률이라 한다. 즉 $\mu = \kappa_1 = \Psi_X{}'(0)$이고 $\sigma^2 = \kappa_2 = \Psi_X{}''(0)$임을 알 수 있다.

예제 4.5.4 앞면이 나타날 확률이 p인 동전을 앞면이 나타날 때까지 계속 던지는 실험에서 동전을 던진 횟수를 X라 하자. 그러면 X의 pmf는

$$f(x) = P[X = x] = (1-p)^{x-1}p, \; x = 1, 2, 3, \ldots$$

이므로, X의 fmgf는

$$\begin{aligned}
\eta_X(t) = E(t^X) &= \sum_{x=1}^{\infty} t^x (1-p)^{x-1} p \\
&= \frac{p}{1-p} \sum_{x=1}^{\infty} [(1-p)t]^x \\
&= \frac{p}{1-p} \frac{(1-p)t}{1-(1-p)t}, \; |t| < \frac{1}{1-p} \\
&= \frac{pt}{1-(1-p)t}, \; |t| < \frac{1}{1-p}
\end{aligned}$$

이다.

$$\begin{aligned}
\eta_X{}'(t) &= \frac{p[1-(1-p)t] + pt(1-p)}{[1-(1-p)t]^2} = \frac{p}{[1-(1-p)t]^2} \\
\eta_X{}''(t) &= \frac{2p(1-p)}{[1-(1-p)t]^3}
\end{aligned}$$

이므로

$$\begin{aligned}
E(X) &= \eta_X{}'(1) = \frac{1}{p} \\
\mathrm{Var}(X) &= \eta_X{}''(1) + \eta_X{}'(1)[1 - \eta_X{}'(1)] \\
&= \frac{2p(1-p)}{p^3} + \frac{1}{p}\left(1 - \frac{1}{p}\right) \\
&= \frac{1-p}{p^2}
\end{aligned}$$

이다. 그러므로 X의 mgf는

$$M_X(t) = E(e^{tX}) = \eta_X(e^t) = \frac{pe^t}{1-(1-p)e^t}, \; e^t < \frac{1}{1-p}$$

이다. ■

4.5.5 결합적률생성함수

적률생성함수의 개념을 k-차원 확률변수에 일반화시킬 수 있다.

정의 4.5.4

$X_1, \ldots, X_k$의 결합적률생성함수(joint moment generating function)는

$$M_{X_1, \ldots, X_k}(t_1, \ldots, t_k) = E\left[\exp\left(\sum_{i=1}^{k} t_i X_i\right)\right] \tag{4.5.21}$$

로 정의한다. 여기서 t_i는 $h>0$에 대해 $-h<t_i<h$이다.

결합적률생성함수도 단일 적률생성함수의 성질과 유사한 성질을 갖는다. 결합적률생성함수 역시 확률변수 $X_1, \ldots, X_k$의 결합분포를 유일하게 결정한다. 또한 결합적률생성함수로부터 주변분포들의 mgf를 구할 수 있다.

다음은 결합적률생성함수로부터 곱의 적률을 생성할 수 있음을 보여주는 중요한 결과이다. 결합 mgf $M_{X_1, \ldots, X_k}(t_1, \ldots, t_k)$가 존재하면, 음이 아닌 정수 $r_1, \ldots, r_k$에 대해

$$E(X_1^{r_1} \cdots X_k^{r_k}) = \frac{\partial^{r_1 + \cdots + r_k}}{\partial t_1^{r_1} \cdots \partial t_k^{r_k}} M_{X_1, \ldots, X_k}(t_1, \ldots, t_k)\Bigg|_{t_1 = \cdots = t_k = 0} \tag{4.5.22}$$

이다.

다음 정리는 결합적률생성함수로부터 각 확률변수의 적률생성함수를 쉽게 구할 수 있는 유용한 정리이다.

정리 4.5.10

$M_{X,Y}(t_1, t_2)$가 X와 Y의 결합 mgf이면

$$M_X(t_1) = M_{X,Y}(t_1, 0) \tag{4.5.23}$$

$$M_Y(t_2) = M_{X,Y}(0, t_2) \tag{4.5.24}$$

이다.

일반적으로 결합 mgf를 알면 주변분포의 mgf는 나머지 확률변수에 대응되는 t_i에 0을 대입하면 된다. 예를 들어, $X_1, \dots, X_k$의 결합 mgf가 $M_{X_1, \dots, X_k}(t_1, \dots, t_k)$이면 X_1의 mgf는 $M_{X_1}(t_1) = M_{X_1, \dots, X_k}(t_1, 0, \dots, 0)$이다.

식 (4.5.22)의 특별한 경우로 4.6절에서 다룰 상관계수 등의 계산에 이용되는 결과들을 다음 정리에서 소개한다.

정리 4.5.11

X와 Y의 결합 mgf가 $M_{X,Y}(t_1, t_2)$이면

$$E(X^m Y^n) = \left. \frac{\partial^{m+n} M_{X,Y}(t_1, t_2)}{\partial t_1^m \partial t_2^n} \right|_{t_1 = t_2 = 0} \tag{4.5.25}$$

이다. 따라서

$$E(X) = \frac{\partial M_{X,Y}(0, 0)}{\partial t_1}, \quad E(Y) = \frac{\partial M_{X,Y}(0, 0)}{\partial t_2} \tag{4.5.26}$$

$$E(X^2) = \frac{\partial^2 M_{X,Y}(0, 0)}{\partial t_1^2}, \quad E(Y^2) = \frac{\partial^2 M_{X,Y}(0, 0)}{\partial t_2^2} \tag{4.5.27}$$

$$E(XY) = \frac{\partial^2 M_{X,Y}(0, 0)}{\partial t_1 \partial t_2} \tag{4.5.28}$$

등이다. 위의 값들은 각 변수에 대해 편미분한 후 t_1과 t_2에 0을 대입하여 얻은 것이다.

정리 4.5.12

만일 $X_1, \dots, X_k$의 결합 mgf $M_{X_1, \dots, X_k}(t_1, \dots, t_k)$가 존재하면, 확률변수 $X_1, \dots, X_k$가 독립일 필요충분조건은

$$M_{X_1, \dots, X_k}(t_1, \dots, t_k) = M_{X_1}(t_1) \cdots M_{X_k}(t_k) \tag{4.5.29}$$

이다.

예제 4.5.5 (X, Y)가 다음 결합 pdf를 갖는다고 하자.

$$f(x, y) = \begin{cases} e^{-(x+y)}, & 0 < x < \infty,\ 0 < y < \infty \\ 0, & \text{그 외} \end{cases}$$

그러면

$$\begin{aligned} M_{X,Y}(t_1, t_2) &= \int_0^\infty \int_0^\infty e^{t_1 x + t_2 y} e^{-x-y} dx dy \\ &= \int_0^\infty e^{-(1-t_1)x} dx \int_0^\infty e^{-(1-t_2)y} dy \\ &= \frac{1}{1-t_1} \frac{1}{1-t_2},\ t_1 < 1,\ t_2 < 1 \end{aligned}$$

이므로

$$E(X) = \frac{\partial M_{X,Y}(0, 0)}{\partial t_1} = 1, \quad E(Y) = \frac{\partial M_{X,Y}(0, 0)}{\partial t_2} = 1$$

이고

$$\frac{\partial^2 M_{X,Y}(t_1, t_2)}{\partial t_1^2} = \frac{2}{(1-t_1)^3 (1-t_2)}$$

이므로 $E(X^2) = 2$이다. 마찬가지로 $E(Y^2) = 2$이므로 $\mathrm{Var}(X) = \mathrm{Var}(Y) = 1$이고

$$E(XY) = \frac{\partial^2 M_{X,Y}(t_1, t_2)}{\partial t_1 \partial t_2} \bigg|_{t_1 = t_2 = 0} = 1$$

이다. 사실

$$M_{X,Y}(t_1, t_2) = M_{X,Y}(t_1, 0) M_{X,Y}(0, t_2)$$

이므로 X와 Y는 독립이다. ■

연습문제

4.5.1 한 쌍의 주사위를 던질 때

(a) 두 주사위 눈금의 합 X의 적률생성함수를 계산하라.

(b) 적률생성함수를 이용하여 X의 평균과 분산을 구하라.

4.5.2 확률변수 X의 pmf가 다음과 같을 때, X의 mgf를 구하라.

(a) $f(x) = \dfrac{5-x}{10}$, $x = 1,\ 2,\ 3,\ 4$

(b) $f(x) = \dfrac{1}{3}$, $x = 1,\ 2,\ 3$

4.5.3 다음과 같은 pmf를 갖는 이산확률변수 X의 mgf를 구하라. 또한 mgf를 이용해 μ와 $\mu_2{}'$을 구하라.

$$f(x) = 2\left(\frac{1}{3}\right)^x,\ x = 1, 2, 3, \ldots$$

4.5.4 X의 mgf가

$$M_X(t) = 0.20e^t + 0.15e^{3t} + 0.35e^{4t} + 0.30e^{6t}$$

일 때, $P[2 < X \leq 4]$를 구하라.

4.5.5 $X_1, \ldots, X_n$은 독립이며 각각 fmgf $\eta_1(t), \ldots, \eta_n(t)$를 갖는 확률변수이고, $Y = X_1 + \cdots + X_n$일 때, Y의 fmgf가 $\eta_Y(t) = \eta_1(t) \cdots \eta_n(t)$임을 증명하라.

4.5.6 연속확률변수 X의 pdf가

$$f(x) = \begin{cases} 1, & 0 < x < 1 \\ 0, & \text{그 외} \end{cases}$$

일 때, X의 mgf를 구하라. 또한 mgf를 이용해 μ, $\mu_2{}'$, σ^2을 구하라.

4.5.7 X의 pdf가

$$f(x) = \frac{1}{2} e^{-|x|}, \quad -\infty < x < \infty$$

일 때, X의 mgf가 다음과 같음을 보여라.

$$M_X(t) = \frac{1}{1-t^2}, \quad |t| < 1$$

4.5.8 X의 mgf가 $M_X(t) = e^{3t+8t^2}$이다. 이때 $Z = \frac{1}{4}(X-3)$의 mgf를 구하고, 이것을 이용하여 Z의 평균과 분산을 구하라.

4.5.9 X_1과 X_2가 독립이고 동일하게 분포된 확률변수일 때, $\phi_{X_1 - X_2}(t) = |\phi_{X_1}(t)|^2$임을 보여라. 여기서 $\phi_X(t)$는 X의 특성함수이다.

4.5.10 $\Psi_X(t)$가 평균이 μ이고 분산이 σ^2인 확률변수 X의 누율생성함수일 때, 다음을 보여라.

(a) $\mu = \Psi_X{}'(0)$

(b) $\sigma^2 = \Psi_X{}''(0)$

4.5.11 X의 mgf가

$$M_X(t) = \frac{2}{6} e^t + \frac{3}{6} e^{2t} + \frac{1}{6} e^{3t}$$

일 때, 다음을 구하라.

(a) $E(X)$

(b) $\mathrm{Var}(X)$

(c) X의 pmf

(d) X의 계승적률생성함수 $\eta_X(t)$

4.5.12 연습문제 4.5.10번을 이용해 다음 mgf를 갖는 확률변수 X의 평균과 분산을 구하라.

$$M_X(t) = \exp[4(e^t - 1)]$$

4.5.13 확률변수 X의 pmf가 $f(x) = \left(\frac{1}{2}\right)^{x+1}$, $x = 0, 1, 2, \ldots$일 때, 다음을 구하라.

(a) X의 mgf $M_X(t)$

(b) X의 fmgf $\eta_X(t)$

(c) $E[X(X-1)]$ (d) $E[X(X-1)(X-2)]$

(e) $Y=3X+4$의 mgf $M_Y(t)$

4.5.14 공정한 주사위를 던져 나타난 눈금의 수를 X라 할 때, 다음을 구하라.

(a) X의 mgf (b) X의 fmgf

4.5.15 두 개의 주사위를 던질 때 X를 첫 번째 주사위의 눈금이라 하고 Y를 두 주사위 눈금의 합이라 하자. X와 Y의 결합적률생성함수를 구하라.

4.5.16 X와 Y는 결합 pdf가 $f(x, y)=2e^{-x-y}$, $0<x<y<\infty$인 연속확률변수이다.

(a) X와 Y의 결합 mgf $M(t_1, t_2)$를 유도하라.

(b) 결합 mgf를 이용하여 X와 Y의 mgf를 각각 구하라.

(c) X와 Y가 독립인지 (b)를 이용하여 설명하라.

4.5.17 X와 Y의 결합 pdf가 $f(x, y)=xe^{-(x+y)}$, $x>0$, $y>0$일 때, 다음을 구하라.

(a) X와 Y의 결합 mgf (b) X와 Y의 각 mgf

(c) X와 Y는 독립인가? (b)의 결과를 이용하여 답하라.

4.6 • 공분산과 상관계수

특정한 형태의 기댓값은 두 변수 사이의 관계에 관한 정보를 제공해 준다.

정의 4.6.1

두 확률변수 X와 Y의 공분산(covariance)은

$$\mathrm{Cov}(X, Y)=E[(X-\mu_X)(Y-\mu_Y)] \tag{4.6.1}$$

로 정의하며, σ_{XY}로 나타내기도 한다. 여기서 $\mu_X=E(X)$이고 $\mu_Y=E(Y)$이다.

X의 큰 값이 Y의 큰 값을 동반하고 X의 작은 값이 Y의 작은 값을 동반할 확률이 높으면 공분산은 양이 될 것이고, X의 큰 값이 Y의 작은 값을 동반하거나 반대일 확률이 높으면 공분산은 음이 될 것이다. 정의에 의해

$$\mathrm{Cov}(X,\ X) = \mathrm{Var}(X) \tag{4.6.2}$$

임을 알 수 있다.

> **정리 4.6.1**
>
> X와 Y가 확률변수이면
>
> $$\mathrm{Cov}(X,\ Y) = E(XY) - E(X)E(Y) \tag{4.6.3}$$
>
> 이고, X와 Y가 독립이면
>
> $$\mathrm{Cov}(X,\ Y) = 0 \tag{4.6.4}$$
>
> 이다. 그러나 역은 성립하지 않는다.

예제 4.6.1 확률변수 X의 pmf가 다음과 같다고 하자.

$$f(0) = f(1) = f(-1) = \frac{1}{3}$$

그리고

$$Y = \begin{cases} 0, & X \neq 0 \\ 1, & X = 0 \end{cases}$$

으로 정의하면, $XY = 0$이므로 $E(XY) = 0$이다. 그리고 $E(X) = 0$이므로

$$\mathrm{Cov}(X,\ Y) = E(XY) - E(X)E(Y) = 0$$

이지만 X와 Y는 분명히 독립이 아니다. ■

예제 4.6.2 X와 Y의 결합 pdf가

$$f(x,\ y) = \begin{cases} 2, & x > 0,\ y > 0,\ x + y < 1 \\ 0, & \text{그 외} \end{cases}$$

일 때, X와 Y의 공분산을 구해 보자.

$$\mu_X = E(X) = \int_0^1 \int_0^{1-x} 2x\, dy\, dx = \frac{1}{3}$$

$$\mu_Y = E(Y) = \int_0^1 \int_0^{1-y} 2y\, dx\, dy = \frac{1}{3}$$

이고

$$E(XY) = \int_0^1 \int_0^{1-x} 2xy\, dy\, dx = \frac{1}{12}$$

이므로

$$\mathrm{Cov}(X,\ Y) = \frac{1}{12} - \frac{1}{3}\left(\frac{1}{3}\right) = -\frac{1}{36}$$

이다. 물론 기댓값을 구할 때 각각의 주변 pdf를 먼저 구해 정의에 의해 구할 수도 있다. ■

앞에서 확률변수들의 합의 기댓값에 대해 알아보았다. 여기서는 확률변수들의 합의 분산에 대해 살펴보자.

정리 4.6.2

X와 Y가 결합 pdf (pmf) $f(x,\ y)$를 갖는 확률변수이면

$$\mathrm{Var}(X+Y) = \mathrm{Var}(X) + \mathrm{Var}(Y) + 2\,\mathrm{Cov}(X,\ Y) \tag{4.6.5}$$

이고 X와 Y가 독립이면

$$\mathrm{Var}(X+Y) = \mathrm{Var}(X) + \mathrm{Var}(Y) \tag{4.6.6}$$

이다.

증명 $\mu_X = E(X)$, $\mu_Y = E(Y)$라 하자. 그러면

$$E(X+Y) = E(X) + E(Y) = \mu_X + \mu_Y$$

이므로

$$
\begin{aligned}
\mathrm{Var}(X+Y) &= E[(X+Y)-(\mu_X+\mu_Y)]^2 \\
&= E[(X-\mu_X)+(Y-\mu_Y)]^2 \\
&= E[(X-\mu_X)^2+(Y-\mu_Y)^2+2(X-\mu_X)(Y-\mu_Y)] \\
&= E[(X-\mu_X)^2]+E[(Y-\mu_Y)^2]+2E[(X-\mu_X)(Y-\mu_Y)] \\
&= \mathrm{Var}(X)+\mathrm{Var}(Y)+2\mathrm{Cov}(X,\ Y)
\end{aligned}
$$

가 증명된다. 식 (4.6.6)은 정리 4.6.1로부터 증명된다. ✣

정의 4.6.2

만일 $\mathrm{Cov}(X,\ Y)=0$이면 X와 Y는 무상관(uncorrelated)이라 한다.

정리 4.6.3

X, Y, Z가 확률변수이고 a와 b가 상수일 때, 다음이 성립된다.

(a) $\mathrm{Cov}(aX,\ bY)=ab\,\mathrm{Cov}(X,\ Y)$ (4.6.7)

(b) $\mathrm{Cov}(X+a,\ Y+b)=\mathrm{Cov}(X,\ Y)$ (4.6.8)

(c) $\mathrm{Cov}(X,\ aX+b)=a\mathrm{Var}(X)$ (4.6.9)

(d) $\mathrm{Cov}(X,\ Y+Z)=\mathrm{Cov}(X,\ Y)+\mathrm{Cov}(X,\ Z)$ (4.6.10)

증명 X와 Y의 공분산은 정리 4.6.1에 의해

$$\mathrm{Cov}(X,\ Y)=E[(X-\mu_X)(Y-\mu_Y)]=E(XY)-E(X)E(Y)$$

이므로 다음과 같이 쉽게 증명된다.

(a)
$$
\begin{aligned}
\mathrm{Cov}(aX,\ bY) &= E(abXY)-E(aX)E(bY) \\
&= abE(XY)-aE(X)bE(Y) \\
&= ab[E(XY)-E(X)E(Y)] \\
&= ab\mathrm{Cov}(X,\ Y)
\end{aligned}
$$

(b)
$$
\begin{aligned}
\mathrm{Cov}(X+a,\ Y+b) &= E[\{X+a-E(X+a)\}\{Y+b-E(Y+b)\}] \\
&= E[\{X+a-E(X)-a\}\{Y+b-E(Y)-b\}] \\
&= E[(X-E(X))(Y-E(Y))] \\
&= \mathrm{Cov}(X,\ Y)
\end{aligned}
$$

(c) $\operatorname{Cov}(X,\ aX+b)=a\operatorname{Cov}(X,\ X)=a\operatorname{Var}(X)$

(d) $$\begin{aligned}\operatorname{Cov}(X,\ Y+Z)&=E[(X-E(X))(Y+Z-E(Y+Z))]\\&=E[(X-E(X))(Y-E(Y)+Z-E(Z))]\\&=E[(X-E(X))(Y-E(Y))]+E[(X-E(X))(Z-E(Z))]\\&=\operatorname{Cov}(X,\ Y)+\operatorname{Cov}(X,\ Z)\end{aligned}$$ ✣

정리 4.6.2와 4.6.3을 일반화시켜 다음 정리를 얻을 수 있다.

정리 4.6.4

$X_i,\ Y_j,\ i=1,\ \dots,n,\ j=1,\ \dots,m$이 확률변수이면, 다음이 성립된다.

(a) $$\operatorname{Cov}\left(\sum_{i=1}^{n}X_i,\ \sum_{j=1}^{m}Y_j\right)=\sum_{i=1}^{n}\sum_{j=1}^{m}\operatorname{Cov}(X_i,\ Y_j) \tag{4.6.11}$$

(b) $$\begin{aligned}\operatorname{Var}\left(\sum_{i=1}^{n}X_i\right)&=\sum_{i=1}^{n}\sum_{j=1}^{n}\operatorname{Cov}(X_i,\ X_j)\\&=\sum_{i=1}^{n}\operatorname{Var}(X_i)+2\sum\sum_{i<j}\operatorname{Cov}(X_i,\ X_j)\end{aligned} \tag{4.6.12}$$

(c) $X_1,\ \dots,X_n$이 독립이면

$$\operatorname{Var}\left(\sum_{i=1}^{n}X_i\right)=\sum_{i=1}^{n}\operatorname{Var}(X_i) \tag{4.6.13}$$

이다.

예제 4.6.3 남학생이 10명이고 여학생이 10명인 학생 20명을 무작위로 두 명씩 나란히 자리에 앉게 할 때, 남학생과 여학생이 짝을 이룬 수를 X라 하자. 그러면 $i=1,2,\ \dots,10$에 대해

$$X_i=\begin{cases}1, & i\text{번째 짝이 남학생과 여학생으로 이루어지면}\\0, & \text{그렇지 않으면}\end{cases}$$

으로 정의하면, 남학생과 여학생이 짝을 이룬 수는 $X=\sum_{i=1}^{10}X_i$이다.

$$E(X_i)=P[X_i=1]=\frac{\binom{10}{1}\binom{10}{1}}{\binom{20}{2}}=\frac{10}{19}$$

$$
\begin{aligned}
E(X_iX_j) &= P[X_i = 1,\ X_j = 1] \\
&= P[X_i = 1]P[X_j = 1 \mid X_i = 1] \\
&= \frac{10}{19}\frac{\binom{9}{1}\binom{9}{1}}{\binom{18}{2}} = \frac{10}{19}\left(\frac{9}{17}\right), \quad i < j
\end{aligned}
$$

이므로 X의 평균과 분산은 정리 4.2.7과 정리 4.6.4에 의해

$$
\begin{aligned}
E(X) &= E\left(\sum_{i=1}^{10} X_i\right) = 10\left(\frac{10}{19}\right) = \frac{100}{19} \\
\mathrm{Var}(X) &= \mathrm{Var}\left(\sum_{i=1}^{10} X_i\right) = \sum_{i=1}^{10}\mathrm{Var}(X_i) + 2\sum\sum_{i<j}^{10}\mathrm{Cov}(X_i,\ X_j) \\
&= 10\left(\frac{10}{19}\right)\left(1 - \frac{10}{19}\right) + 2\binom{10}{2}\left[\frac{10}{19}\left(\frac{9}{17}\right) - \left(\frac{10}{19}\right)^2\right] \\
&= \frac{900}{(19)^2}\left(\frac{18}{17}\right)
\end{aligned}
$$

이다. ■

앞서 확률변수의 분포에 대한 특징을 묘사하는데 평균과 분산의 중요성을 언급했다. 그리고 두 확률변수 사이의 연관성의 유용한 척도로 공분산을 언급했다.

정리 4.6.1에서 보였듯이 X와 Y가 독립이면, $\mathrm{Cov}(X,\ Y) = 0$이다. 그러나 그 역은 일반적으로 성립하지 않는다. 일반적으로 $\mathrm{Cov}(X,\ Y) \neq 0$이면, X와 Y는 종속이라고 결론지을 수 있다. 이제 X와 Y의 선형관계의 척도로 유명한 상관계수를 소개한다.

정의 4.6.3

X와 Y의 분산이 각각 σ_X^2과 σ_Y^2이고 공분산이 σ_{XY}인 확률변수이면, X와 Y의 상관계수(correlation coefficient)는

$$
\rho = \rho(X,\ Y) = \frac{\mathrm{Cov}(X,\ Y)}{\sqrt{\mathrm{Var}(X)\mathrm{Var}(Y)}} = \frac{\sigma_{XY}}{\sigma_X\sigma_Y} \tag{4.6.14}
$$

로 정의하며 종종 첨자를 사용하여 ρ_{XY}로 나타내기도 한다.

정리 4.6.5

ρ가 X와 Y의 상관계수이면, 다음이 성립된다.

(a) $-1 \le \rho \le 1$ (4.6.15)

(b) $\rho = \pm 1$일 필요충분조건은 $a \ne 0$와 b에 대해 $P[Y = aX + b] = 1$이다.

증명 정리 4.4.9의 코시-슈바르츠 부등식에서 X 대신에 $X - E(X)$, Y 대신에 $Y - E(Y)$를 적용하면 간단히 증명된다. 여기서는 코시-슈바르츠 부등식을 적용하지 않고 분산이 음이 아니라는 사실을 이용해 증명하는 방법을 소개한다.

(a) σ_X^2과 σ_Y^2을 각각 X와 Y의 분산이라 하자. 확률변수의 분산은 음이 아니기 때문에

$$\begin{aligned} 0 &\le \mathrm{Var}\left(\frac{X}{\sigma_X} + \frac{Y}{\sigma_Y}\right) \\ &= \frac{1}{\sigma_X^2}\mathrm{Var}(X) + \frac{1}{\sigma_Y^2}\mathrm{Var}(Y) + 2\frac{1}{\sigma_X \sigma_Y}\mathrm{Cov}(X,\ Y) \\ &= 1 + 1 + 2\rho \\ &= 2(1 + \rho) \end{aligned}$$

이므로 $\rho \ge -1$이고, 유사하게

$$\begin{aligned} 0 &\le \mathrm{Var}\left(\frac{X}{\sigma_X} - \frac{Y}{\sigma_Y}\right) \\ &= \frac{1}{\sigma_X^2}\mathrm{Var}(X) + \frac{1}{\sigma_Y^2}\mathrm{Var}(Y) - 2\frac{1}{\sigma_X \sigma_Y}\mathrm{Cov}(X,\ Y) \\ &= 2(1 - \rho) \end{aligned}$$

이므로 $\rho \le 1$이다.

(b) $\rho = 1$이면

$$\mathrm{Var}\left(\frac{X}{\sigma_X} - \frac{Y}{\sigma_Y}\right) = 0$$

이다. 정리 4.4.4에 의해

$$P\left[\frac{X}{\sigma_X} - \frac{Y}{\sigma_Y} = \frac{\mu_X}{\sigma_X} - \frac{\mu_Y}{\sigma_Y}\right] = 1$$

이다. 여기서 μ_X와 μ_Y는 각각 X와 Y의 평균이다. 따라서 적당한 $a \neq 0$와 b에 대해

$$P[Y = aX + b] = 1$$

이 성립된다. $\rho = -1$일 때도 동일한 방법으로 증명된다.

만일 $Y = aX + b$이면 $\sigma_Y^2 = a^2\sigma_X^2$이고 $\mathrm{Cov}(X, Y) = a\sigma_X^2$이므로 $\rho = \dfrac{a}{|a|}$이다. 따라서 정리가 증명된다. ✣

예제 4.6.4 예제 4.6.2에서 정의한 확률변수 X와 Y의 상관계수를 구해 보자.

$$E(X^2) = \int_0^1 \int_0^{1-x} 2x^2\, dy\, dx = \frac{1}{6}$$

$$E(Y^2) = \int_0^1 \int_0^{1-y} 2y^2\, dx\, dy = \frac{1}{6}$$

이므로

$$\mathrm{Var}(X) = \mathrm{Var}(Y) = \frac{1}{6} - \left(\frac{1}{3}\right)^2 = \frac{1}{18}$$

이다. 따라서 X와 Y의 상관계수는

$$\rho = \frac{-1/36}{1/18} = -\frac{1}{2}$$

이다. ■

연습문제

4.6.1 X와 Y의 결합 pmf가

$$f(-1,\ 0)=0,\ f(-1,\ 1)=\frac{1}{4},\ f(0,\ 0)=\frac{1}{6},$$

$$f(0,\ 1)=0,\ f(1,\ 0)=\frac{1}{12},\ f(1,\ 1)=\frac{1}{2}$$

일 때, 다음을 증명하라.

(a) $\mathrm{Cov}(X,\ Y)=0$

(b) 두 확률변수 X와 Y는 독립이 아니다.

4.6.2 X와 Y의 결합 pmf가 다음과 같다.

x \ y	1	2	3	4
1	$\frac{1}{8}$	$\frac{1}{16}$	$\frac{1}{8}$	$\frac{3}{16}$
2	$\frac{1}{16}$	$\frac{1}{16}$	$\frac{1}{8}$	$\frac{1}{4}$

(a) X와 Y의 공분산 $\mathrm{Cov}(X,\ Y)$를 구하라.

(b) X와 Y의 상관계수 $\rho(X,\ Y)$를 구하라.

4.6.3 예제 3.7.2에서 정의한 확률변수에 대해 $\mathrm{Cov}(X,\ Y)$를 구하라.

4.6.4 X와 Y의 결합 pdf가

$$f(x,\ y)=\begin{cases} x+y, & 0<x<1,\ 0<y<1 \\ 0, & \text{그 외} \end{cases}$$

일 때, 다음을 구하라.

(a) $\mathrm{Cov}(X,\ Y)$ (b) $\mathrm{Cov}(5X+1,\ 3Y)$

4.6.5 X와 Y의 결합밀도함수가

$$f(x,\ y)=\begin{cases}4y(x-y)e^{-(x+y)}, & 0<x<\infty,\ 0<y<x<\infty \\ 0, & \text{그 외}\end{cases}$$

일 때, $\mathrm{Cov}(X,\ Y)$를 구하라.

4.6.6 X와 Y는 독립이며 $E(X)=2$, $E(Y)=3$, $\mathrm{Var}(X)=4$, $\mathrm{Var}(Y)=16$일 때, 다음을 구하라.

(a) $E(5X-Y)$ (b) $\mathrm{Var}(5X-Y)$

(c) $\mathrm{Cov}(3X+Y,\ Y)$ (d) $\mathrm{Cov}(X,\ 5X-Y)$

4.6.7 연속확률변수 X와 Y의 결합 pdf가

$$f(x,\ y)=\begin{cases}24xy, & 0<x<1,\ 0<y<1,\ x+y<1 \\ 0, & \text{그 외}\end{cases}$$

이다. 다음을 구하라.

(a) $E(XY)$ (b) X와 Y의 공분산

(c) X와 Y의 상관계수 (d) $\mathrm{Cov}(3X,\ 5Y)$

4.6.8 X와 Y의 결합 pdf가

$$f(x,\ y)=\begin{cases}8xy, & 0<y<x<1 \\ 0, & \text{그 외}\end{cases}$$

일 때, 다음을 구하라.

(a) $\mathrm{Cov}(X,\ Y)$ (b) $\mathrm{Cov}(5X+3,\ 2Y+2)$

(c) X와 Y의 상관계수

4.6.9 X와 Y는 독립이며 분산이 각각 σ_X^2과 σ_Y^2이고 $Z=Y-X$라 하자. 다음을 구하라.

(a) X와 Z의 공분산 (b) X와 Z의 상관계수

4.6.10 연습문제 4.5.17번에서 정의한 확률변수 X와 Y에 대해 다음을 구하라.

(a) $E(XY)$ (b) $\mathrm{Cov}(X,\ Y)$

(c) $\mathrm{Cov}(2X+1,\ 4Y+5)$ (d) X와 Y의 상관계수

4.6.11 X와 Y의 결합 pdf가

$$f(x, y) = \begin{cases} \frac{1}{3}(x+y), & 0 < x < 1,\ 0 < y < 2 \\ 0, & \text{그 외} \end{cases}$$

일 때, $W = 3X + 4Y - 5$의 분산을 구하라.

4.6.12 $\mathrm{Var}(X_1) = 5$, $\mathrm{Var}(X_2) = 4$, $\mathrm{Var}(X_3) = 7$, $\mathrm{Cov}(X_1, X_2) = 3$, $\mathrm{Cov}(X_1, X_3) = -2$이고 X_2와 X_3가 독립이면,

$$Y_1 = X_1 - 2X_2 + 3X_3\text{과 } Y_2 = -2X_1 + 3X_2 + 4X_3$$

의 공분산을 구하라. 그리고 Y_1과 Y_2의 상관계수를 구하라.

4.6.13 공정한 주사위를 10번 던질 때 눈금 6이 나타난 횟수를 X, 눈금 5가 나타난 횟수를 Y라 하자. 이때 X와 Y의 공분산 $\mathrm{Cov}(X, Y)$를 구하라.

4.6.14 10개의 흰 공과 5개의 검은 공이 들어 있는 항아리에서 3개의 공을 무작위로 비복원 추출한다. 이때 꺼낸 공 중에서 검은 공의 개수 X의 분산을 구하라.

4.6.15 연습문제 4.2.31번에서 남편 옆에 앉은 부인의 수에 대한 분산을 구하라.

4.7 • 조건부 기댓값

2.4절에서 조건부 확률의 개념에 대해 알아보았다. 여기서는 기댓값과 분산에 조건부 개념을 확장시키고자 한다.

정의 4.7.1

X와 Y가 결합분포를 갖는 확률변수일 때, $X = x$가 주어졌을 때 Y의 조건부 기댓값 (conditional expectation)은 다음과 같이 정의한다.

$$E(Y|x)=\begin{cases}\displaystyle\sum_y yf(y|x), & X\text{와 }Y\text{가 이산인 경우}\\ \displaystyle\int_{-\infty}^{\infty} yf(y|x)dy, & X\text{와 }Y\text{가 연속인 경우}\end{cases} \tag{4.7.1}$$

이때 $E(Y|x)$를 $E_{Y|x}(Y)$ 또는 $E(Y|X=x)$로 나타내기도 한다.

예제 4.7.1 X와 Y의 결합 pdf가

$$f(x,\ y)=\begin{cases}\dfrac{2}{5}(2x+3y), & 0<x<1,\ 0<y<1\\ 0, & \text{그 외}\end{cases}$$

일 때, $E(Y|x)$와 $E(X|y)$를 구해 보자.

풀이 예제 3.6.2에서 X와 Y의 각 주변 pdf를 다음과 같이 구했다.

$$f_X(x)=\frac{4x+3}{5},\quad 0<x<1$$

$$f_Y(y)=\frac{2(1+3y)}{5},\quad 0<y<1$$

따라서

$$f(y|x)=\frac{f(x,\ y)}{f_X(x)}=\frac{2(2x+3y)}{4x+3},\quad 0<y<1$$

이므로

$$\begin{aligned}E(Y|x)&=\int_{-\infty}^{\infty} yf(y|x)dy\\ &=\int_0^1 \frac{2y(2x+3y)}{4x+3}dy\\ &=\frac{2(x+1)}{4x+3}\end{aligned}$$

이고

$$f(x|y)=\frac{f(x,\ y)}{f_Y(y)}=\frac{2x+3y}{1+3y},\quad 0<x<1$$

이므로

$$\begin{aligned} E(X|y) &= \int_0^1 \frac{x(2x+3y)}{1+3y}dx \\ &= \frac{1}{1+3y}\int_0^1 (2x^2+3yx)dx \\ &= \frac{1}{1+3y}\left(\frac{2}{3}+\frac{3}{2}y\right) \\ &= \frac{4+9y}{6(1+3y)} \end{aligned}$$

이다. ■

예제 4.7.2 X와 Y의 결합 pdf가

$$f(x,\ y) = \begin{cases} \dfrac{2}{9}, & 0<x<y<3 \\ 0, & \text{그 외} \end{cases}$$

라 하면

$$f_Y(y) = \int_0^y \frac{2}{9}dx = \frac{2}{9}y, \quad 0<y<3$$

이므로

$$f(x|y) = \frac{f(x,\ y)}{f_Y(y)} = \frac{1}{y}, \quad 0<x<y$$

이다. 따라서

$$\begin{aligned} E(X|y) &= \int_{-\infty}^{\infty} xf(x|y)dx \\ &= \int_0^y x\frac{1}{y}dx \\ &= \frac{y}{2} \end{aligned}$$

이다. ■

조건부 확률이 일반 확률의 모든 성질을 만족하는 것과 마찬가지로 조건부 기댓값도 일반 기댓값의 모든 성질을 만족한다. 예를 들어,

$$E[g(Y)|x] = \begin{cases} \sum_y g(y)f(y|x), & \text{이산인 경우} \\ \int_{-\infty}^{\infty} g(y)f(y|x)dy, & \text{연속인 경우} \end{cases} \tag{4.7.2}$$

이고

$$E\left(\sum_{i=1}^{n} Y_i \,\middle|\, x\right) = \sum_{i=1}^{n} E(Y_i|x) \tag{4.7.3}$$

이다.

정리 4.7.1

X와 Y가 결합분포를 갖는 확률변수이고 $E(Y)$가 존재하면

$$E_X[E_Y(Y|X)] = E(Y) \tag{4.7.4}$$

이다.

증명 연속인 경우에 증명해 보자.

$$\begin{aligned} E_X[E_Y(Y|X)] &= \int_{-\infty}^{\infty} E(Y|x)f_X(x)\,dx \\ &= \int_{-\infty}^{\infty}\int_{-\infty}^{\infty} yf(y|x)f_X(x)dy\,dx \\ &= \int_{-\infty}^{\infty} y\int_{-\infty}^{\infty} f(x,\ y)dx\,dy \\ &= \int_{-\infty}^{\infty} yf_Y(y)dy \\ &= E(Y) \end{aligned}$$

✤

정리 4.7.1은 다음과 같이 나타낼 수 있다.

$$E(Y)=\begin{cases}\sum_x E(Y|x)P[X=x], & X\text{가 이산확률변수이면}\\ \int_{-\infty}^{\infty}E(Y|x)f_X(x)dx, & X\text{가 연속확률변수이면}\end{cases} \tag{4.7.5}$$

이다.

위 정리를 이용하여 조건부 확률을 다음과 같이 계산할 수 있다. E를 임의의 사건이라 하고, Y를

$$Y=\begin{cases}1, & E\text{가 발생하면}\\ 0, & E\text{가 발생하지 않으면}\end{cases}$$

으로 정의하면

$$E(Y)=P[Y=1]=P(E)$$

이고 임의의 확률변수 X에 대해

$$E(Y|x)=P(E|X=x) \tag{4.7.6}$$

이다. 따라서 정리 4.7.1에 의해

$$P(E)=E(Y)=\begin{cases}\sum_x P(E|X=x)P[X=x], & X\text{가 이산확률변수이면}\\ \int_{-\infty}^{\infty}P(E|X=x)f_X(x)dx, & X\text{가 연속확률변수이면}\end{cases} \tag{4.7.7}$$

이다.

예제 4.7.3 X와 Y는 서로 독립이며 확률밀도함수가 각각 $f_X(x)$와 $f_Y(y)$인 연속확률변수일 때, $P[X<Y]$를 계산해 보자. Y의 값을 조건으로 하면, 식 (4.7.7)에 의해

$$\begin{aligned}P[X<Y]&=\int_{-\infty}^{\infty}P[X<Y|Y=y]f_Y(y)dy\\&=\int_{-\infty}^{\infty}P[X<y|Y=y]f_Y(y)dy\\&=\int_{-\infty}^{\infty}P[X<y]f_Y(y)dy \text{ (독립성에 의해)}\\&=\int_{-\infty}^{\infty}F_X(y)f_Y(y)dy\end{aligned}$$

이다. 여기서

$$F_X(y) = \int_{-\infty}^{y} f_X(x)dx$$

이다. ■

예제 4.7.4 문이 3개 있는 독방에 죄수가 갇혀 있다. 첫째 문으로 나가 통로를 따라가면 2일 뒤에 다시 그의 독방으로 되돌아 오고, 둘째 문으로 나가 통로를 따라가면 4일 뒤에 다시 그 방으로 되돌아 오며, 셋째 문으로 나가 통로를 따라가면 1일 뒤에 감옥에서 벗어날 수 있다. 죄수가 첫째, 둘째, 셋째 문을 선택할 확률이 항상 각각 0.5, 0.3, 0.2라 하면 죄수가 감옥에서 나가 자유로운 몸이 될 때까지 며칠이 걸릴 것으로 기대되는가?

풀이 X는 감옥에서 벗어날 때까지 걸린 날짜이고, Y는 죄수가 선택한 문을 나타낸다고 하자. 그러면 X의 기댓값은

$$\begin{aligned} E(X) &= E_Y[E_X(X|Y)] \\ &= E(X|Y=1)P[Y=1] + E(X|Y=2)P[Y=2] \\ &\quad + E(X|Y=3)P[Y=3] \\ &= 0.5E(X|Y=1) + 0.3E(X|Y=2) + 0.2E(X|Y=3) \end{aligned}$$

으로 나타낼 수 있다. 그러나

$$\begin{aligned} E(X|Y=1) &= 2 + E(X) \\ E(X|Y=2) &= 4 + E(X) \\ E(X|Y=3) &= 1 \end{aligned}$$

이므로

$$\begin{aligned} E(X) &= 0.5(2 + E(X)) + 0.3(4 + E(X)) + 0.2 \\ &= 2.4 + 0.8E(X) \end{aligned}$$

가 되어

$$E(X) = 12$$

이다. 즉, 평균 12일 후에 감옥에서 벗어날 수 있다. ■

예제 4.7.5 예제 4.7.2에서 정의한 확률변수 X의 평균을 정리 4.7.1을 이용하여 구하면

$$\begin{aligned} E(X) &= E_Y[E_X(X|Y)] \\ &= E(Y/2) \\ &= \int_0^3 \frac{y}{2}\left(\frac{2}{9}y\right)dy \\ &= 1 \end{aligned}$$

임을 알 수 있다. ■

정리 4.7.1과 유사한 결과로 좀더 일반적인 다음 정리를 소개한다.

> **정리 4.7.2**
>
> X와 Y가 결합분포를 갖는 확률변수이고 $h(x,\ y)$가 함수이면
>
> $$E[h(X,Y)] = E_X(E[h(X,Y)|X]) \tag{4.7.8}$$
>
> 이다.

정리 4.7.2는 X와 Y의 함수 $h(X,Y)$에 대한 기댓값을 먼저 조건부 기댓값 $E[h(x,Y)|x]$를 구한 다음 X의 주변분포에 관한 기댓값을 구해 해결할 수 있음을 시사해 준다. 이 정리를 다음 정리와 함께 사용할 때, 응용문제에서 매우 유용하다.

> **정리 4.7.3**
>
> X와 Y가 결합분포를 갖는 확률변수이고 $g_1(x)$와 $g_2(y)$가 함수이면
>
> $$E[g_1(X)g_2(Y)|x] = g_1(x)E[g_2(Y)|x] \tag{4.7.9}$$
>
> 이다.

X와 Y가 독립일 때, 조건부 기댓값은 조건이 주어지지 않은 일반적인 기댓값과 같다는 다음 정리를 얻을 수 있다.

정리 4.7.4

X와 Y가 독립이면, 다음이 성립된다.

$$E(Y|x) = E(Y) \tag{4.7.10}$$
$$E(X|y) = E(X) \tag{4.7.11}$$

증명 연속인 경우에 증명해 보자. X와 Y가 독립이면, $f(x|y) = f_X(x)$이고 $f(y|x) = f_Y(y)$이다. 따라서

$$\begin{aligned} E(Y|x) &= \int_{-\infty}^{\infty} yf(y|x)dy \\ &= \int_{-\infty}^{\infty} yf_Y(y)dy \\ &= E(Y) \end{aligned}$$

이고, 식 (4.7.11)도 동일한 방법으로 증명할 수 있다. ✤

예제 4.7.6 앞면이 나타날 확률이 p인 동전을 계속 던진다. 앞면이 연속 3번 나타날 때까지 동전을 던진다면, 동전을 던진 횟수 X의 기댓값을 조건부 기댓값과 정리 4.7.1을 이용하여 구해 보자.

풀이 Y를 동전을 던져 뒷면이 처음 나타난 시행이라 하면

$$\begin{aligned} E(X) &= E_Y[E_X(X|Y)] \\ &= \sum_{i=1}^{\infty} E(X|i)P[Y=i] \ \text{(식 (4.7.5) 참조)} \end{aligned}$$

이다.

$$E(X|i) = \begin{cases} i + E(X), & i \le 3 \\ 3, & i > 3 \end{cases}$$

이고

$$P[Y=i] = p^{i-1}(1-p)$$

이므로

$$\begin{aligned} E(X) &= \sum_{i=1}^{3}(i+E(X))p^{i-1}(1-p)+\sum_{i=4}^{\infty}3p^{i-1}(1-p) \\ &= (1-p)\left[\sum_{i=1}^{3}ip^{i-1}+E(X)\sum_{i=1}^{3}p^{i-1}\right]+3p^3 \\ &= (1-p)\sum_{i=1}^{3}ip^{i-1}+(1-p^3)E(X)+3p^3 \end{aligned}$$

이다. 따라서

$$\begin{aligned} E(X) &= \frac{1-p}{p^3}\sum_{i=1}^{3}ip^{i-1}+3 \\ &= \frac{1-p}{p^3}(1+2p+3p^2)+3 \\ &= \frac{1+p+p^2}{p^3} \end{aligned}$$

이다. ■

이제, 일반적으로 조건부 분산이라는 조건부 분포의 분산에 대해 알아보자.

정의 4.7.2

$X=x$가 주어졌을 때 Y의 조건부 분산 (conditional variance)은

$$\begin{aligned} \mathrm{Var}(Y|x) &= E\big([Y-E(Y|x)]^2|x\big) \\ &= E(Y^2|x)-[E(Y|x)]^2 \end{aligned} \tag{4.7.12}$$

으로 정의한다.

정리 4.7.5

X와 Y가 결합분포를 갖는 확률변수이면, 다음이 성립된다.

$$\mathrm{Var}(Y)=E_X[\mathrm{Var}(Y|X)]+\mathrm{Var}_X[E(Y|X)] \tag{4.7.13}$$

증명 $E_X[\mathrm{Var}(Y|X)]=E_X\big[E(Y^2|X)-[E(Y|X)]^2\big]$

$$
\begin{aligned}
&= E(Y^2) - E_X([E(Y|X)]^2) \\
&= E(Y^2) - [E(Y)]^2 - \{E_X([E(Y|X)]^2) - [E(Y)]^2\} \\
&= \mathrm{Var}(Y) - \mathrm{Var}_X[E(Y|X)]
\end{aligned}
$$

이므로, 정리가 증명된다. ✣

예제 4.7.7 X와 Y의 결합 pdf가

$$
f(x, y) = \begin{cases} \dfrac{1}{2}, & 0 < x < y < 2 \\ 0, & \text{그 외} \end{cases}
$$

일 때, $E(X|y)$와 $\mathrm{Var}(X|y)$를 구하라.

풀이 Y의 주변 pdf가

$$
f_Y(y) = \int_0^y \frac{1}{2} dx = \frac{y}{2}, \quad 0 < y < 2
$$

이므로

$$
f(x|y) = \frac{f(x, y)}{f_Y(y)} = \frac{1/2}{y/2} = \frac{1}{y}, \quad 0 < x < y < 2
$$

이다. 그러므로 조건부 기댓값은 다음과 같다.

$$
E(X|y) = \int_0^y x \frac{1}{y} dx = \frac{y}{2}
$$

그리고

$$
E(X^2|y) = \int_0^y x^2 \frac{1}{y} dx = \frac{1}{3} y^2
$$

이므로

$$
\begin{aligned}
\mathrm{Var}(X|y) &= E(X^2|y) - [E(X|y)]^2 \\
&= \frac{1}{3} y^2 - \left(\frac{y}{2}\right)^2 = \frac{y^2}{12}
\end{aligned}
$$

이다. ■

연습문제

4.7.1 X와 Y의 결합 pmf가

$$f(x,\ y)=\frac{2}{n(n+1)},\ y=1,\ \ldots,x\ ;\ x=1,\ \ldots,n$$

일 때, 다음을 구하라.

(a) $E(X|y)$ (b) $E(Y|x)$

4.7.2 항아리에 흰 공 2개, 붉은 공 4개, 검은 공 4개가 들어 있다. 이 항아리에서 비복원 추출로 2개의 공을 꺼낸다. 이때 X를 꺼낸 공 중에서 흰 공의 개수라 하고, Y를 붉은 공의 개수라 할 때, $E(Y|x)$를 구하라.

4.7.3 X와 Y의 결합 pdf가

$$f(x,\ y)=\begin{cases} x+y, & 0<x<1,\ 0<y<1 \\ 0, & \text{그 외} \end{cases}$$

일 때, $E\left(Y|X=\frac{1}{2}\right)$을 구하라.

4.7.4 X와 Y의 결합 pdf가

$$f(x,\ y)=\begin{cases} \frac{y}{(1+x)^4}e^{-y/(1+x)}, & x>0,\ y>0 \\ 0, & \text{그 외} \end{cases}$$

일 때, $E(Y|x)$를 구하라.

4.7.5 연습문제 3.6.7번의 확률변수에 대해, $E(Y^2|x)$를 구하라.

4.7.6 X와 Y의 결합 pdf가

$$f(x,\ y)=\begin{cases} 6y, & 0<y<x<1 \\ 0, & \text{그 외} \end{cases}$$

일 때, 다음을 구하라.

(a) $E(Y|x)$ (b) $E(Y)$ ((a)의 결과 이용)

(c) $E(XY|x)$

4.7.7 X와 Y의 결합 pdf가

$$f(x, y) = \begin{cases} \frac{1}{2}xy, & 0 < y < x < 2 \\ 0, & \text{그 외} \end{cases}$$

일 때, 다음을 구하라.

(a) $E(Y|x)$ (b) $E(X^2Y|x)$

4.7.8 X와 Y의 결합 pdf가

$$f(x, y) = \begin{cases} \frac{1}{2}ye^{-xy}, & 0 < y < 2,\ 0 < x < \infty \\ 0, & \text{그 외} \end{cases}$$

일 때, $E(e^{X/2}|y)$, $y > \frac{1}{2}$을 구하라.

4.7.9 X와 Y의 결합밀도함수가

$$f(x, y) = \frac{1}{y}e^{-x/y}e^{-y},\ 0 < x < \infty,\ 0 < y < \infty$$

일 때, 조건부 기댓값을 이용하여 $E(X)$, $E(Y)$, $\mathrm{Cov}(X, Y)$, $E(X^2|y)$를 계산하라.

4.7.10 X와 Y의 결합 pdf가

$$f(x, y) = \begin{cases} \frac{2}{3}(x + 2y), & 0 < x < 1,\ 0 < y < 1 \\ 0, & \text{그 외} \end{cases}$$

일 때, $Y = \frac{1}{2}$이 주어진 경우 X의 조건부 기댓값과 조건부 분산을 구하라.

4.7.11 X는 주어진 기간에 어느 지방은행의 드라이브인 창구에 도착한 고객의 수이고, Y

는 예금을 인출한 사람의 수이다. X의 기댓값과 분산은 $E(X)=3$이고 $\mathrm{Var}(X)=3$이며, $X=x$가 주어졌을 때 Y의 조건부 기댓값과 조건부 분산은 $E(Y|x)=x/2$이고 $\mathrm{Var}(Y|x)=(x+1)/3$이다. 다음을 구하라.

(a) $E(Y)$ (b) $\mathrm{Var}(Y)$

(c) $E(XY)$

4.7.12 이산확률변수인 경우에 정리 4.7.3을 증명하라.

4.7.13 연습문제 3.6.5번의 확률변수에 대해 다음을 구하라.

(a) $E(X|y)$ (b) $\mathrm{Var}(X|y)$

4.7.14 연습문제 3.7.9번에서 정의한 확률변수에 대해 다음을 구하라.

(a) $E(Y|x)$ (b) $\mathrm{Var}(Y|x)$

(c) $E(XY|x)$

4.7.15 X와 Y의 결합 pdf가

$$f(x, y)=\begin{cases}\frac{1}{y}e^{-y}, & 0<x<y<\infty \\ 0, & \text{그 외}\end{cases}$$

일 때, 다음을 구하라.

(a) $E(X|y)$ (b) $\mathrm{Var}(X|y)$

4.7.16 X와 Y의 결합 pdf가

$$f(x, y)=\begin{cases}\lambda^2 e^{-\lambda(x+y)}, & x>0,\ y>0 \\ 0, & \text{그 외}\end{cases}$$

일 때, 다음을 구하라.

(a) $E(X|y)$ (b) $\mathrm{Var}(X|y)$

4.7.17 X와 Y의 결합 pdf가

$$f(x, y)=\begin{cases}2, & 0<x<y<1 \\ 0, & \text{그 외}\end{cases}$$

일 때, 다음을 구하라.

(a) $E(Y|x)$

(b) $E(X|y)$

(c) $\mathrm{Var}(X|y)$

(d) $E(X)$ ((b)의 결과 이용)

(e) $\mathrm{Var}(X)$ ((b)와 (c)의 결과와 정리 4.7.5 이용)

4.7.18 다음과 같은 주사위 게임을 생각해 보자. 게임자 1과 2는 차례로 한 쌍의 주사위를 던진다. 그리고 나서 진행자가 다음과 같은 방법으로 결과를 결정하기 위해 한 쌍의 주사위를 던진다. 게임자 i $(i=1,\ 2)$가 던진 주사위 눈금의 합이 진행자 눈금의 합보다 크면 게임자 i는 이긴다. $i=1,\ 2$에 대해

$$I_i = \begin{cases} 1, & i\text{가 이기면} \\ 0, & \text{그 외} \end{cases}$$

라 하면, I_1과 I_2가 양의 상관을 가짐을 보여라.

제5장 특별한 이산분포

5.1 • 서론

지금까지 확률변수에 관한 이론과 여러 성질들에 관해 살펴보았다. 이 장에서는 잘 알려진 특정한 이산분포들을 소개하고 그 분포의 여러 특성에 대해 알아보고자 한다. 또한 그들 분포에서 상수이지만 다른 값을 취할 수 있는 모수(parameter)에 대해서도 언급할 것이다. 많은 응용에서, 분포의 어떤 특성을 알면 그 분포가 잘 알려진 특정한 형태의 분포인지를 알 수 있다. 특정한 분포들은 한 개 이상의 모수에 의존하며, 이 모수 값만 알면 그 분포가 완전히 결정된다.

이 장에서는 널리 이용되는 여러 가지 유용한 확률질량함수와 기호, 적률생성함수, 평균, 분산 등의 몇 가지 성질을 소개하고자 한다.

5.2 • 베르누이분포

동전을 던지는 실험, 남녀로 구별되는 신생아의 성별, 양품과 불량품으로 판정되는 품질검사의 결과, 어떤 정책에 지지하느냐 반대하느냐 등과 같이 오직 두 가지 형태의 결과만 나타나는 시행을 베르누이 시행(Bernoulli trial)이라 하고, 이런 두 가지 형태의 결과를 보통 성공(E)과 실패(E^c)로 나타낸다. 물론 베르누이 시행은 매 시행 때마다 성공할 확률이 항상 동일하고 독립적으로 반복해서 이루어지는 것을 의미한다. 이때 다음과 같이 정의된 확률변수를 베르누이 확률변수라 한다.

$$X(e) = \begin{cases} 1, & e \in E \\ 0, & e \in E^c \end{cases} \tag{5.2.1}$$

X의 pmf는

$$f(x; p) = p^x q^{1-x}, \ x = 0, 1 \tag{5.2.2}$$

이며 이에 대응되는 분포를 베르누이분포(Bernoulli distribution)라 한다. 여기서 p는 성공할 확률이고 $q = 1 - p$는 실패할 확률이다. 베르누이 확률변수 X의 평균은 $E(X) = p$이고 분산은 $\text{Var}(X) = pq$이다.

예제 5.2.1 공정한 주사위를 던지는 실험에서 1이나 6의 눈금이 나타나면 확률변수 X는 $X=1$의 값을 갖고, 그 외의 눈금이 나타나면 $X=0$의 값을 갖는다면, X는 베르누이분포를 따르고 성공할 확률은 $p=\frac{1}{3}$이다. 따라서 X의 pmf는

$$f\left(x\,;\frac{1}{3}\right)=\left(\frac{1}{3}\right)^x\left(\frac{2}{3}\right)^{1-x},\quad x=0,\ 1$$

이고 평균과 분산은 각각 $\frac{1}{3}$과 $\left(\frac{1}{3}\right)\left(\frac{2}{3}\right)=\frac{2}{9}$이다. ■

베르누이분포는 다음에 소개할 분포의 특별한 형태이다. 따라서 베르누이분포에 대해서는 기호를 소개하지 않는다.

5.3 • 이항분포

베르누이 시행을 n번 반복한다고 하자. 즉, 각 시행에서 성공할 확률은 항상 p로 동일하고 시행들이 독립적으로 n번 반복된다고 하자. 이때 n번의 시행 중 성공의 횟수에 관심이 있을 수 있다. 예를 들어, 동전을 10번 던져 나타난 앞면의 횟수, 동일한 제품 100개를 검사했을 때 불량품의 개수 등에 관심이 있을 수 있다. X_i를 i번째 베르누이 시행에서의 베르누이 확률변수라 하면, $P[X_i=1]=p$이고 $P[X_i=0]=1-p, i=1, 2, \ldots, n$이다. 이때 $X=X_1+\cdots+X_n$은 n번의 베르누이 시행에서 성공한 횟수이므로 X의 가능한 값은 $0, 1, 2, \ldots, n$이 된다. 그러므로 X의 pmf는

$$b(x\,;n,\ p)=P[X=x]=\binom{n}{x}p^x(1-p)^{n-x},\quad x=0,1,2,\ \ldots,n \tag{5.3.1}$$

이 된다.

식 (5.3.1)에 주어진 식을 모수 p를 갖는 이항분포(binomial distribution)의 pmf라 하며, 기호로 $b(n,\ p)$ 또는 $B(n,\ p)$를 사용하기도 하나 제 8 장에서 다룰 베타함수와 혼동될 수 있기 때문에

$$X\sim \mathrm{Bin}(n,\ p) \tag{5.3.2}$$

로 표기한다. 앞 절에서 설명한 베르누이분포는 $n=1$인 이항분포이다.

물론 식 (5.3.1)에 주어진 함수가 pmf가 됨은 이항정리에 의해 쉽게 증명된다.

이항분포의 cdf는

$$
\begin{aligned}
P[X \le x] = B(x;\, n,\, p) &= \sum_{k=0}^{x} b(k;\, n,\, p) \\
&= \sum_{k=0}^{x} \binom{n}{k} p^k (1-p)^{n-k}, \quad x = 0, 1, \ldots, n \qquad (5.3.3)
\end{aligned}
$$

으로 나타내고, 부록 B의 표 B.1에 다양한 n과 p에 대해 $B(x;\, n,\, p)$의 값이 주어져 있다. 이 표를 이용하여 확률을 쉽게 계산할 수 있다.

$$
B(x;\, n,\, p) = 1 - B(n-x-1;\, n,\, 1-p) \qquad (5.3.4)
$$

가 성립되고 X의 pmf의 값은

$$
\begin{aligned}
b(x;\, n,\, p) &= P[X \le x] - P[X \le x-1] \\
&= B(x;\, n,\, p) - B(x-1;\, n,\, p) \qquad (5.3.5)
\end{aligned}
$$

에 의해 쉽게 계산할 수 있다. 식 (5.3.4)는 $X \sim \text{Bin}(n,\, p)$이면 $n - X \sim \text{Bin}(n,\, 1-p)$라는 사실에 의한 것이다.

정리 5.3.1

$$
b(x;\, n,\, p) = b(n-x;\, n,\, 1-p) \qquad (5.3.6)
$$

예제 5.3.1 하나의 공정한 동전을 독립적으로 5번 던지는 실험을 생각해 보자. 이때 앞면이 나타난 횟수를 X라 하면 $X \sim \text{Bin}\left(5,\, \frac{1}{2}\right)$이고, 앞면이 3회 나올 확률은

$$
b\left(3;\, 5,\, \frac{1}{2}\right) = \binom{5}{3}\left(\frac{1}{2}\right)^3\left(\frac{1}{2}\right)^2 = \frac{5}{16}
$$

이다. ■

예제 5.3.2 어느 공장에서 생산되는 제품의 5%가 불량품이라 하자. 이 공장에서 생산된 제품을 무작위로 20개 선택했을 때, 적어도 3개의 불량품이 포함되어 있을 확률은 얼마인가?

풀이 X를 선택한 20개의 제품에서 불량품의 개수라 하자. 그러면 $X \sim \text{Bin}(20,\ 0.05)$이므로 구하는 확률은

$$\begin{aligned} P[X \geq 3] &= 1 - P[X \leq 2] \\ &= 1 - B(2\,;\ 20,\ 0.05) \\ &= 1 - 0.9245 \ \text{(부록 B의 표 B.1에 의해)} \\ &= 0.0755 \end{aligned}$$

이다. ■

예제 5.3.3 3개의 주사위를 던지는 게임에서 1에서 6까지의 결과 중 어느 것에나 돈을 베팅할 수 있다. 세 개의 주사위를 던져 정확히 베팅한 결과의 숫자가 i개 나오면 돈을 베팅한 액수의 i배 $(i=1,\ 2,\ 3)$만큼 받고 베팅한 결과의 숫자가 전혀 나오지 않으면 베팅한 액수만큼 잃는다. 이 게임에서 1000원을 베팅했다면 획득할 돈의 기댓값은 얼마인가?

풀이 X를 이 게임에서 베팅한 결과의 숫자가 나타난 주사위의 개수라 하면

$$b\left(x\,;\ 3,\ \frac{1}{6}\right) = P[X=x] = \binom{3}{x}\left(\frac{1}{6}\right)^x\left(\frac{5}{6}\right)^{3-x},\ x=0,\ 1,\ 2,\ 3$$

이다. 따라서 게임에서 따게 될 기대되는 돈의 기대액수는

$$\begin{aligned} &1000P[X=1]+2000P[X=2]+3000P[X=3]-1000P[X=0] \\ &= 1000\binom{3}{1}\left(\frac{1}{6}\right)\left(\frac{5}{6}\right)^2+2000\binom{3}{2}\left(\frac{1}{6}\right)^2\left(\frac{5}{6}\right)+3000\binom{3}{3}\left(\frac{1}{6}\right)^3-1000\binom{3}{0}\left(\frac{5}{6}\right)^3 \\ &= \frac{1000}{6^3}(75+30+3-125) = -\frac{2125}{27} \end{aligned}$$

이다. 그러므로 이 게임에서는 평균 약 79원 정도 잃게 된다. ■

예제 5.3.4 10명의 배심원으로 구성된 재판에서 7명 이상이 유죄로 결정하면 그 피고는 유죄 선고를 받는다고 하자. 여기서 각 배심원은 독립적으로 결정하며 유죄인 피고를 무죄로 잘못 결정할 확률은 0.15인 반면 무죄인 피고를 유죄로 잘못 결정할 확률은 0.1이라 하자. 재판을 받는 피고의 60%가 실제로 유죄라 하면

(a) 정확히 선고할 확률은 얼마인가?

(b) 피고의 몇 퍼센트가 무죄 선고를 받는가?

풀이 X를 10명의 배심원 중에서 유죄로 결정한 사람의 수라 하면, X는 이항확률변수이다. E를 정확히 선고할 사건, G를 피고가 유죄인 사건, I를 피고가 무죄 선고를 받을 사건이라 하자.

(a) $$\begin{aligned} P(E) &= P(E \mid G)P(G) + P(E \mid G^c)P(G^c) \\ &= P[X \geq 7 \mid G]P(G) + P[X < 7 \mid G^c]P(G^c) \\ &= 0.6[1 - B(6;\ 10,\ 0.85)] + 0.4B(6;\ 10,\ 0.1) \\ &= 0.6(1 - 0.05) + 0.4(1) \\ &= 0.97 \end{aligned}$$

(b) $$\begin{aligned} P(I) &= P(I \mid G)P(G) + P(I \mid G^c)P(G^c) \\ &= P[X < 7 \mid G]P(G) + P[X < 7 \mid G^c]P(G^c) \\ &= 0.6B(6;\ 10,\ 0.85) + 0.4B(6;\ 10,\ 0.1) \\ &= 0.6(0.05) + 0.4(1) \\ &= 0.43 \end{aligned}$$ ■

이제 이항분포의 일반적인 성질을 유도해 보자. 만일 $X \sim \text{Bin}(n,\ p)$이면, X의 적률생성함수는

$$\begin{aligned} M_X(t) &= E(e^{tX}) \\ &= \sum_{x=0}^{n} e^{tx} \binom{n}{x} p^x (1-p)^{n-x} \\ &= \sum_{x=0}^{n} \binom{n}{x} (pe^t)^x (1-p)^{n-x} \\ &= (pe^t + 1 - p)^n \end{aligned} \tag{5.3.7}$$

이다. 따라서

$$M_X'(t) = n(pe^t + 1 - p)^{n-1} pe^t \tag{5.3.8}$$

이므로

$$E(X) = M_X'(0) = np \tag{5.3.9}$$

이다. 두 번 미분하여 분산을 구할 수 있다. 그러나 계승적률생성함수를 이용하여 구해 보자.

$$\eta_X(t) = M_X(\ln t) = (pt + q)^n, \ \ q = 1 - p \tag{5.3.10}$$

$$\eta_X'(t) = n(pt+q)^{n-1}p \tag{5.3.11}$$

$$\eta_X''(t) = n(n-1)(pt+q)^{n-2}p^2 \tag{5.3.12}$$

이므로, $E(X) = \eta_X'(1) = np$이고 $E[X(X-1)] = \eta_X''(1) = n(n-1)p^2$이다. 따라서

$$\mathrm{Var}(X) = n(n-1)p^2 + np(1-np) = np(1-p) = npq \tag{5.3.13}$$

이다. 이항분포의 r차 계승적률은 예제 4.3.1에서 직접 구하였으니 참조하기 바란다.

예제 5.3.5 $X_1, \ldots, X_k$가 서로 독립이고 동일한 이항분포 $\mathrm{Bin}(n, p)$를 따르는 확률변수이면, $Y = \sum_{i=1}^{k} X_i \sim \mathrm{Bin}(nk, p)$이다.

풀이 Y의 mgf는 정리 4.5.3에 의해

$$M_Y(t) = [M_X(t)]^k = (pe^t + q)^{nk}$$

이다. 이것이 $\mathrm{Bin}(nk, p)$ 분포의 mgf이므로 정리 4.5.4의 적률생성함수의 유일성에 의해 $Y \sim \mathrm{Bin}(nk, p)$임을 알 수 있다. ■

연습문제

5.3.1 어느 광역시에서는 과거의 경험에 의해 도난 차량의 약 90%가 발견된다고 한다. 만일 이 도시에서 10대의 차량을 도난당했다면 적어도 6대가 발견될 확률은 얼마인가?

5.3.2 어느 학생이 5개의 보기 중에 정답이 한 개인 객관식 수능시험에서 15문제의 정답을 알 수가 없어 무작위로 답을 택했다면, 이 중 5개 이상 정답을 맞힐 확률은 얼마인가?

5.3.3 각 유권자가 어떤 제도에 찬성할 확률이 0.6이라면, 15명의 유권자 중 정확히 10명이 이 제도에 찬성할 확률은 얼마인가?

5.3.4 경고 점멸신호가 설치되어 있는 교차로에서 모든 운전자 중 20%만 다른 차가 보이지 않을 때에도 일시 정지한다고 하자. 이 교차로에 도착한 운전자 중 20명을 무작

위로 선택할 때, 다음을 구하라.

(a) 5대가 일시 정지할 확률

(b) 적어도 5대가 일시 정지할 확률

5.3.5 어느 회사에서 생산된 약은 어떤 특정한 병에 걸린 사람에 대해서는 치유율이 80%라 한다. 이 병에 걸린 환자 20명을 선택했을 때, 다음을 구하라.

(a) 16명이 치유될 확률

(b) 14명 이상 18명 이하가 치유될 확률

(c) 기껏해야 16명이 치유될 확률

5.3.6 인공위성 기계장치는 4개의 부품으로 구성되어 있다. 4개 중 적어도 2개가 정상적으로 작동한다면 그 인공위성이 안전하게 작동할 수 있다. 각 부품이 독립적으로 작동할 확률이 0.6이라면, 인공위성이 안전하게 작동할 확률은 얼마인가?

5.3.7 잘 알려진 어느 야구선수의 타율은 0.3이라 한다. 그 선수가 10번의 독립적인 시행에서 다음을 구하라.

(a) 한 번도 못 맞힐 확률

(b) 적어도 3번 맞힐 확률

5.3.8 공정한 주사위를 10번 던지는 실험을 생각해 보자. 이때 눈금이 5나 6이 나타난 횟수가 적어도 6번 이상일 확률은 얼마인가?

5.3.9 어느 병원에서 새로 개발한 수술의 성공률은 0.8이라 한다. 이 수술을 서로 독립적으로 6번 시행했다고 할 때, 다음을 구하라.

(a) 6번 모두 성공할 확률

(b) 4번 성공할 확률

5.3.10 어느 도매상은 많은 제품을 한꺼번에 구입하는데 그 제품의 불량률이 0.1 이하일 때만 구입한다. 그 도매상은 많은 제품 중에서 10개를 무작위로 선택하여 불량품이 2개 이하일 경우에만 그 제품을 구입하기로 결정했다면, 실제 불량률이 0.05, 0.2일 때 그 제품을 구입할 확률은 얼마인가?

5.3.11 어떤 회사에서 생산되는 외장하드가 불량품일 확률은 서로 독립적으로 0.01임을 알고 있다. 그 회사는 외장하드를 1상자에 10개씩 포장하여 판매하는데, 1상자에 포장된 10개의 외장하드 중 2개 이상 불량품이 포함되어 있으면 돈을 환불해 준다. 어떤 사람이 3상자를 구입했다면, 그들 중 정확히 1상자를 반품할 확률은 얼마인가?

5.3.12 확률변수 X는 평균이 8이고 분산이 4.8인 이항확률변수이다. 이때 $P[X \geq 15]$를 구하라.

5.3.13 어느 유료 터널의 사용료는 승용차는 500원이고 그 외의 차량에 대해서는 1,000원이라 하자. 일과시간 동안에 그 터널을 이용하는 차량들의 60%가 승용차라 한다. 어느 날 일과시간 동안 1,000대의 차가 터널을 이용했다면, 터널 사용료의 기대수입은 얼마인가?

5.3.14 $X_1, \ldots, X_k$는 서로 독립이고 각각 $X_i \sim \text{Bin}(n_i, p)$, $i=1, \ldots, k$라 하자. $Y = \sum_{i=1}^{k} X_i$일 때, 다음을 구하라.

(a) Y의 적률생성함수

(b) Y의 분포

5.3.15 $X \sim \text{Bin}(n, p)$일 때, 적률생성함수를 이용하지 않고 직접 기댓값의 정의에 의해 X의 평균과 분산을 유도하라.

5.3.16 식 (5.3.4) $B(x; n, p) = 1 - B(n-x-1; n, 1-p)$를 증명하라.

5.3.17 정리 5.3.1을 증명하라.

5.3.18 어느 보험설계사가 하루에 만나는 고객의 수 N은 $N-1 \sim \text{Bin}(19, p_1)$이고, 하루에 만난 고객의 수가 $N=n$명일 때, 이 중 보험에 가입한 고객의 수 X는 $X|N=n \sim \text{Bin}(n, p_2)$라 하자. 이 보험설계사가 만나 보험에 가입시킨 고객의 기댓값과 분산을 구하라.

5.4 • 초기하분포

M개는 흰색이고 $N-M$개는 검은색인 공 N개로부터 n개를 무작위로 선택하는 문제를 생각해 보자. 이때 흰색이 선택되면 성공이라 하자. N개에서 한 개의 공을 선택할 경우 성공할 확률은 M/N이다. 다음 공을 선택하기 전에 선택한 공을 다시 넣는 복원추출을 하면, 각 시행은 베르누이 시행이 되고 선택한 n개 중에서 흰 공의 개수를 X라 하면, X는 이항확률변수가 된다. 그러나 각 시행에서 선택한 공을 다시 넣지 않는 비복원추출을 한다면 문제는 달라지게 될 것이다. 이 경우는 더 이상 베르누이 시행이 되지 않는다. N개에서 비복원추출로 n개를 택할 때, X를 흰 공의 개수라 하면, 흰 공이 x개일 확률은

$$P[X=x]=\frac{\binom{M}{x}\binom{N-M}{n-x}}{\binom{N}{n}} \tag{5.4.1}$$

이다. 따라서 다음의 초기하분포를 얻을 수 있다.

제 1 형태의 품목 M개와 제 2 형태의 품목 $N-M$개로 구성되어 있는 N개의 유한모집단에서 n개를 무작위로 비복원추출할 때, 제 1 형태인 품목의 개수를 X라 하면 X의 pmf는

$$h(x;\, n,\, M,\, N)=\frac{\binom{M}{x}\binom{N-M}{n-x}}{\binom{N}{n}},\quad \max(0,\, n-N+M)\le x\le \min(n,\, M) \tag{5.4.2}$$

이고 이것을 초기하분포(hypergeometric distribution)의 pmf라 하며 간단히

$$X\sim \mathrm{Hyp}(n,\, M,\, N) \tag{5.4.3}$$

으로 표시한다.

계산이 다소 지루하기는 하나 큰 어려움 없이 식 (5.4.2)의 함수가 pmf이고 $p=\dfrac{M}{N}$으로 두면, 초기하분포의 평균과 분산은

$$E(X)=np,\ \mathrm{Var}(X)=np(1-p)\frac{N-n}{N-1} \tag{5.4.4}$$

임을 보일 수 있다.

예제 5.4.1 10개의 흰 공과 15개의 검은 공이 들어 있는 상자에서 5개를 비복원추출할 때, 흰 공의 개수를 X라 하면 $X \sim \text{Hyp}(5,\ 10,\ 25)$이고 흰 공이 3개일 확률은

$$h(3;\ 5,\ 10,\ 25) = \frac{\binom{10}{3}\binom{15}{2}}{\binom{25}{5}}$$

이다. ■

예제 5.4.2 20개의 제품 중 4개의 불량품이 포함되어 있는 한 상자에서 무작위로 제품 3개의 표본을 추출한다. 표본 중 불량품의 개수에 대한 기댓값과 분산을 구하라.

풀이 X를 추출된 3개의 표본 중 불량품의 개수라 하면, $X \sim \text{Hyp}(3,\ 4,\ 20)$이다. 즉 X의 pmf가

$$f(x) = P[X = x] = \frac{\binom{4}{x}\binom{16}{3-x}}{\binom{20}{3}}, \quad x = 0,\ 1,\ 2,\ 3$$

이다. 초기하분포 $\text{Hyp}(n,\ M,\ N)$의 평균은 $n\dfrac{M}{N}$이므로, 구하는 X의 기댓값은

$$E(X) = 3\left(\frac{4}{20}\right) = 0.6$$

이고, 분산은

$$\begin{aligned}\text{Var}(X) &= n\left(\frac{M}{N}\right)\left(1 - \frac{M}{N}\right)\frac{N-n}{N-1} \\ &= 3\left(\frac{4}{20}\right)\left(1 - \frac{4}{20}\right)\left(\frac{20-3}{20-1}\right) \\ &= \left(\frac{12}{25}\right)\left(\frac{17}{19}\right) \approx 0.4295\end{aligned}$$

이다. ■

앞서 설명했듯이 복원추출인 경우는 각 시행에서 성공할 확률이 항상 동일하고 앞 시행의 결과에 영향을 받지 않기 때문에 베르누이 시행이 되지만, 비복원추출인 경우는 각 시행에서 성공할 확률이 동일하지 않으며 앞 시행의 결과에 영향을 받게 됨을 알 수 있다. 그러나 선택한 개수 n이 N과 M에 비해 상당히 작을 경우는 각 시행에서의 성공할 확률이 근사적으

로 비슷해짐을 알 수 있다. 즉, n이 전체의 개수와 제 1 형태의 개수 M에 비해 상당히 작은 경우는 다음 품목을 선택하기 전에 선택된 품목을 다시 넣는 것과 넣지 않는 것은 큰 차이가 나지 않는다. 복원추출이나 비복원추출에 큰 차이가 없다는 것이고 복원추출일 때 이항분포가 적용되고 비복원추출일 때 초기하분포가 적용되므로 다음 정리를 얻을 수 있다.

정리 5.4.1 **초기하분포의 이항근사**

$X \sim \text{Hyp}(n, M, N)$이면 $M \to \infty$, $\dfrac{M}{N} \to p$, $0 < p < 1$일 때

$$\lim_{N\to\infty} \frac{\binom{M}{x}\binom{N-M}{n-x}}{\binom{N}{n}} = \binom{n}{x} p^x (1-p)^{n-x}, \quad x = 0, 1, 2, \ldots, n \tag{5.4.5}$$

이다.

증명

$$\begin{aligned}
\lim_{N\to\infty} h(x; n, M, N) &= \lim_{N\to\infty} \frac{\binom{M}{x}\binom{N-M}{n-x}}{\binom{N}{n}} \\
&= \lim_{N\to\infty} \frac{n!(N-n)!}{N!} \times \frac{M!}{x!(M-x)!} \\
&\quad \times \frac{(N-M)!}{(n-x)!(N-M-(n-x))!} \\
&= \frac{n!}{x!(n-x)!} \lim_{N\to\infty} \left(\frac{M}{N}\right)^x \left(\frac{N-M}{N}\right)^{n-x} \frac{N^n (N-n)! M!}{N! M^x (M-x)!} \\
&\quad \times \frac{(N-M)!}{(N-M)^{n-x}(N-M-(n-x))!}
\end{aligned}$$

이고

$$\begin{aligned}
\lim_{N\to\infty} \frac{N^n (N-n)!}{N!} &= \lim_{N\to\infty} \frac{N^n}{N(N-1)\cdots(N-n+1)} \\
&= \lim_{N\to\infty} \frac{1}{\left(1-\frac{1}{N}\right)\left(1-\frac{2}{N}\right)\cdots\left(1-\frac{n-1}{N}\right)} = 1
\end{aligned}$$

이며, 마찬가지로

$$\lim_{M \to \infty} \frac{M!}{M^x (M-x)!} = \lim_{M \to \infty} \frac{M(M-1) \cdots (M-x+1)}{M^x}$$
$$= \lim_{M \to \infty} \left(1 - \frac{1}{M}\right) \cdots \left(1 - \frac{x-1}{M}\right) = 1$$

이다. 한편

$$\lim_{N-M \to \infty} \frac{(N-M)!}{(N-M)^{n-x} (N-M-(n-x))!}$$
$$= \lim_{N-M \to \infty} \left(1 - \frac{1}{N-M}\right) \cdots \left(1 - \frac{n-x-1}{N-M}\right) = 1$$

이므로 다음 결과를 얻을 수 있다.

$$\lim_{N \to \infty} h(x;\, n,\, M,\, N) = \binom{n}{x} p^x (1-p)^{n-x} = b(x;\, n,\, p)$$ ✤

예제 5.4.3 자동차 타이어를 생산하는 공장에서 지방 대리점에 보낸 5000개의 타이어 중 1000개가 약간의 결함이 있다고 한다. 만일 어떤 사람이 이 대리점에서 5000개의 타이어 중 무작위로 10개를 구입한다면, 정확히 3개의 타이어가 결함이 있을 확률은 정리 5.4.1의 초기하분포의 이항근사를 이용하여 다음과 같이 간단히 계산할 수 있다.

$$h(3;\, 10,\, 1000,\, 5000) \approx b(3;\, 10,\, 0.2)$$
$$= \binom{10}{3} (0.2)^3 (0.8)^7$$
$$\approx 0.2013$$

부록 B의 표 B.1 이항 누적분포함수표를 이용하여 구할 수도 있다. ■

예제 5.4.4 상자 1에는 붉은 공깃돌 5개와 검은 공깃돌 6개가 들어 있고, 상자 2에는 붉은 공깃돌 10개와 검은 공깃돌 5개가 들어 있다. 먼저 상자 1에서 공깃돌 하나를 꺼내 상자 2에 넣는다. 그러고 나서 상자 2에서 비복원추출로 공깃돌 2개를 꺼낸다. 이때 두 번째 추출에서 얻어질 붉은 공깃돌의 기대개수는 얼마인가?

풀이 X를 비복원으로 추출한 2개의 공깃돌 중에서 붉은 공깃돌의 개수라 하자. 그리고 Y를 상자 1에서 붉은 공깃돌을 꺼내는 시행이 성공인 베르누이 확률변수라 하자. 그러면 구하고자 하는 기댓값은

$$E(X) = E[E(X|Y)]$$

이고 $X|y$는 초기하분포 $X|y \sim \mathrm{Hyp}(2,\ 10+y,\ 16),\ y=0,\ 1$를 따르기 때문에

$$\begin{aligned} E(X) &= E[E(X|Y)] \\ &= E\left(\frac{10+Y}{8}\right) = \frac{10}{8}\left(\frac{6}{11}\right) + \frac{11}{8}\left(\frac{5}{11}\right) \\ &= \frac{115}{88} \end{aligned}$$

이다. 또는 $\frac{10}{8} + \frac{1}{8}E(Y) = \frac{10}{8} + \frac{1}{8}\left(\frac{5}{11}\right)$로 계산해도 된다. ■

연습문제

5.4.1 한 명을 구하는 일자리에 120명이 지원했는데 그 중에 80명만 자격이 있다. 면접을 위해 무작위로 5명을 선택한다면, 5명 중 자격이 있는 사람이 2명일 확률을 구하라.

5.4.2 연습문제 5.4.1번에서 이항근사를 이용해 문제를 풀어라.

5.4.3 어느 지질학자는 현무암 표본 10개와 화강암 표본 10개를 가지고 있다. 그 지질학자가 연구실 조교에게 표본을 분석하기 위해 15개를 무작위로 선택하여 준비하라고 지시했다. 이때 두 종류의 표본 중 어느 한 종류의 표본이 모두 선택될 확률은 얼마인가?

5.4.4 항아리에 5개의 흰 공, 2개의 푸른 공, 3개의 검은 공이 들어 있다. 항아리에서 비복원추출로 한 번에 한 개씩 3개를 추출할 때, 3개 모두 흰 공일 확률은 얼마인가?

5.4.5 1학년 학생 180명과 2학년 학생 120명으로 구성된 어느 학부에서 10명을 무작위로 선택하여 위원회를 구성할 때, 선택된 10명 중 2학년이 6명일 확률을

(a) 초기하분포를 이용하여 구하라.

(b) 초기하분포의 이항근사를 이용하여 구하라.

5.4.6 어느 제품에 6개의 부품이 있는데 그 중에 2개가 불량품이라 하자. 3개의 부품을 무작위로 선택하여 검사할 때, X를 불량품의 개수라 하자. 이때 다음을 구하라.

(a) $P[X=2]$ (b) $E(X)$

(c) $\mathrm{Var}(X)$

5.4.7 전자부품 구입상은 공장으로부터 부품이 10개씩 포장되어 있는 제품을 구입한다. 그는 포장되어 있는 10개의 부품 중에서 무작위로 3개를 검사하여 모두 불량품이 아닌 경우에만 그 제품을 구입한다. 이 제품 중 30%는 4개의 불량품이 포함되어 있고 70%는 단지 한 개의 불량품이 포함되어 있다고 하자.

(a) $i(i=1,\ 4)$개의 불량품이 포함되어 있는 제품을 구입하지 않을 확률을 구하라.

(b) 포장되어 있는 제품이 구입되지 않았다고 할 때, 그 포장 제품에 4개의 불량품이 포함되어 있을 조건부 확률을 구하라.

5.4.8 X와 Y가 독립이며 동일한 모수 n과 p를 갖는 이항확률변수일 때, $X+Y=m$이 주어진 경우, X의 조건부 분포가 초기하분포임을 수학적으로 증명하라. 또한 어떠한 계산과정 없이도 이 결과를 유도할 수 있는 다른 방법을 제시하라.

5.5 • 푸아송분포

푸아송분포는 널리 적용되는 이산분포이며 수많은 형태의 실험에 대한 모형으로 제공될 수 있다. 예를 들어, 어떤 주어진 시간 내에 발생하는 사건의 수나 일정한 넓이에서 발생되는 흠집의 수 등이 푸아송분포에 의해 모형화될 수 있다.

이산확률변수가 다음의 pmf를 가지면 모수 $\mu>0$를 갖는 푸아송분포 (Poisson distribution)를 따른다고 하며 $X \sim \mathrm{Poi}(\mu)$로 표시한다.

$$f(x\,;\,\mu)=\frac{e^{-\mu}\mu^{x}}{x!},\quad x=0,\ 1,\ 2,\ 3,\ \dots \tag{5.5.1}$$

$X \sim \mathrm{Poi}(\mu)$의 cdf는

$$P[X \le x] = F(x;\, \mu) = \sum_{k=0}^{x} f(k\,;\, \mu) \tag{5.5.2}$$

로 나타내며, 부록 B의 표 B.2에 다양한 x와 μ에 대해 $F(x;\, \mu)$의 값이 주어져 있다. 식 (5.5.1)에 주어진 함수가 pmf임은 $\sum_{x=0}^{\infty} \frac{\mu^x}{x!} = e^{\mu}$으로부터 쉽게 증명된다.

X가 모수 μ를 갖는 푸아송 확률변수이면, 적률생성함수는

$$\begin{aligned} M_X(t) &= \sum_{x=0}^{\infty} \frac{e^{tx} e^{-\mu} \mu^x}{x!} \\ &= e^{-\mu} \sum_{x=0}^{\infty} \frac{(\mu e^t)^x}{x!} \\ &= e^{-\mu} \exp(\mu e^t) \\ &= \exp\{\mu(e^t - 1)\} \end{aligned} \tag{5.5.3}$$

이고, X의 계승적률생성함수는

$$\eta_X(t) = M_X(\ln t) = \exp\{\mu(t-1)\} \tag{5.5.4}$$

이다. $\eta_X{}'(t) = \mu e^{\mu(t-1)}$이므로 $E(X) = \eta_X{}'(1) = \mu$이다. 또한 $\eta_X{}''(t) = \mu^2 e^{\mu(t-1)}$이므로 $E[X(X-1)] = \eta_X{}''(1) = \mu^2$이고

$$\begin{aligned} \mathrm{Var}(X) &= E[X(X-1)] + E(X) - [E(X)]^2 \\ &= \mu^2 + \mu - \mu^2 = \mu \end{aligned} \tag{5.5.5}$$

이다.

예제 5.5.1 어느 은행에 출입하는 고객의 수는 10분당 평균 20명이라고 한다. 다음 1분 동안에 그 은행에 한 명도 출입하지 않을 확률과 적어도 3명이 출입할 확률을 구하라.

풀이 X를 그 은행에 1분 동안 출입한 고객의 수라 하자. 그러면 $X \sim \mathrm{Poi}(2)$이므로, 구하려는 확률은 다음과 같다.

$$P[X=0] = \frac{e^{-2} 2^0}{0!} = e^{-2}$$

$$P[X \ge 3] = 1 - P[X \le 2] = 1 - 0.6767 = 0.3233 \text{ (표 B.2에 의해)}$$

■

이항분포에서 n이 크고 p가 작을 때, 푸아송분포를 이용하여 근사시킬 수 있다.

정리 5.5.1 이항분포의 푸아송근사

$X \sim \text{Bin}(n,\ p)$이고 $np = \mu$(상수)가 유지되면서 $p \to 0$일 때

$$\lim_{n \to \infty} \binom{n}{x} p^x (1-p)^{n-x} = \frac{e^{-\mu}\mu^x}{x!},\ x = 0,\ 1,\ 2,\ \ldots \tag{5.5.6}$$

이다.

증명

$$\begin{aligned}\binom{n}{x} p^x (1-p)^{n-x} &= \frac{n!}{x!(n-x)!}\left(\frac{\mu}{n}\right)^x \left(1-\frac{\mu}{n}\right)^{n-x} \\ &= \frac{\mu^x}{x!}\left(\frac{n}{n}\right)\left(\frac{n-1}{n}\right) \cdots \left(\frac{n-x+1}{n}\right)\left(1-\frac{\mu}{n}\right)^n \left(1-\frac{\mu}{n}\right)^{-x}\end{aligned}$$

이고

$$\lim_{n \to \infty}\left(\frac{n}{n}\right)\left(\frac{n-1}{n}\right) \cdots \left(\frac{n-x+1}{n}\right) = 1$$

$$\lim_{n \to \infty}\left(1-\frac{\mu}{n}\right)^{-x} = 1$$

$$\lim_{n \to \infty}\left(1-\frac{\mu}{n}\right)^{n} = e^{-\mu}$$

이므로 정리가 증명된다. ✤

푸아송분포는 프랑스 수학자 푸아송(Poisson, 1781~1840) 이후에 명명되었다. 일반적으로, 푸아송분포는 $n \geq 20$이고 $p \leq 0.05$일 때 이항확률에 대해 좋은 근사를 제공한다. $n \geq 100$이고 $np < 10$일 때, 일반적으로 근사가 우수하다.

예제 5.5.2 어떤 제본소에서 제본하는 책의 2%가 불량품이라면, 이 제본소에서 제본한 400권 중 5권이 불량품일 확률의 정확한 값과 푸아송근사를 이용한 값을 비교해 보자.

풀이 400권 중 5권이 불량품일 확률은

$$b(5\ ;\ 400,\ 0.02) = \binom{400}{5}(0.02)^5(0.98)^{395} \approx 0.09113$$

인 반면 정리 5.5.1의 이항분포의 푸아송근사에 의하면

$$f(5\ ;\ 8) = \frac{e^{-8}8^5}{5!} \approx 0.09160$$

이다. ■

예제 5.5.3 각 추첨에서 당첨될 확률이 0.01인 복권 50장을 구입했다면 (a) 적어도 한 번, (b) 정확히 한 번, (c) 적어도 두 번 상금을 탈 (근사적) 확률을 각각 구하라.

풀이 이항분포의 푸아송근사에 의해, 모수 $\mu = np = 50(0.01) = 0.5$인 푸아송분포를 이용하여 각 확률을 쉽게 계산할 수 있다. 즉, X를 50번의 추첨에서 당첨된 횟수라 하면 $X \sim \text{Bin}(50,\ 0.01)$이지만, 푸아송근사에 의해 근사적으로 $X \sim \text{Poi}(0.5)$이다. 부록 B에 있는 표 B.2를 이용하면 각 확률을 쉽게 계산 할 수 있다.

(a) $P[X \geq 1] = 1 - P[X = 0] = 1 - e^{-0.5} \approx 0.3935$

(b) $P[X = 1] = 0.5e^{-0.5} \approx 0.3033$

(c) $P[X \geq 2] = 1 - P[X \leq 1] = 1 - e^{-0.5} - 0.5e^{-0.5}$
$\qquad = 1 - 1.5e^{-0.5} \approx 0.0902$ ■

독립인 푸아송 확률변수의 합은 푸아송분포를 따른다는 다음 예제를 소개한다.

예제 5.5.4 X_1과 X_2가 독립이며 $X_i \sim \text{Poi}(\mu_i)$, $i = 1,\ 2$이면, $Y = X_1 + X_2 \sim \text{Poi}(\mu_1 + \mu_2)$이다.

풀이

$$\begin{aligned} M_Y(t) &= M_{X_1}(t)M_{X_2}(t) \\ &= \exp[(\mu_1 + \mu_2)(e^t - 1)] \end{aligned}$$

이므로

$$Y = X_1 + X_2 \sim \text{Poi}(\mu_1 + \mu_2)$$

이다. ■

연습문제

5.5.1 어느 114 안내원이 한 시간 동안 받은 문의 전화의 수는 평균 5건인 푸아송 확률변수라 하자. 어느 날 임의로 결정한 한 시간 동안에 대해 다음을 구하라.

(a) 정확히 5건의 전화를 받을 확률

(b) 5건 미만의 전화를 받을 확률

5.5.2 어느 공장에서 생산되는 타이어는 1,000개당 1개의 불량품이 발생한다. 이 공장에서 생산된 타이어 20개를 구입했다면 불량품이 1개도 포함되어 있지 않을 확률을 이항분포와 푸아송분포를 이용하여 각각 구하라.

5.5.3 사람이 일 년 동안 감기에 걸리는 횟수는 모수 $\mu = 5$인 푸아송분포를 따른다. 비타민 C를 많이 포함한 새로운 건강식품이 계속 판매되어 모집단의 75%에 대해서는 푸아송분포의 모수가 $\mu = 3$으로 감소하였다고 하자. 나머지 25%에 대해서는 그 건강식품이 감기에 별로 효과가 없었다. 어떤 사람이 이 건강식품을 시험하기 위해 일 년 동안 복용하여 그 기간에 2번 감기가 걸렸다면 그에게 이 건강식품이 효과가 있을 확률은 얼마인가?

5.5.4 한 번의 사격에서 과녁을 정확히 맞힐 확률은 0.002라 한다. 4,000번의 사격에서 3번 이상 과녁을 정확히 맞힐 확률은 얼마인가?

5.5.5 어느 보험회사는 매년 어떤 형태의 사고에 의해 인구의 0.05%가 사망한다는 사실을 알았다. 이러한 사고를 대비하여 보험에 가입한 피보험자 10,000 중 어느 해에 회사에서 3명 이상 보험료를 지불해야 할 확률은 얼마인가? 이 특정한 형태의 사고에 의해 사망한 경우만 보험료를 회사에서 지불한다.

5.5.6 일 년이 365일이라 하자. 500명 중에 성탄절이 생일인 사람이 기껏해야 한 명일 확률을 구하라.

5.5.7 어느 도시의 어떤 교차로에서 매년 발생하는 교통사고는 평균 8건으로 보고되고 있다. 이 교차로에서 발생하는 교통사고의 수는 푸아송 확률변수라 할 때, 3달 동안 교통사고가 4건 발생할 확률을 구하라.

5.5.8 어느 도시에서 매일 자살하는 사람의 수는 $\mu = 1$인 푸아송분포를 따른다고 한다. X를 그 도시에서 일주일 동안 자살한 사람의 수라 할 때, $P[X \geq 10]$을 구하라.

5.5.9 X와 Y는 독립인 확률변수로 적률생성함수가 각각

$$M_X(t) = \exp[-4(1-e^t)],\ M_Y(t) = \exp[-6(1-e^t)]$$

이다. $Z = X + Y$의 적률생성함수를 구하라. $E(Z)$는 얼마인가?

5.5.10 $X \sim \text{Poi}(\mu)$일 때, 다음을 정의에 의해 직접 구하라.

(a) $E(X)$ (b) $E[X(X-1)]$ (c) $\text{Var}(X)$

5.5.11 하나의 일관된 작업장에서 생산되는 물건의 3%가 결함이 있다고 한다. 검사관이 그 일관된 작업장에서 무작위로 100개의 물건을 선택했을 때, 그 중 5개가 불량품일 근사적 확률을 구하라.

5.5.12 X가 푸아송분포를 따르고 $P[X=0] = 0.2$일 때, $P[X > 4]$의 값을 구하라.

5.5.13 X는 푸아송 확률변수이며 $P[X=0] = P[X=1]$을 만족한다고 할 때, 다음을 구하라.

(a) $E(X)$ (b) $P[X < 3]$

5.5.14 X와 Y는 독립인 푸아송 $\text{Poi}(2)$ 확률변수이다. $Z = X + Y$라 할 때, $Z = z$가 주어진 경우 X의 조건부 pmf를 구하라.

5.5.15 X와 Y는 독립인 확률변수로 적률생성함수가 각각 $M_X(t) = \exp[-4(1-e^t)]$, $M_Y(t) = \left(\frac{1}{3} + \frac{2}{3}e^t\right)^2$이다. 다음을 구하라.

(a) $P[X = 2Y]$ (b) $E(XY)$

5.5.16 출판사는 거래처에 100권의 책을 보낸다. 한 권의 책을 출판하는 데 25센트의 비용이 들고 출판사는 판매된 책에 대해 권당 1달러씩을 받는다. 팔리지 않은 책은 폐기처분한다. 책의 수요 D가 $D \sim \text{Bin}(100,\ p)$라 하면

(a) 출판사의 기대이윤은 얼마인가?

(b) 기대이윤이 양이 되기 위해서는(즉, 흑자이기 위해선) p의 값이 얼마나 큰 값이어야 하는가?

(c) 만일 $D \sim \text{Poi}(25)$라면, 이 경우 기대이윤은 얼마인가?

(d) $D \sim \text{Poi}(25)$일 때, 출판사가 더 많은 책을 보내면 더 많은 이익을 기대할 수 있는가?

5.5.17 어느 백화점에 하루 동안 출입하는 사람의 수 N은 평균이 μ인 푸아송 확률변수이고, $N = n$명이 백화점에 출입했다는 사실을 아는 경우 물건을 구입한 사람의 수 X의 조건부 분포는 이항분포 $\text{Bin}(n,\ 0.2)$라 하자. 다음을 구하라.

(a) $E(X)$　　　　(b) $\text{Var}(X)$

5.6 • 기하분포

성공할 확률이 p인 일련의 독립 베르누이 시행을 생각해 보자. 이항분포의 경우는 시행횟수 n은 정해진 상수이고 관심 있는 변수는 n번의 시행에서 성공횟수였다. 이제 처음 성공할 때까지의 시행횟수를 생각해 보자.

처음 성공할 때까지 필요한 시행횟수를 X라 하면, X의 pmf는

$$g(x\,;\,p) = pq^{x-1},\quad x = 1, 2, 3,\ \ldots\ ;\ q = 1 - p \tag{5.6.1}$$

이다. 이것을 기하분포(geometric distribution) 또는 파스칼분포(Pascal distribution)의 pmf라 하고, 간단히

$$X \sim \text{Geo}(p) \tag{5.6.2}$$

로 표시한다. 기하분포의 cdf는

$$P[X \le x] = F(x\,;\,p) = \sum_{i=1}^{x} pq^{i-1} = 1 - q^x,\quad x = 1, 2,\ \ldots \tag{5.6.3}$$

이다.

식 (5.6.1)에 주어진 함수가 확률변수의 pmf가 됨은 쉽게 밝힐 수 있다. 즉,

$$\sum_{x=1}^{\infty} g(x\,;\,p) = \sum_{x=1}^{\infty} pq^{x-1} = \frac{p}{1-q} = 1 \tag{5.6.4}$$

이다.

Y를 처음 성공할 때까지 실패한 횟수라 하면 $Y = X - 1$이 되고 Y의 pmf는

$$P[Y=y] = pq^{y},\ y = 0,\ 1,\ 2,\ \ldots\ ;\ q = 1-p \tag{5.6.5}$$

이다. 저자에 따라 이것을 기하분포의 pmf로 정의하기도 한다.

예제 5.6.1 공정한 주사위를 독립적으로 던지는 실험을 생각해 보자. 주사위에 나타나는 눈금이 6일 때까지 계속해서 던질 때, X를 주사위를 던진 횟수라 하면 $X \sim \text{Geo}\left(\frac{1}{6}\right)$이 되고, 3번째 던질 때 6이 처음으로 나올 확률은

$$P[X=3] = g\left(3\ ;\ \frac{1}{6}\right) = \frac{1}{6}\left(\frac{5}{6}\right)^2$$

이다. ■

기하분포는 다음과 같은 무기억성질을 갖는 이산확률분포이다.

정리 5.6.1 무기억성

$X \sim \text{Geo}(p)$이면, 임의의 양의 정수 j와 k에 대해

$$P[X > j+k \mid X > j] = P[X > k] \tag{5.6.6}$$

가 성립한다.

증명

$$\begin{aligned} P[X > j+k \mid X > j] &= \frac{P[X > j+k,\ X > j]}{P[X > j]} \\ &= \frac{P[X > j+k]}{P[X > j]} \\ &= \frac{q^{j+k}}{q^{j}} \quad \text{(식 (5.6.3)에 의해)} \\ &= q^{k} \\ &= P[X > k] \end{aligned}$$

이므로 증명된다. ✤

처음부터 성공을 하지 못한 j번까지의 시행은 처음 성공할 때까지 k번 이상의 시행이 더 필요할 확률에 영향을 미치지 못한다는 것이다. 즉, 실패를 많이 했다고 해서 앞으로 성공할 가능성에 영향을 미치지 않는다는 것이다.

예제 4.5.4에서 기하분포의 fmgf를 먼저 구해 mgf를 구했지만 여기서는 직접 기하분포의 적률생성함수를 유도하고, 적률생성함수를 이용해 평균과 분산을 구해 보자.

$X \sim \text{Geo}(p)$이면

$$\begin{aligned} M_X(t) = E(e^{tX}) &= \sum_{x=1}^{\infty} e^{tx} pq^{x-1} \\ &= pe^t \sum_{x=1}^{\infty} (qe^t)^{x-1} \\ &= \frac{pe^t}{1-qe^t}, \quad qe^t < 1 \\ &= \frac{pe^t}{1-qe^t}, \quad t < -\ln q \end{aligned} \tag{5.6.7}$$

이고, X의 fmgf는

$$\eta_X(t) = M_X(\ln t) = \frac{pt}{1-qt}, \quad t < \frac{1}{q} \tag{5.6.8}$$

이다. 따라서 $\eta_X{}'(t) = p/(1-qt)^2$이므로, $E(X) = \eta_X{}'(1) = 1/p$이다. 그리고 $\eta_X{}''(t) = 2pq(1-qt)^{-3}$이므로, $E[X(X-1)] = \eta_X{}''(1) = 2pq(1-q)^{-3} = 2q/p^2$이다. 그러므로

$$\text{Var}(X) = q/p^2 \tag{5.6.9}$$

이다. 물론 기댓값과 분산을 정의에 의해 구할 수도 있다.

예제 5.6.2 공정한 주사위의 6면 모두 적어도 한 번씩 나타날 때까지 평균 몇 번 주사위를 던져야 하는가?

풀이 $x_1, x_2, \ldots, x_6$는 주사위를 던질 때 나타날 수 있는 숫자를 가리키며 $x_i (i = 1, 2, \ldots, 6)$들은 모두 $1 \le x_i \le 6$을 만족하는 서로 다른 정수로, 편의상 x_1이 맨 먼저 x_6가 가장 나중에 나타난 숫자라 하자. 그리고 $X_i (i = 2, 3, \ldots, 6)$를 x_{i-1}이 나타난 다음부터 x_i

값이 나타날 때까지 주사위를 던진 횟수라 하면, 주사위의 6면 모두 적어도 한 번 나타날 때까지 주사위를 던진 횟수 X는

$$X = 1 + X_2 + X_3 + \cdots + X_6$$

이다. 한편 각 X_i는

$$X_i \sim \mathrm{Geo}\left(\frac{6-(i-1)}{6}\right)$$

이므로, X의 기댓값은

$$\begin{aligned} E(X) &= 1 + E(X_2) + E(X_3) + \cdots + E(X_6) \\ &= 1 + \frac{6}{5} + \frac{6}{4} + \frac{6}{3} + \frac{6}{2} + 6 \\ &= 14.7 \end{aligned}$$

이다. ■

예제 5.6.3 앞면이 나타날 확률이 p인 동전을 앞면과 뒷면이 모두 나타날 때까지 계속 던진다. 던진 횟수의 기댓값을 구하라.

풀이 X를 앞면과 뒷면이 모두 나타날 때까지 동전을 던진 횟수라 하자. 처음 던진 결과를 조건으로 생각하여 계산하면

$$\begin{aligned} E(X) &= E(X|H)p + E(X|T)(1-p) \\ &= \left(1 + \frac{1}{1-p}\right)p + \left(1 + \frac{1}{p}\right)(1-p) \\ &= 1 + \frac{p}{1-p} + \frac{1-p}{p} \end{aligned}$$

이다. 여기서 $E(X|H)$는 처음 던진 동전이 앞면이 나왔을 때 추가해서 뒷면이 나올 때까지 던진 평균횟수이므로, 성공할 확률이 $(1-p)$인 기하확률변수의 평균을 이용하였다. $E(X|T)$도 마찬가지이다. ■

연습문제

5.6.1 연습문제 5.3.7번에서 그 선수가 5번째 시행에서 처음으로 안타를 칠 확률을 구하라. 각 시행은 독립이라 한다.

5.6.2 어느 회사에서 생산되는 제품은 불량률이 0.01이라 한다. 이 회사에서 생산된 제품을 불량품이 발견될 때까지 계속 검사한다고 하자. 10번째 검사에서 처음으로 불량품이 발견될 확률을 구하라.

5.6.3 항아리에 검은 공 2개를 포함하여 10개의 공이 들어 있다. 복원추출로 한 번에 한 개씩 공을 꺼낸다. 검은 공을 꺼낼 때까지의 시행횟수를 X라 하자. 다음을 구하라.

(a) $P[X \leq 3]$ (b) $E(X)$

5.6.4 어떤 젊은 부부가 딸이 태어날 때까지 계속 아이를 갖기로 했다. 출생결과는 각각 독립이고 딸이 태어날 확률이 $\frac{1}{2}$이라 할 때, 자녀의 기대수는 얼마인가?

5.6.5 공정한 동전을 10번 던졌는데 모두 뒷면만 나타났다면, 처음으로 앞면이 나타날 때까지 적어도 두 번 더 동전을 던져야 할 확률은 얼마인가?

5.6.6 X가 기하확률변수일 때, 다음이 성립함을 보여라.

$$P[X = n + k \mid X > n] = P[X = k]$$

5.6.7 $X \sim \mathrm{Geo}(p)$일 때, 정의에 의해 직접 $E(X)$와 $\mathrm{Var}(X)$를 구하라.

5.7 • 음이항분포

기하분포를 일반화시켜 생각해 보자. 성공할 확률이 p인 베르누이 시행을 반복할 때, r번 성공할 때까지 필요한 시행횟수를 생각하자. 이때 필요한 시행횟수를 X라 하면, X의 pmf는

$$f(x\,;\,r,\,p)=\binom{x-1}{r-1}p^r q^{x-r},\quad x=r,r+1,\,\dots\,;\,q=1-p \tag{5.7.1}$$

이고 음이항분포 (negative binomial distribution)의 pmf라 하며, 간단히

$$X\sim \text{NB}(r,\,p) \tag{5.7.2}$$

로 표시한다.

예제 5.7.1 예제 5.6.1에서 6이 4번 나올 때까지의 시행횟수를 X라 하면 $X\sim \text{NB}\left(4,\,\frac{1}{6}\right)$이고, 6이 4번 나올 때까지 7번 주사위를 던질 확률은

$$P[X=7]=\binom{7-1}{4-1}\left(\frac{1}{6}\right)^4\left(\frac{5}{6}\right)^3\approx 0.0089$$

이다. ■

이제 음이항분포의 적률생성함수를 유도해 보자. $X\sim \text{NB}(r,\,p)$이면,

$$\begin{aligned}M_X(t)=E(e^{tX})&=\sum_{x=r}^{\infty}e^{tx}\binom{x-1}{r-1}p^r q^{x-r}\\&=p^r e^{tr}\sum_{x=r}^{\infty}\binom{x-1}{r-1}(qe^t)^{x-r}\\&=(pe^t)^r\sum_{y=0}^{\infty}\binom{y+r-1}{r-1}(qe^t)^y\\&=(pe^t)^r(1-qe^t)^{-r},\quad qe^t<1\\&=\left(\frac{pe^t}{1-qe^t}\right)^r,\quad t<-\ln q\end{aligned} \tag{5.7.3}$$

이다. 네 번째 등식은 매클로린 급수를 이용하여 다음과 같이 증명할 수 있다.

$h(w)=(1-w)^{-n}$이라 하면 매클로린 급수에 의해

$$(1-w)^{-n} = \sum_{k=0}^{\infty} \frac{h^{(k)}(0)}{k!} w^k, \quad |w| < 1 \tag{5.7.4}$$

이고

$$h^{(k)}(0) = n(n+1)(n+2)\cdots(n+k-1) \tag{5.7.5}$$

이며

$$\begin{aligned} \frac{h^{(k)}(0)}{k!} &= \frac{n(n+1)\cdots(n+k-1)}{k!} = \frac{(n+k-1)!}{(n-1)!\,k!} \\ &= \binom{n+k-1}{k} = \binom{n+k-1}{n-1} \end{aligned} \tag{5.7.6}$$

이므로

$$h(w) = (1-w)^{-n} = \sum_{k=0}^{\infty} \binom{n+k-1}{n-1} w^k, \quad |w| < 1 \tag{5.7.7}$$

이기 때문이다.

또한 X의 계승적률생성함수는

$$\eta_X(t) = M_X(\ln t) = \left(\frac{pt}{1-qt}\right)^r, \quad t < 1/q \tag{5.7.8}$$

이다.

$$\eta_X{}'(t) = r\left(\frac{pt}{1-qt}\right)^{r-1} \frac{p}{(1-qt)^2} \tag{5.7.9}$$

이므로 $E(X) = \eta_X{}'(1) = r/p$이다. 또한

$$\begin{aligned} \eta_X{}''(t) &= r(r-1)\left(\frac{pt}{1-qt}\right)^{r-2} \left[\frac{p}{(1-qt)^2}\right]^2 \\ &\quad + r\left(\frac{pt}{1-qt}\right)^{r-1} \frac{2pq}{(1-qt)^3} \text{ (기하분포의 fmgf 참조)} \end{aligned} \tag{5.7.10}$$

이다. 따라서 $E[X(X-1)] = \eta_X{}''(1) = r(r-1)/p^2 + 2rq/p^2$이므로

$$\mathrm{Var}(X) = E[X(X-1)] + E(X) - [E(X)]^2$$

$$= \frac{r(r-1)+2rq}{p^2} + \frac{r}{p} - \frac{r^2}{p^2}$$

$$= \frac{rq}{p^2} \tag{5.7.11}$$

이다.

Y를 r번 성공하기 전에 실패한 횟수라 하면, $Y = X - r$이고 Y의 pmf는

$$f_Y(y\ ;\ r,\ p) = \binom{y+r-1}{y} p^r (1-p)^y,\ y = 0, 1, 2,\ ... \tag{5.7.12}$$

이 된다. 일반적으로 조합기호 $\binom{n}{r}$은 $0 \le r \le n$인 경우에만 $\frac{n!}{r!(n-r)!}$이고 나머지는 0으로 정의하지만 특별히 여기서는 음인 경우에도 이 정의를 확대 적용해 보면

$$\binom{r+y-1}{y} = (-1)^y \binom{-r}{y} = (-1)^y \frac{(-r)(-r-1)\cdots(-r-y+1)}{y(y-1)\cdots 2 \cdot 1} \tag{5.7.13}$$

이므로 Y의 pmf는

$$f_Y(y\ ;\ r,\ p) = P[Y = y] = (-1)^y \binom{-r}{y} p^r (1-p)^y \tag{5.7.14}$$

으로 나타낼 수 있기 때문에 음이항분포라는 이름을 갖게 된 것이다.

이항분포와 음이항분포는 다음 관계가 성립됨을 쉽게 이해할 수 있다. 성공할 확률이 p인 독립 베르누이 시행에서 r번 성공할 때까지 n번 이하의 시행이 필요할 조건은 n번의 시행에서 r번 이상 성공하는 경우이므로 다음 관계가 성립된다.

$X \sim \text{NB}(r,\ p)$이고 $Y \sim \text{Bin}(n,\ p)$이면

$$P[X \le n] = P[Y \ge r] \tag{5.7.15}$$

이다.

예제 5.7.2 어느 실험실에서 어떤 병에 감염이 되어 있는 실험용 쥐 5마리가 필요하다. 준비되어 있는 많은 실험용 쥐 중 이 병에 30%가 감염되어 있다고 하자. 감염된 쥐 5마리를 얻기 위해 한 번에 한 마리씩 쥐를 검사한다면, 필요한 검사횟수 X가 20회 이하일 확률은 식 (5.7.15)에 의해

$$\begin{aligned} P[X \le 20] &= P[Y \ge 5] \\ &= 1 - P[Y \le 4] \end{aligned}$$

이다. 여기서 $Y \sim \mathrm{Bin}(20,\ 0.3)$이다. 따라서

$$\begin{aligned} P[X \leq 20] &= 1 - P[Y \leq 4] \\ &= 1 - 0.2375 \\ &= 0.7625 \end{aligned}$$

이다. ■

식 (4.2.9)를 이용하면 이항확률변수, 음이항 확률변수, 초기하 확률변수 등의 기댓값을 쉽게 계산할 수 있다.

예제 5.7.3 음이항 확률변수의 기댓값

성공할 확률이 p인 시행을 독립적으로 반복할 때, 총 r번 성공할 때까지 필요한 시행횟수를 X라 하자. 즉, $X \sim \mathrm{NB}(r,\ p)$이다. 그러면 X를

$$X = X_1 + X_2 + \cdots + X_r$$

로 나타날 수 있다. 여기서 X_1은 첫 번째 성공할 때까지의 시행횟수, X_2는 두 번째 성공할 때까지 추가된 시행횟수, X_3은 세 번째 성공할 때까지 추가된 시행횟수 등이다. 즉, X_i는 $(i-1)$번째의 성공 후 총 i번 성공할 때까지 추가된 시행횟수이다. 확률변수 X_i 각각은 모수가 p인 기하확률변수이므로, $E(X_i) = \frac{1}{p}$, $i = 1, 2, \ldots, r$이다. 따라서

$$E(X) = E(X_1) + \cdots + E(X_r) = \frac{r}{p}$$

이다. ■

연습문제

5.7.1 공정한 동전 한 개를 앞면이 10번 나타날 때까지 계속 던진다. 이때 X를 뒷면이 나타난 횟수라 할 때, X의 pmf를 구하라.

5.7.2 공정한 동전을 던지는 실험에서 동전을 10번째 던져 5번째 앞면이 나타날 확률을 구하라.

5.7.3 공정한 동전 3개를 던지는 실험을 한다. 3개 모두 앞면이거나 3개 모두 뒷면인 결과가 5번째 동전을 던졌을 때 두 번째로 나타날 확률을 구하라.

5.7.4 항아리에 흰 공 10개와 검은 공 10개가 들어 있다. 한 번에 한 개씩 공을 복원추출할 때, 3번째 흰 공이 10번째 추출에서 나올 확률을 구하라.

5.7.5 남자아이와 여자아이가 탄생할 확률이 같다고 하자. 어느 부부는 두 명의 여자아이를 갖고 싶어 한다. 이 부부는 두 명의 딸이 태어날 때까지 아이를 낳기로 했다. 다음을 구하라.

(a) 이 부부가 4명의 자식을 가질 확률

(b) 이 부부가 4명 이하의 자식을 가질 확률

5.7.6 $X \sim \text{NB}(r,\ p)$일 때, X의 평균과 분산을 정의에 의해 직접 구하라.

5.7.7 항아리에 m개의 검은 공이 있다. 각 단계에서 한 개의 검은 공을 제거하고 대신에 새로운 공을 하나 넣는다. 이때 검은 공을 넣을 확률은 p이고 흰 공을 넣을 확률은 $1-p$이다. 항아리에 검은 공이 남아 있지 않을 때까지 실행해야 할 단계의 기대 횟수를 구하라.

5.7.8 $X \sim \text{NB}(r,\ p)$이고 $Y \sim \text{Bin}(x,\ p)$이면

$$P[X=x] = \frac{r}{x} P[Y=r]$$

임을 보여라.

5.7.9 $X_1,\ \ldots, X_k$가 독립인 확률변수이고 $Y = X_1 + \cdots + X_k$라 하자. $X_i \sim \text{Geo}(p)$일 때 Y의 mgf를 구하라. Y는 어떤 분포를 따르는가?

5.7.10 X_1과 X_2는 독립이며 음이항 확률변수, 즉 $X_1 \sim \text{NB}(r_1,\ p)$, $X_2 \sim \text{NB}(r_2,\ p)$일 때, 다음을 구하라.

(a) $Y=X_1+X_2$의 mgf (b) Y의 분포

5.7.11 X와 Y가 독립이며 동일한 기하분포 $\text{Geo}(p)$를 따를 때, $X+Y=n$이 주어진 경우 X의 조건부 확률질량함수를 계산하라.

5.8 • 이산균일분포

주사위를 던지는 경우와 같이 확률변수가 취할 수 있는 모든 가능한 값들이 나타날 가능성이 동일한 이산확률변수를 생각할 수 있다.

이산확률변수 X가

$$f(x)=\frac{1}{N},\quad x=1,2,\ldots,N \tag{5.8.1}$$

형태의 pmf를 가지면 정수 1, 2, ..., N 상에서 이산균일분포(discrete uniform distribution)를 따른다고 하며

$$X\sim \text{DU}(N) \tag{5.8.2}$$

으로 표시한다. 이산균일분포의 평균은 $E(X)=\dfrac{N+1}{2}$이고 분산은

$$\text{Var}(X)=\frac{N^2-1}{12} \tag{5.8.3}$$

이다.

이 분포의 예로는 복권 추첨이나 균형된 동전이나 주사위를 던지는 실험에서와 같은 우연성 게임 등이 있다. 즉, 주사위를 던져서 얻어지는 수의 분포는 $\text{DU}(6)$이다.

$X\sim \text{DU}(N)$의 적률생성함수는

$$M_X(t)=E(e^{tX})=\sum_{x=1}^{N}e^{tx}\frac{1}{N}=\frac{1}{N}\frac{e^t(1-e^{tN})}{1-e^t},\quad t\neq 0 \tag{5.8.4}$$

이고, 계승적률생성함수는

$$\eta_X(t) = \frac{1}{N}\frac{t(1-t^N)}{1-t}, \quad t \neq 1 \tag{5.8.5}$$

이다.

연습문제

5.8.1 1에서 36까지의 숫자와 0, 그리고 00이 기록된 38개의 동일한 크기의 섹터로 나누어진 룰렛판을 생각해 보자. 룰렛판을 돌리고 그 위에 공을 던질 때 38개의 섹터 중 하나에 놓인다. 38개의 숫자 중 무작위로 하나를 선택하여 1,000원을 건다. 그 숫자에 공이 놓이면 30,000원을 받고 다른 곳에 놓이면 1,000원을 잃는다. 그 게임자의 기대이득은 얼마인가?

5.8.2 $X \sim \mathrm{DU}(N)$일 때, X의 평균과 분산을 정의에 의해 구하라.

5.8.3 a와 b를 정수라 하자. X를 a에서 b까지의 정숫값들을 가질 확률이 동일한 균일확률변수라 하자. 즉

$$f(x) = \frac{1}{b-a+1}, \quad x = a,\ a+1,\ \ldots, b$$

이다. 다음을 구하라.

(a) $E(X)$ (b) $\mathrm{Var}(X)$

5.9 • 다변량 초기하분포

관심 있는 결과의 형태가 세 가지 이상인 경우에 적용하기 위해 앞서 정의한 초기하분포를 다음과 같이 일반화시킬 수 있다.

한 집단이 N개인 유한개의 품목으로 구성되어 있는데, 이 중에서 제 1 형태가 M_1개, 제 2 형태가 M_2개 등으로 되어 있는 k개의 서로 다른 형태가 있다고 하자. 이 중에서 n개를 무작위로 비복원추출할 때, X_i를 선택된 제 i 형태의 개수라 하자. 그러면 벡터 $\boldsymbol{X} = (X_1, \dots, X_k)$는 다변량 초기하분포(multivariate hypergeometric distribution)를 따르며, 그 결합 pmf는 모든 $0 \le x_i \le M_i$에 대해

$$f(x_1, \dots, x_k) = \frac{\binom{M_1}{x_1}\binom{M_2}{x_2}\cdots\binom{M_k}{x_k}}{\binom{N}{n}} \tag{5.9.1}$$

이다. 여기서 $\sum_{i=1}^{k} M_i = N$이고 $\sum_{i=1}^{k} x_i = n$이다. 이 분포에 대한 기호는

$$\boldsymbol{X} \sim \text{Hyp}(n, M_1, \dots, M_k, N) \tag{5.9.2}$$

으로 나타낸다. 그러나 $\sum_{i=1}^{k} x_i = n$이므로, $x_k = n - x_1 - x_2 - \cdots - x_{k-1}$이기 때문에 결합 pmf $f(x_1, \dots, x_k)$를 $f(x_1, \dots, x_{k-1})$로 나타내기도 한다. 마찬가지로 기호도

$$(X_1, \dots, X_{k-1}) \sim \text{Hyp}(n, M_1, \dots, M_{k-1}, N) \tag{5.9.3}$$

으로 나타내기도 한다.

예제 5.9.1 오렌지 3개, 사과 2개, 바나나 3개가 들어 있는 과일 상자에서 과일 4개를 무작위로 택했다 X는 선택된 과일 중 오렌지의 개수, Y는 사과의 개수일 때 다음을 구하라.

(a) X와 Y의 결합 pmf

(b) $A = \{(x, y) \mid x + y \le 2\}$일 때, $P[(X, Y) \in A]$

풀이 (a) 다변량 초기하분포 $(X, Y) \sim \text{Hyp}(4, 3, 2, 8)$이다. 따라서

$$f(x,\ y) = \frac{\binom{3}{x}\binom{2}{y}\binom{3}{4-x-y}}{\binom{8}{4}},$$

$$x=0,\ 1,\ 2,\ 3\ ;\ y=0,\ 1,\ 2\ ;\ x+y=0,\ 1,\ 2,\ 3,\ 4$$

이다.

(b) $P[(X,\ Y)\in A] = P[X+Y \le 2]$

$$= f(0,\ 0)+f(0,\ 1)+f(0,\ 2)+f(1,\ 0)+f(1,\ 1)+f(2,\ 0)$$

$$= \frac{1}{2}$$

이다. ■

연습문제

5.9.1 보통 카드 한 벌 52장 중 사람의 얼굴이 그려진 12장의 카드(잭, 퀸, 킹)에서 비복원으로 3장의 카드를 뽑는다. 이때 X를 선택된 카드 중 킹의 개수라 하고 Y를 잭의 개수라 할 때, 다음을 구하라.

(a) X와 Y의 결합 pmf　　(b) $P[X+Y \ge 2]$

5.9.2 어떤 통 속에 1000개의 꽃씨가 들어 있는데, 그 중 400개는 빨간 꽃 씨앗, 400개는 흰 꽃 씨앗, 나머지 200개는 분홍 꽃 씨앗이라 한다. 무작위로 10개를 비복원추출할 때, 다음 사건의 확률을 구하라.

(a) 빨간색 5개와 흰색 2개　　(b) 빨간색 5개와 분홍색 2개

5.9.3 대학교의 어떤 위원회는 3명의 강사, 5명의 조교수, 3명의 부교수, 4명의 교수로 구성되어 있다. 이 위원회에서 소위원회를 구성하기 위해 무작위로 6명을 선출했다. 이때 소위원회가 2명의 강사, 2명의 조교수, 1명의 부교수, 1명의 교수로 구성될 확률은 얼마인가?

5.9.4 생물학과 1학년 학생 20명의 혈액형을 조사해 보니 O형 6명, A형 8명, B형 6명이었다. 20명 중 7명을 무작위로 택했을 때, O형 2명, A형 3명, B형 2명일 확률은 얼마인가?

5.9.5 국제 학생회에 한국인 4명, 일본인 3명, 중국인 3명, 미국인 4명이 소속되어 있다고 하자. 이 중에 4명을 선출하여 위원회를 구성할 때, 다음을 구하라.
(a) 모든 나라의 학생이 참가할 확률
(b) 일본을 제외한 모든 나라 학생이 참가할 확률

5.10 • 다항분포

5.3절에서 다룬 이항분포에서는 각 실험의 결과가 오직 두 가지만 나타나는 경우에 대해 생각했다. 그러나 일반적으로 세 개 이상의 결과가 나타나는 실험을 생각할 수 있다. 예를 들어 주사위를 던지는 실험에서 6가지의 가능한 상호배반인 결과를 생각할 수 있다. 이와 같이 k개의 상호배반이고 완전사건인 $E_1, E_2, \dots, E_k$ 사건이 있고 각 시행에서 일어날 확률이 $p_i = P(E_i), i = 1, \dots, k$인 실험을 생각해 보자. n번 독립시행에서 X_i를 E_i사건이 발생한 횟수라 하자. 그러면 $\boldsymbol{X} = (X_1, \dots, X_k)$는 다항분포 (multinomial distribution)를 따른다고 하며, 그 결합 pmf는 모든 $0 \le x_i \le n$에 대해

$$f(x_1, \dots, x_k) = \frac{n!}{x_1! x_2! \cdots x_k!} p_1^{x_1} p_2^{x_2} \cdots p_k^{x_k} \tag{5.10.1}$$

이며, 여기서 $\sum_{i=1}^{k} x_i = n$이고 $\sum_{i=1}^{k} p_i = 1$이다. 그리고 이 분포에 대한 기호는

$$\boldsymbol{X} \sim \text{Mult}(n, p_1, \dots, p_k) \tag{5.10.2}$$

로 나타낸다.

여기서도 다변량 초기하분포와 마찬가지로, $x_k = n - x_1 - \cdots - x_{k-1}$이므로 결합 pmf $f(x_1, \dots, x_k)$를 $f(x_1, \dots, x_{k-1})$로 나타내기도 하고 기호도

$$(X_1, \ldots, X_{k-1}) \sim \text{Mult}(n, p_1, \ldots, p_{k-1})$$

로 나타내기도 한다.

예제 5.10.1 공정한 주사위를 20번 던질 때, X_i를 주사위의 눈금 i가 나타난 횟수라 하면, $\boldsymbol{X} = (X_1, \cdots, X_6) \sim \text{Mult}\left(20, \frac{1}{6}, \frac{1}{6}, \frac{1}{6}, \frac{1}{6}, \frac{1}{6}, \frac{1}{6}\right)$이다. 그리고 $\boldsymbol{X}$의 결합 pmf는

$$\begin{aligned} f(x_1, \ldots, x_6) &= P[X_1 = x_1, X_2 = x_2, \ldots, X_6 = x_6] \\ &= \frac{20!}{x_1! x_2! \cdots x_6!}\left(\frac{1}{6}\right)^{20} \end{aligned}$$

이다. 여기서 $x_1 + x_2 + \cdots + x_6 = 20$이다. 따라서 1이 3번, 2가 2번, 3이 4번, 4가 5번, 5가 3번, 6이 3번 나올 확률은

$$f(3, 2, 4, 5, 3, 3) = \frac{20!}{3!2!4!5!3!3!}\left(\frac{1}{6}\right)^{20} \approx 0.000535$$

이다. ■

정리 5.10.1

$(X_1, \ldots, X_k) \sim \text{Mult}(n, p_1, \ldots, p_k)$이면 $i = 1, \ldots, k$, $j = 1, \ldots, k$에 대해 다음이 성립한다.

(a) $X_i \sim \text{Bin}(n, p_i)$

(b) $X_i | X_j = x_j \sim \text{Bin}\left(n - x_j, \frac{p_i}{1 - p_j}\right)$, $i \neq j$

(c) $\text{Cov}(X_i, X_j) = -np_ip_j$, $i \neq j$

예제 5.10.2 예제 5.10.1에서 6의 눈금이 나타난 횟수 X_6은 $\text{Bin}\left(20, \frac{1}{6}\right)$이고 $X_3 | X_5 = 3 \sim \text{Bin}\left(17, \frac{1}{5}\right)$이며 $\text{Cov}(X_i, X_j) = -\frac{5}{9}$이다. ■

연습문제

5.10.1 어떤 전자 대리점 주인은 그의 가게에 오는 손님들 중 45%는 A회사 제품, 15%는 B회사 제품, 40%는 C회사 제품을 구입한다는 사실을 알고 있다. 어느 날 제품을 판매한 5명의 손님에게 정확히 A회사 제품 2개, B회사 제품 1개를 판매할 확률은 얼마인가?

5.10.2 각 지역 대표자들이 회의에 참석하기 위한 교통수단으로 비행기, 기차, 고속버스, 승용차를 이용할 확률이 각각 0.2, 0.4, 0.3, 0.1이라 하자. 무작위로 선택된 9명의 대표자 중에 2명이 비행기, 3명이 기차, 3명이 고속버스, 1명이 승용차를 이용한 확률은 얼마인가?

5.10.3 어느 통계학과 학생은 이번 학기에 6과목을 수강신청했다. 그가 수강신청한 각 과목당 A학점을 받을 확률은 0.2이고 B학점을 받을 확률은 0.7이며 C 학점을 받을 확률이 0.1이라고 가정한다. 이때 다음을 구하라.

(a) 6과목 모두 B학점을 받을 확률

(b) 6과목 모두 A 또는 B학점을 받을 확률

(c) 2과목은 A학점, 3과목은 B학점을 받을 확률

5.10.4 $X_1, \ldots, X_n$은 독립이며 $X_i \sim \text{Poi}(\mu_i),\ i=1, \ldots, n$이라 하자. $\sum_{i=1}^{n} X_i = t$가 주어졌을 때, $X_1, \ldots, X_n$의 조건부 분포를 구하라.

제6장

특별한 연속분포

6.1 • 서론

제 5 장에서 특별한 이산분포들을 소개하고 각 분포의 적률생성함수, 평균, 분산 등의 성질을 소개했다. 여기서는 연속분포 중에서 널리 이용되는 몇 가지 유용한 분포를 소개하고 그 분포가 갖는 중요한 성질을 소개하고자 한다. 물론 여기서는 이산인 경우에서와 같이 각 분포의 확률밀도함수는 한 두 개 정도의 모수의 함수로 나타나며 모수의 값이 주어지면 그 분포가 완전히 결정된다.

6.2 • 균일분포

제 5 장에서 이산균일분포를 소개했다. 그 경우에는 이산확률변수가 취할 수 있는 모든 가능한 값들이 동일한 확률을 갖는 분포였다. 연속인 경우 유한인 어떤 구간 $(a,\ b)$에서 확률밀도함수가 일정한 상수값을 갖는 경우를 생각해 보자. 즉, $f(x)=c,\ a<x<b$인 분포를 생각해 보자.

확률변수 X의 pdf가

$$f(x\,;\ a,\ b)=\begin{cases}\dfrac{1}{b-a}, & a<x<b\\ 0, & \text{그 외}\end{cases} \tag{6.2.1}$$

인 분포를 구간 $(a,\ b)$에서 균일분포(uniform distribution)라 하고 간단히

$$X\sim \mathrm{U}(a,\ b) \tag{6.2.2}$$

로 표시한다.

$X\sim \mathrm{U}(a,\ b)$의 cdf는

$$F(x\,;\ a,\ b)=\begin{cases}0, & x<a\\ \dfrac{x-a}{b-a}, & a\le x<b\\ 1, & b\le x\end{cases} \tag{6.2.3}$$

이므로 $100p$백분위수는 $x_p=a+(b-a)p$이다. 또한 적률생성함수는

$$
\begin{aligned}
M_X(t) = E(e^{tX}) &= \int_a^b e^{tx} \frac{1}{b-a} dx \\
&= \frac{1}{b-a} \int_a^b e^{tx} dx \\
&= \begin{cases} \dfrac{1}{t(b-a)}(e^{bt} - e^{at}), & t \neq 0 \\ \dfrac{1}{b-a} \displaystyle\int_a^b dx = 1, & t = 0 \end{cases}
\end{aligned} \tag{6.2.4}
$$

이고, X의 평균과 분산은 다음과 같다.

$$
E(X) = \frac{a+b}{2}, \quad \mathrm{Var}(X) = \frac{(b-a)^2}{12} \tag{6.2.5}
$$

또한 $a \le c < d \le b$에 대해

$$
\begin{aligned}
P[c < X \le d] &= P[X \le d] - P[X \le c] \\
&= F(d\,;\, a,\, b) - F(c\,;\, a,\, b) \\
&= \frac{d-a}{b-a} - \frac{c-a}{b-a} \\
&= \frac{d-c}{b-a}
\end{aligned} \tag{6.2.6}
$$

이다. 식 (6.2.6)을 다시 나타내면

$$
F(x+t;\, a,\, b) - F(x;\, a,\, b) = F(t;\, 0,\, b-a), \quad a < x < x+t < b \tag{6.2.7}
$$

가 성립한다.

예제 6.2.1 어떤 사람이 자기 집에서 회사까지 직접 운전하여 출근하는데 걸리는 시간(단위: 분) X는 (30, 50)에서 균일분포를 따른다고 하자. 그의 회사 출근시간은 아침 8시까지이다. 그의 집에서 매일 아침 7시 15분에 출발한다면, 지각할 확률은 얼마인가?

풀이 X의 cdf는

$$
F(x;\, 30,\, 50) = \frac{x-30}{20}, \quad 30 < x < 50
$$

이고, 그가 7시 15분에 출발하여 회사에 지각할 경우는 출근시간이 45분을 초과한 경우이므로 구하는 확률은 다음과 같다.

$$
\begin{aligned}
P[X>45] &= 1-P[X\le 45] \\
&= 1-F(45;\,30,\,50) \\
&= 1-\frac{3}{4} \\
&= \frac{1}{4}
\end{aligned}
$$

식 (6.2.6)을 이용하면 다음과 같이 쉽게 확률을 구할 수 있다.

$$P[X>45]=P[45<X<50]=\frac{50-45}{20}=\frac{1}{4}$$ ■

다음은 균일확률변수의 평균에 관한 적률과 균일분포의 왜도와 첨도에 관한 예제이다.

예제 6.2.2 $X\sim \mathrm{U}(a,\,b)$일 때, X의 평균에 관한 k차 적률을 먼저 구해 보자.

$$Y=X-E(X)=X-\frac{a+b}{2}$$

라 하면

$$Y\sim \mathrm{U}\left(-\frac{b-a}{2},\,\frac{b-a}{2}\right)$$

임을 알 수 있다. 따라서 X의 평균에 관한 k차 적률은

$$
\begin{aligned}
\mu_k &= E[(X-E(X))^k] \\
&= E(Y^k) \\
&= \int_{-(b-a)/2}^{(b-a)/2} y^k \frac{1}{b-a}\,dy \\
&= \frac{1}{b-a}\int_{-(b-a)/2}^{(b-a)/2} y^k\,dy \\
&= \frac{1}{(k+1)(b-a)}\left[\left(\frac{b-a}{2}\right)^{k+1}-\left(-\frac{b-a}{2}\right)^{k+1}\right] \\
&= \begin{cases} 0, & k\text{가 홀수이면} \\ \dfrac{1}{k+1}\left(\dfrac{b-a}{2}\right)^k, & k\text{가 짝수이면} \end{cases}
\end{aligned}
$$

이다. 그러므로 X의 분포의 왜도(비대칭도)는

$$\alpha_3 = \frac{\mu_3}{\sigma^3} = 0$$

이고 첨도는

$$\begin{aligned}\alpha_4 = \frac{\mu_4}{\sigma^4} - 3 &= \frac{\frac{1}{5}\left(\frac{b-a}{2}\right)^4}{\left(\frac{(b-a)^2}{12}\right)^2} - 3 \\ &= \frac{9}{5} - 3 \\ &= -\frac{6}{5}\end{aligned}$$

이다. ■

예제 6.2.3 남녀가 오후 12시 30분경에 어떤 장소에서 만나기로 약속했다. 남자와 여자의 도착시간은 서로 독립이며 남자의 도착시간은 12시 15분과 12시 45분 사이에서 균일분포를 따르고, 여자의 도착시간은 12시와 1시 사이에서 균일분포를 따른다.

(a) 먼저 도착한 사람이 5분 이상 기다리지 않을 확률은 얼마인가?

(b) 남자가 먼저 도착할 확률은 얼마인가?

풀이 12시를 기준으로 생각해 0이라 할 때, X를 남자의 도착시간, Y를 여자의 도착시간이라 하자. 그러면 $X \sim \mathrm{U}(15,\ 45)$이고 $Y \sim \mathrm{U}(0,\ 60)$이므로, 각각의 pdf는

$$f_X(x;\ 15,\ 45) = \begin{cases} \frac{1}{30}, & 15 < x < 45 \\ 0, & \text{그 외} \end{cases}$$

$$f_Y(y;\ 0,\ 60) = \begin{cases} \frac{1}{60}, & 0 < y < 60 \\ 0, & \text{그 외} \end{cases}$$

이다. X와 Y가 독립이므로 X와 Y의 결합 pdf는 다음과 같다.

$$f(x,\ y) = f_X(x;\ 15,\ 45) f_Y(y;\ 0,\ 60) = \begin{cases} \frac{1}{1800}, & 15 < x < 45,\ 0 < y < 60 \\ 0, & \text{그 외} \end{cases}$$

(a) $P[|X - Y| < 5] = \int_{15}^{45} \int_{x-5}^{x+5} \frac{1}{1800} dy\, dx = \frac{1}{6}$ (그림 6.2.1 참조)

(b) $P[X<Y]=\int_{15}^{45}\int_{x}^{60}\frac{1}{1800}dy\,dx=\frac{1}{1800}\int_{15}^{45}(60-x)dx=\frac{1}{2}$

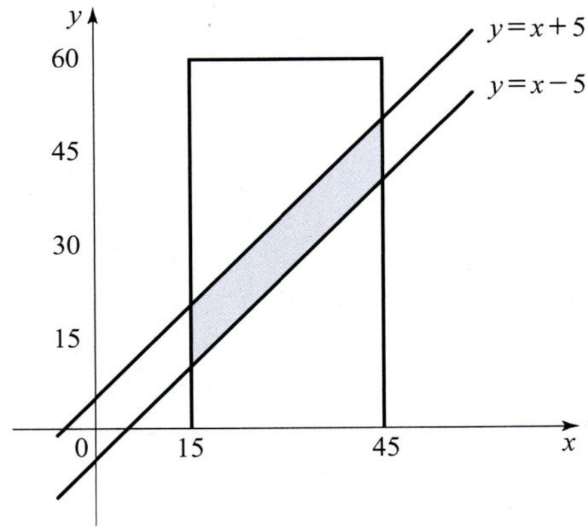

그림 6.2.1

■

연습문제

6.2.1 $X \sim \mathrm{U}(a,\ b)$일 때, X의 평균과 분산을 유도하라.

6.2.2 $X \sim \mathrm{U}(0,\ 1)$이고 $a<b$이면, $a+(b-a)X \sim \mathrm{U}(a,\ b)$임을 보여라.

6.2.3 서울에서 대전으로 가는 고속버스는 아침 7시 정각에 첫 출발한 후 30분 간격으로 운행한다고 하자. 운행시간을 모르는 사람이 7시 10분에서 8시 사이에 균일하게 분포된 어느 시간에 고속버스 터미널에 도착할 때, 다음을 구하라.

(a) 5분 이상 기다릴 확률

(b) 10분 이하 기다릴 확률

6.2.4 어떤 화학반응에서의 반응온도(단위: ℃) X가 $(-5,\ 5)$에서 균일분포를 따른다고 할 때, 다음을 구하라.

(a) $P[X<0]$ (b) $P[-2 \le X \le 3]$

6.2.5 X는 균일확률변수로 $E(X)=3$이고 $\mathrm{Var}(X)=3$이다.

(a) X의 pdf를 구하라.

(b) $P[X>3.5]$를 구하라.

6.2.6 X의 mgf가

$$M_X(t)=\begin{cases}\dfrac{1}{t}(e^{5t}-e^{4t}), & t\neq 0\\ 1, & t=0\end{cases}$$

일 때, 다음을 구하라.

(a) $E(X)$

(b) $\mathrm{Var}(X)$

(c) $P[4<X\leq 4.5]$

6.2.7 길이가 L인 선분상에서 무작위로 한 점을 택한다. 그 점에 의해 양분된 두 선분 중 짧은 선분과 긴 선분의 비가 $\dfrac{1}{4}$보다 작을 확률은 얼마인가?

6.2.8 $X\sim \mathrm{U}(0,\ 4)$일 때 방정식 $x^2+2xX+X+2=0$이 실근을 가질 확률을 구하라.

6.2.9 $X\sim \mathrm{U}(-\theta,\ \theta)$, $\theta>0$이라 하자.

(a) $P[X>1]=\dfrac{1}{4}$일 때, θ를 구하라.

(b) $P[X<-1]=\dfrac{1}{10}$일 때, θ를 구하라.

6.2.10 $X\sim \mathrm{U}(a,\ b)$의 중앙값을 구하라.

6.2.11 X와 Y는 독립이고 $X\sim \mathrm{U}(-1,\ 1)$, $Y\sim \mathrm{U}(0,\ 1)$이다.

$$h(t)=t^2+2Xt+Y$$

일 때, 방정식 $h(t)=0$이 실근을 가질 확률을 구하라.

6.2.12 모서리가 (0, 0), (0, 1), (1, 0), (1, 1)로 이루어진 정사각형에서 무작위로 한 점을 선택한다고 하자. X와 Y를 선택된 점의 좌표라 할 때, 다음에 답하라.

(a) X와 Y의 주변확률밀도함수를 구하라.

(b) X와 Y는 독립인가?

(c) (X, Y)로부터 정사각형 중심까지의 거리가 $\frac{1}{4}$보다 클 확률은 얼마인가?

6.2.13 구간 (0, 1)에서 서로 독립적으로 두 수 X와 Y를 무작위로 택한다. 이때 다음을 구하라.

(a) $P[X+Y<1]$ (b) $P[XY<0.5]$

6.2.14 각 동전을 던졌을 때 앞면이 나올 확률이 q인 많은 동전이 들어 있는 항아리를 생각해 보자. 그러나 q의 값은 동전마다 다르다. 항아리에서 무작위로 선택한 동전의 q값은 (0, 1)에서 균일분포를 따르는 확률변수의 값으로 간주할 수 있도록 배합되어 있다. 1개의 동전을 항아리에서 무작위로 선택하여 두 번 던질 때, 다음 각 확률을 구하라.

(a) 첫 번째 시행에서 앞면이 나올 확률

(b) 두 번 모두 앞면이 나올 확률

6.2.15 연습문제 6.2.14번에서 앞면이 나타날 때까지 동전을 계속 던진다고 하자. N을 동전을 던진 횟수라 하면, 다음을 구하라.

(a) $P[N \geq i], \ i \geq 0$ (b) $P[N=i]$ (c) $E(N)$

6.2.16 $X \sim \mathrm{U}(0, a)$일 때, X의 위험률 함수를 계산하라.

6.3 • 감마분포

몇 개의 유용한 분포를 특별한 경우로 포함하는 감마분포라는 연속분포를 생각해 보자. 이 분포의 pdf를 소개하기 전에 감마함수를 먼저 소개한다. 물론 이 함수와의 관계 때문에 감마분포라는 이름이 유래되었다.

정의 6.3.1

모든 $\alpha > 0$에 대해

$$\Gamma(\alpha) = \int_0^\infty x^{\alpha-1} e^{-x} dx \tag{6.3.1}$$

를 감마함수 (gamma function)라 한다.

$\Gamma(1) = \int_0^\infty e^{-x} dx = 1$이며 감마함수는 다음과 같은 유용한 성질을 갖는다.

정리 6.3.1

감마함수는 다음 성질을 만족한다.

(a) $\Gamma(\alpha) = (\alpha - 1)\Gamma(\alpha - 1), \quad \alpha > 1$ (6.3.2)

(b) 양의 정수 n에 대해, $\Gamma(n) = (n-1)!$이다. (6.3.3)

(c) $\Gamma\left(\frac{1}{2}\right) = \sqrt{\pi}$ (6.3.4)

증명 부분적분에 의해

$$\begin{aligned}
\Gamma(\alpha) &= \int_0^\infty t^{\alpha-1} e^{-t} dt \\
&= \left[-t^{\alpha-1} e^{-t}\right]_0^\infty + (\alpha - 1)\int_0^\infty t^{\alpha-2} e^{-t} dt \\
&= (\alpha - 1)\int_0^\infty t^{\alpha-2} e^{-t} dt \\
&= (\alpha - 1)\Gamma(\alpha - 1), \quad \alpha > 1
\end{aligned}$$

이므로 식 (6.3.2)와 (6.3.3)이 증명된다. 식 (6.3.4)는 연습문제로 남겨둔다. ✣

정리 6.3.2

$$\Gamma(\alpha)\beta^{\alpha} = \int_0^\infty x^{\alpha-1} e^{-x/\beta} dx \tag{6.3.5}$$

증명 $y = x/\beta$의 변환에 의해 다음과 같이 쉽게 증명할 수 있다.

$$\int_0^\infty x^{\alpha-1}e^{-x/\beta}dx = \int_0^\infty (\beta y)^{\alpha-1}e^{-y}\beta\, dy$$
$$= \beta^\alpha \int_0^\infty y^{\alpha-1}e^{-y}dy$$
$$= \beta^\alpha \Gamma(\alpha)$$

✣

식 (6.3.5)는 적률 등의 계산에서 매우 유용한 관계식이므로 기억해 두면 도움이 될 것이다.

다음은 감마함수의 또 다른 형태를 소개한다. 다음에 나타나는 형태는 정규분포에서 유용하게 이용될 것이다

정리 6.3.3

$$\Gamma(\alpha) = \left(\frac{1}{2}\right)^{\alpha-1} \int_0^\infty y^{2\alpha-1}e^{-y^2/2}dy \qquad (6.3.6)$$

증명 $y = \sqrt{2x}$ 로 치환하면

$$\Gamma(\alpha) = \int_0^\infty x^{\alpha-1}e^{-x}dx$$
$$= \int_0^\infty \left(\frac{1}{2}y^2\right)^{\alpha-1} e^{-y^2/2}y\, dy$$
$$= \left(\frac{1}{2}\right)^{\alpha-1} \int_0^\infty y^{2\alpha-1}e^{-y^2/2}dy$$

이다.

✣

정리 6.3.3을 이용하면

$$\Gamma\left(\frac{1}{2}\right) = \sqrt{2}\int_0^\infty e^{-y^2/2}dy \qquad (6.3.7)$$

임을 알 수 있다.

정리 6.3.2에 의해 다음과 같이 감마분포를 정의할 수 있다.

연속확률변수 X의 pdf가

$$f(x;\alpha,\beta)=\begin{cases}\dfrac{1}{\beta^{\alpha}\Gamma(\alpha)}x^{\alpha-1}e^{-x/\beta}, & x>0\\ 0, & x\le 0\end{cases} \tag{6.3.8}$$

일 때, X는 모수가 $\alpha>0$와 $\beta>0$인 감마분포(gamma distribution)를 따른다고 하며 간단히

$$X\sim \mathrm{Gam}(\alpha,\beta) \tag{6.3.9}$$

로 나타낸다. 식 (6.3.8)에서 정의한 함수가 pdf가 됨은 정리 6.3.2에 의해 알 수 있다.

모수 α는 pdf 그래프의 기본모양(뾰족한 정도)을 결정하기 때문에 형상모수(shape parameter)라 하고, β는 분포의 퍼짐 정도에 영향을 미치기 때문에 척도모수(scale parameter)라 한다. 몇 가지 특정한 α와 β의 값에 대해 감마밀도함수의 그래프가 그림 6.3.1과 같다.

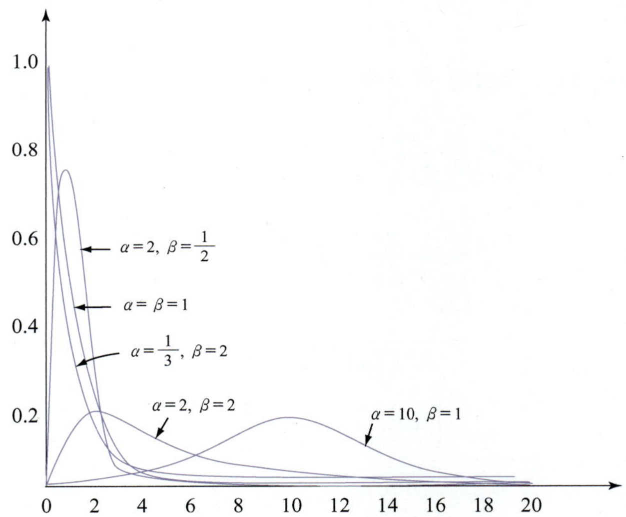

그림 6.3.1 감마분포의 그래프

일반적으로 감마확률변수 X의 cdf는 명확하게 풀 수 없지만 형상모수 α가 양의 정수이면, 부분적분을 계속하여 다음 정리와 같이 감마분포와 푸아송분포의 관계를 얻을 수 있다.

정리 6.3.4

n이 양의 정수이고 $X\sim\mathrm{Gam}(n,\beta)$이면,

$$P[X\le x]=F(x;n,\beta)=P[Y\ge n] \tag{6.3.10}$$

이다. 여기서 $Y\sim\mathrm{Poi}(x/\beta)$이다.

정리 6.3.4는 형상모수 α가 양의 정수일 경우는 X의 cdf는 푸아송분포의 cdf에 의해 구할 수 있음을 의미한다. 다음 예제를 살펴보자.

예제 6.3.1 어떤 방사능에 노출된 쥐의 생존기간(단위: 일) X는 $\mathrm{Gam}(3,\ 5)$라 하자. 쥐의 생존기간이 5일을 초과하지 못할 확률은 정리 6.3.4에 의해

$$\begin{aligned} P[X \le 5] &= P[Y \ge 3] \\ &= 1 - P[Y \le 2] \\ &= 1 - 0.9197 \text{ (부록 B의 표 B.2에 의해)} \\ &= 0.0803 \end{aligned}$$

이다. 여기서 $Y \sim \mathrm{Poi}(1)$이다. ■

이제 $X \sim \mathrm{Gam}(\alpha,\ \beta)$의 mgf를 유도해 보자.

$$\begin{aligned} M_X(t) = E(e^{tX}) &= \int_0^\infty e^{tx} \frac{1}{\beta^\alpha \Gamma(\alpha)} x^{\alpha-1} e^{-x/\beta} dx \\ &= \frac{1}{\beta^\alpha \Gamma(\alpha)} \int_0^\infty x^{\alpha-1} e^{-\left(\frac{1}{\beta} - t\right)x} dx \\ &= \frac{1}{\beta^\alpha \Gamma(\alpha)} \Gamma(\alpha) \left(\frac{1}{\beta} - t\right)^{-\alpha} \text{ (정리 6.3.2에 의해)} \\ &= \left(\frac{1}{1-\beta t}\right)^\alpha, \quad t < \frac{1}{\beta} \end{aligned} \tag{6.3.11}$$

이다. 따라서

$$M_X'(t) = \alpha\beta(1-\beta t)^{-(\alpha+1)} \tag{6.3.12}$$

이므로 $E(X) = M_X'(0) = \alpha\beta$이다. 또한

$$M_X''(t) = \alpha(\alpha+1)\beta^2(1-\beta t)^{-(\alpha+2)} \tag{6.3.13}$$

이므로 $E(X^2) = M_X''(0) = \alpha(\alpha+1)\beta^2$이다. 그러므로

$$\begin{aligned} \mathrm{Var}(X) &= E(X^2) - [E(X)]^2 \\ &= \alpha(\alpha+1)\beta^2 - \alpha^2\beta^2 \\ &= \alpha\beta^2 \end{aligned} \tag{6.3.14}$$

이다. 물론 $E(X)$와 $\mathrm{Var}(X)$를 기댓값의 정의에 의해 구할 수 있다.

X의 mgf $M_X(t)$를 r번 미분하면,

$$\begin{aligned} M_X^{(r)}(t) &= \alpha(\alpha+1)\cdots(\alpha+r-1)\beta^r(1-\beta t)^{-(\alpha+r)} \\ &= \frac{\Gamma(\alpha+r)}{\Gamma(\alpha)}\beta^r(1-\beta t)^{-(\alpha+r)} \end{aligned} \tag{6.3.15}$$

이므로 X의 r차 적률은

$$E(X^r) = M_X^{(r)}(0) = \frac{\Gamma(\alpha+r)}{\Gamma(\alpha)}\beta^r \tag{6.3.16}$$

이다.

독립이며 척도모수가 같은 감마확률변수들의 합은 감마분포를 따른다는 유용한 성질을 다음 예제에서 소개한다.

예제 6.3.2 X_1과 X_2는 독립이며 각각 $X_1 \sim \mathrm{Gam}(\alpha_1,\ \beta)$, $X_2 \sim \mathrm{Gam}(\alpha_2,\ \beta)$라 하면, $Y = X_1 + X_2 \sim \mathrm{Gam}(\alpha_1+\alpha_2,\ \beta)$이다.

풀이 Y의 mgf는 정리 4.5.3에 의해

$$\begin{aligned} M_Y(t) &= M_{X_1}(t)M_{X_2}(t) \\ &= \left(\frac{1}{1-\beta t}\right)^{\alpha_1}\left(\frac{1}{1-\beta t}\right)^{\alpha_2}, \quad t<1/\beta \\ &= \left(\frac{1}{1-\beta t}\right)^{\alpha_1+\alpha_2}, \quad t<1/\beta \end{aligned}$$

이다. Y의 mgf가 $\mathrm{Gam}(\alpha_1+\alpha_2,\ \beta)$의 mgf이므로

$$Y = X_1 + X_2 \sim \mathrm{Gam}(\alpha_1+\alpha_2,\ \beta)$$

이다. ■

감마분포의 특별한 경우로 $\alpha = n/2$, $\beta = 2$인 분포를 자유도 n인 카이제곱분포(chi-square distribution)라 한다. 또 $\alpha = 1$인 경우의 감마분포를 지수분포(exponential distribution)라 한다. 카이제곱분포는 제 8 장 표집분포에서 상세히 설명하기로 하고 다음 절에서는 지수분포에 대해 알아본다.

연습문제

6.3.1 $X \sim \text{Gam}(\alpha, \beta)$일 때, X의 평균과 분산을 기댓값의 정의에 의해 직접 유도하라.

6.3.2 정리 6.3.1의 (c)번을 증명하라. (힌트: 극좌표 변환을 이용하여 중적분하라.)

6.3.3 브라운관의 수명 (단위: 시간)은 다음 pdf를 갖는 확률변수이다.

$$f(x) = \alpha^2 x e^{-\alpha x},\ x > 0$$

이와 같은 브라운관의 평균수명을 구하라.

6.3.4 연속확률변수 X의 pdf가

$$f(x) = \begin{cases} kx^4 e^{-x/3}, & x > 0 \\ 0, & \text{그 외} \end{cases}$$

일 때, 다음을 구하라.

(a) 상수 k값

(b) 원점에 관한 r차 적률 $\mu_r{}' = E(X^r)$

(c) X의 분포의 왜도 α_3

(d) X의 분포의 첨도 α_4

6.3.5 정리 6.3.4를 이용해 다음을 증명하라.

$$\int_x^\infty \frac{1}{\Gamma(n)} t^{n-1} e^{-t} dt = \sum_{i=0}^{n-1} \frac{x^i e^{-x}}{i!},\quad n = 1, 2, \ldots$$

6.3.6 기계 수리센터에서 한 제품을 수리하는 데 걸리는 시간 (단위: 시간) X는 $X \sim \text{Gam}(4,\ 1)$이라 하자. 어떤 불량기계 하나를 수리하는 데 걸리는 시간이

(a) 1시간 이상일 확률을 구하라.

(b) 2시간과 4시간 사이일 확률을 구하라.

6.3.7 확률변수 X는 모수가 $\alpha=2$와 $\beta=1$인 감마분포를 따를 때, 즉 $X \sim \text{Gam}(2,\ 1)$일 때 $P[1<X<3]$을 계산하라.

6.3.8 어떤 도시에서 매일 물 소비량(단위: 백만 리터) X는 $X \sim \text{Gam}(2,\ 3)$이라 하자. 이 도시의 물 수용능력이 매일 9백만 리터라면, 어느 날 물 공급량이 부족할 확률은 얼마인가?

6.3.9 $X \sim \text{Gam}(2,\ 3)$이고 $Y \sim \text{Gam}(3,\ 3)$이며 X와 Y는 독립이다. 이때 $P[X+Y \le 12]$를 구하라.

6.3.10 $X \sim \text{Gam}(2,\ 1)$일 때, X의 최빈값을 구하라.

6.4 • 지수분포

앞 절에서 설명했듯이 감마분포의 특별한 형태이며 매우 유용한 분포인 지수분포에 대해 살펴보자.

연속확률변수 X의 pdf가

$$f(x\ ;\ \theta)=\begin{cases}\dfrac{1}{\theta}e^{-x/\theta}, & x>0\\ 0, & x\le 0\end{cases} \tag{6.4.1}$$

일 때, X는 모수가 $\theta>0$인 지수분포(exponential distribution)를 따른다고 하며 $X \sim \text{Gam}(1,\ \theta)$라는 기호보다는 간단히

$$X \sim \text{Exp}(\theta) \tag{6.4.2}$$

로 나타낸다.

감마분포의 mgf 식 (6.3.11)로부터 $X \sim \text{Exp}(\theta)$의 mgf는

$$M_X(t)=(1-\theta t)^{-1},\quad t<1/\theta \tag{6.4.3}$$

이고, X의 평균과 분산은

$$E(X) = \theta, \quad \mathrm{Var}(X) = \theta^2 \tag{6.4.4}$$

이다. 그리고 X의 cdf는 다음과 같다.

$$F(x;\, \theta) = 1 - e^{-x/\theta}, \quad x > 0 \tag{6.4.5}$$

따라서

$$P[a < X < b] = F(b;\, \theta) - F(a;\, \theta) = e^{-a/\theta} - e^{-b/\theta} \tag{6.4.6}$$

이다.

예제 6.4.1 어떤 형태의 전기 스위치의 수명(단위: 년)은 모수가 $\theta = 2$인 지수분포를 따른다. 이 스위치들 중 10개가 서로 다른 기계에 설치되었다면, 설치한 첫 해에 기껏해야 세 개가 고장날 확률은 얼마인가?

풀이 T를 전기 스위치의 수명이라 하고, X를 10개의 스위치 중에서 설치한 첫 해에 고장난 스위치의 개수라 하자. 그러면 $T \sim \mathrm{Exp}(2)$이므로, 설치한 첫 해에 고장날 확률은

$$\begin{aligned} P[T < 1] &= F(1;\, 2) \\ &= 1 - e^{-1/2} \\ &\approx 0.3935 \end{aligned}$$

이므로, $X \sim \mathrm{Bin}(10,\ 1 - e^{-1/2})$이다. 따라서 구하는 확률은

$$P[X \le 3] = \sum_{x=0}^{3} \binom{10}{x} (1 - e^{-1/2})^x (e^{-1/2})^{10-x} \approx 0.3988$$

이다. ■

다음은 지수분포의 중요한 성질인 무기억성을 소개한다.

정리 6.4.1

연속확률변수 X가 모수 θ인 지수분포를 따를 필요충분조건은 모든 $s > 0$와 $t > 0$에 대해

$$P[X > s + t \mid X > s] = P[X > t] \tag{6.4.7}$$

이다.

X가 지수분포를 따르면 식 (6.4.7)이 만족됨을 증명하기는 쉽다. 물론 그 역도 성립됨을 보일 수 있다. 즉 식 (6.4.7)의 무기억성질을 갖는 연속분포는 지수분포라는 것이다. 기하분포는 무기억성질을 갖는 이산분포이고 지수분포는 이 성질을 갖는 유일한 연속분포이다.

X가 어떤 제품의 수명이라 하면, 식 (6.4.7)은 그 제품이 이미 s시간 사용한 상태에서 그 제품의 수명이 $s+t$시간을 초과할 확률은 최초 제품의 수명이 t시간을 초과할 확률과 같다는 것이다. 다시 말해, 이미 s시간 사용한 제품의 잔여 수명의 분포는 원래의 수명분포와 같다는 것이다(이미 s시간 사용했다는 사실을 기억하지 못하는 것과 같다).

예제 6.4.2 어떤 기계를 수리하는 데 걸리는 시간은 모수가 $\theta=3$인 지수분포를 따른다고 한다.

(a) 수리 시간이 3시간을 초과할 확률은 얼마인가?

(b) 수리 시간이 5시간을 초과했다고 할 때, 적어도 8시간이 소요될 조건부 확률은 얼마인가?

풀이 기계를 수리하는 데 걸린 시간을 X라 하면, $X \sim \mathrm{Exp}(3)$이므로 구하는 확률은 각각 다음과 같다.

(a) $P[X>3]=1-F(3;\,3)=e^{-1}$

(b) 지수분포의 무기억성으로부터

$$P[X>8 \mid X>5]=P[X>3]$$

이므로 구하는 확률은 다음과 같다.

$$P[X>8 \mid X>5]=e^{-1}$$

■

이제 수명분포가 평균이 θ인 지수분포라 하면, 무기억성에 의해 t시간 사용한 제품의 잔여수명의 분포는 새로운 제품의 분포와 동일하므로 위험률 함수 $h(t)$는 일정한 상수이어야 한다. 실제로 계산해 보면

$$h(t)=\frac{f(t)}{\overline{F}(t)}=\frac{\frac{1}{\theta}e^{-t/\theta}}{e^{-t/\theta}}=\frac{1}{\theta} \tag{6.4.8}$$

이다. 따라서 지수분포의 위험률 함수는 상수이다.

예제 6.4.3 $X_i \sim \text{Exp}(\theta),\ i=1,\ \ldots,n$이며 X_i들이 서로 독립이면, $Y=\sum_{i=1}^{n} X_i \sim \text{Gam}(n,\ \theta)$이다. 이 사실은 mgf를 이용해 직접 증명할 수도 있고 예제 6.3.2의 결과를 이용해 지수분포가 감마분포의 특별한 경우라는 사실로도 쉽게 알 수 있다. ■

연습문제

6.4.1 어느 상점에 고객들이 도착하는 시간(단위: 분) X는 평균이 20분인 지수분포를 따른다. 다음을 구하라.

(a) 한 고객이 25분 후에 도착할 확률

(b) 한 고객이 10분과 20분 사이에 도착할 확률

6.4.2 어떤 전자부품의 수명 X는 평균이 10인 지수분포를 따른다고 한다. 이때 다음을 구하라.

(a) $P[X<10]$ (b) $P[5<X<15]$

(c) $P[X>15 \mid X>10]$

6.4.3 카페테리아에서 개인이 음식을 날라 식사 준비를 하는 데 걸리는 시간은 평균 4분인 지수분포를 따른다.

(a) 한 사람이 식사 준비를 하는 데 3분 미만 걸릴 확률을 구하라.

(b) 다가오는 6일 중 한 사람이 식사를 준비하는 데 3분 미만 걸린 날이 4일 이상일 확률은 얼마인가?

6.4.4 X가 지수확률변수이고 $P[X>2]=0.5$일 때, $E(X)$를 구하라.

6.4.5 $X \sim \text{Exp}(\theta)$이고 Y는 이산확률변수로 $k \le X < k+1,\ k=0,1,2,\ \ldots$일 때 $Y=k$로 정의한다. 다음을 구하라.

(a) $P[k \le X < k+1]$ (b) Y의 pmf

6.4.6 $X \sim \text{Exp}(\theta)$일 때, 중앙값, 제 1 사분위수, 제 3 사분위수를 구하라.

6.4.7 $X \sim \text{Exp}(\theta)$일 때, X의 분포의 왜도 α_3와 첨도 α_4를 구하라.

6.4.8 X_1과 X_2는 서로 독립이며 평균이 θ인 지수확률변수이다. 즉, $X_i \sim \text{Exp}(\theta)$, $i=1, 2$이다. $Y = X_1 - X_2$일 때, 다음을 구하라.

(a) Y의 적률생성함수

(b) Y의 분포

6.4.9 $X_1, \ldots, X_{15}$는 서로 독립이며 평균이 5인 지수확률변수이다. 즉, $X_i \sim \text{Exp}(5)$, $i=1, \ldots, 15$이다. 다음을 구하라.

(a) $Y = \sum_{i=1}^{15} X_i$의 적률생성함수 (b) Y의 분포

6.4.10 연습문제 6.2.8번에서 $X \sim \text{Exp}(2)$라 가정하고 실근을 가질 확률을 구하라.

6.4.11 T는 음이 아닌 확률변수로 위험률 함수 $h(t) = t^r$을 갖는다고 하자.

(a) T의 cdf를 구하라.

(b) $E(T)$를 구하라.

*6.5 • 와이블분포

앞 절에서 설명한 지수분포는 감마분포의 특별한 형태였다. 지수분포는 또한 여기서 소개하고자 하는 와이블분포의 특별한 형태이기도 하다. 이 분포는 재료들의 피로현상과 파괴강도를 포함하는 다양한 응용에 대해 이 분포의 사용을 제안한 스웨덴 물리학자 와이블(W. Weibull) 이후에 명명되었다.

연속확률변수 X의 pdf가

$$f(x;\, \alpha,\, \beta) = \begin{cases} \dfrac{\alpha}{\beta^\alpha} x^{\alpha-1} e^{-(x/\beta)^\alpha}, & x > 0 \\ 0, & x \le 0 \end{cases} \tag{6.5.1}$$

일 때, 모수 $\alpha > 0$와 $\beta > 0$를 갖는 와이블분포 (Weibull distribution)를 따른다고 하며 간단히

$$X \sim \mathrm{Wei}(\alpha,\ \beta) \tag{6.5.2}$$

로 나타낸다. 특히 $\alpha = 2$인 경우를 레일리분포 (Rayleigh distribution)라 한다.

모수 α는 형상모수라 한다. 감마분포에서와 마찬가지로 α의 값에 따라 pdf의 모양이 변하기 때문이다. 사실 $\alpha = 1$인 경우가 지수분포의 pdf이므로, 지수분포는 감마분포와 와이블분포의 특별한 경우이다. α의 값에 따라 크게 세 가지 형태를 갖는데, $\alpha < 1$, $\alpha = 1$, $\alpha > 1$인 경우 pdf의 그래프가 그림 6.5.1에 있다.

$X \sim \mathrm{Wei}(\alpha,\ \beta)$의 cdf는

$$F(x;\ \alpha,\ \beta) = 1 - e^{-(x/\beta)^{\alpha}},\quad x > 0 \tag{6.5.3}$$

이다. 따라서 β역시 감마분포에서와 같이 척도모수이다. 또한 $100p$백분위수는

$$x_p = \beta[-\ln(1-p)]^{1/\alpha} \tag{6.5.4}$$

이다.

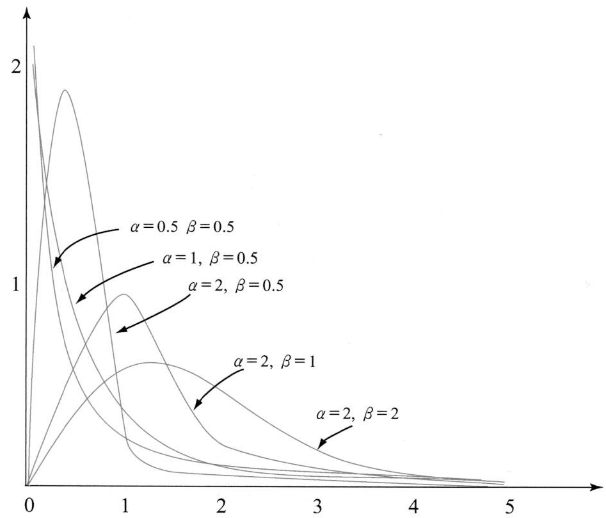

그림 6.5.1 와이블분포의 pdf

$X \sim \mathrm{Wei}(\alpha,\ \beta)$일 때, $k > -\alpha$인 경우 $E(X^k)$을 유도해 보자.

$$E(X^k) = \int_0^\infty x^k \frac{\alpha}{\beta^\alpha} x^{\alpha-1} e^{-(x/\beta)^\alpha} dx$$

$$= \frac{\alpha}{\beta^\alpha} \int_0^\infty x^{k+\alpha-1} e^{-(x/\beta)^\alpha} dx \tag{6.5.5}$$

이다. $t = \left(\dfrac{x}{\beta}\right)^\alpha$ 으로 변환하여 간단히 하면

$$E(X^k) = \frac{\alpha}{\beta^\alpha} \int_0^\infty (\beta t^{1/\alpha})^{k+\alpha-1} e^{-t} \frac{\beta}{\alpha} t^{\frac{1}{\alpha}-1} dt$$

$$= \beta^k \int_0^\infty t^{k/\alpha} e^{-t} dt$$

$$= \beta^k \Gamma\left(\frac{k}{\alpha}+1\right) \tag{6.5.6}$$

이다. 따라서 X의 평균과 분산은 다음과 같다.

$$E(X) = \beta\Gamma\left(\frac{1}{\alpha}+1\right), \ \mathrm{Var}(X) = \beta^2\left[\Gamma\left(1+\frac{2}{\alpha}\right) - \Gamma^2\left(1+\frac{1}{\alpha}\right)\right] \tag{6.5.7}$$

예제 6.5.1 보청기용 건전지의 유효 수명 (단위: 년)은 모수가 $\alpha = 2$와 $\beta = \sqrt{2}$인 와이블분포를 따른다고 한다.

(a) 그런 건전지는 얼마 동안 사용할 수 있을 것으로 기대되는가?

(b) 그런 건전지가 2년 후에도 여전히 사용할 확률은 얼마인가?

풀이 X를 보청기에 사용되는 건전지의 수명이라 하자. 그러면 $X \sim \mathrm{Wei}(2, \sqrt{2})$이다. 따라서 다음과 같이 각 값을 계산할 수 있다.

(a) $X \sim \mathrm{Wei}(2, \sqrt{2})$의 기댓값을 구하는 문제이므로, X의 평균은

$$E(X) = \sqrt{2}\,\Gamma\left(1+\frac{1}{2}\right) = \sqrt{2}\left(\frac{1}{2}\right)\Gamma\left(\frac{1}{2}\right) = \sqrt{\frac{\pi}{2}} \approx 1.2533$$

이다. 따라서 1.2533년 사용할 수 있을 것으로 기대된다.

(b) $P[X > 2] = 1 - P[X \le 2] = 1 - F(2) = e^{-(2/\sqrt{2})^2} = e^{-2} \approx 0.1353$이므로 2년 후에도 여전히 사용할 확률은 0.1353이다. ■

연습문제

6.5.1 어떤 전염병의 지속기간(단위: 일) X는 와이블분포 Wei(2, 9)를 따른다고 한다. 이때 다음을 구하라.

(a) 전염병이 7일 이하 지속될 확률

(b) 전염병이 적어도 20일 지속될 확률

(c) $E(X)$

6.5.2 어떤 형태의 자동차 수명(단위: 년) X는 $\alpha = 2$인 와이블분포를 따른다고 한다.

(a) $P[X > 5] = e^{-1/4}$일 때, 척도모수 β를 구하라.

(b) 자동차의 평균수명을 구하라.

6.5.3 어떤 종류의 건전지 수명(단위: 년) X는 와이블분포 Wei(2, 3)을 따른다고 한다.

(a) 건전지의 수명이 6년 이하일 확률을 구하라.

(b) 이 건전지를 2년 사용했다고 할 때, 건전지의 수명이 4년 이하일 확률을 구하라.

6.5.4 $X \sim \text{Wei}(\alpha, \beta)$일 때, 다음을 구하라.

(a) X의 분포의 중앙값

(b) X의 최빈값

6.5.5 와이블분포 Wei(α, β)의 위험률 함수를 계산하고, $\alpha \geq 1$일 때 위험률 함수는 증가하고 $\alpha \leq 1$일 때 감소함을 보여라.

*6.6 • 파레토분포

파레토분포는 이탈리아 태생인 스위스의 경제학 교수였던 파레토(Vilfredo Pareto) 이후에 명명되었다. 그는 이 분포를 소득의 분포로 취급했다. 따라서 경제학분야에서 소득에 관한 분포로 널리 이용되고 있다.

연속확률변수 X의 pdf가

$$f(x;\theta,\ \alpha)=\frac{\alpha}{\theta}\left(\frac{\theta}{\theta+x}\right)^{\alpha+1}=\frac{\alpha}{\theta}\left(1+\frac{x}{\theta}\right)^{-(\alpha+1)},\quad x>0 \tag{6.6.1}$$

일 때, X의 분포를 모수 $\theta>0$와 $\alpha>0$를 갖는 파레토분포(Pareto distribution)라 하며

$$X\sim \mathrm{Par}(\theta,\ \alpha) \tag{6.6.2}$$

로 나타낸다.

X의 평균과 분산은

$$E(X)=\frac{\theta}{\alpha-1},\ \alpha>1,\ \mathrm{Var}(X)=\frac{\theta^2\alpha}{(\alpha-2)(\alpha-1)^2},\ \alpha>2 \tag{6.6.3}$$

이고, X의 cdf는

$$F(x;\theta,\ \alpha)=1-\left(1+\frac{x}{\theta}\right)^{-\alpha},\quad x>0 \tag{6.6.4}$$

이므로 $100p$백분위수는

$$x_p=\theta[(1-p)^{-1/\alpha}-1] \tag{6.6.5}$$

이다.

다음과 같은 pdf를 갖는 분포를 파레토분포로 정의하기도 한다.

$$f(y;a,\ \alpha)=\frac{\alpha}{a}\left(\frac{a}{y}\right)^{\alpha+1}=\frac{\alpha}{a}\left(\frac{y}{a}\right)^{-(\alpha+1)},\quad y>a>0,\ \alpha>0 \tag{6.6.6}$$

식 (6.6.1)에 주어진 모수 α는 감마분포와 와이블분포에서와 같이 형상모수이고 θ는 식 (6.6.4)에서 $F(x/\theta;1,\ \alpha)$로 나타낼 수 있기 때문에 척도모수이다.

연습문제

6.6.1 $X\sim \mathrm{Par}(\theta,\ \alpha)$일 때, 평균과 분산의 식 (6.6.3)을 유도하라.

6.6.2 $X\sim \mathrm{Par}(20,\ 5)$일 때, X의 분포의 중앙값을 구하라.

6.6.3 연습문제 6.4.2번에서 전자부품의 수명이 지수분포 대신 파레토분포 $X \sim \mathrm{Par}(20,\ 3)$이라 할 때, 문제를 다시 풀어라.

6.6.4 X_1과 X_2는 서로 다른 수준의 방사능에 노출된 두 마리 흰쥐의 생존기간(단위: 일)이라 하자. X_1과 X_2는 독립이고

$$X_1 \sim \mathrm{Par}(1,\ 1),\ X_2 \sim \mathrm{Par}(1,\ 2)$$

라 한다.

(a) X_1과 X_2의 결합 pdf를 구하라.

(b) 두 번째 쥐가 첫 번째 쥐보다 오래 생존할 확률 $P[X_1 < X_2]$를 구하라.

6.6.5 $X \sim \mathrm{Par}(\theta,\ \alpha)$일 때, 위험률 함수 $h(t)$를 구하라.

6.7 • 정규분포

최초에 출판된 정규분포의 유도는 이항분포에 대한 근사로 1733년 11월 12일자 발행의 프랑스 수학자 드무아브르(de Moivre)의 소책자인 것으로 알려져 있다. 이 책자는 처음에는 라틴어로 출판되었으나 1738년 일부분을 추가해서 영어 번역본으로 출판했다. 1774년 리플라스(Laplace)는 초기하분포의 근사로 정규분포를 얻었고, 4년 뒤 그는 확률적분(즉, 정규분포의 cdf)의 표를 처음 만들었다. 그후 1809년과 1816년에 가우스(Gauss)가 정규분포에 근거한 이론과 1900년 리아푸노프(Lyapunov)에 의해 중심극한정리의 연구가 시작되었다고 말할 수 있다. 이러한 이유로 정규분포를 가끔 가우스분포(Gaussian distribution)라고도 한다.

통계학의 초기발전 단계에는 이 분포곡선을 지나치게 찬미하여 모든 자료의 막대그래프가 이 분포의 곡선과 가까운 형태일 때는 맞지만, 그렇지 않은 경우에는 자료의 수집과정에 잘못이 있다고 생각했었다. 이러한 이유로 이 분포가 정규(normal)라는 이름을 가지게 되었다.

확률변수 X의 pdf가

$$f(x\,;\,\mu,\ \sigma^2) = \frac{1}{\sqrt{2\pi}\,\sigma}\exp\left\{-\frac{(x-\mu)^2}{2\sigma^2}\right\},\quad -\infty < x < \infty \tag{6.7.1}$$

일 때, X는 평균이 μ이고 분산이 σ^2인 정규분포 (normal distribution)를 따른다고 하며

$$X \sim \mathrm{N}(\mu,\ \sigma^2) \tag{6.7.2}$$

으로 나타낸다. 특별히 평균이 0이고 분산이 1인 정규분포를 표준정규분포 (standard normal distribution)라 하고, $Z \sim \mathrm{N}(0,\ 1)$로 표시한다.

먼저 식 (6.7.1)에 주어진 함수가 pdf가 됨을 증명해 보자. $z = (x-\mu)/\sigma$로 변환하고, 식 (6.3.7)을 이용하면

$$\begin{aligned}\int_{-\infty}^{\infty} f(x;\ \mu,\ \sigma^2)dx &= \frac{1}{\sqrt{2\pi}\,\sigma}\int_{-\infty}^{\infty} \exp\left\{-\frac{(x-\mu)^2}{2\sigma^2}\right\}dx \\ &= \frac{1}{\sqrt{2\pi}}\int_{-\infty}^{\infty} e^{-z^2/2}dz \\ &= \frac{2}{\sqrt{2\pi}}\int_{0}^{\infty} e^{-z^2/2}dz \\ &= \frac{2}{\sqrt{2\pi}}\frac{\Gamma\left(\frac{1}{2}\right)}{\sqrt{2}} \\ &= 1\end{aligned}$$

이다.

표준정규분포의 pdf를 특별히

$$\varphi(z) = f(z;\ 0,\ 1) = \frac{1}{\sqrt{2\pi}}e^{-z^2/2},\ \ -\infty < z < \infty \tag{6.7.3}$$

로 나타내고, $Z \sim \mathrm{N}(0,\ 1)$의 cdf를 일반적으로

$$\Phi(z) = P[Z \le z] = \int_{-\infty}^{z} \varphi(t)dt \tag{6.7.4}$$

로 표기한다. 여러 경우의 $1-\Phi(z) = P[Z > z]$ 값들이 부록 B의 표 B.3에 주어져 있다. 표준정규분포는 다음과 같은 성질을 만족한다 (그림 6.7.1 참조).

(i) $\varphi(z) = \varphi(-z)$ ($\varphi(z)$는 0에 관해 대칭이다.) (6.7.5)

(ii) $\Phi(-z) = 1 - \Phi(z)$ (6.7.6)

(iii) $\varphi'(z) = -z\varphi(z)$ ($\varphi(z)$는 $z=0$에서 극값을 갖는다.) (6.7.7)

(iv) $\varphi''(z) = (z^2-1)\varphi(z)$

($\varphi(z)$는 $z=0$에서 최댓값을 갖고 $z=\pm1$에서 변곡점을 갖는다.) (6.7.8)

(v) $z\to\pm\infty$일 때, $\varphi(z)\to 0$, $\varphi'(z)=-z/[\sqrt{2\pi}\exp(z^2/2)]\to 0$이다. (6.7.9)

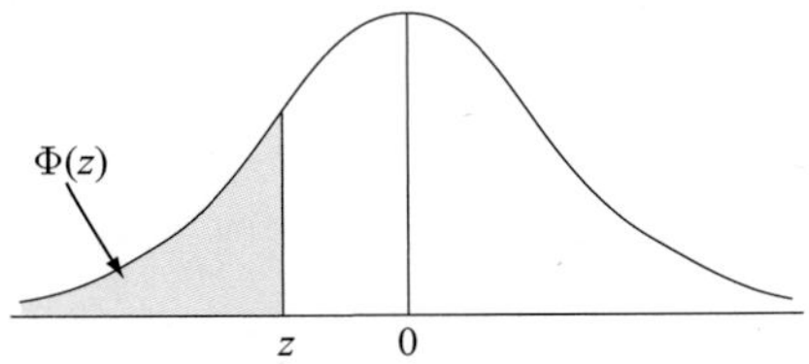

그림 6.7.1 **표준정규분포의 pdf**

식 (6.7.5)에서 (6.7.9)까지의 성질은 그림 6.7.1에서와 같이 표준정규분포는 0에 관해 대칭이고 $z=0$에서 최댓값 $1/\sqrt{2\pi}$의 값을 갖고 $z=\pm1$에서 변곡점을 가지며 x축이 pdf의 점근선이 된다는 것이다.

이제 표준정규분포의 적률생성함수를 유도해 보자. $Z\sim \mathrm{N}(0,\ 1)$이면

$$
\begin{aligned}
M_Z(t) &= \int_{-\infty}^{\infty} e^{tz}\frac{1}{\sqrt{2\pi}}e^{-z^2/2}dz \\
&= \frac{1}{\sqrt{2\pi}}\int_{-\infty}^{\infty}\exp\left[-\frac{(z-t)^2}{2}+\frac{t^2}{2}\right]dz \\
&= e^{t^2/2}\int_{-\infty}^{\infty}\frac{1}{\sqrt{2\pi}}e^{-(z-t)^2/2}dz \\
&= e^{t^2/2} \qquad (6.7.10)
\end{aligned}
$$

이다. 위에서 세 번째 식의 적분은 $\mathrm{N}(t,\ 1)$분포의 pdf의 적분이므로 1이다.

$M_Z'(t)=te^{t^2/2}$이므로, $E(Z)=M_Z'(0)=0$이다. 또한 $M_Z''(t)=(1+t^2)e^{t^2/2}$이므로, $E(Z^2)=M_Z''(0)=1$이다. 따라서 $\mathrm{Var}(Z)=1$이다.

물론 식 (6.7.5)에서 식 (6.7.9)까지의 표준정규분포의 성질을 이용해 직접 Z의 평균과 분산을 다음과 같이 구할 수 있다.

$$
\begin{aligned}
E(Z) &= \int_{-\infty}^{\infty} z\varphi(z)dz \\
&= -\int_{-\infty}^{\infty}\varphi'(z)dz \quad (\text{식 (6.7.7)에 의해}) \\
&= -\varphi(z)|_{-\infty}^{\infty} \\
&= 0
\end{aligned}
$$

이고

$$\begin{aligned} E(Z^2) &= \int_{-\infty}^{\infty} z^2 \varphi(z) dz \\ &= \int_{-\infty}^{\infty} [\varphi''(z) + \varphi(z)] dz \quad \text{(식 (6.7.8)에 의해)} \\ &= \varphi'(z)|_{-\infty}^{\infty} + \int_{-\infty}^{\infty} \varphi(z) dz \\ &= 0 + 1 \\ &= 1 \end{aligned}$$

이다.

$X \sim \mathrm{N}(\mu, \sigma^2)$의 적률생성함수, 평균, 분산은 표준정규확률변수 Z와의 관계를 나타낸 다음 정리를 소개한 후에 유도하자.

정리 6.7.1

$X \sim \mathrm{N}(\mu, \sigma^2)$이면 $Z = \dfrac{X-\mu}{\sigma} \sim \mathrm{N}(0, 1)$이다. (6.7.11)

증명

$$\begin{aligned} F_Z(z) &= P[Z \le z] \\ &= P\left[\frac{X-\mu}{\sigma} \le z\right] \\ &= P[X \le \mu + \sigma z] \\ &= \int_{-\infty}^{\mu+\sigma z} \frac{1}{\sqrt{2\pi}\,\sigma} \exp\left[-\frac{1}{2}\left(\frac{x-\mu}{\sigma}\right)^2\right] dx \end{aligned}$$

$y = (x-\mu)/\sigma$로 변환하면,

$$F_Z(z) = \int_{-\infty}^{z} \frac{1}{\sqrt{2\pi}} e^{-y^2/2} dy = \Phi(z)$$

이므로 정리가 증명된다. ✤

정리 6.7.1에 의해 $X \sim \mathrm{N}(\mu,\ \sigma^2)$이면

$$\begin{aligned} P[a < X < b] &= P\left[\frac{a-\mu}{\sigma} < \frac{X-\mu}{\sigma} < \frac{b-\mu}{\sigma}\right] \\ &= P\left[\frac{a-\mu}{\sigma} < Z < \frac{b-\mu}{\sigma}\right] \\ &= \Phi\left(\frac{b-\mu}{\sigma}\right) - \Phi\left(\frac{a-\mu}{\sigma}\right) \end{aligned} \tag{6.7.12}$$

이다. 특별히

$$P[-a < Z < a] = 1 - 2P[Z \geq a] \tag{6.7.13}$$

이다.

표준정규분포의 성질과 정리 6.7.1에 의해 정규분포 $\mathrm{N}(\mu,\ \sigma^2)$은 평균 μ에 관해 대칭이고 $x=\mu$에서 최댓값 $1/\sqrt{2\pi}\sigma$를 갖고 $x=\mu\pm\sigma$에서 변곡점을 가지며 x축이 pdf의 점근선이 됨을 알 수 있다.

일반적으로 $X \sim \mathrm{N}(\mu,\ \sigma^2)$의 $100p$백분위수는 표준정규분포의 $100p$백분위수 z_{1-p}로 나타낼 수 있다. 즉,

$$x_p = \mu + \sigma z_{1-p} = \mu - \sigma z_p \tag{6.7.14}$$

이다. 여기서 z_α는 그림 6.7.2와 같이 다음을 만족하는 표준정규분포의 $100(1-a)$백분위수이다. $Z \sim \mathrm{N}(0,\ 1)$이면,

$$P[Z > z_\alpha] = \alpha \tag{6.7.15}$$

이다. 표준정규분포가 0에 관해 좌우대칭이라는 사실로부터

$$z_{1-\alpha} = -z_\alpha$$

가 된다.

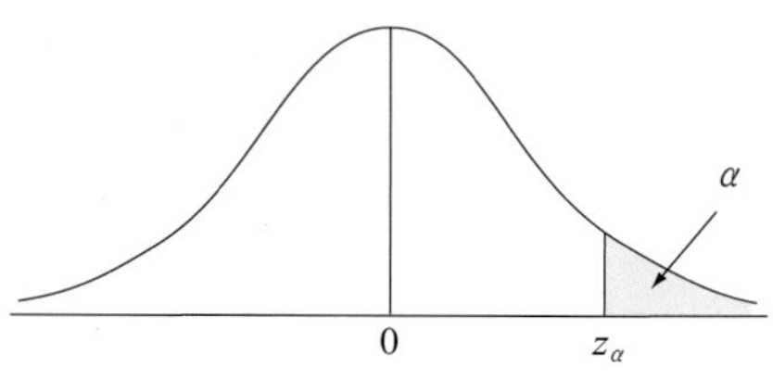

그림 6.7.2 **표준정규분포**

예제 6.7.1 $X \sim \mathrm{N}(10,\ 4)$일 때, 다음을 구하라.

(a) $P[8 < X < 12]$

(b) X의 분포의 95백분위수

(c) $P[10-c < X < 10+c] = 0.9$를 만족하는 c값

풀이 (a) $$\begin{aligned} P[8 < X < 12] &= P\left[\frac{8-10}{2} < Z < \frac{12-10}{2}\right] \\ &= P[-1 < Z < 1] \\ &= 1 - 2P[Z \geq 1] \\ &= 1 - 2(0.1587) \\ &= 0.6826 \end{aligned}$$

(b) $z_{0.05} = 1.645$이므로, 식 (6.7.14)에 의해 95백분위수는

$$x_{0.95} = 10 + 2(1.645) = 13.29$$

이다.

(c) $$P[10-c < X < 10+c] = P\left[-\frac{c}{2} < Z < \frac{c}{2}\right] = 1 - 2P\left[Z \geq \frac{c}{2}\right]$$

이므로

$$P\left[Z \geq \frac{c}{2}\right] = 0.05$$

를 만족하는 c값은 $c = 2(1.645) = 3.29$이다. ■

예제 6.7.2 어떤 금속제품의 장력강도는 1cm^2당 평균 10,000kg이고 표준편차가 100kg인 정규분포를 따른다. 측정은 반올림하여 1cm^2당 50kg 단위로 기록되었다.

(a) 장력강도가 1cm^2당 10,150kg를 초과한 제품의 비율은 얼마인가?

(b) 설계 명세상에 모든 제품의 장력이 1cm^2당 9,800kg 이상 10,200kg 이하라면, 불량제품의 비율은 얼마인가?

풀이 X를 이 금속 제품의 1cm^2당 장력강도라 하자. 그러면 $X \sim \mathrm{N}(10{,}000,\ 100^2)$이다. 측정 기록이 50kg 단위로 되어 있기 때문에, 예를 들어 10,125kg 이상 10,175kg 미만에 속하는 모든 장력이 10,150kg으로 사실 기록된다. 이 점을 유의하여 각 비율을 계산해 보자.

(a) $P[X \geq 10,175] = P\left[Z \geq \dfrac{10,175 - 10,000}{100}\right]$

$$= P[Z \geq 1.75]$$
$$= 0.0401$$

(b) $P[X < 9,775 \text{ 또는 } X > 10,225] = P[Z < -2.25 \text{ 또는 } Z > 2.25]$

$$= 2P[Z > 2.25]$$
$$= 2(0.0122)$$
$$= 0.0244$$

■

예제 6.7.3 어떤 작은 자동차 전동기의 평균 수명은 10년이고 표준편차는 2년이다. 제조업자는 보증기간 동안에 고장난 전동기는 모두 교환해 준다. 만일 그가 고장난 전동기의 3%만 교환해 주고자 한다면, 보증기간을 얼마로 정해야 하는가? 여기서 전동기의 수명은 정규분포를 따른다고 가정한다.

풀이 X를 그 회사에서 생산되는 전동기의 수명이라 하면, $X \sim \mathrm{N}(10,\ 2^2)$이다. 보증기간을 t년이라 하자. 보증기간 내에 고장난 전동기는 교환해 주어야 하고 제조업자는 고장난 전동기의 3%만 교환해 주길 원하기 때문에, 보증기간 t는

$$P[X \leq t] = P\left[Z < \frac{t-10}{2}\right] = 0.03$$

을 만족하도록 정해야 한다. 즉, t는 X의 제 3 백분위수이다.

$$t = \mu + \sigma z_{0.97} = 10 + 2(-z_{0.03})$$
$$= 10 + 2(-1.881) = 6.238$$

이므로 보증기간을 6.238년으로 정하면 고장난 전동기의 3%만 교환해 주면 된다. ■

다음 정리는 정규분포의 적률에 관한 부가적인 성질을 제공해 준다.

정리 6.7.2

$X \sim \mathrm{N}(\mu,\ \sigma^2)$일 때, 다음이 성립한다.

(a) $M_X(t) = \exp\left\{\mu t + \dfrac{\sigma^2 t^2}{2}\right\}$ (6.7.16)

(b) $E[(X-\mu)^r] = \begin{cases} \dfrac{r!\,\sigma^r}{(r/2)!\,2^{r/2}}, & r\text{이 짝수일 때} \\ 0, & r\text{이 홀수일 때} \end{cases}$ (6.7.17)

증명 (a) 식 (6.7.10)과 정리 4.5.2에 의해 $X=\mu+\sigma Z$의 적률생성함수는

$$M_X(t) = M_{\mu+\sigma Z}(t) = e^{\mu t} M_Z(\sigma t) = \exp\left(\mu t + \frac{\sigma^2 t^2}{2}\right)$$

이다.

(b) 급수전개에 의해 식 (4.5.6)을 이용할 수 있다.

$$\begin{aligned} M_{X-\mu}(t) &= e^{\sigma^2 t^2/2} \\ &= \sum_{k=0}^{\infty} \frac{\sigma^{2k} t^{2k}}{2^k k!} \\ &= \sum_{k=0}^{\infty} \frac{\sigma^{2k}(2k)!\,t^{2k}}{2^k k!\,(2k)!} \end{aligned}$$

이므로, t의 짝수 차수의 계수만 존재한다. 따라서 정리가 증명된다. ✣

예제 6.7.4 $X \sim \mathrm{N}(3,\ 4)$일 때

(a) $\mu_4 = E[(X-3)^4]$을 구하라.

(b) $\mu_4{}' = E(X^4)$을 구하라.

풀이 (a) 정리 6.7.2에서

$$E[(X-3)^4] = \frac{4!\,2^4}{2!\,2^2} = 48$$

이다.

(b) $$\begin{aligned} E(X^4) &= E[(X-3+3)^4] \\ &= E\left[\binom{4}{0}3^4 + \binom{4}{1}(X-3)3^3 + \binom{4}{2}(X-3)^2 3^2 \right. \\ &\qquad \left. + \binom{4}{3}(X-3)^3 3^1 + \binom{4}{4}(X-3)^4\right] \\ &= 81 + 9\binom{4}{2}E[(X-3)^2] + E[(X-3)^4] \\ &= 81 + 54(4) + 48 = 345 \end{aligned}$$ ■

다음은 정리 6.7.2를 이용하지 않고 정규분포의 적률을 쉽게 구할 수 있는 유용한 정리를 소개한다.

정리 6.7.3 스타인(Stein)의 정리

$X \sim \mathrm{N}(\mu, \sigma^2)$이고 g가 미분가능함수로 $E[|g'(X)|] < \infty$이면, 다음이 성립된다.

$$E[g(X)(X-\mu)] = \sigma^2 E[g'(X)]$$

예제 6.7.5 $X \sim \mathrm{N}(\mu, \sigma^2)$일 때, 스타인의 정리를 이용하면

$$\begin{aligned} E[(X-\mu)^4] &= E[(X-\mu)^3(X-\mu)] \\ &= \sigma^2 E[3(X-\mu)^2] \\ &= 3\sigma^4 \end{aligned}$$

$$\begin{aligned} E(X^3) &= E[X^2(X-\mu+\mu)] \\ &= E[X^2(X-\mu)] + \mu E(X^2) \\ &= \sigma^2 E(2X) + \mu(\sigma^2+\mu^2) \\ &= 2\mu\sigma^2 + \mu\sigma^2 + \mu^3 \\ &= 3\mu\sigma^2 + \mu^3 \end{aligned}$$

$$\begin{aligned} E(X^4) &= E[X^3(X-\mu+\mu)] \\ &= E[X^3(X-\mu)] + \mu E(X^3) \\ &= \sigma^2 E(3X^2) + \mu(3\mu\sigma^2 + \mu^3) \\ &= 3\sigma^2(\sigma^2+\mu^2) + 3\mu^2\sigma^2 + \mu^4 \\ &= 3\sigma^4 + 6\mu^2\sigma^2 + \mu^4 \end{aligned}$$

이므로 예제 6.7.4에서 구한 값을 정리 6.7.2를 이용하지 않고도 쉽게 구할 수 있다. ■

연습문제

6.7.1 $Z \sim N(0,\ 1)$일 때, 다음을 구하라.

(a) $P[Z > a] = 0.05$를 만족하는 a값

(b) $P[-b < Z < b] = 0.95$를 만족하는 b값

6.7.2 $X \sim N(20,\ 16)$일 때, 다음을 구하라.

(a) 15보다 작은 쪽의 면적

(b) 18과 22 사이의 면적

(c) 그 값보다 큰 쪽의 면적이 0.123인 값

(d) 두 값 사이의 면적이 0.95인 평균을 중심으로 대칭되는 값

6.7.3 $X \sim N(15,\ 6.25)$일 때, 다음을 구하라.

(a) $P[X < 13]$

(b) $P[X < k] = 0.0934$인 k값

(c) $P[14 < X < 18]$

(d) $P[X > k] = 0.1736$인 k값

6.7.4 청량음료 자판기는 한 컵당 평균 200ml씩 나오도록 조절되어 있다. 음료수의 양이 표준편차가 10ml인 정규분포를 따른다고 하면,

(a) 음료수의 양이 220ml 이상 되는 컵들의 비율은 얼마인가?

(b) 음료수 한 컵의 양이 195와 205ml 사이일 확률은 얼마인가?

(c) 용량이 222ml인 컵을 앞으로 1000번 사용한다면, 컵이 넘치게 되는 경우가 얼마나 되겠는가?

(d) 청량음료의 양이 얼마 이하일 확률이 0.209인가?

6.7.5 완성된 피스톤링의 안쪽 지름은 평균이 10cm이고 표준편차가 0.02cm인 정규분포를 따른다.

(a) 안쪽 지름이 10.042cm를 초과한 링의 비율은 얼마인가?

(b) 피스톤링의 안쪽 지름이 9.98cm와 10.02cm 사이일 확률은 얼마인가?

(c) 안쪽 지름의 제 12.1 백분위수를 구하라.

6.7.6 통계학 시험성적이 평균은 70점이고 표준편차가 8점인 정규분포를 근사적으로 따른다고 할 때, 다음을 구하라.(단, 성적은 A, B, C, D, F로만 표기하고 점수는 정수로

나타낸다.)

(a) 성적이 나쁜 학생 10%에게 F학점을 준다면, D학점을 받은 가장 낮은 성적

(b) 우수한 학생 30%에게 A학점을 준다면, B학점을 받은 가장 높은 성적

6.7.7 어떤 지역의 연간 강우량(단위: cm)은 모수가 $\mu = 100$이고 $\sigma = 10$인 정규분포를 따른다.

(a) 올해부터 시작하여 강우량이 125cm를 초과하는 해가 10년 후에 발생할 확률은 얼마인가? 여기서 어떤 가정이 필요한가?

(b) 앞으로 4년 중 강우량이 125cm를 초과하는 해가 2년일 확률은 얼마인가?

6.7.8 어떤 전구의 밝기 X는 평균이 1500피트 촉광이고 표준편차가 50피트 촉광인 정규분포를 따른다. 생산된 전구의 5%만 불량품이기 위한 설계상의 하한값을 결정하라.

6.7.9 어느 공장에서 지름이 1.19인치와 1.21인치 사이로 지정된 볼트를 생산한다. 그 공장의 생산공정에 의해 생산된 볼트의 지름은 평균 1.20인치이고 표준편차가 0.005인 정규분포를 따른다고 하면, 설계상 지정된 조건을 만족하지 않는 볼트의 비율은 얼마인가?

6.7.10 1000명 학생의 키는 평균이 174.5cm이고 표준편차가 6cm인 정규분포를 따른다. 키는 반올림하여 0.5cm 단위로 기록하였다. 다음 각각에 해당되는 학생의 기대수는 얼마인가?

(a) 170.0cm보다 작다.

(b) 171.5cm 이상 177.5cm 이하이다.

(c) 175.0cm이다.

6.7.11 일련의 관측들이 표준편차가 σ인 정규분포를 따른다고 한다.

(a) 평균과의 차이가 1.5σ 이상인 관측값들은 몇 퍼센트인가?

(b) 평균과의 차이가 0.8σ 이하인 관측값들은 몇 퍼센트인가?

6.7.12 확률변수 X의 적률생성함수가 $M_X(t) = \exp\left(4t + \frac{9}{2}t^2\right)$일 때, $P[1 < X < 7]$의 값을 구하라.

6.7.13 $X \sim \mathrm{N}(\mu,\ \sigma^2)$의 중앙값을 구하라.

6.7.14 $X \sim \mathrm{N}(\mu,\ \sigma^2)$일 때, $E[\,|X-\mu|\,] = \sigma\sqrt{\dfrac{2}{\pi}}$ 임을 밝혀라.

6.7.15 정규분포의 왜도 α_3와 첨도 α_4를 구하라.

6.7.16 $X \sim \mathrm{N}(10,\ 25)$일 때, 다음을 구하라.

(a) $\mu_4 = E[(X-10)^4]$ (b) $\mu_8 = E[(X-10)^8]$

6.8 • 이변량 정규분포

이 절에서는 이변량 정규분포를 소개하고 중요한 성질을 조사한다.

정의 6.8.1

확률변수 X와 Y의 결합 pdf가

$$f(x,\ y) = \frac{e^{-Q/2}}{2\pi\sigma_1\sigma_2\sqrt{1-\rho^2}},\quad -\infty < x < \infty,\ -\infty < y < \infty \tag{6.8.1}$$

여기서

$$Q = \frac{1}{1-\rho^2}\left[\frac{(x-\mu_1)^2}{\sigma_1^2} - 2\rho\frac{(x-\mu_1)(y-\mu_2)}{\sigma_1\sigma_2} + \frac{(y-\mu_2)^2}{\sigma_2^2}\right] \tag{6.8.2}$$

으로 주어질 때, X와 Y는 이변량 정규분포(bivariate normal distribution)를 따른다고 하며 기호로 간단히

$$(X,\ Y) \sim \mathrm{BN}(\mu_1,\ \mu_2,\ \sigma_1^2,\ \sigma_2^2,\ \rho) \tag{6.8.3}$$

로 나타낸다.

식 (6.8.1)의 결합 pdf는 5개의 모수에 의존한다. $-\infty < \mu_1 < \infty$, $-\infty < \mu_2 < \infty$, $\sigma_1 > 0$, $\sigma_2 > 0$ 그리고 $-1 < \rho < 1$이다.

다음 정리는 이변량 정규분포의 주변분포가 정규분포임을 보여준다.

정리 6.8.1

$(X,\ Y) \sim \mathrm{BN}(\mu_1,\ \mu_2,\ \sigma_1^2,\ \sigma_2^2,\ \rho)$이면

(a) $X \sim \mathrm{N}(\mu_1,\ \sigma_1^2)$이고 $Y \sim \mathrm{N}(\mu_2,\ \sigma_2^2)$이다.

(b) ρ는 X와 Y의 상관계수이다.

물론 식 (6.8.1)의 $f(x,\ y)$가 결합 pdf의 조건을 만족하는지 밝혀야 한다. 그러나 이 사실은 정리 6.8.1에 의해 쉽게 증명된다.

정리 4.6.1에서 X와 Y가 독립이면, X와 Y는 무상관임을 보였다. 즉, X와 Y가 독립이면, $\rho = 0$이다. 그러나 예제 4.6.1에서 보였듯이 일반적으로 그 역은 성립하지 않는다. 특별히 이변량 정규분포의 결합 pdf에서 $\rho = 0$이면, 결합 pdf가 각각의 주변 pdf의 곱으로 표시되므로 X와 Y가 독립임을 알 수 있다. 따라서 이변량 정규분포에서는 X와 Y가 독립일 필요충분조건이 $\rho = 0$이다. 이 사실을 다음 정리에 요약한다.

정리 6.8.2

$(X,\ Y) \sim \mathrm{BN}(\mu_1,\ \mu_2,\ \sigma_1^2,\ \sigma_2^2,\ \rho)$이면, X와 Y가 독립일 필요충분조건은 $\rho = 0$이다.

정리 6.8.3

$(X,\ Y) \sim \mathrm{BN}(\mu_1,\ \mu_2,\ \sigma_1^2,\ \sigma_2^2,\ \rho)$일 때

(a) $X = x$가 주어진 경우 Y의 조건부 분포는 다음과 같다.

$$Y \mid x \sim \mathrm{N}\left(\mu_2 + \rho\frac{\sigma_2}{\sigma_1}(x - \mu_1),\ \sigma_2^2(1 - \rho^2)\right) \tag{6.8.4}$$

(b) $Y = y$가 주어진 경우 X의 조건부 분포는 다음과 같다.

$$X|y \sim \mathrm{N}\left(\mu_1 + \rho\frac{\sigma_1}{\sigma_2}(y-\mu_2),\ \sigma_1^2(1-\rho^2)\right) \tag{6.8.5}$$

정리 6.8.3을 이용하여, X와 Y의 결합적률생성함수를 다음과 같이 구할 수 있다. $(X,\ Y) \sim \mathrm{BN}(\mu_1,\ \mu_2,\ \sigma_1^2,\ \sigma_2^2,\ \rho)$이면, X와 Y의 결합적률생성함수는

$$\begin{aligned}
M(t_1,\ t_2) &= E(e^{t_1X+t_2Y}) \\
&= \int_{-\infty}^{\infty}\int_{-\infty}^{\infty} e^{t_1x+t_2y} f(x,\ y)dx\,dy \\
&= \int_{-\infty}^{\infty}\int_{-\infty}^{\infty} e^{t_1x+t_2y} f_{X|Y}(x|y)f_Y(y)dx\,dy \\
&= \int_{-\infty}^{\infty} e^{t_2y}f_Y(y)\int_{-\infty}^{\infty} e^{t_1x} f_{X|Y}(x|y)dx\,dy \\
&= \int_{-\infty}^{\infty} \exp\left[t_1\left\{\mu_1+\rho\frac{\sigma_1}{\sigma_2}(y-\mu_2)\right\}+\frac{1}{2}t_1^2\sigma_1^2(1-\rho^2)\right] \\
&\quad \times e^{t_2y}f_Y(y)\,dy \\
&= \exp\left[t_1\mu_1-\rho\frac{\sigma_1}{\sigma_2}t_1\mu_2+\frac{1}{2}t_1^2\sigma_1^2(1-\rho^2)\right] \\
&\quad \times \int_{-\infty}^{\infty} e^{t_2y}e^{(\rho\sigma_1/\sigma_2)t_1y}f_Y(y)\,dy \\
&= \exp\left[t_1\mu_1-\rho\frac{\sigma_1}{\sigma_2}t_1\mu_2+\frac{1}{2}t_1^2\sigma_1^2(1-\rho^2)\right] \\
&\quad \times \int_{-\infty}^{\infty} e^{(t_2+\rho t_1\sigma_1/\sigma_2)y}f_Y(y)\,dy \\
&= \exp\left[t_1\mu_1-\rho\frac{\sigma_1}{\sigma_2}t_1\mu_2+\frac{1}{2}t_1^2\sigma_1^2(1-\rho^2)\right] \\
&\quad \times \exp\left[\mu_2(t_2+\rho t_1\sigma_1/\sigma_2)+\frac{1}{2}\sigma_2^2(t_2+\rho t_1\sigma_1/\sigma_2)^2\right] \\
&= \exp\left[\mu_1t_1+\mu_2t_2+\frac{\sigma_1^2t_1^2+\sigma_2^2t_2^2+2\rho\sigma_1\sigma_2t_1t_2}{2}\right] \qquad (6.8.6)
\end{aligned}$$

이다. 위의 계산 과정에서 $X \sim \mathrm{N}(\mu,\ \sigma^2)$의 적률생성함수는 $\exp\left\{\mu t+\frac{1}{2}\sigma^2t^2\right\}$이라는 사실과 조건부 분포가 정리 6.8.3에서와 같이 정규분포를 따른다는 사실을 이용했다. 이 결합적

률생성함수를 이용해 $\rho=0$이면 X와 Y가 독립임을 쉽게 밝힐 수도 있다.

연습문제

6.8.1 정리 6.8.1을 증명하라.

6.8.2 정리 6.8.2를 결합적률생성함수 $M(t_1,\ t_2)$를 이용하여 증명하라.

6.8.3 정리 6.8.3을 증명하라.

6.8.4 X와 Y는 어떤 동물의 키(단위: cm)와 몸무게(단위: kg)이다.
$(X,\ Y) \sim \mathrm{BN}(50,\ 7,\ 16,\ 2,\ 0.75)$일 때, 다음을 구하라.
(a) 키가 45cm인 동물들의 평균 몸무게
(b) 몸무게가 8kg인 동물들의 평균 키

6.8.5 $(X,\ Y) \sim \mathrm{BN}(5,\ 8,\ 16,\ 9,\ 0.6)$일 때, $P[5<Y<11 \mid X=2]$를 구하라.

6.8.6 $(X,\ Y) \sim \mathrm{BN}(\mu_1,\ \mu_2,\ \sigma_1^2,\ \sigma_2^2,\ \rho)$이다. $X+Y$와 $X-Y$가 독립일 필요충분조건을 구하라.

6.8.7 $(X,\ Y) \sim \mathrm{BN}(0,\ 0,\ \sigma_1^2,\ \sigma_2^2,\ \rho)$일 때, 다음을 구하라.
(a) $\mathrm{Var}(XY)$ (b) $\mathrm{Cov}(X,\ Y)$

*6.9 • 혼합분포

제 3 장에서 언급했듯이 이산확률변수의 가능한 값은 기껏해야 가산 무한개인 이산 값들이고 연속확률변수는 고정된 한 값을 가질 확률이 0이며 연속적인 구간 형태의 값을 갖는다. 그러나 확률변수의 가능한 값이 이산적인 값들과 연속적인 구간형태의 값을 가지면서 어느 고정된 한 값을 가질 확률이 0이 아닌 확률변수가 존재한다. 즉, 순수한 이산분포도 아니고 순수한 연속분포도 아닌 분포를 갖는 확률변수가 종종 있다. 만일 cdf가

$$F(x) = aF_d(x) + (1-a)F_c(x) \tag{6.9.1}$$

형태로 되어 있다면, 확률변수 X의 분포는 혼합분포 (mixed distribution)이다. 여기서 $0 < a < 1$이고 $F_d(x)$는 이산확률변수의 cdf이며 $F_c(x)$는 연속확률변수의 cdf이다.

예제 6.9.1 확률변수 X를 어떤 전기용품의 수명(단위: 100시간)이라 하자. 이 용품은 가끔 전원을 넣는 순간에 고장이 난다고 하자. 전원을 넣자마자 고장날 확률이 0.1이고, 처음 사용하여 즉시 고장나지 않았다면 그 제품의 수명은 지수분포 Exp(10)을 따른다고 하자. 그러면 X의 cdf는

$$F(x) = 0.1F_d(x) + 0.9F_c(x)$$

로 나타낼 수 있다. 여기서

$$F_d(x) = \begin{cases} 0, & x < 0 \\ 1, & x \geq 0 \end{cases}$$

$$F_c(x) = 1 - e^{-x/10}, \quad x > 0$$

이다. 따라서

$$P[X=0] = 0.1$$

이고, 수명이 1000시간 이상일 확률은

$$\begin{aligned} P[X > 10] = 1 - P[X \leq 10] &= 1 - F(10) \\ &= 1 - [0.1 + 0.9(1 - e^{-1})] \\ &= 0.9e^{-1} \approx 0.3311 \end{aligned}$$

이다. 그리고 이 전기용품의 평균수명은

$$E(X) = 0(0.1) + 0.9\int_0^\infty \frac{1}{10} x e^{-x/10} dx = 9$$

이다. 즉 900시간이다. 이 cdf $F(x)$의 그래프는 그림 6.9.1과 같다. ■

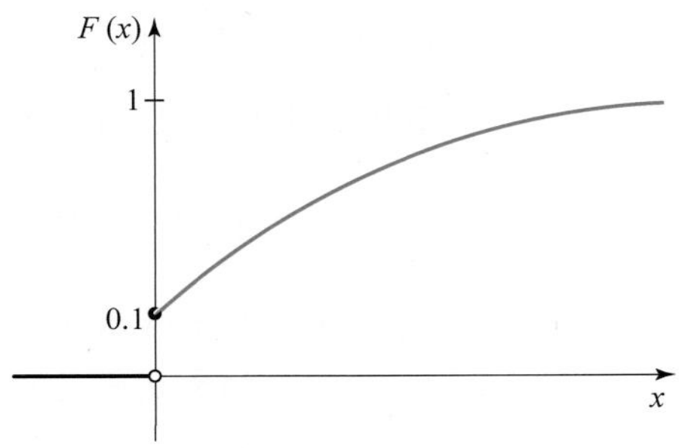

그림 6.9.1 예제 6.9.1의 $F(x)$

예제 6.9.2 X의 cdf가

$$F(x) = \begin{cases} 0, & x < 0 \\ \frac{1}{2}, & 0 \le x < \frac{1}{2} \\ x, & \frac{1}{2} \le x < 1 \\ 1, & x \ge 1 \end{cases}$$

일 때, X의 기댓값을 구해 보자.

풀이

$$P[X = 0] = 0.5$$

이고

$$f(x) = 1, \quad 0.5 < x < 1$$

이므로, X의 기댓값은

$$E(X) = 0(0.5) + \int_{0.5}^1 x\, dx = \frac{3}{8}$$

이다. 또 다른 방법은

$$F(x) = 0.5F_d(x) + 0.5F_c(x)$$

여기서

$$F_d(x) = \begin{cases} 0, & x < 0 \\ 1, & x \geq 0 \end{cases}, \quad F_c(x) = \begin{cases} 0, & x < 0.5 \\ 2x - 1, & 0.5 \leq x < 1 \\ 1, & x \geq 1 \end{cases}$$

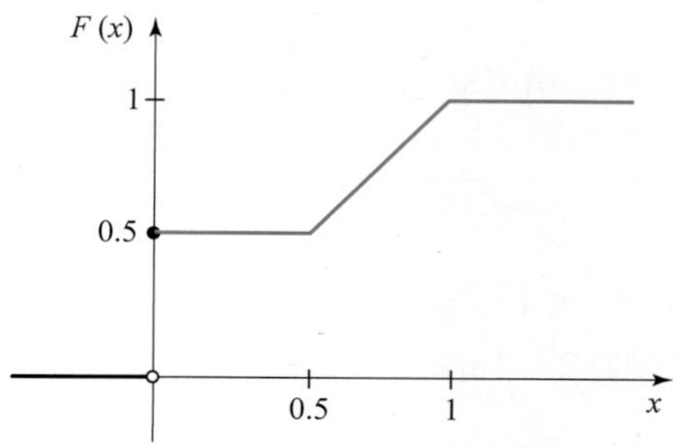

그림 6.9.2 예제 6.9.2의 $F(x)$

로 나타낼 수 있기 때문에 이산확률변수 X_d의 기댓값은 $E(X_d) = 0(0.5) = 0$이고, 연속확률변수 X_c의 기댓값은 $E(X_c) = \int_{0.5}^{1} 2x\, dx = 1 - \frac{1}{4} = \frac{3}{4}$이다. 따라서 X의 기댓값은

$$E(X) = 0.5E(X_d) + 0.5E(X_c) = 0 + 0.5\left(\frac{3}{4}\right) = \frac{3}{8}$$

이다. ■

연습문제

6.9.1 확률변수 X의 cdf가

$$F(x) = \begin{cases} 0, & x < 0 \\ x^2/4, & 0 \leq x < 1 \\ (x+1)/4, & 1 \leq x < 2 \\ 1, & x \geq 2 \end{cases}$$

일 때, 다음을 구하라.

(a) $E(X)$

(b) $P\left[\frac{1}{4}<X<1\right]$, $P[X=1]$, $P\left[X=\frac{3}{4}\right]$

6.9.2 확률변수 X의 cdf가 다음과 같다.

$$F(x)=\begin{cases}0, & x<0\\ 0.4, & x=0\\ 1-0.6e^{-x}, & x>0\end{cases}$$

(a) 이산형 cdf $F_d(x)$와 연속형 cdf $F_c(x)$를 구하고

$$F(x)=aF_d(x)+(1-a)F_c(x)$$

를 만족하는 $a(0<a<1)$값을 구하라.

(b) X의 분포의 중앙값을 구하라.

제 7 장

확률변수들의 함수

7.1 • 서론

이 장에서는 한 개 이상의 확률변수들의 함수의 확률질량함수나 확률밀도함수를 구하는 문제를 생각해 보자. 즉, $X_1, \ldots, X_k$의 결합 pdf (pmf)가 주어졌을 때, $X_1, \ldots, X_k$의 함수인 확률변수 $Y = g(X_1, \ldots, X_k)$의 pdf (pmf)를 구하는 데 관심이 있다.

이런 문제를 해결할 수 있는 방법은 여러 가지가 있다. 여기서는 분포함수법, 변수변환법, 적률생성함수법에 대해 설명한다. 또한 순서통계량에 대해 정의하고 몇 가지 결과들을 소개한다.

7.2 • 분포함수법

제 4 장에서 X의 어떤 함수 $g(X)$의 기댓값에 대한 정리를 소개했다. X가 확률변수일 때, $g(X)$도 확률변수이므로 X의 cdf $F_X(x)$를 이용하여 X의 함수 $Y = g(X)$의 분포를 구하는 방법을 생각해 보자. 즉, 다음과 같이 Y의 cdf를 X의 cdf로 나타낸다.

$$F_Y(y) = P[Y \le y] = P[g(X) \le y] = P[X \in A_y] \tag{7.2.1}$$

여기서 $A_y = \{x \mid g(x) \le y\}$이다. 따라서 Y의 cdf는 X가 연속확률변수이면 X의 pdf $f_X(x)$의 적분으로 나타낼 수 있고, X가 이산확률변수이면 X의 pmf $f_X(x)$의 합으로 나타낼 수 있기 때문에 $F_Y(y)$를 구할 수 있다. 그러면 정리 3.3.2나 식 (3.4.2)의 cdf와 pdf (pmf)의 관계에 의해 Y의 pdf (pmf)를 구할 수 있다.

예제 7.2.1 X는 cdf가 $F_X(x)$인 확률변수이고, $Y_1 = |X|$, $Y_2 = aX + b$($a \ne 0$와 b는 상수)라 하자. 그러면 Y_1과 Y_2의 cdf는 각각 다음과 같이 나타낼 수 있다.

$$\begin{aligned} F_{Y_1}(y_1) &= P[Y_1 \le y_1] = P[|X| \le y_1] \\ &= P[-y_1 \le X \le y_1] \\ &= P[X \le y_1] - P[X < -y_1] \\ &= F_X(y_1) - F_X(-y_1) + P[X = -y_1],\ y_1 \ge 0 \end{aligned}$$

$$
\begin{aligned}
F_{Y_2}(y_2) &= P[Y_2 \le y_2] = P[aX + b \le y_2] \\
&= P[aX \le y_2 - b] \\
&= \begin{cases} P\left[X \le \dfrac{y_2 - b}{a}\right], & a > 0 \\ P\left[X \ge \dfrac{y_2 - b}{a}\right], & a < 0 \end{cases}
\end{aligned}
$$

예를 들어, $X \sim \mathrm{U}(-1,\ 1)$이면, X의 cdf는

$$F_X(x) = \frac{x+1}{2},\ -1 \le x \le 1$$

이므로

$$
\begin{aligned}
F_{Y_1}(y_1) &= F_X(y_1) - F_X(-y_1) + P[X = -y_1] \\
&= \frac{y_1 + 1}{2} - \frac{-y_1 + 1}{2},\ 0 \le y \le 1 \\
&= y_1,\ 0 \le y_1 \le 1
\end{aligned}
$$

이다. 따라서 Y_1의 pdf는

$$f_{Y_1}(y_1) = 1,\ 0 < y_1 < 1$$

이므로 $Y_1 \sim \mathrm{U}(0,\ 1)$이다. $Y_2 = 3X + 2$의 cdf를 구해 보면

$$
\begin{aligned}
F_{Y_2}(y_2) &= P\left[X \le \frac{y_2 - 2}{3}\right] \\
&= F_X\left(\frac{y_2 - 2}{3}\right) \\
&= \frac{1}{2}\left[\frac{y_2 - 2}{3} + 1\right],\ -1 \le y_2 \le 5 \\
&= \frac{y_2 + 1}{6},\ -1 \le y_2 \le 5
\end{aligned}
$$

이므로 Y_2의 pdf는

$$f_{Y_2}(y_2) = \frac{1}{6},\ -1 < y_2 < 5$$

이다. 즉, $Y_2 \sim \mathrm{U}(-1,\ 5)$이다. ■

예제 7.2.2 $X \sim \mathrm{U}(0,\ 1)$일 때, $Y = e^{-X}$의 pdf를 분포함수법을 이용해 구하라.

풀이

$$\begin{aligned} F_Y(y) = P[Y \le y] &= P[e^{-X} \le y] \\ &= P[X \ge -\ln y] \\ &= 1 - P[X < -\ln y] \\ &= 1 - F_X(-\ln y) \\ &= 1 - (-\ln y),\ 0 < -\ln y < 1 \\ &= 1 + \ln y,\ e^{-1} < y < 1 \end{aligned}$$

이므로

$$f_Y(y) = \frac{d}{dy} F_Y(y) = \frac{1}{y},\ e^{-1} < y < 1$$

이다. ■

식 (3.5.22)의 k차원 사건 A에 대한 확률식에 의해, 연속확률변수들의 k차원 벡터 $\boldsymbol{X} = (X_1,\ \ldots, X_k)$의 함수 $Y = g(\boldsymbol{X}) = g(X_1,\ \ldots, X_k)$의 cdf는

$$F_Y(y) = \int_{A_y} \cdots \int f(x_1,\ \ldots, x_k) dx_1 \cdots dx_k \tag{7.2.2}$$

임을 알 수 있다. 여기서 $A_y = \{\boldsymbol{x} \mid g(\boldsymbol{x}) \le y\}$이다.

예제 7.2.3 X_1과 X_2의 결합 pdf가

$$f(x_1,\ x_2) = \begin{cases} 4e^{-2(x_1 + x_2)}, & 0 < x_1 < \infty,\ 0 < x_2 < \infty \\ 0, & \text{그 외} \end{cases}$$

일 때, $Y = g(X_1,\ X_2) = X_1 + X_2$라 하면

$$A_y = \{(x_1,\ x_2) \mid 0 < x_1 \le y - x_2\ ;\ 0 < x_2 \le y\}$$

이므로, Y의 cdf는

$$\begin{aligned} F_Y(y) &= P[X_1 + X_2 \le y] \\ &= \int_0^y \int_0^{y - x_2} 4e^{-2(x_1 + x_2)} dx_1 dx_2 \end{aligned}$$

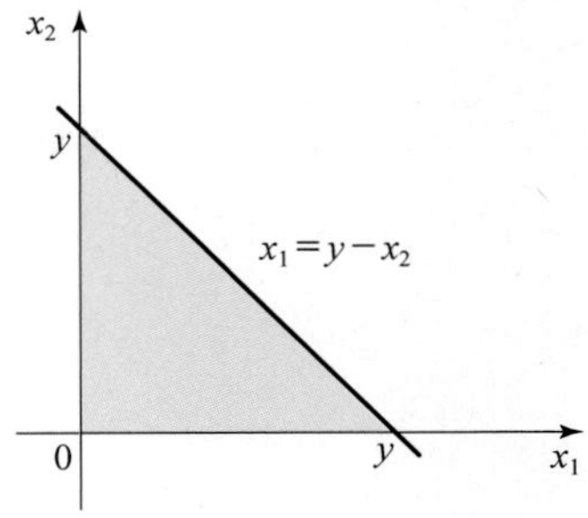

그림 7.2.1

$$= \int_0^y 2e^{-2x_2} \int_0^{y-x_2} 2e^{-2x_1} dx_1 dx_2$$

$$= \int_0^y 2e^{-2x_2} [1 - e^{-2(y-x_2)}] dx_2$$

$$= \int_0^y (2e^{-2x_2} - 2e^{-2y}) dx_2$$

$$= 1 - e^{-2y} - 2ye^{-2y}, \quad y > 0$$

이다. 따라서

$$f_Y(y) = \frac{d}{dy} F_Y(y) = 4ye^{-2y}, \quad y > 0$$

이다. 즉 $Y \sim \mathrm{Gam}\left(2, \frac{1}{2}\right)$이다. ■

예제 7.2.4 X_1과 X_2는 서로 독립이며 동일한 지수분포 Exp(1)을 따르는 확률변수이다. 다음 확률변수 Z의 분포를 분포함수법을 이용해 구하라.

$$Z = \frac{X_1}{X_1 + X_2}$$

풀이

$$F_Z(z) = P[Z \le z] = P\left[\frac{X_1}{X_1 + X_2} \le z\right]$$

$$= P[(1-z)X_1 \le zX_2]$$

$$= \int_0^\infty \int_0^{\frac{z}{1-z}x_2} e^{-x_1 - x_2} dx_1 dx_2$$

$$
\begin{aligned}
&= \int_0^{\infty} e^{-x_2}\left[1 - e^{-\left(\frac{z}{1-z}\right)x_2}\right] dx_2 \\
&= 1 - \int_0^{\infty} e^{-\frac{1}{1-z}x_2} dx_2 \\
&= 1 - (1-z),\ 0 < z < 1 \\
&= z,\ 0 < z < 1
\end{aligned}
$$

이므로, $f_Z(z) = 1,\ 0 < z < 1$이다. 즉, $Z \sim \mathrm{U}(0,\ 1)$이다. 위의 유도과정에서 X_1과 X_2의 결합 pdf는

$$
f_{X_1,\ X_2}(x_1,\ x_2) = f_{X_1}(x_1) f_{X_2}(x_2) = e^{-x_1 - x_2},\ x_1 > 0,\ x_2 > 0
$$

을 이용했다. ■

연습문제

7.2.1 $X \sim \mathrm{Exp}(1)$일 때, $Y = 1/X$의 pdf를 구하라.

7.2.2 X의 pdf가 다음과 같을 때, $Y = X - 1$의 cdf와 pdf를 구하라.

$$
f(x) = \begin{cases} 3x^2, & 0 < x < 1 \\ 0, & \text{그 외} \end{cases}
$$

7.2.3 $X \sim \mathrm{U}(-1,\ 1)$일 때, 다음을 구하라.

(a) $P\left[\sin\left(\frac{\pi}{2}X\right) > \frac{1}{3}\right]$

(b) $Y = 2X + 15$의 pdf

(c) $Y = X^2$의 pdf

7.2.4 X의 pdf가 다음과 같을 때, $Y = X^2$의 pdf를 구하라.

$$
f(x) = \begin{cases} \frac{x+1}{2}, & -1 < x < 1 \\ 0, & \text{그 외} \end{cases}
$$

7.2.5 $X \sim \text{Wei}(\alpha,\ \beta)$이고 $Y = \left(\dfrac{X}{\beta}\right)^{\alpha}$이면, Y는 모수가 $\theta = 1$인 지수확률변수이고 그 역도 성립함을 보여라.

7.2.6 X가 모수 μ와 σ^2을 갖는 정규확률변수일 때, $Y = e^X$의 확률밀도함수를 구하라. $\ln Y$가 정규분포를 따르기 때문에 확률변수 Y는 모수가 μ와 σ^2인 로그정규(lognormal)분포를 따른다고 한다.

7.2.7 연습문제 6.2.13번에서 $W = XY$의 pdf를 분포함수법을 이용해 구하라.

7.2.8 X와 Y의 결합 pdf가

$$f(x,\ y) = \begin{cases} e^{-(x+y)}, & x > 0,\ y > 0 \\ 0, & \text{그 외} \end{cases}$$

일 때, $Z = (X + Y)/2$의 pdf를 분포함수법을 이용해 구하라.

7.2.9 X_1과 X_2의 결합 pdf가 다음과 같을 때, $Y = X_1 - X_2$의 pdf를 구하라.

$$f(x_1,\ x_2) = \begin{cases} 3x_1, & 0 < x_2 < x_1 < 1 \\ 0, & \text{그 외} \end{cases}$$

7.2.10 X_1과 X_2는 독립이며 모수가 각각 θ_1과 θ_2인 지수확률변수일 때, $Z = X_1/X_2$의 분포함수를 구하라. 또한 $P[X_1 < X_2]$를 계산하라.

7.3 • 변수변환법

앞 절에서는 X의 cdf를 이용해 $Y = g(X)$의 cdf를 구하는 방법을 소개했다. 여기서는 먼저 그 분포함수를 계산한 다음 pdf (pmf)를 구하는 것이 아니라, 직접 $Y = g(X)$의 pdf (pmf)를 구할 수 있는 방법을 소개하고자 한다. 여기서는 확률변수가 연속인지 이산인지 구분하여 생각하고 X의 함수가 일대일 함수인지를 역시 구분하여 방법을 소개한다. 여기서도 먼저 단일 확률변수 X의 함수에 대해 생각한 다음 k개 확률변수들의 함수로 확장한다.

7.3.1 일대일 변환

정리 7.3.1 **이산인 경우**

X는 pmf가 $f_X(x)$인 이산확률변수이고, $Y=g(X)$가 일대일 변환이라 하자. 그러면 $Y=g(X)$의 pmf는

$$f_Y(y)=P[Y=y]=f_X(g^{-1}(y)),\ y\in B \tag{7.3.1}$$

이다. 여기서 $g^{-1}(y)$는 $y=g(x)$의 역변환이고 $B=\{y|f_Y(y)>0\}$이다.

정리 7.3.1에서 가정한 $y=g(x)$가 일대일 변환이기 위해선 $y=g(x)$가 순증가 함수(모든 x에 대해 $g'(x)>0$)이거나 순감소 함수(모든 x에 대해 $g'(x)<0$)이어야 한다. 그러므로 역변환 $x=g^{-1}(y)$는 유일하게 존재하며 $y=g(x)$의 해이다.

예제 7.3.1 X는 pmf가 $f(x)=\dfrac{3}{4}\left(\dfrac{1}{4}\right)^{x-1},\ x=1,2,3,\ldots$인 기하확률변수이고, $Y=X^2$일 때 Y의 pmf를 구해 보자. X의 값이 모두 양수이므로, 변환 $y=g(x)=x^2$은 일대일 변환을 이룬다. $g^{-1}(y)=\sqrt{y}$이므로 Y의 pmf는

$$f_Y(y)=f_X(g^{-1}(y))=f_X(\sqrt{y})=\frac{3}{4}\left(\frac{1}{4}\right)^{\sqrt{y}-1},\ y=1,4,9,\ldots$$

임을 알 수 있다. ■

예제 7.3.2 $X\sim \mathrm{NB}(r,\ p)$일 때, $Y=X-r$의 pmf를 구하라.

풀이 X의 pmf가

$$f_X(x)=\binom{x-1}{r-1}p^r(1-p)^{x-r},\quad x=r,r+1,\ldots$$

이고 $y=x-r$이므로, $x=y+r$을 이산인 경우의 변수변환법을 이용하면

$$f_Y(y)=f_X(y+r)$$

$$= \binom{y+r-1}{r-1} p^r (1-p)^y, \quad y = 0, 1, 2, \ldots$$

이다. ■

정리 7.3.2 연속인 경우

X는 pdf가 $f_X(x)$인 연속확률변수이고, $y = g(x)$가 A에서 B로의 일대일 변환이다. 그리고 역변환 $g^{-1}(y)$가 미분가능하고 그 도함수 $\frac{d}{dy}g^{-1}(y)$가 연속이며 B에서 0이 아니면, $Y = g(X)$의 pdf는 다음과 같다.

$$f_Y(y) = f_X(g^{-1}(y)) \left| \frac{d}{dy} g^{-1}(y) \right|, \; y \in B \tag{7.3.2}$$

여기서 $A = \{x \mid f_X(x) > 0\}$이고 $B = \{y \mid f_Y(y) > 0\}$이다.

증명 $y = g(x)$는 일대일 함수이기 때문에 순증가 함수이거나 순감소 함수이다. 먼저 $y = g(x)$가 순증가 함수인 경우 증명해 보자.

그림 7.3.1에서 알 수 있듯이 $g(x) \le y$일 필요충분조건은 $x \le g^{-1}(y)$이다. 따라서

$$F_Y(y) = P[g(X) \le y] = P[X \le g^{-1}(y)] = F_X(g^{-1}(y))$$

이다. 그러므로

$$\begin{aligned} f_Y(y) &= \frac{d}{dy} F_X(g^{-1}(y)) \\ &= f_X(g^{-1}(y)) \frac{d}{dy} g^{-1}(y) \\ &= f_X(g^{-1}(y)) \left| \frac{d}{dy} g^{-1}(y) \right| \end{aligned}$$

이다. 여기서 $y = g(x)$가 순증가 함수이므로 $g^{-1}(y)$ 역시 순증가 함수이고, 따라서 $\frac{d}{dy} g^{-1}(y) > 0$이기 때문이다. 그러므로 순증가 함수인 경우 정리가 증명된다.

다음은 $y = g(x)$가 순감소 함수인 경우 증명해 보자.

감소 함수인 경우는 그림 7.3.2에서 알 수 있듯이 $g(x) \le y$일 필요충분조건은 $x \ge g^{-1}(y)$임을 알 수 있다.

$$F_Y(y) = P[g(X) \le y] = P[X \ge g^{-1}(y)] = 1 - F_X(g^{-1}(y))$$

이므로

$$f_Y(y) = -f_X(g^{-1}(y))\frac{d}{dy}g^{-1}(y)$$
$$= f_X(g^{-1}(y))\left|\frac{d}{dy}g^{-1}(y)\right|$$

이다. 여기서는 $y = g(x)$가 감소 함수이므로 $\frac{d}{dy}g^{-1}(y) < 0$이기 때문이다. ✣

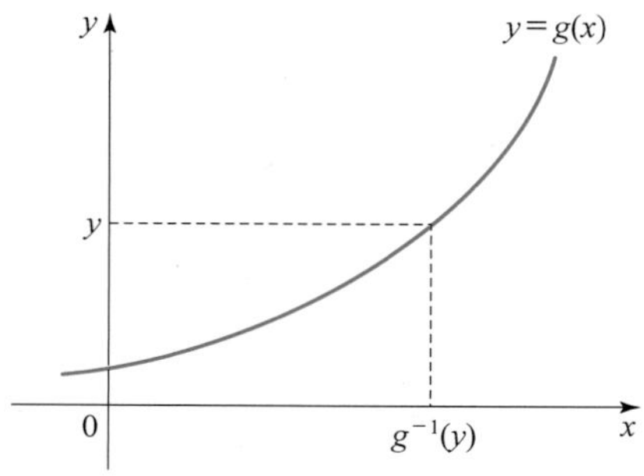

그림 7.3.1 순증가 함수

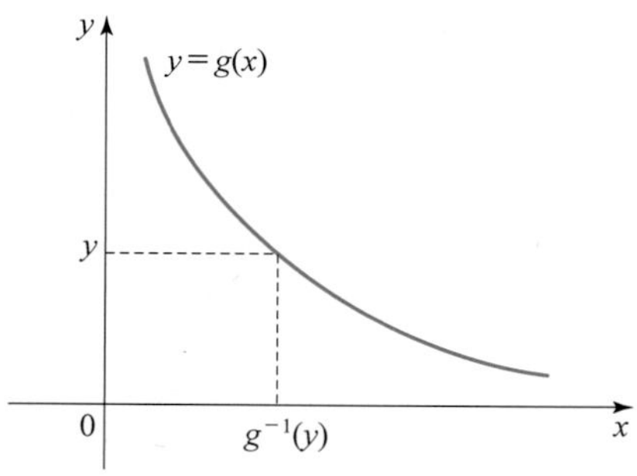

그림 7.3.2 순감소 함수

위 정리의 조건을 다르게 표현하면, X가 연속확률변수이고 pdf가 $f_X(x)$이며 $y = g(x)$가 모든 x에 대해 미분가능하고, 모든 x에 대해 $g'(x) > 0$ (순증가 함수)이거나 모든 x에 대해 $g'(x) < 0$ (순감소 함수)이어야 한다. 위 정리에서 $g^{-1}(y)$의 도함수를 변환의 야코비안(Jacobian)이라고 하며

$$J = \frac{d}{dy}g^{-1}(y) \tag{7.3.3}$$

로 나타낸다.

예제 7.3.3 $X \sim \mathrm{U}(0,\ 1)$이고 $Y=e^X$이라 하면, $y=g(x)=e^x$은 위 정리의 모든 조건을 만족하므로 정리 7.3.2에 의해 Y의 pdf를 쉽게 구할 수 있다. 역변환이 $x=g^{-1}(y)=\ln y$이므로

$$\begin{aligned} f_Y(y) &= f_X(\ln y)\left|\frac{d}{dy}\ln y\right| \\ &= 1\times\left|\frac{1}{y}\right|,\ 0<\ln y<1 \\ &= \frac{1}{y},\ 1<y<e \end{aligned}$$

이다. 그리고 $Y=-2\ln X$라 하면, 역변환이 $x=e^{-y/2}$이므로

$$\begin{aligned} f_Y(y) &= \left|-\frac{1}{2}e^{-y/2}\right|\times 1,\ 0<e^{-y/2}<1 \\ &= \frac{1}{2}e^{-y/2},\ 0<y<\infty \end{aligned}$$

이다. ■

예제 7.3.4 새 자동차 한 대당 판매원의 수익(단위: 1000달러)은 $Y=X^2$이라 한다. 여기서 X는 다음 pdf를 갖는 확률변수이다.

$$f(x)=\begin{cases} 2(1-x), & 0<x<1 \\ 0, & \text{그 외} \end{cases}$$

(a) 확률변수 Y의 pdf를 구하라.

(b) Y의 pdf를 이용하여, 이 판매원이 다음 새 자동차를 판매할 때 수익금이 250달러 미만일 확률을 구하라.

풀이 (a) X가 양의 값만 취하므로, $y=g(x)=x^2$은 일대일 변환이다.

$x=\sqrt{y}$이므로 Y의 pdf는

$$\begin{aligned} f_Y(y) &= f(\sqrt{y})\left|\frac{d}{dy}\sqrt{y}\right| \\ &= 2(1-\sqrt{y})\frac{1}{2\sqrt{y}},\ 0<\sqrt{y}<1 \end{aligned}$$

$$= \frac{1}{\sqrt{y}} - 1, \ 0 < y < 1$$

이다.

(b) $$P[Y < 0.25] = \int_0^{0.25} \left(\frac{1}{\sqrt{y}} - 1 \right) dy = 1 - \frac{1}{4} = \frac{3}{4}$$ ■

다음 정리는 매우 유용한 변환이다.

정리 7.3.3 확률적분변환 (Probability Integral Transformation)

X가 cdf $F(x)$를 갖는 연속확률변수이면, $F(X) \sim \mathrm{U}(0, 1)$이다.

증명 여기서는 $F(x)$가 일대일 함수인 경우만 증명한다. $y = F(x)$가 일대일 함수이므로, 역함수 $F^{-1}(y)$가 존재한다. 따라서

$$\begin{aligned} F_Y(y) &= P[F(X) \le y] \\ &= P[X \le F^{-1}(y)] \\ &= F(F^{-1}(y)) \\ &= y, \quad 0 < y < 1 \end{aligned}$$

즉, Y는 (0, 1)에서 균일확률변수이다. 일반적인 경우는 역함수가 존재하지 않기 때문에 $F^{-1}(y)$를

$$F^{-1}(y) = \min\{x \mid F(x) \ge y\}, \quad 0 \le y \le 1 \qquad (7.3.4)$$

로 정의하여 증명하면 된다. ✣

예제 7.3.5 $X \sim \mathrm{Exp}(\theta)$라 하자. 그러면 X의 cdf는

$$F_X(x) = \begin{cases} 0, & x \le 0 \\ 1 - e^{-x/\theta}, & x > 0 \end{cases}$$

이다. 따라서 $Y = F(X) = 1 - e^{-X/\theta}$의 분포는 정리 7.3.3에 의해 U(0, 1)이다. 정리 7.3.2에 의해 직접 Y의 pdf를 계산해 보면, 역변환이 $g^{-1}(y) = -\theta \ln(1-y)$이므로

$$
\begin{aligned}
f_Y(y) &= f_X(g^{-1}(y)) \left| \frac{d}{dy} g^{-1}(y) \right| \\
&= \frac{1}{\theta} e^{\ln(1-y)} \left| \frac{\theta}{1-y} \right|, \quad \ln(1-y) < 0 \\
&= 1, \quad 0 < y < 1
\end{aligned}
$$

이다. 즉, $Y \sim \mathrm{U}(0,\ 1)$이다. ■

다음 정리는 정리 7.3.3의 역에 해당되는 것으로, 컴퓨터에서 어떤 특정한 분포에서의 확률변수의 값을 생성하는 데 유용하게 이용될 수 있다.

정리 7.3.4

$F(x)$는 임의의 cdf이고 $U \sim \mathrm{U}(0,\ 1)$이면, 모든 실수 x에 대해

$$P[h(U) \le x] = F(x) \tag{7.3.5}$$

이다. 여기서 $h(u) = \min\{x \mid F(x) \ge u\}$이다.

증명 (i) 이산인 경우

$F(x)$를 이산확률변수 X의 cdf라 하고 X의 가능한 값들이 $x_1 < x_2 < x_3 < \cdots$을 만족하며

$$P[X = x_k] = p_k, \quad k = 1, 2, \ldots$$

라 하자. 그러면

$$h(u) = \min\{x \mid F(x) \ge u\} = \begin{cases} x_1, & 0 \le u \le p_1 \\ x_2, & p_1 < u \le p_1 + p_2 \\ x_3, & p_1 + p_2 < u \le p_1 + p_2 + p_3 \\ \vdots & \vdots \end{cases}$$

이다. $U \sim \mathrm{U}(0,\ 1)$이므로

$$
\begin{aligned}
&P[h(U) = x_1] = P[0 \le U \le p_1] = p_1 \\
&P[h(U) = x_2] = P[p_1 \le U \le p_1 + p_2] = p_2 \\
&\qquad\qquad \vdots \\
&P[h(U) = x_k] = P[p_1 + \cdots + p_{k-1} < U \le p_1 + \cdots + p_k] = p_k, \ k = 1, 2, \ldots
\end{aligned}
$$

이다. 즉, $h(U)$와 X는 같은 pmf를 갖기 때문에 $h(U)$의 cdf는 X의 cdf인 $F(x)$가 된다.

(ii) 연속인 경우

F가 연속이고 일대일 함수이면 역함수 F^{-1}가 존재하고 $F^{-1}(u) = h(u)$이다. 그러므로, 다음과 같이 쉽게 증명된다.

$$\begin{aligned} P[h(U) \le x] &= P[F^{-1}(U) \le x] \\ &= P[U \le F(x)] \\ &= F(x) \ \ (U \sim \mathrm{U}(0,\ 1)\text{이므로}) \end{aligned}$$

이제 일반적인 경우를 생각하자, 즉 F가 일대일 함수라는 조건 없이 증명한다. 다음 두 사건이 같음을 보이면 된다.

$$[h(U) \le x] = [U \le F(x)]$$

위의 사실은 간단히 증명된다. ✣

정리 7.3.4는 어떤 임의의 cdf $F(x)$가 $h(U)$의 cdf가 된다는 것이다. 따라서 균일분포 $\mathrm{U}(0,\ 1)$에서 난수 u를 생성하여 cdf $F(x)$를 갖는 분포에서의 값 $x = h(u)$를 생성할 수 있다. 그러므로 모의실험 등에서 어떤 특정한 분포에서의 값을 생성할 때 널리 이용되는 유용한 정리이다.

예제 7.3.6 $U \sim \mathrm{U}(0,\ 1)$이다. $X = h(U) \sim \mathrm{Exp}(\theta)$가 되는 변환 $x = h(u)$를 구하라.

풀이 $X \sim \mathrm{Exp}(\theta)$의 cdf는

$$F(x) = 1 - e^{-x/\theta}, \quad x > 0$$

이다. 그러면 F가 일대일 함수이므로

$$h(u) = \min\{x \mid F(x) \ge u\} = F^{-1}(u)$$

이다. 즉,

$$\begin{aligned} 1 - e^{-x/\theta} &= u \\ x &= -\theta \ln(1-u) \end{aligned}$$

가 구하고자 하는 $x = h(u) = -\theta \ln(1-u)$ 변환이다. ■

7.3.2 일대일이 아닌 변환

함수 $y=g(x)$가 $A=\{x | f_X(x)>0\}$ 상에서 일대일이 아니라 하자. 그러나 방정식 $y=g(x)$에 대한 유일한 해가 존재하지 않더라도 일반적으로 $g(x)$가 각 A_i 상에서는 일대일이 되도록 A를 상호배반인 부분집합 $A_1, A_2, \ldots, A_k$로 분할하는 것이 가능하다. 그러면 $y=g(x)$는 A_i 상에서 유일한 해 $x_i=g_i^{-1}(y)$를 갖는다.

(1) 이산인 경우

일대일 변환이 아닌 함수 $Y=g(X)$의 pmf는 다음과 같다.

$$f_Y(y)=\sum_{i=1}^{k} f_X(g_i^{-1}(y)) \tag{7.3.6}$$

(2) 연속인 경우

일대일 변환이 아닌 함수 $Y=g(X)$의 pdf는 다음과 같다.

$$f_Y(y)=\sum_{i=1}^{k} f_X(g_i^{-1}(y)) \left| \frac{d}{dy} g_i^{-1}(y) \right| \tag{7.3.7}$$

예제 7.3.7 X의 pmf는 $f_X(x)=\frac{1}{121}3^{2-x},\ x=-2,\ -1,\ 0,\ 1,\ 2$이고 $Y=|X|$라 하자. 그러면 $y=g(x)=|x|$는 일대일 변환이 아니다. 그러나 분할하여 식 (7.3.6)을 이용하면,

$$f_Y(y)=\begin{cases} \frac{9}{121}, & y=0 \\ \frac{1}{121}(3^{2+y}+3^{2-y}), & y=1,\ 2 \end{cases}$$

임을 알 수 있다. ■

예제 7.3.8 X를 pdf가 $f(x)$인 연속확률변수라 하고, $Y=|X|$라 하자. 그러면 $y=g(x)=|x|$는 실수상에서 일대일 변환이 아니다. 그러나 $A_1=(-\infty,\ 0)$, $A_2=(0,\ \infty)$로 분할하여 생각하면 각 $A_i(i=1,\ 2)$상에서 $y=|x|$는 일대일 변환이고, 역변환이 각각 $y>0$에 대해 $x_1=g_1^{-1}(y)=-y$, $x_2=g_2^{-1}(y)=y$이다. 따라서 Y의 pdf는

$$f_Y(y) = \begin{cases} f_X(y) + f_X(-y), & y > 0 \\ 0, & y \le 0 \end{cases}$$

이다. 만일 $X \sim \mathrm{U}(-1,\ 1)$이면 Y의 pdf는

$$f_Y(y) = \begin{cases} 1, & 0 < y < 1 \\ 0, & \text{그 외} \end{cases}$$

이고, $X \sim \mathrm{N}(0,\ 1)$이면 Y의 pdf는 다음과 같다.

$$f_Y(y) = \begin{cases} \dfrac{2}{\sqrt{2\pi}} e^{-y^2/2}, & y > 0 \\ 0, & y \le 0 \end{cases}$$

■

예제 7.3.9 X는 pdf가 $f(x) = \dfrac{3x^2}{28}$, $-1 < x < 3$인 확률변수이다. $Y = X^2$의 pdf를 구하라.

풀이 $y = g(x) = x^2$, $-1 < x < 3$은 일대일 변환이 아니므로, 분할하여 역변환을 구하면

$$x = g_i^{-1}(y) = \begin{cases} -\sqrt{y}, & x < 0 \\ \sqrt{y}, & x > 0 \end{cases}$$

이다. 따라서 Y의 pdf는 다음과 같다.

$$\begin{aligned} f_Y(y) &= \frac{1}{2\sqrt{y}} [f_X(\sqrt{y}) + f_X(-\sqrt{y})] \\ &= \begin{cases} \dfrac{1}{2\sqrt{y}} \left(\dfrac{3y}{28} + \dfrac{3y}{28} \right) = \dfrac{3\sqrt{y}}{28}, & 0 < y < 1 \\ \dfrac{1}{2\sqrt{y}} \left(\dfrac{3y}{28} + 0 \right) = \dfrac{3\sqrt{y}}{56}, & 1 < y < 9 \end{cases} \end{aligned}$$

■

연습문제

7.3.1 확률변수 X의 pmf가

$$f_X(x)=\begin{cases}\dfrac{1}{4}, & x=1,\ 2,\ 3,\ 4\\ 0, & \text{그 외}\end{cases}$$

일 때, 확률변수 $Y=2X-1$의 pmf를 구하라.

7.3.2 X를 다음 pmf를 갖는 이항확률변수라 하자. 즉, $X \sim \text{Bin}\left(5,\ \dfrac{1}{5}\right)$이다.

$$f_X(x)=\binom{5}{x}\left(\frac{1}{5}\right)^x\left(\frac{4}{5}\right)^{5-x},\quad x=0,\ 1,\ 2,\ 3,\ 4,\ 5$$

$Y=X^2$의 pmf를 구하라.

7.3.3 X가 pmf $f_X(x)=\left(\dfrac{1}{2}\right)^x$, $x=1,\ 2,\ 3,\ \ldots$을 갖는 확률변수일 때, $Y=X^3$의 pmf를 구하라.

7.3.4 $X \sim \text{Poi}(\mu)$, 즉 X의 pmf가

$$f(x)=P[X=x]=e^{-\mu}\frac{\mu^x}{x!},\quad x=0,1,2,\ \ldots$$

일 때, $Y=X^2+3$의 pmf를 구하라.

7.3.5 X의 pdf가 $f_X(x)=\dfrac{x^3}{4}$, $0<x<2$일 때, $Y=X^2$의 pdf를 구하라.

7.3.6 X를 어느 도시의 1월 기온(단위: ℃)이라 하자. $X \sim N(0,\ 4)$일 때, 기온의 단위를 위를 화씨(℉)로 변경한 $Y=\dfrac{9}{5}X+32$의 pdf를 구하라.

7.3.7 X의 pdf가 다음과 같을 때, $Y=X^2$의 pdf를 구하라.

$$f_X(x) = \frac{2x}{\theta} e^{-x^2/\theta}, \quad x > 0$$

7.3.8 X의 pdf가 $f_X(x) = \frac{1}{9}x^2$, $0 < x < 3$일 때, $Y = X^3$의 pdf를 구하라.

7.3.9 X의 pdf가 $f_X(x) = \frac{3}{2}x^2$, $-1 < x < 1$일 때, $Y = \frac{X^3 + 1}{2}$의 pdf를 구하라.

7.3.10 $Y \sim U(0,\ 1)$일 때, $X = (2Y - 1)^{1/3}$의 pdf를 구하라.

7.3.11 X의 pdf가 다음과 같을 때, $Y = 1/X$의 pdf를 구하라.

$$f_X(x) = \frac{1}{\sqrt{2\pi}} x^{-2} e^{-1/(2x^2)}, \quad -\infty < x < \infty$$

7.3.12 X의 pdf가 $f_X(x) = 2xe^{-x^2}$, $0 < x < \infty$일 때, $Y = X^2$의 pdf를 구하라.

7.3.13 $X \sim U(0,\ 1)$일 때, $Y = \frac{X}{1 + X}$의 pdf를 구하라.

7.3.14 X가 다음 pdf를 갖는 확률변수일 때, $Y = e^{-X}$의 pdf를 구하라.

$$f_X(x) = \begin{cases} 2x, & 0 < x < 1 \\ 0, & \text{그 외} \end{cases}$$

7.3.15 어떤 형태의 신장 질환 환자들의 치료기간(단위: 일)은 확률변수로 $Y = X + 4$이다. 여기서 X의 pdf는 다음과 같다.

$$f(x) = \begin{cases} \frac{32}{(x+4)^3}, & x > 0 \\ 0, & x \le 0 \end{cases}$$

(a) 확률변수 Y의 pdf를 구하라.

(b) Y의 pdf를 이용하여, 이 병을 앓고 있는 한 환자의 치료기간이 8일을 초과할 확률을 구하라.

7.3.16 X의 pdf가 $f(x)=\frac{1}{2}e^{-|x|}$, $-\infty<x<\infty$일 때, $Y=X^2$의 pdf를 구하라.

7.3.17 연습문제 7.2.4번을 변수변환법을 이용해 구하라.

7.3.18 $X \sim \mathrm{N}(0,\ 1)$일 때, $Y=X^2$의 pdf를 구하라.

7.3.19 X의 pdf가 다음과 같을 때, 확률변수 $Y=X^2$의 pdf를 구하라.

$$f_X(x)=\begin{cases}\frac{2}{9}(x+1), & -1<x<2\\ 0, & \text{그 외}\end{cases}$$

7.3.20 X는 pdf가 $f_X(x)=\frac{1}{3}$, $-1<x<2$인 확률변수이다. 즉 $X \sim \mathrm{U}(-1,\ 2)$이다. $Y=|X|$의 pdf를 구하라.

7.3.21 X는 pdf가 $f_X(x)=\frac{1}{2\theta}$, $-\theta<x<\theta$인 확률변수이다. 즉, $X \sim \mathrm{U}(-\theta,\ \theta)$이다. $Y=1/X^2$의 pdf를 구하라.

7.3.3 결합변환

앞 절에서 다룬 정리들을 여러 개 확률변수의 함수에 적용하여 확장시킬 수 있다.

정리 7.3.5

$X_1, \ldots, X_k$는 결합 pmf가 $f_{\boldsymbol{X}}(x_1,\ \ldots,\ x_k)$인 이산확률변수이고, $Y_i=g_i(X_1,\ \ldots,\ X_k)$, $i=1,\ \ldots,\ k$가 일대일 변환이면, $Y_1,\ \ldots,\ Y_k$의 결합 pmf는

$$f_{\boldsymbol{Y}}(y_1,\ \ldots,\ y_k)=f_{\boldsymbol{X}}(w_1(\boldsymbol{y}),\ \ldots,\ w_k(\boldsymbol{y})) \tag{7.3.8}$$

이다. 여기서 $x_i=w_i(\boldsymbol{y})=w_i(y_1,\ \ldots,\ y_k)$, $i=1,\ \ldots,\ k$는 k개의 방정식 $y_i=g_i(x_1,\ \ldots,\ x_k)$, $i=1,\ \ldots,\ k$의 해이다.

변환이 일대일은 아니지만 상호배반인 각 A_i상에서 유일한 해 $x_{1i},\ \ldots,\ x_{ki}$를 갖도록

$A_1, \ldots, A_j$로 분할할 수 있으면, $Y_1, \ldots, Y_k$의 결합 pmf는

$$f_{\boldsymbol{Y}}(y_1, \ldots, y_k) = \sum_{i=1}^{j} f_{\boldsymbol{X}}(x_{1i}, x_{2i}, \ldots, x_{ki}) \tag{7.3.9}$$

이다.

예제 7.3.10 X_1과 X_2는 서로 독립이며 각각 $X_i \sim \text{Poi}(\mu_i)$, $i = 1, 2$이다. $Y_1 = X_1$과 $Y_2 = X_1 + X_2$의 결합 pmf를 구하라.

풀이 X_1과 X_2가 독립이고 푸아송분포를 따르므로, 결합 pmf는

$$f_{X_1, X_2}(x_1, x_2) = f_{X_1}(x_1) f_{X_2}(x_2) = \frac{e^{-(\mu_1 + \mu_2)} \mu_1^{x_1} \mu_2^{x_2}}{x_1! \, x_2!}$$

이다. 그러므로 $Y_1 = X_1$과 $Y_2 = X_1 + X_2$의 결합 pmf는

$$\begin{aligned} f_{Y_1, Y_2}(y_1, y_2) &= f_{X_1, X_2}(y_1, y_2 - y_1) \\ &= \frac{e^{-(\mu_1 + \mu_2)} \mu_1^{y_1} \mu_2^{y_2 - y_1}}{y_1! (y_2 - y_1)!}, \quad y_1 = 0, 1, 2, \ldots \; ; \; y_2 = y_1, y_1 + 1, \ldots \end{aligned}$$

이다. ■

이제 연속확률변수인 경우에 대해 생각해 보자.

정리 7.3.6

$X_1, \ldots, X_k$는 A상에서 결합 pdf가 $f_{\boldsymbol{X}}(x_1, \ldots, x_k) > 0$인 연속확률변수이고, $Y_i = g_i(X_1, \ldots, X_k)$, $i = 1, \ldots, k$가 일대일 변환이며, 야코비안

$$J = \begin{vmatrix} \dfrac{\partial x_1}{\partial y_1} & \dfrac{\partial x_1}{\partial y_2} & \cdots & \dfrac{\partial x_1}{\partial y_k} \\ \dfrac{\partial x_2}{\partial y_1} & \dfrac{\partial x_2}{\partial y_2} & \cdots & \dfrac{\partial x_2}{\partial y_k} \\ \vdots & \vdots & & \vdots \\ \dfrac{\partial x_k}{\partial y_1} & \dfrac{\partial x_k}{\partial y_2} & \cdots & \dfrac{\partial x_k}{\partial y_k} \end{vmatrix} \tag{7.3.10}$$

가 연속이고 변환의 치역에서 0이 아니면, $Y_1, \ldots, Y_k$의 결합 pdf는

$$f_{\boldsymbol{Y}}(y_1, \ldots, y_k) = f_{\boldsymbol{X}}(w_1(\boldsymbol{y}), \ldots, w_k(\boldsymbol{y}))|J| \tag{7.3.11}$$

이다. 여기서 $x_i = w_i(\boldsymbol{y}),\ i = 1, \ldots, k$는 k개의 방정식 $y_i = g_i(x_1, \ldots, x_k)$의 유일한 해이다.

만일

$$J^* = \begin{vmatrix} \dfrac{\partial y_1}{\partial x_1} & \dfrac{\partial y_1}{\partial x_2} & \cdots & \dfrac{\partial y_1}{\partial x_k} \\ \dfrac{\partial y_2}{\partial x_1} & \dfrac{\partial y_2}{\partial x_2} & \cdots & \dfrac{\partial y_2}{\partial x_k} \\ \vdots & \vdots & & \vdots \\ \dfrac{\partial y_k}{\partial x_1} & \dfrac{\partial y_k}{\partial x_2} & \cdots & \dfrac{\partial y_k}{\partial x_k} \end{vmatrix} \tag{7.3.12}$$

라 하면 $|J| = |J^*|^{-1}$이다. 따라서 $Y_1, \ldots, Y_k$의 결합 pdf는 다음과 같이 구할 수도 있다.

$$f_{\boldsymbol{Y}}(y_1, \ldots, y_k) = f_{\boldsymbol{X}}(w_1(\boldsymbol{y}), \ldots, w_k(\boldsymbol{y}))|J^*|^{-1} \tag{7.3.13}$$

변환들이 일대일이 아닌 경우 7.3.2절에서 다룬 방법과 유사하게 위의 정리를 다음과 같이 확장할 수 있다.

$$f_{\boldsymbol{Y}}(y_1, \ldots, y_k) = \sum_i f_{\boldsymbol{X}}(x_{1i}, \ldots, x_{ki})|J_i| \tag{7.3.14}$$

여기서 $x_{1i}, \ldots, x_{ki}$는 A_i상에서 $y_1, \ldots, y_k$의 유일한 해이고 J_i는 A_i상에서 해의 야코비안이다.

예제 7.3.11 X_1과 X_2는 결합 pdf가 다음과 같은 연속확률변수이다.

$$f(x_1, x_2) = \begin{cases} 4x_1x_2, & 0 < x_1 < 1,\ 0 < x_2 < 1 \\ 0, & \text{그 외} \end{cases}$$

$Y_1 = X_1^2$과 $Y_2 = X_1X_2$의 결합 pdf를 구하라.

풀이 $y_1 = g_1(x_1, x_2) = x_1^2$과 $y_2 = g_2(x_1, x_2) = x_1x_2$의 유일한 해는 $x_1 = w_1(y_1, y_2) = \sqrt{y_1}$이고 $x_2 = w_2(y_1, y_2) = y_2/\sqrt{y_1}$이므로

$$J = \begin{vmatrix} \frac{1}{2\sqrt{y_1}} & 0 \\ -\frac{y_2}{2y_1^{3/2}} & \frac{1}{\sqrt{y_1}} \end{vmatrix} = \frac{1}{2y_1}$$

이다. $A = \{(x_1,\ x_2) | 0 < x_1 < 1,\ 0 < x_2 < 1\}$이므로 $B = \{(y_1,\ y_2) | y_2^2 < y_1 < 1,\ 0 < y_2 < 1\}$이다. 정리 7.3.6으로부터, Y_1과 Y_2의 결합 pdf는

$$f_{Y_1,\ Y_2}(y_1,\ y_2) = 4(\sqrt{y_1})\frac{y_2}{\sqrt{y_1}}\frac{1}{2y_1},\ 0 < \sqrt{y_1} < 1,\ 0 < \frac{y_2}{\sqrt{y_1}} < 1$$
$$= \frac{2y_2}{y_1},\ y_2^2 < y_1 < 1,\ 0 < y_2 < 1$$

이다. ■

예제 7.3.12 X_1과 X_2는 pdf가 $f(x) = 1/x^2,\ 1 < x < \infty$이며 서로 독립인 확률변수일 때, $Y_1 = X_1X_2$의 pdf를 구하라.

풀이 X_1과 X_2의 결합 pdf는

$$f(x_1,\ x_2) = f(x_1)f(x_2)$$
$$= \frac{1}{x_1^2x_2^2},\ 1 < x_1 < \infty,\ 1 < x_2 < \infty$$

이다. $Y_2 = X_1$이라 하자. 그러면 $y_1 = x_1x_2$, $y_2 = x_1$ 변환의 유일한 해는 $x_1 = y_2$, $x_2 = y_1/y_2$이다. 따라서 야코비안이

$$J = \begin{vmatrix} 0 & 1 \\ \frac{1}{y_2} & -\frac{y_1}{y_2^2} \end{vmatrix} = -\frac{1}{y_2}$$

이므로 Y_1과 Y_2의 결합 pdf는

$$f_{Y_1,\ Y_2}(y_1,\ y_2) = f\left(y_2,\ \frac{y_1}{y_2}\right)|J|$$
$$= \frac{1}{y_1^2y_2},\ 1 < y_2 < y_1 < \infty$$

이다. 따라서

$$f_{Y_1}(y_1) = \int_{-\infty}^{\infty} f_{Y_1, Y_2}(y_1, y_2)dy_2 = \int_1^{y_1} \frac{1}{y_1^2 y_2} dy_2$$

$$= \frac{1}{y_1^2}(\ln y_1), \quad 1 < y_1 < \infty$$

■

X_1과 X_2가 연속확률변수로 결합 pdf $f(x_1, x_2)$를 가질 때, 두 확률변수의 합 $T = X_1 + X_2$의 pdf는 정리 7.3.6을 이용하여 그 일반식을 다음과 같이 유도할 수 있다.

$$f_T(t) = \int_{-\infty}^{\infty} f(x_1, t - x_1)dx_1 \tag{7.3.15}$$

만일 X_1과 X_2가 독립이면

$$f_T(t) = \int_{-\infty}^{\infty} f_1(x_1)f_2(t - x_1)dx_1 \tag{7.3.16}$$

이고, 이것을 일반적으로 합성곱공식(convolution formula)이라 한다. 중요한 몇 가지 결과를 다음 정리에 소개한다.

정리 7.3.7

X와 Y는 결합 pdf $f(x, y)$를 갖는 연속확률변수이다.

$$Z = X + Y, \ U = X - Y, \ V = XY$$

이고, $P[Y = 0] = 0$이며 $W = \dfrac{X}{Y}$일 때, Z, U, V, W 각각의 pdf는 다음과 같다.

$$f_Z(z) = \int_{-\infty}^{\infty} f(x, z - x)dx \tag{7.3.17}$$

$$f_U(u) = \int_{-\infty}^{\infty} f(u + y, y)dy \tag{7.3.18}$$

$$f_V(v) = \int_{-\infty}^{\infty} f\left(x, \frac{v}{x}\right)\frac{1}{|x|}dx \tag{7.3.19}$$

$$f_W(w) = \int_{-\infty}^{\infty} f(xw, x)|x|dx \tag{7.3.20}$$

정리 7.3.8

정리 7.3.7에서 X와 Y가 독립이고 각각의 pdf가 $f_X(x)$, $f_Y(y)$일 때, Z, U, V, W의 pdf는 다음과 같다.

$$f_Z(z) = \int_{-\infty}^{\infty} f_X(x) f_Y(z-x)\,dx \tag{7.3.21}$$

$$f_U(u) = \int_{-\infty}^{\infty} f_X(u+y) f_Y(y)\,dy \tag{7.3.22}$$

$$f_V(v) = \int_{-\infty}^{\infty} f_X(x) f_Y\left(\frac{v}{x}\right) \frac{1}{|x|}\,dx \tag{7.3.23}$$

$$f_W(w) = \int_{-\infty}^{\infty} f_X(xw) f_Y(x) |x|\,dx \tag{7.3.24}$$

정리 7.3.7은 정리 7.3.6을 이용하여 쉽게 증명할 수 있고, 정리 7.3.8은 정리 7.3.7에 의해 쉽게 증명된다.

예제 7.3.13 $X_i \sim \mathrm{N}(0,\ 1)$, $i = 1,\ 2$이고 X_1과 X_2는 독립이다.

(a) $Y_1 = X_1 + X_2$와 $Y_2 = X_1 - X_2$의 결합 pdf를 구하라.

(b) Y_1과 Y_2의 주변 pdf를 구하라.

(c) Y_1과 Y_2는 독립인가?

풀이 (a) $y_1 = g_1(x_1,\ x_2) = x_1 + x_2$, $y_2 = g_2(x_1,\ x_2) = x_1 - x_2$의 역변환은

$$x_1 = w_1(y_1,\ y_2) = \frac{1}{2}(y_1 + y_2), \quad x_2 = w_2(y_1,\ y_2) = \frac{1}{2}(y_1 - y_2)$$

이고, 야코비안은

$$J = \begin{vmatrix} \frac{1}{2} & \frac{1}{2} \\ \frac{1}{2} & -\frac{1}{2} \end{vmatrix} = -\frac{1}{2}$$

이므로, Y_1과 Y_2의 결합 pdf는 다음과 같다.

$$f_{Y_1, Y_2}(y_1, y_2) = \frac{1}{2} f_{X_1}\left(\frac{y_1+y_2}{2}\right) f_{X_2}\left(\frac{y_1-y_2}{2}\right)$$
$$= \frac{1}{2} \frac{1}{\sqrt{2\pi}} e^{-\frac{1}{2}\left(\frac{y_1+y_2}{2}\right)^2} \frac{1}{\sqrt{2\pi}} e^{-\frac{1}{2}\left(\frac{y_1-y_2}{2}\right)^2}$$
$$= \frac{1}{4\pi} e^{-\frac{1}{8}(2y_1^2+2y_2^2)}$$
$$= \frac{1}{4\pi} e^{-\frac{1}{4}y_1^2 - \frac{1}{4}y_2^2}, \quad -\infty < y_1 < \infty, \ -\infty < y_2 < \infty$$

(b) $$f_{Y_1, Y_2}(y_1, y_2) = \left(\frac{1}{\sqrt{2\pi}\sqrt{2}} e^{-y_1^2/4}\right)\left(\frac{1}{\sqrt{2\pi}\sqrt{2}} e^{-y_2^2/4}\right),$$
$$-\infty < y_1 < \infty, \ -\infty < y_2 < \infty$$

로 나타낼 수 있으므로 Y_1과 Y_2의 주변 pdf는 각각 다음과 같다.

$$f_{Y_1}(y_1) = \frac{1}{\sqrt{2\pi}\sqrt{2}} e^{-y_1^2/4}, \quad -\infty < y_1 < \infty$$
$$f_{Y_2}(y_2) = \frac{1}{\sqrt{2\pi}\sqrt{2}} e^{-y_2^2/4}, \quad -\infty < y_2 < \infty$$

즉, $Y_1 \sim \mathrm{N}(0, 2)$, $Y_2 \sim \mathrm{N}(0, 2)$이다.

정리 7.3.8을 이용해 Y_1과 Y_2의 pdf를 다시 구해 보자.

$$f_{Y_1}(y_1) = \int_{-\infty}^{\infty} f_{X_1}(x) f_{X_2}(y_1 - x)\,dx$$
$$= \int_{-\infty}^{\infty} \frac{1}{\sqrt{2\pi}} e^{-x^2/2} \frac{1}{\sqrt{2\pi}} e^{-(y_1-x)^2/2}\,dx$$
$$= \int_{-\infty}^{\infty} \frac{1}{2\pi} e^{-\left(x - \frac{1}{2}y_1\right)^2} e^{-y_1^2/4}\,dx$$
$$= \frac{1}{\sqrt{2\pi}\sqrt{2}} e^{-y_1^2/4}, \quad -\infty < y_1 < \infty$$

이고

$$f_{Y_2}(y_2) = \int_{-\infty}^{\infty} f_{X_1}(y_2 + x) f_{X_2}(x)\,dx$$
$$= \int_{-\infty}^{\infty} \frac{1}{\sqrt{2\pi}} e^{-(y_2+x)^2/2} \frac{1}{\sqrt{2\pi}} e^{-x^2/2}\,dx$$

$$= \int_{-\infty}^{\infty} \frac{1}{2\pi} e^{-(x+y_2/2)^2} e^{-y_2^2/4} dx$$

$$= \frac{1}{\sqrt{2\pi}\sqrt{2}} e^{-y_2^2/4}, \quad -\infty < y_2 < \infty$$

이다.

(c) Y_1과 Y_2는 독립이다. ■

연습문제

7.3.22 $X \sim \text{Bin}(n, p)$이고 $Y \sim \text{Bin}(n, p)$이며 X와 Y는 독립이다.

(a) $T = X + Y$의 pmf를 구하라.

(b) $W = X - Y$의 pmf를 구하라.

(c) $U = \dfrac{X}{Y+1}$와 $V = Y+1$의 결합 pmf를 구하라.

7.3.23 X와 Y의 결합 pmf가 다음과 같다. $T = X + Y$의 pmf를 구하라.

$$f(x, y) = \frac{(x+y+k-1)!}{x!\,y!\,(k-1)!} p_1^x p_2^y (1-p_1-p_2)^k, \quad x, y = 0, 1, 2, \ldots$$

여기서 $k(\geq 1)$는 정수이고 $p_1 + p_2 < 1$, $0 < p_i < 1$, $i = 1, 2$이다.

7.3.24 X_1과 X_2는 다음 결합 pmf를 갖는 이산확률변수이다. $Y_1 = X_1 + X_2$와 $Y_2 = X_1 - X_2$의 결합 pmf를 구하라.

$$f(x_1, x_2) = \binom{2}{x_1,\ x_2,\ 2-x_1-x_2} \left(\frac{1}{4}\right)^{x_1} \left(\frac{1}{3}\right)^{x_2} \left(\frac{5}{12}\right)^{2-x_1-x_2}$$

$$x_1 = 0, 1, 2\ ;\ x_2 = 0, 1, 2\ ;\ x_1 + x_2 \leq 2$$

7.3.25 X_1과 X_2가 다음 결합 pmf를 갖는 이산확률변수일 때, $Y = X_1 X_2$의 pmf를 구하라.

$$f(x_1, x_2) = \frac{x_1 x_2}{18}, \quad x_1 = 1, 2\ ;\ x_2 = 1, 2, 3$$

7.3.26 연습문제 3.7.7번에서, X와 Y의 결합 pdf는 다음과 같다.

$$f(x,\ y) = \begin{cases} 24xy, & 0 < x < 1,\ 0 < y < 1,\ x + y < 1 \\ 0, & \text{그 외} \end{cases}$$

(a) $Z = X + Y$의 pdf를 구하라.

(b) Z의 pdf를 이용하여, 주어진 상자에서 A종류와 B종류 초콜릿 무게의 합이 $\frac{1}{2}$kg 이상 $\frac{3}{4}$kg 미만일 확률을 구하라.

7.3.27 X_1과 X_2의 결합 pdf가 다음과 같다.

$$f_{X_1, X_2}(x_1,\ x_2) = \begin{cases} 2e^{-(x_1 + x_2)}, & 0 < x_1 < x_2 < \infty \\ 0, & \text{그 외} \end{cases}$$

(a) $Y_1 = 2X_1$과 $Y_2 = X_2 - X_1$의 결합 pdf를 구하라.

(b) Y_1과 Y_2가 독립인가?

7.3.28 X_1과 X_2는 서로 독립이고 동일한 지수분포 Exp(2)를 따르는 확률변수일 때, $Y_1 = X_1$과 $Y_2 = X_1 + X_2$의 결합 pdf를 구하라. Y_1과 Y_2는 독립인가?

7.3.29 X_1과 X_2의 결합 pdf가 다음과 같을 때, $Y = X_2/X_1$의 pdf를 구하라.

$$f(x_1,\ x_2) = \begin{cases} \frac{1}{8}x_1 e^{-(x_1 + x_2)/2}, & 0 < x_1 < \infty,\ 0 < x_2 < \infty \\ 0, & \text{그 외} \end{cases}$$

7.3.30 예제 7.3.12에서 정의한 확률변수에 대해 $Y = \sqrt{X_1 X_2}$의 pdf를 구하라.

7.3.31 X_1과 X_2는 서로 독립이며 동일한 표준정규분포 N(0, 1)을 따르는 확률변수이다.

(a) $Y_1 = X_1/X_2$의 pdf를 구하라.

(b) $Y_2 = X_1/(X_1 + X_2)$의 pdf를 구하라.

7.3.32 X_1과 X_2는 서로 독립이고 동일한 지수분포 Exp(1)을 따르는 확률변수이다.

(a) $Y_1 = X_1 + X_2$와 $Y_2 = \dfrac{X_1}{X_1 + X_2}$의 결합 pdf를 구하라.

(b) Y_1과 Y_2는 독립인가?

7.3.33 X_1과 X_2가 서로 독립이고 동일한 지수분포 Exp(1)을 따를 때, 다음을 구하라.

(a) $Y = \sqrt{X_1 + X_2}$의 pdf

(b) $Y_1 = X_1 + X_2$와 $Y_2 = X_1/X_2$의 결합 pdf

(c) $Y_1 = X_1 + X_2$의 pdf

7.3.34 X_1과 X_2는 독립이며, $X_1 \sim \mathrm{Gam}(3,\ 2)$, $X_2 \sim \mathrm{Gam}(4,\ 2)$일 때, $Y_1 = \dfrac{X_1}{(X_1 + X_2)}$와 $Y_2 = X_1 + X_2$의 결합 pdf를 구하라.

7.3.35 연습문제 7.3.34번에서 Y_1의 주변 pdf를 구하라.

7.3.36 X와 Y가 독립이고 동일한 표준정규분포 N(0, 1)을 따르는 확률변수일 때 극좌표변환, 즉 $X = R\cos\Theta$, $Y = R\sin\Theta$로 정의된 확률변수 R과 Θ의 결합 pdf를 구하라. 그리고 R과 Θ는 독립인가?

7.3.37 X_1과 X_2가 독립이고 $X_i \sim \mathrm{Exp}(\theta)$, $i = 1,\ 2$일 때, $Y_1 = X_1 + X_2$와 $Y_2 = e^{X_1}$의 결합 pdf를 구하라.

7.3.38 X_1과 X_2는 서로 독립이고 동일한 정규분포 $\mathrm{N}(\mu,\ \sigma^2)$을 따르는 확률변수이다.

(a) $Y_1 = X_1 + X_2$와 $Y_2 = X_1 - X_2$의 결합 pdf를 구하라.

(b) Y_1과 Y_2는 독립인가?

7.3.39 X와 Y는 반지름이 1이고 중심각이 90°인 부채꼴 내에서 무작위로 선택한 한 점의 좌표를 나타낸다고 하자. 즉, X와 Y의 결합 pdf가 다음과 같다.

$$f(x,\ y) = \begin{cases} \dfrac{4}{\pi}, & 0 < x < 1,\ 0 < y < 1,\ x^2 + y^2 < 1 \\ 0, & \text{그 외} \end{cases}$$

$R = \sqrt{X^2 + Y^2}$과 $\Theta = \tan^{-1}\left(\dfrac{Y}{X}\right)$의 결합 pdf를 구하라.

7.3.40 $X_1, \ldots, X_k$는 독립이고 $Y_i = g_i(X_i)$, $i = 1, \ldots, k$라 하자. X_i는 연속확률변수이고 $y_i = g_i(x_i)$는 일대일 변환이다. $Y_1, \ldots, Y_k$가 독립임을 보여라.

7.3.41 X_1, X_2, X_3가 독립이며 동일한 확률밀도함수 $f(x) = e^{-x}$, $0 < x < \infty$를 갖는 확률변수일 때,

$$Y_1 = \frac{X_1}{X_1 + X_2},\ Y_2 = \frac{X_1 + X_2}{X_1 + X_2 + X_3},\ Y_3 = X_1 + X_2 + X_3$$

의 결합 pdf를 구하라.

7.3.42 X_1과 X_2의 결합 pdf가

$$f(x_1,\ x_2) = 4e^{-2(x_1 + x_2)},\ 0 < x_1 < \infty,\ 0 < x_2 < \infty$$

이다. $Y = X_1/X_2$의 pdf를 구하라.

7.4 • 적률생성함수법

제 4 장에서 적률생성함수의 정의와 중요한 정리를 소개했다. 이 절에서는 독립인 확률변수들의 합에 대한 분포를 결정하기 위해 적률생성함수의 성질을 이용하고자 한다. 물론 7.3 절에서 이용한 변수변환법을 이용할 수 있으나 특정한 분포를 갖는 독립확률변수들의 합의 분포를 결정하기 위해서는 적률생성함수를 이용하는 것이 훨씬 용이하다. 제 4 장에서 소개했듯이 적률생성함수가 분포를 유일하게 결정하기 때문에 적률생성함수를 구하여 분포를 결정할 수 있다.

먼저 통계학의 표본추출에서 가장 흔히 가정되는 용어 중의 하나인 확률표본을 정의한다.

정의 7.4.1

확률변수 $X_1, \ldots, X_n$의 결합 pdf (pmf)가

$$f(x_1, x_2, ..., x_n) = f(x_1)f(x_2)\cdots f(x_n) \tag{7.4.1}$$

일 때, $X_1, ..., X_n$을 확률밀도(질량)함수가 $f(x)$인 모집단에서 크기 n인 확률표본(random sample)이라 한다. 즉, 각 시행에 대한 확률변수들이 서로 독립이고 같은 분포에서 표본이 택해질 때 확률표본이라 한다. 이때 확률변수 $X_1, ..., X_n$은 pdf(pmf)가 $f(x)$인 iid (independent and identically distributed) 확률변수라고도 한다.

예제 7.4.1 어떤 전구의 수명은 다음 밀도함수를 갖는 확률변수라 한다.

$$f(x) = \begin{cases} e^{-x}, & 0 < x < \infty \\ 0, & x \le 0 \end{cases}$$

X_1, X_2, X_3를 이 모집단에서 크기 3인 확률표본이라 할 때, $P[X_1 < 2, 1 < X_2 < 3, X_3 > 2]$를 구해 보자.

풀이 X_1, X_2, X_3가 확률표본이므로 X_1, X_2, X_3의 결합 pdf는

$$\begin{aligned} f(x_1, x_2, x_3) &= f(x_1)f(x_2)f(x_3) \\ &= e^{-(x_1+x_2+x_3)}, \quad x_1 > 0, x_2 > 0, x_3 > 0 \end{aligned}$$

이다. 그러므로

$$\begin{aligned} P[X_1 < 2, 1 < X_2 < 3, X_3 > 2] &= \int_2^\infty \int_1^3 \int_0^2 e^{-(x_1+x_2+x_3)} dx_1 dx_2 dx_3 \\ &= (1 - e^{-2})(e^{-1} - e^{-3})e^{-2} \\ &\approx 0.0376 \end{aligned}$$

이다. 물론 독립이라는 사실을 이용하여 $\left(\int_0^2 e^{-x_1} dx_1\right)\left(\int_1^3 e^{-x_2} dx_2\right)\left(\int_2^\infty e^{-x_3} dx_3\right)$로 구해도 된다. ■

적률생성함수가 분포를 유일하게 결정하기 때문에 확률변수의 함수의 적률생성함수를 유도해 분포를 구할 수 있다. 다음 예제를 살펴보자.

예제 7.4.2 예제 7.3.3에서 $X \sim \text{U}(0, 1)$일 때 $Y = -2\ln X$의 pdf를 구했다. 여기서는 mgf를 이용해 Y의 분포를 구해 보자. Y의 mgf는

$$\begin{aligned} M_Y(t) = E(e^{tY}) &= E(e^{-2t\ln X}) \\ &= E(X^{-2t}) \\ &= \int_0^1 x^{-2t} dt \\ &= \frac{1}{1-2t}, \quad t < 1/2 \end{aligned}$$

이고, 이것은 Exp(2)의 mgf다. 따라서 $Y \sim \text{Exp}(2)$로 예제 7.3.3과 동일한 결과를 얻을 수 있다. ■

이제 제 4 장 정리 4.5.3을 다시 소개한다. $X_1, \ldots, X_n$이 독립이며 각각 mgf $M_{X_i}(t)$를 갖는 확률변수이면, $Y = X_1 + \cdots + X_n$의 mgf는

$$M_Y(t) = M_{X_1}(t) M_{X_2}(t) \cdots M_{X_n}(t) \tag{7.4.2}$$

이다. 만일 $X_1, \ldots, X_n$이 확률표본이면, mgf $M_{X_i}(t)$가 모든 i에 대해 $M_X(t)$로 같기 때문에 $Y = X_1 + \cdots + X_n$의 mgf는

$$M_Y(t) = [M_X(t)]^n \tag{7.4.3}$$

이 된다. 이 사실을 이용해 확률변수들의 합의 분포를 살펴보자. 다음 예제의 결과들은 제 5, 6, 7 장에서도 특별한 경우에 일부 언급된 내용들이다.

예제 7.4.3 $X_1, \ldots, X_n$은 독립이며 평균이 각각 μ_i인 푸아송 확률변수이다. 즉, $X_i \sim \text{Poi}(\mu_i)$이다. $Y = X_1 + \cdots + X_n$이라 하면, X_i의 mgf는

$$M_{X_i}(t) = \exp[\mu_i(e^t - 1)]$$

이므로, Y의 mgf는

$$\begin{aligned} M_Y(t) &= \exp[\mu_1(e^t - 1)] \cdots \exp[\mu_n(e^t - 1)] \\ &= \exp[(\mu_1 + \cdots + \mu_n)(e^t - 1)] \end{aligned}$$

이다. 따라서 $Y \sim \text{Poi}(\mu_1 + \cdots + \mu_n)$이다. ■

예제 7.4.4 X_1과 X_2는 다음의 pmf를 갖는 분포에서 추출한 크기 $n=2$인 확률표본이라 하자.

x	1	2	3
$f(x)$	$\frac{1}{4}$	$\frac{2}{4}$	$\frac{1}{4}$

이때 $Y=X_1+X_2$의 pmf를 적률생성함수법을 이용해 구해 보자. X_1의 mgf가

$$M_X(t)=E(e^{tX})=\frac{1}{4}e^t+\frac{2}{4}e^{2t}+\frac{1}{4}e^{3t}$$

이므로 Y의 mgf는

$$\begin{aligned}M_Y(t)=[M_X(t)]^2&=\left(\frac{1}{4}e^t+\frac{2}{4}e^{2t}+\frac{1}{4}e^{3t}\right)^2\\&=\frac{1}{16}e^{2t}+\frac{4}{16}e^{3t}+\frac{6}{16}e^{4t}+\frac{4}{16}e^{5t}+\frac{1}{16}e^{6t}\end{aligned}$$

이다. 따라서 Y의 pmf는 다음과 같다.

y	2	3	4	5	6
$f_Y(y)$	$\frac{1}{16}$	$\frac{4}{16}$	$\frac{6}{16}$	$\frac{4}{16}$	$\frac{1}{16}$

■

예제 7.4.5 $X_1, \ldots, X_n$은 독립이며 모수 θ를 갖는 지수확률변수이다. $Y=X_1+\cdots+X_n$의 분포를 구해 보자. X_i의 mgf가

$$M_{X_i}(t)=(1-\theta t)^{-1},\ t<1/\theta$$

이므로, Y의 mgf는

$$M_Y(t)=\prod_{i=1}^{n}M_{X_i}(t)=(1-\theta t)^{-n},\ t<1/\theta$$

이다. 따라서 $Y\sim \text{Gam}(n,\ \theta)$이다. ■

다음은 독립인 정규확률변수들의 선형결합에 대해 생각해 보자.

정리 7.4.1

$X_i \sim \mathrm{N}(\mu_i,\ \sigma_i^2),\ \ i=1,\ \ldots, n$이 독립인 정규확률변수이고 $a_i,\ i=1,\ \ldots, n$이 상수이면,

$$Y=\sum_{i=1}^{n} a_i X_i \sim \mathrm{N}\left(\sum_{i=1}^{n} a_i \mu_i,\ \sum_{i=1}^{n} a_i^2 \sigma_i^2\right) \tag{7.4.4}$$

이다.

증명 정리 4.5.3에 의해

$$\begin{aligned} M_Y(t) &= \prod_{i=1}^{n} M_{X_i}(a_i t) \\ &= \prod_{i=1}^{n} \exp\left(a_i \mu_i t + \frac{a_i^2 t^2 \sigma_i^2}{2}\right) \\ &= \exp\left[t \sum_{i=1}^{n} a_i \mu_i + t^2 \sum_{i=1}^{n} a_i^2 \sigma_i^2 / 2\right] \end{aligned}$$

이므로, Y의 mgf는 평균이 $\sum_{i=1}^{n} a_i \mu_i$이고 분산이 $\sum_{i=1}^{n} a_i^2 \sigma_i^2$인 정규분포의 mgf이다. 따라서 mgf의 유일성에 의해 정리가 증명된다. ✣

예제 7.4.6 X는 병에 들어 있는 어떤 음료수의 양(단위: ml)을 나타내는 확률변수이며, $X \sim \mathrm{N}(350,\ 4)$라 하자. 20개 병에 들어 있는 음료수의 양이 적어도 7020ml일 확률은 얼마인가?

풀이 $X_i,\ i=1,\ \ldots, 20$을 음료수의 양(단위: ml)이라 하자. 그러면 20개의 병에 들어 있는 음료수의 양은 $X_1 + \cdots + X_{20}$이다. 20개 병에 들어 있는 음료수의 양이 서로 독립이라면 정리 7.4.1에 의해

$$\sum_{i=1}^{20} X_i \sim \mathrm{N}(7000,\ 80)$$

이므로, 20개의 병에 들어 있는 음료수의 양이 적어도 7020ml일 확률은

$$P\left[\sum_{i=1}^{20} X_i \geq 7020\right] = P\left[\frac{\sum_{i=1}^{20} X_i - 7000}{\sqrt{80}} \geq \frac{7020-7000}{\sqrt{80}}\right]$$
$$\approx P[Z \geq 2.24]$$
$$= 0.0125$$

이다. ■

연습문제

7.4.1 $X_1, \ldots, X_n$은 pdf가 $f(x) = 3x^2,\ 0 < x < 1$인 모집단에서 추출한 확률표본이다.

(a) $X_1, \ldots, X_n$의 결합 pdf를 구하라.

(b) 첫 번째 관측값이 0.5보다 작을 확률 $P[X_1 < 0.5]$를 구하라.

(c) 모든 관측값이 0.5보다 작을 확률을 구하라.

7.4.2 X_1과 X_2가 다음의 pmf를 갖는 분포에서 추출한 이산확률변수이다.

$$f(x) = \frac{x}{6},\quad x = 1,\ 2,\ 3$$

적률생성함수법을 이용해 $Y = X_1 + X_2$의 pmf를 구하라.

7.4.3 $X_1, \ldots, X_n$은 베르누이분포 $\mathrm{Bin}(1,\ p)$에서 추출한 확률표본이다. $Y = \sum_{i=1}^{n} X_i$의 분포를 구하라.

7.4.4 $X_1, \ldots, X_n$은 독립이며 모수가 각각 α_i와 β인 감마확률변수이다. 즉, $X_i \sim \mathrm{Gam}(\alpha_i,\ \beta),\ i = 1, \ldots, n$이다. $Y = \sum_{i=1}^{n} X_i$의 분포를 구하라.

7.4.5 $X \sim \mathrm{U}(0,\ 1)$일 때, $Y = aX + b$ (a와 b는 상수)의 분포를 적률생성함수를 이용해 구하라.

7.4.6 X_1과 X_2는 서로 독립인 이항확률변수로

$$X_i \sim \text{Bin}\left(n_i, \ \frac{1}{2}\right), \ i=1, \ 2$$

이다. 적률생성함수를 이용하여 $X_1 - X_2 + n_2$의 분포를 구하라.

7.4.7 $(X, \ Y) \sim \text{BN}(10, \ 15, \ 16, \ 9, \ 0.5)$이고 $T = 3X + 2Y + 10$일 때, 적률생성함수법을 이용하여 T의 분포를 구하라.

7.5 • 순서통계량

여기서는 순서통계량의 개념을 소개하고 그들의 성질을 조사해 본다. 여기서 얻어진 결과들은 통계적 추론 목적을 위한 추정과 검정부분에서 이용된다.

앞서 설명한 변환 중 다음의 특별한 경우를 생각해 보자.

$$\begin{aligned}
y_1 &= g_1(x_1, \ \ldots, x_n) = \min(x_1, \ \ldots, x_n) \\
y_2 &= g_2(x_1, \ \ldots, x_n) = x_1, \ \ldots, x_n \text{ 중 두 번째 작은 값} \\
&\ \ \vdots \\
y_i &= g_i(x_1, \ \ldots, x_n) = x_1, \ \ldots, x_n \text{ 중 } i \text{번째 작은 값} \\
&\ \ \vdots \\
y_n &= g_n(x_1, \ \ldots, x_n) = \max(x_1, \ \ldots, x_n)
\end{aligned}$$

이와 같은 변환을 확률표본 $X_1, \ldots, X_n$에 적용해 보자.

정의 7.5.1

$X_1, \ldots, X_n$은 모집단에서 추출한 크기 n인 확률표본(즉, 독립이고 같은 분포를 따르는 확률변수)으로 위에서 설명한 변환을 생각해 보자.

$$Y_1 = g_1(X_1, \ \ldots, X_n) = \min(X_1, \ \ldots, X_n)$$

$$\vdots$$

$$Y_i = g_i(X_1, \ldots, X_n) = X_1, \ldots, X_n \text{ 중 } i\text{번째 작은 값}$$

$$\vdots$$

$$Y_n = g_n(X_1, \ldots, X_n) = \max(X_1, \ldots, X_n)$$

이 순서화된 값 $Y_1 \le Y_2 \le \cdots \le Y_n$을 확률변수 $X_1, \ldots, X_n$에 대응된 순서통계량(order statistic)이라 한다. 이 순서통계량 Y_i를 $X_{i:n}$ 또는 $X_{(i)}$ 기호로 흔히 나타낸다.

$X_1, \ldots, X_n$은 동일한 분포에서의 확률표본이지만, 일반적으로 Y_i들은 독립이 되지 않는다.

예제 7.5.1 X_1, X_2, X_3를 이산형인 세 확률변수라 하자. X_1과 X_3는 1과 2값을 갖고 X_2는 1, 2, 3값을 갖는다면, (X_1, X_2, X_3)는 다음 값들을 갖는다.

$$(1, 1, 1), (1, 2, 1), (1, 3, 1), (1, 1, 2), (1, 2, 2), (1, 3, 2),$$
$$(2, 1, 1), (2, 2, 1), (2, 3, 1), (2, 1, 2), (2, 2, 2), (2, 3, 2).$$

이 경우 $X_{(1)}$은 1, 2 값을 갖고, $X_{(2)}$도 1, 2 값을 가지며 $X_{(3)}$는 1, 2, 3 값을 갖는다. ■

정리 7.5.1

$X_1, \ldots, X_n$이 연속인 pdf $f(x)$를 갖는 모집단에서 추출한 크기 n인 확률표본이면, 순서통계량 $Y_1, \ldots, Y_n$의 결합 pdf는 다음과 같다.

$$g(y_1, y_2, \ldots, y_n) = n!f(y_1)f(y_2)\cdots f(y_n), \quad y_1 < y_2 < \cdots < y_n \tag{7.5.1}$$

예제 7.5.2 $X_1, \ldots, X_n$은 iid U(0, 1) 확률변수이다. 순서통계량 $Y_1, \ldots, Y_n$의 결합 pdf는

$$g(y_1, \ldots, y_n) = \begin{cases} n!, & 0 < y_1 < y_2 < \cdots < y_n < 1 \\ 0, & \text{그 외} \end{cases}$$

이다. ■

예제 7.5.3 $X_1, \ldots, X_n$이 iid $N(\mu, \sigma^2)$ 확률변수일 때, 순서통계량 $Y_1, \ldots, Y_n$의 결합 pdf는

$$g(y_1, \ldots, y_n) = n!\left(\frac{1}{\sqrt{2\pi}\,\sigma}\right)^n \exp\left[-\frac{1}{2\sigma^2}\sum_{i=1}^{n}(y_i-\mu)^2\right],$$
$$-\infty < y_1 < y_2 < \cdots < y_n < \infty$$

이다. ■

또 다른 관심 있는 문제는 Y_i 와 Y_j의 결합 pdf뿐 아니라 각 Y_i의 주변 pdf이다.

정리 7.5.2

$X_1, \ldots, X_n$은 pdf $f(x)$와 cdf $F(x)$를 갖는 연속모집단에서 추출한 크기 n인 확률표본이고 $(a, b) = \{x \mid f(x) > 0\}$이라 하자. 여기서 a는 $-\infty$, b는 ∞가 될 수도 있다.

(a) i번째 순서통계량 Y_i의 pdf는 다음과 같다.

$$g_i(y_i) = \frac{n!}{(i-1)!(n-i)!}[F(y_i)]^{i-1}[1-F(y_i)]^{n-i}f(y_i), \quad a < y_i < b \tag{7.5.2}$$

(b) i번째와 j번째 순서통계량 Y_i와 Y_j의 결합 pdf는 다음과 같다.

$$g_{ij}(y_i, y_j) = \frac{n!}{(i-1)!(j-i-1)!(n-j)!}[F(y_i)]^{i-1}f(y_i)$$
$$\times [F(y_j)-F(y_i)]^{j-i-1}[1-F(y_j)]^{n-j}f(y_j), \quad a < y_i < y_j < b \tag{7.5.3}$$

예제 7.5.4 $X_1, \ldots, X_n$이 독립이고 다음 pdf를 갖는 확률변수라 하자.

$$f(x) = \begin{cases} 1, & 0 < x < 1 \\ 0, & \text{그 외} \end{cases}$$

그러면 i번째 순서통계량 Y_i의 pdf는

$$g_i(y_i) = \begin{cases} \dfrac{n!}{(i-1)!(n-i)!} y_i^{i-1}(1-y_i)^{n-i}, & 0 < y_i < 1 \\ 0, & \text{그 외} \end{cases}$$

이고, Y_i와 Y_j의 결합 pdf는

$$g_{ij}(y_i,\ y_j) = \begin{cases} \dfrac{n!}{(i-1)!(j-i-1)!(n-j)!} y_i^{i-1}(y_j - y_i)^{j-i-1}(1-y_j)^{n-j}, & 0 < y_i < y_j < 1 \\ 0, & \text{그 외} \end{cases}$$

이다. ■

순서통계량 중에서 최대 순서통계량과 최소 순서통계량은 특별히 중요하다. 추정문제에서 모수를 추정하기 위한 추정량으로 널리 이용되기도 한다. 또한 정의 7.5.2에서 볼 수 있듯이 두 순서통계량의 차를 표본범위로 정의한다. 정리 7.5.2의 식 (7.5.2)로부터 Y_1과 Y_n의 pdf를 각각 구해 보면

$$g_1(y_1) = n[1 - F(y_1)]^{n-1} f(y_1), \quad a < y_1 < b \tag{7.5.4}$$

이고

$$g_n(y_n) = n[F(y_n)]^{n-1} f(y_n), \quad a < y_n < b \tag{7.5.5}$$

이다.

이산인 확률변수와 연속인 확률변수에 대해, 위 두 식을 이용하지 않고 직접 최소 순서통계량 Y_1과 최대 순서통계량 Y_n의 cdf를 다음과 같이 유도할 수 있다. Y_1의 cdf는

$$\begin{aligned} G_1(y_1) &= P[Y_1 \le y_1] \\ &= 1 - P[Y_1 > y_1] \\ &= 1 - P[X_1 > y_1,\ X_2 > y_1,\ \ldots,\ X_n > y_1] \\ &= 1 - [1 - F(y_1)]^n \end{aligned} \tag{7.5.6}$$

이며, Y_n의 cdf는

$$\begin{aligned} G_n(y_n) &= P[Y_n \le y_n] \\ &= P[X_1 \le y_n,\ X_2 \le y_n,\ \ldots,\ X_n \le y_n] \\ &= [F(y_n)]^n \end{aligned} \tag{7.5.7}$$

이다.

Y_1과 Y_n의 cdf를 유도했듯이 i번째 순서통계량 Y_i의 cdf를 이항분포를 이용해 다음과 같이 유도할 수 있다. 왜냐하면 i번째 순서통계량이 y_i 이하일 확률은 n개의 확률변수 X_1, …, X_n 중 y_i 이하인 확률변수가 적어도 i개 이상일 확률과 같기 때문이다.

정리 7.5.3

$X_1, \dots, X_n$이 cdf가 $F(x)$인 이산 또는 연속모집단에서 추출한 크기 n인 확률표본이면, i번째 순서통계량 Y_i의 cdf는 다음과 같다.

$$G_i(y_i) = P[Y_i \le y_i] = \sum_{j=i}^{n} \binom{n}{j} [F(y_i)]^j [1 - F(y_i)]^{n-j} \tag{7.5.8}$$

예제 7.5.5 모수가 θ인 지수분포에서의 크기 n인 확률표본에 대해, Y_1과 Y_n의 pdf를 각각 구하면, 식 (7.5.4)와 (7.5.5)로부터

$$g_1(y_1) = \begin{cases} \dfrac{n}{\theta} e^{-ny_1/\theta}, & y_1 > 0 \\ 0, & \text{그 외} \end{cases}$$

이고

$$g_n(y_n) = \begin{cases} \dfrac{n}{\theta} e^{-y_n/\theta} [1 - e^{-y_n/\theta}]^{n-1}, & y_n > 0 \\ 0, & \text{그 외} \end{cases}$$

이다. 즉, 최소 순서통계량은 $Y_1 \sim \text{Exp}(\theta/n)$임을 알 수 있다. ■

예제 7.5.6 X_1, X_2, X_3를 pdf가 $f(x) = 2x,\ 0 < x < 1$인 분포에서의 확률표본이라 하자. 최소 순서통계량 Y_1이 이 분포의 중앙값을 초과할 확률을 구하라.

풀이 X의 pdf가 $f(x) = 2x,\ 0 < x < 1$이므로 X의 cdf는

$$F(x) = x^2,\ 0 \le x \le 1$$

이다. 따라서 이 분포의 중앙값은 $F(x) = x^2 = 1/2$을 만족하는 x의 값이므로 중앙값은 $x_{0.5} = 1/\sqrt{2}$이다. 최소 순서통계량 Y_1의 pdf는

$$\begin{aligned} g_1(y_1) &= 3(1 - F(y_1))^2 f(y_1) \\ &= 3(1 - y_1^2)^2 (2y_1) = 6y_1(1 - y_1^2)^2,\ 0 < y_1 < 1 \end{aligned}$$

이므로 구하는 확률은

$$
\begin{aligned}
P[Y_1 > x_{0.5}] &= P[Y_1 > 1/\sqrt{2}] \\
&= \int_{\frac{1}{\sqrt{2}}}^{1} 6y_1(1-y_1^2)^2 dy_1 \\
&= \left[-(1-y_1^2)^3\right]_{1/\sqrt{2}}^{1} = \frac{1}{8}
\end{aligned}
$$

또는

$$
\begin{aligned}
P[Y_1 > 1/\sqrt{2}] &= [P[X > 1/\sqrt{2}]]^3 \\
&= [1 - F(1/\sqrt{2})]^3 = \frac{1}{8}
\end{aligned}
$$

이다. ■

예제 7.5.7 다음과 같은 이산형 분포의 pmf로부터 추출한 크기 5인 확률표본 $X_1, \ldots,$ X_5의 최솟값, 즉 순서통계량 Y_1의 pmf를 구하라.

$$
f(x) = \begin{cases} \frac{1}{6}, & x = 1, 2, \ldots, 6 \\ 0, & \text{그 외} \end{cases}
$$

풀이 모집단이 이산형 분포이므로 정리 7.5.3을 제외하고는 지금까지 사용한 정리들을 이용할 수가 없다. 앞에서 설명한 정리들은 모두 모집단이 연속임을 가정했기 때문이다. 따라서 순서통계량의 정의를 이용하여 구해 보자. 최소 순서통계량 Y_1의 pmf는

$$
\begin{aligned}
g_1(y_1) &= P[Y_1 = y_1] \\
&= P[y_1 \le Y_1 \le y_1] \\
&= P[y_1 \le Y_1] - P[y_1 + 1 \le Y_1] \\
&= \prod_{i=1}^{5} P[X_i \ge y_1] - \prod_{i=1}^{5} P[X_i \ge y_1 + 1] \\
&= \left[1 - F_X(y_1 - 1)\right]^5 - \left[1 - F_X(y_1)\right]^5
\end{aligned}
$$

이다. 모집단 분포의 cdf가

$$
F_X(x) = \sum_{t=1}^{x} f(t) = \frac{x}{6}
$$

이므로 Y_1의 pmf는 다음과 같다.

$$g_1(y_1) = \left(1 - \frac{y_1 - 1}{6}\right)^5 - \left(1 - \frac{y_1}{6}\right)^5$$
$$= \left(\frac{7 - y_1}{6}\right)^5 - \left(\frac{6 - y_1}{6}\right)^5, \quad y_1 = 1, 2, \ldots, 6$$

■

정의 7.5.2

$Y_1, \ldots, Y_n$을 확률표본 $X_1, \ldots, X_n$에 대응된 순서통계량이라 하자.

$$Z_{1/2} = \begin{cases} Y_{(n+1)/2}, & n\text{이 홀수일 때} \\ \frac{1}{2}(Y_{n/2} + Y_{n/2+1}), & n\text{이 짝수일 때} \end{cases} \tag{7.5.9}$$

을 표본중앙값(sample median)이라 하고

$$R = Y_n - Y_1 \tag{7.5.10}$$

을 표본범위(sample range)라 한다.

*7.5.1 특정한 순서통계량들의 분포

다음은 표본중앙값과 표본범위의 pdf에 관해 살펴보자.

정리 7.5.4

$X_1, \ldots, X_n$은 pdf $f(x)$와 cdf $F(x)$를 갖는 연속모집단에서의 확률표본이다. 그러면 표본중앙값 $Z_{1/2}$의 pdf는 다음과 같다.

(a) n이 홀수일 때

$$f_{Z_{1/2}}(z) = \frac{n!}{\{[(n-1)/2]!\}^2}[F(z)(1 - F(z))]^{(n-1)/2} f(z), \quad -\infty < z < \infty \tag{7.5.11}$$

(b) n이 짝수일 때

$$f_{Z_{1/2}}(z) = \frac{2(n!)}{[(n/2-1)!]^2} \int_{-\infty}^{z} [F(x)\{1-F(2z-x)\}]^{n/2-1} f(x) f(2z-x) dx,$$

$$-\infty < z < \infty \qquad (7.5.12)$$

증명 (a)번의 증명은 정리 7.5.2에 의해 쉽게 증명되기 때문에 (b)번만 증명한다. $Y_{n/2} = X_{n/2:n}$과 $Y_{n/2+1} = X_{n/2+1:n}$의 결합 pdf가

$$g(x_1, x_2) = \frac{n!}{[(n/2-1)!]^2}[F(x_1)\{1-F(x_2)\}]^{n/2-1} f(x_1) f(x_2),$$

$$-\infty < x_1 < x_2 < \infty$$

이므로 변수변환법을 이용하면, $Y_{n/2} = X_{n/2:n}$과 $Z_{1/2}$의 결합 pdf는

$$h(x, z) = \frac{2(n!)}{[(n/2-1)!]^2}[F(x)\{1-F(2z-x)\}]^{n/2-1} f(x) f(2z-x),$$

$$-\infty < x < z < \infty$$

이다. 따라서 $Z_{1/2}$의 주변 pdf는

$$f_{Z_{1/2}}(z) = \frac{2(n!)}{[(n/2-1)!]^2} \int_{-\infty}^{z} [F(x)\{1-F(2z-x)\}]^{n/2-1} f(x) f(2z-x) dx$$

이다. ✣

정리 7.5.5

$X_1, \ldots, X_n$이 pdf $f(x)$와 cdf $F(x)$를 갖는 연속모집단에서의 확률표본일 때, 표본범위 R의 pdf는 다음과 같다.

$$f_R(r) = n(n-1)\int_{-\infty}^{\infty} [F(x+r) - F(x)]^{n-2} f(x) f(x+r) dx, \quad 0 < r < \infty \qquad (7.5.13)$$

예제 7.5.8 $X_1, \ldots, X_n$이 지수분포 $\text{Exp}(1)$에서 추출한 크기 n인 확률표본이라 하자. 그러면

$$F(x) = 1 - e^{-x}, \quad f(x) = e^{-x}, \quad x > 0$$

이므로, 표본범위 R의 pdf는

$$
\begin{aligned}
f_R(r) &= n(n-1)\int_0^{\infty}[e^{-x}-e^{-(x+r)}]^{n-2}e^{-x}e^{-(x+r)}dx \\
&= n(n-1)e^{-r}(1-e^{-r})^{n-2}\int_0^{\infty}e^{-nx}dx \\
&= (n-1)e^{-r}(1-e^{-r})^{n-2},\quad r>0
\end{aligned}
$$

이다. ■

정의 7.5.3

$Y_1, \ldots, Y_n$을 확률표본 $X_1, \ldots, X_n$에 대응된 순서통계량이라 하자.

$$
M = \frac{Y_1 + Y_n}{2} = \frac{X_{1:n} + X_{n:n}}{2} \tag{7.5.14}
$$

을 표본범위의 중앙 (sample midrange)라 한다.

다음은 표본범위의 중앙의 pdf와 cdf에 관한 정리이다.

정리 7.5.6

$X_1, \ldots, X_n$이 pdf $f(x)$와 cdf $F(x)$를 갖는 연속모집단에서의 확률표본일 때, 표본범위의 중앙 $M=(X_{1:n}+X_{n:n})/2$의 pdf와 cdf는 다음과 같다.

$$
f_M(m) = 2n(n-1)\int_{-\infty}^{m}[F(2m-x)-F(x)]^{n-2}f(x)f(2m-x)dx,\quad -\infty<m<\infty \tag{7.5.15}
$$

$$
F_M(m) = n\int_{-\infty}^{m}[F(2m-x)-F(x)]^{n-1}f(x)dx \tag{7.5.16}
$$

증명 $Y_1 = X_{1:n}$과 $Y_n = X_{n:n}$의 결합 pdf는 정리 7.5.2에 의해

$$
g_{1n}(y_1, y_n) = n(n-1)[F(y_n)-F(y_1)]^{n-2}f(y_1)f(y_n),\quad -\infty<y_1<y_n<\infty
$$

이다. 한편 $x=y_1$, $m=\dfrac{y_1+y_n}{2}$는 일대일 변환이고, 그 역변환이 $y_1=x$, $y_n=2m-x$이므로 야코비안은

$$J=\begin{vmatrix} 1 & 0 \\ -1 & 2 \end{vmatrix}=2$$

이다. 따라서 X와 M의 결합 pdf는

$$\begin{aligned} f_{X,M}(x,\ m) &= 2g_{1n}(x,\ 2m-x) \\ &= 2n(n-1)[F(2m-x)-F(x)]^{n-2}f(x)f(2m-x), \\ &\qquad -\infty<x<m<\infty \end{aligned}$$

이다. 그러므로 표본범위의 중앙 M의 pdf와 cdf는

$$f_M(m)=2n(n-1)\int_{-\infty}^{m}[F(2m-x)-F(x)]^{n-2}f(x)f(2m-x)dx$$

이고

$$\begin{aligned} F_M(m) &= \int_{-\infty}^{m} f_M(y)dy \\ &= \int_{-\infty}^{m}\int_{-\infty}^{y} f_{X,M}(x,\ y)dx\,dy \\ &= 2n(n-1)\int_{-\infty}^{m}\int_{-\infty}^{y}[F(2y-x)-F(x)]^{n-2}f(x)f(2y-x)dx\,dy \\ &= n\int_{-\infty}^{m}\int_{x}^{m}2(n-1)[F(2y-x)-F(x)]^{n-2}f(x)f(2y-x)dy\,dx \\ &= n\int_{-\infty}^{m}\left[[F(2y-x)-F(x)]^{n-1}\right]_x^m f(x)dx \\ &= n\int_{-\infty}^{m}[F(2m-x)-F(x)]^{n-1}f(x)dx \end{aligned}$$

이다. ✣

예제 7.5.9 $X_1, \ldots, X_n$은 균일분포 $U(0,\ \theta)$에서 추출한 확률표본이다. 이때 표본범위와 표본범위의 중앙의 pdf를 구해 보면, 정리 7.5.5와 7.5.6에 의해

$$f_R(r)=n(n-1)\int_{-\infty}^{\infty}[F(x+r)-F(x)]^{n-2}f(x)f(x+r)dx$$

$$= n(n-1)\int_0^{\theta - r}\left(\frac{x+r}{\theta} - \frac{x}{\theta}\right)^{n-2}\left(\frac{1}{\theta}\right)\left(\frac{1}{\theta}\right)dx$$

$$= \frac{n(n-1)}{\theta^n}r^{n-2}(\theta - r), \quad 0 < r < \theta$$

이고

$$f_M(m) = 2n(n-1)\int_{-\infty}^{m}[F(2m-x) - F(x)]^{n-2}f(x)f(2m-x)dx$$

$$= \begin{cases} 2n(n-1)\int_0^m\left(\frac{2m-x}{\theta} - \frac{x}{\theta}\right)^{n-2}\left(\frac{1}{\theta}\right)^2 dx, & 0 < m \le \theta/2 \\ 2n(n-1)\int_{2m-\theta}^{m}\left(\frac{2m-x}{\theta} - \frac{x}{\theta}\right)^{n-2}\left(\frac{1}{\theta}\right)^2 dx, & \theta/2 < m \le \theta \end{cases}$$

$$= \begin{cases} \frac{2^{n-1}n}{\theta^n}[-(m-x)^{n-1}]_0^m = \frac{n(2m)^{n-1}}{\theta^n}, & 0 < m \le \theta/2 \\ \frac{2^{n-1}n}{\theta^n}[-(m-x)^{n-1}]_{2m-\theta}^m = \frac{n[2(\theta-m)]^{n-1}}{\theta^n}, & \theta/2 < m \le \theta \end{cases}$$

이다. ■

다음은 몇 가지 유용한 분포에 대해 순서통계량의 성질을 나타내는 정리들이다.

정리 7.5.7

$X_1, \ldots, X_n$은 독립이며 $X_i \sim \geq o(p_i)$, $i = 1, \ldots, n$이면 $X_{1:n} \sim \mathrm{Geo}(p)$이다. 여기서 $p = 1 - \prod_{i=1}^{n}(1-p_i)$이다.

증명 $X_i \sim \mathrm{Geo}(p_i)$의 cdf는 식 (5.6.3)에 의해

$$F_{X_i}(x) = 1 - q_i^x, \quad q_i = 1 = p_i$$

이고 $X_{1:n}$의 cdf는

$$G_1(y_1) = P[X_{1:n} \le y_1] = 1 - \prod_{i=1}^{n}P[X_i > y_1] = 1 - \prod_{i=1}^{n}q_i^{y_1} = 1 - \left(\prod_{i=1}^{n}q_i\right)^{y_1}$$

이므로, $X_{1:n} \sim \mathrm{Geo}(p)$이다. ✤

정리 7.5.8

$X_1, \ldots, X_n$이 확률표본일 때, $X_i \sim \text{Geo}(p)$, $i=1, \ldots, n$일 필요충분조건은 $X_{1:n} \sim \text{Geo}(\theta)$, $\theta = 1-(1-p)^n$이다.

증명 $X_{1:n} \sim \text{Geo}(\theta)$일 때 $X_i \sim \text{Geo}(p)$임을 증명하면 된다. 역증명은 정리 7.5.7에 의해 증명된다.

$Y_1 = X_{1:n} \sim \text{Geo}(\theta)$이므로

$$P[Y_1 \le k] = 1-(1-\theta)^k = 1-(1-p)^{nk}$$

이며, 식 (7.5.6)에 의해

$$P[Y_1 \le k] = 1-[1-F(k)]^n$$

이므로

$$1-F(k) = (1-p)^k$$

이다. 따라서

$$F(k) = P[X \le k] = 1-(1-p)^k$$

이므로 정리가 증명된다. ✣

정리 7.5.9

$X_1, \ldots, X_n$이 독립이고 $X_i \sim \text{Exp}(\theta_i)$, $i=1, \ldots, n$이면 $X_{1:n} \sim \text{Exp}\left(1\Big/\sum_{i=1}^{n}\theta_i^{-1}\right)$이다.

증명 $X_{1:n}$의 cdf를 구해 보면

$$\begin{aligned} G_1(y_1) &= P[X_{1:n} \le y_1] \\ &= 1-\prod_{i=1}^{n} P[X_i > y_1] \\ &= 1-\prod_{i=1}^{n} e^{-y_1/\theta_i} \end{aligned}$$

$$= 1 - e^{-\left(\sum_{i=1}^{n} \frac{1}{\theta_i}\right) y_1}$$

이므로 정리가 증명된다. ✤

정리 7.5.10

$X_1, \ldots, X_n$이 확률표본이면, $X_i \sim \text{Exp}(\theta)$, $i = 1, \ldots, n$일 필요충분조건은 $X_{1:n} \sim \text{Exp}(\theta/n)$이다.

다음은 지수분포가 갖는 순서통계량에 대한 유용한 성질을 증명 없이 소개한다.

정리 7.5.11

$X_1, \ldots, X_n$은 표준지수분포 Exp(1)에서의 확률표본이다. 그리고

$$Z_i = (n-i+1)(X_{i:n} - X_{i-1:n}),\ i = 1, \ldots, n\,(X_{0:n} \equiv 0)$$

이라 하면, 다음이 성립된다.

(a) $Z_1, \ldots, Z_n$의 결합 pdf는 다음과 같다.

$$f(z_1, \ldots, z_n) = e^{-\sum_{i=1}^{n} z_i},\ 0 < z_i < \infty \tag{7.5.17}$$

(b) $Z_1, \ldots, Z_n$은 독립이고 동일한 표준지수분포를 따른다. 즉 $Z_i \sim \text{Exp}(1)$이다.

(c) $$X_{i:n} = \sum_{l=1}^{i} \left(\frac{Z_l}{n-l+1}\right) \tag{7.5.18}$$

다음은 정리 7.5.11의 (c)에 의해 쉽게 얻을 수 있다.

정리 7.5.12

$X_1, \ldots, X_n$이 표준지수분포 Exp(1)에서의 확률표본이면, 다음이 성립된다.

(a) $$E(X_{i:n}) = \sum_{l=1}^{i} \frac{1}{n-l+1},\ i = 1, \ldots, n \tag{7.5.19}$$

(b) $\mathrm{Var}(X_{i:n})=\sum_{l=1}^{i}\frac{1}{(n-l+1)^2},\quad i=1,\ \ldots,n$ (7.5.20)

(c) $\mathrm{Cov}(X_{i:n},\ X_{j:n})=\sum_{l=1}^{i}\frac{1}{(n-l+1)^2}=\mathrm{Var}(X_{i:n}),\ 1\le i\le j\le n$ (7.5.21)

다음 예제들은《통계적 추정과 가설검정》에서 다룰 추정량의 판단기준에서 유용하게 이용될 수 있는 것이므로 필요한 경우 참고하기 바란다. 특히 적률의 결과는 추정량을 비교하는데 매우 유용하다.

예제 7.5.10 $X_1,\ \ldots,X_n$은 균일분포 $\mathrm{U}(0,\ \theta)$에서의 확률표본이다. 즉 pdf가

$$f(x)=\begin{cases}\frac{1}{\theta}, & 0<x<\theta\\ 0, & \text{그 외}\end{cases}$$

이다. 먼저 $Y_n=X_{n:n}$의 pdf를 구해 보자.

$$\begin{aligned}g_n(y_n)&=n[F(y_n)]^{n-1}f(y_n)\\ &=ny_n^{n-1}/\theta^n,\quad 0<y_n<\theta\end{aligned}$$

이다. 따라서 $Y_n=X_{n:n}$의 적률은

$$E(Y_n)=\frac{n}{\theta^n}\int_0^\theta y_n^n\,dy_n=\frac{n}{n+1}\theta$$

이고

$$E(Y_n^2)=\frac{n}{\theta^n}\int_0^\theta y_n^{n+1}dy_n=\frac{n}{n+2}\theta^2$$

이 된다. ■

예제 7.5.11 $X_1,\ \ldots,X_n$은 균일분포 $\mathrm{U}(\theta-1/2,\ \theta+1/2)$에서의 확률표본이다. 그러면 pdf는

$$f(x)=\begin{cases}1, & \theta-1/2<x<\theta+1/2\\ 0, & \text{그 외}\end{cases}$$

이다. 그러므로 cdf는

$$F(x)=\begin{cases}0, & x<\theta-1/2\\ x-\theta+1/2, & \theta-1/2\le x<\theta+1/2\\ 1, & \theta+1/2\le x\end{cases}$$

이다. 따라서 $Y_1=X_{1:n}$과 $Y_n=X_{n:n}$의 pdf는 다음과 같이 구할 수 있다.

$$\begin{aligned}g_1(y_1)&=n[1-F(y_1)]^{n-1}f(y_1)\\&=n\left(\theta+\frac{1}{2}-y_1\right)^{n-1},\quad \theta-\frac{1}{2}<y_1<\theta+\frac{1}{2}\\ g_n(y_n)&=n[F(y_n)]^{n-1}f(y_n)\\&=n\left(y_n-\theta+\frac{1}{2}\right)^{n-1},\quad \theta-\frac{1}{2}<y_n<\theta+\frac{1}{2}\end{aligned}$$

이다. ■

예제 7.5.12 $X_1, \ldots, X_n$은 균일분포 $\mathrm{U}(\theta_1,\ \theta_2)$에서의 확률표본이다. 즉 pdf가

$$f(x)=\begin{cases}\dfrac{1}{\theta_2-\theta_1}, & \theta_1<x<\theta_2\\ 0, & \text{그 외}\end{cases}$$

이다. 그러므로 cdf는

$$F(x)=\begin{cases}0, & x<\theta_1\\ \dfrac{x-\theta_1}{\theta_2-\theta_1}, & \theta_1\le x<\theta_2\\ 1, & \theta_2\le x\end{cases}$$

이다. 따라서 $Y_1=X_{1:n}$과 $Y_n=X_{n:n}$의 pdf는 다음과 같다.

$$\begin{aligned}g_1(y_1)&=n[1-F(y_1)]^{n-1}f(y_1)\\&=n\left(\frac{\theta_2-y_1}{\theta_2-\theta_1}\right)^{n-1}\frac{1}{\theta_2-\theta_1}\\&=\frac{n(\theta_2-y_1)^{n-1}}{(\theta_2-\theta_1)^n},\quad \theta_1<y<\theta_2\\ g_n(y_n)&=n[F(y_n)]^{n-1}f(y_n)\end{aligned}$$

$$
\begin{aligned}
&= n\left(\frac{y_n - \theta_1}{\theta_2 - \theta_1}\right)^{n-1} \frac{1}{\theta_2 - \theta_1} \\
&= \frac{n(y_n - \theta_1)^{n-1}}{(\theta_2 - \theta_1)^n}, \quad \theta_1 < y_n < \theta_2
\end{aligned}
$$

그러므로 Y_1과 Y_n의 평균을 구해 보면 부분적분에 의해

$$
\begin{aligned}
E(Y_1) &= \int_{\theta_1}^{\theta_2} \frac{ny_1(\theta_2 - y_1)^{n-1}}{(\theta_2 - \theta_1)^n} dy_1 \\
&= \frac{1}{(\theta_2 - \theta_1)^n} \int_{\theta_1}^{\theta_2} ny_1(\theta_2 - y_1)^{n-1} dy_1 \\
&= \frac{1}{(\theta_2 - \theta_1)^n} \left[\left[-y_1(\theta_2 - y_1)^n \right]_{\theta_1}^{\theta_2} + \int_{\theta_1}^{\theta_2} (\theta_2 - y_1)^n dy_1 \right] \\
&= \frac{1}{(\theta_2 - \theta_1)^n} \left[\theta_1(\theta_2 - \theta_1)^n + \left[-\frac{1}{n+1}(\theta_2 - y_1)^{n+1} \right]_{\theta_1}^{\theta_2} \right] \\
&= \theta_1 + \frac{\theta_2 - \theta_1}{n+1}
\end{aligned}
$$

이고

$$
\begin{aligned}
E(Y_n) &= \int_{\theta_1}^{\theta_2} \frac{ny_n(y_n - \theta_1)^{n-1}}{(\theta_2 - \theta_1)^n} dy_n \\
&= \frac{1}{(\theta_2 - \theta_1)^n} \int_{\theta_1}^{\theta_2} ny_n(y_n - \theta_1)^{n-1} dy_n \\
&= \frac{1}{(\theta_2 - \theta_1)^n} \left[\left[y_n(y_n - \theta_1)^n \right]_{\theta_1}^{\theta_2} - \int_{\theta_1}^{\theta_2} (y_n - \theta_1)^n dy_n \right] \\
&= \theta_2 - \frac{\theta_2 - \theta_1}{n+1}
\end{aligned}
$$

이다. 그러므로 표본범위의 중앙 $M = (X_{1:n} + X_{n:n})/2$의 평균은 다음과 같다.

$$
\begin{aligned}
E(M) &= \frac{1}{2}[E(X_{1:n}) + E(X_{n:n})] \\
&= \frac{\theta_1 + \theta_2}{2}
\end{aligned}
$$

■

예제 7.5.13 $X_1, \ldots, X_n$은 다음의 pdf를 갖는 모집단에서의 확률표본이다.

$$f(x) = \begin{cases} \theta/x^2, & \theta < x < \infty \\ 0, & \text{그 외} \end{cases}$$

그러면 cdf는

$$F(x) = \int_{\theta}^{x} \theta/t^2 dt = 1 - \frac{\theta}{x}, \quad x \geq \theta$$

이므로 최소 순서통계량 $Y_1 = X_{1:n}$의 pdf는

$$\begin{aligned} g_1(y_1) &= n[1 - F(y_1)]^{n-1} f(y_1) \\ &= n(\theta/y_1)^{n-1}(\theta/y_1^2) \\ &= \frac{n\theta^n}{y_1^{n+1}}, \quad \theta < y_1 < \infty \end{aligned}$$

이다. 따라서 $Y_1 = X_{1:n}$의 평균은

$$\begin{aligned} E(Y_1) &= \int_{\theta}^{\infty} n\theta^n / y_1^n \, dy_1 \\ &= n\theta^n \left[-\frac{1}{n-1} y_1^{-(n-1)} \right]_{\theta}^{\infty} \\ &= \frac{n}{n-1}\theta \end{aligned}$$

이다. ■

예제 7.5.14 $X_1, \ldots, X_n$은 다음의 pdf를 갖는 모집단에서의 확률표본이다.

$$f(x) = \begin{cases} 2\theta^2 x^{-3}, & x > \theta \\ 0, & \text{그 외} \end{cases}$$

따라서 cdf는

$$\begin{aligned} F(x) &= \int_{\theta}^{x} 2\theta^2 t^{-3} dt \\ &= 1 - \theta^2/x^2, \quad x \geq \theta \end{aligned}$$

이므로 $Y_1 = X_{1:n}$의 pdf는

$$\begin{aligned} g_1(y_1) &= n[1-F(y_1)]^{n-1}f(y_1) \\ &= n(\theta^2/y_1^2)^{n-1}2\theta^2 y_1^{-3} \\ &= 2n\theta^{2n}/y_1^{2n+1}, \quad y_1 > \theta \end{aligned}$$

이다. 그러므로

$$\begin{aligned} E(Y_1) &= \int_\theta^\infty 2n\theta^{2n}/y_1^{2n}dy_1 \\ &= \left[-\frac{2n}{2n-1}\frac{\theta^{2n}}{y_1^{2n-1}}\right]_\theta^\infty = \frac{2n}{2n-1}\theta \end{aligned}$$

이다. ■

정의 7.5.4

모집단 cdf $F(x)$로부터 크기 n인 확률표본 $X_1, \ldots, X_n$의 순서통계량을 $X_{1:n}, \ldots, X_{n:n}$ 이라 할 때 경험분포함수(empirical cdf) 또는 표본분포함수(sample cdf)는

$$\begin{aligned} F_n(x) &= \frac{x\text{보다 작거나 같은 확률표본 } X_i\text{의 개수}}{n} \\ &= \begin{cases} 0, & x < X_{1:n} \\ \dfrac{i}{n}, & X_{i:n} \le x < X_{i+1:n} \ (i=1, \ldots, n-1) \\ 1, & X_{n:n} \le x \end{cases} \end{aligned} \tag{7.5.22}$$

로 정의한다.

정리 7.5.13

경험분포함수 $F_n(x)$는 다음을 만족한다.

(a) $P\left[F_n(x) = \dfrac{k}{n}\right] = \dbinom{n}{k}[F(x)]^k[1-F(x)]^{n-k}, \quad k = 0, 1, \ldots, n$ (7.5.23)

(b) $E[F_n(x)] = F(x)$ (7.5.24)

(c) $\text{Var}[F_n(x)] = \dfrac{F(x)[1-F(x)]}{n}$ (7.5.25)

정리 7.5.13은 $nF_n(x) \sim \text{Bin}(n,\ F(x))$이므로 쉽게 증명된다. 경험분포함수는 모집단 cdf $F(x)$의 추정량으로 사용될 수 있으며 비모수통계학에서 유용한 통계량이다.

*7.5.2 중도절단표본

수명검정 실험에서와 같은 형태의 문제에서는 순서화된 관측값들이 자연히 생길 수 있다. 그러한 경우에는 n개의 제품 모두 고장날 때까지 기다리기보다는 단지 처음 r개의 순서화된 관측값을 얻은 후 실험을 종결하면 시간과 경비 절약에 큰 도움이 될 것이다. 이러한 표본추출 방법을 일반적으로 제 2 종 중도절단표본추출 (Type II censored sampling)이라 한다.

정리 7.5.14 제 2 종 중도절단표본추출

pdf가 $f(x)$인 연속모집단에서 크기 n인 확률표본을 추출하여 얻어진 처음 r개의 순서통계량 $Y_1,\ \ldots,\ Y_r$의 결합 주변밀도함수는

$$g(y_1,\ \ldots,\ y_r) = \frac{n!}{(n-r)!}[1-F(y_r)]^{n-r}\prod_{i=1}^{r} f(y_i),$$
$$-\infty < y_1 < \cdots < y_r < \infty \tag{7.5.26}$$

이다.

제 2 종 중도절단표본추출은 관측값의 수 r은 고정되어 있지만 실험시간 Y_r은 확률변수이다. 고정된 시간 t_0 후에 실험을 종결하고 표본을 추출하는 방법을 제 1 종 중도절단표본추출 (Type I censored sampling)이라 한다. 이 경우에는 관측값의 수 R이 확률변수이다. 어떤 시행에서 t_0시간 전에 고장날 확률은 $p = F(t_0)$이므로 크기 n의 확률표본에 대해 확률변수 R은 이항분포를 따른다. 즉,

$$R \sim \text{Bin}(n,\ F(t_0)) \tag{7.5.27}$$

이다.

정리 7.5.15 제 1 종 중도절단표본추출

$y_1, \ldots, y_r$을 t_0에서 오른쪽으로 제 1 종 중도절단된 $f(x)$로부터 추출한 크기 n인 확률표본의 관측값이라 하면, $Y_1, \ldots, Y_R$의 결합 pdf는

$$f_{Y_1, \ldots, Y_R}(y_1, \ldots, y_r) = \frac{n!}{(n-r)!}[1-F(t_0)]^{n-r}\prod_{i=1}^{r} f(y_i),$$

$$y_1 < \cdots < y_r < t_0, \quad r = 1, \ldots, n \tag{7.5.28}$$

이고

$$P[R=0] = [1-F(t_0)]^n$$

이다.

연습문제

7.5.1 X_1과 X_2의 결합 pmf가 다음과 같다. 최소 순서통계량 Y_1의 pmf를 구하라.

x_2 \ x_1	1	2	3
1	0.1	0.15	0.1
2	0.1	0	0.2
3	0.15	0	0.2

7.5.2 $X_1, \ldots, X_n$이 베르누이분포 Bin$(1, p)$에서 추출한 확률표본일 때, 최대 순서통계량 Y_n의 pmf를 구하라.

7.5.3 X_1과 X_2는 pdf가 $f(x) = 2x,\ 0 < x < 1$인 연속분포에서의 크기 $n=2$인 확률표본이다.

(a) 표본범위 $R = Y_2 - Y_1$의 pdf를 구하라.

(b) $E(R)$을 구하라.

7.5.4 정리 7.5.3의 $G_i(y_i)$를 미분하여 정리 7.5.2를 증명하라.

7.5.5 $Y_1 < Y_2 < Y_3 < Y_4$를 pdf가 $f(x) = e^{-x}$, $0 < x < \infty$인 분포에서 크기 4인 확률표본의 순서통계량이라 할 때, $P[Y_4 \geq 3]$을 계산하라.

7.5.6 $X_1, \ldots, X_5$가 균일분포 $\mathrm{U}(0,\ 1)$에서 추출한 크기 5인 확률표본이고 $Z_{1/2}$이 표본중앙값일 때, $P[Z_{1/2} < 0.4]$를 구하라.

7.5.7 $X_1,\ X_2,\ X_3$가 다음의 pdf를 갖는 분포에서의 확률표본이다.

$$f(x) = \begin{cases} e^{-(x-\theta)}, & x > \theta \\ 0, & x \leq \theta \end{cases}$$

(a) 최대 순서통계량 Y_3가 $P[\theta < Y_3 < a] = 0.6$을 만족하는 a를 구하라.

(b) $E(Y_1) = E(X_{1:3})$을 구하라.

7.5.8 $X_1, \ldots, X_5$는 pdf가 다음과 같은 분포에서 추출한 크기 5인 확률표본이다.

$$f(x) = \begin{cases} 2(1-x), & 0 < x < 1 \\ 0, & \text{그 외} \end{cases}$$

(a) 표본중앙값 $Z_{1/2}$의 pdf를 구하라.

(b) $P[0.3 < Z_{1/2} < 0.5]$를 구하라.

7.5.9 X_1과 X_2가 표준정규분포 $\mathrm{N}(0,\ 1)$에서의 크기 2인 확률표본일 때, 표본범위의 pdf를 구하라.

7.5.10 $(0,\ 1)$에서의 균일분포로부터 다섯 개의 표본이 추출되었다면, 그 표본중앙값이 구간 $\left(\frac{1}{4},\ \frac{3}{4}\right)$ 내에 있을 확률은 얼마인가?

7.5.11 확률밀도함수가 $f(x) = \theta/x^2$, $\theta < x < \infty$, $\theta > 0$인 분포에서 추출한 크기 n인 확률표본이 있다.

(a) 최대 순서통계량 Y_n의 pdf를 구하라.

(b) $n=2$인 경우 표본범위 $R=Y_n-Y_1$의 pdf를 유도하라.

7.5.12 균일분포 U(0, 1)에서 추출한 크기 4인 확률표본 X_1, X_2, X_3, X_4의 표본범위가 $\frac{1}{2}$보다 작을 확률을 구하라.

7.5.13 확률밀도함수가 $f(x)=2x,\ 0<x<1$인 분포에서 추출한 크기 4인 표본범위의 cdf를 구하라.

7.5.14 $X_1, \ldots, X_n$이 지수분포 Exp(θ)에서 추출한 확률표본일 때, 다음을 구하라.

(a) 표본범위 $R=X_{n:n}-X_{1:n}$의 pdf

(b) $X_{1:n}=x_1$이 주어졌을 때 Y_k의 조건부 pdf

7.5.15 $X_1, \ldots, X_5$가 기하분포 Geo$\left(\frac{1}{6}\right)$에서 추출한 크기 5인 확률표본일 때, 다음을 구하라.

(a) 최소 순서통계량 $Y_1=X_{1:5}$의 분포

(b) $P[Y_1 \le 10]$

7.5.16 $X_1, \ldots, X_{10}$이 지수분포 Exp(1)에서 추출한 크기 10인 확률표본이고 $Y_1, \ldots, Y_{10}$이 순서통계량일 때, 다음을 구하라.

(a) $6(Y_5-Y_4)$의 분포

(b) $P[Y_5-Y_4 \le 1]$

7.5.17 $X_1, \ldots, X_{20}$은 지수분포 Exp(1)에서 추출한 크기 20인 확률표본이다. 다음을 구하라.

(a) $E(X_{3:20})$

(b) $\mathrm{Var}(X_{3:20})$

(c) $\mathrm{Cov}(X_{3:20}, X_{5:20})$

7.5.18 $Y_1<Y_2<\cdots<Y_n$이 독립인 n개의 균일 (0, a) 확률변수의 순서통계량이라면, $1 \le k \le n+1$에 대해

$$P[Y_k-Y_{k-1}>t]=\begin{cases}\left(\dfrac{a-t}{a}\right)^n, & t<a \\ 0, & t>a\end{cases}$$

임을 증명하라. 여기서 $Y_0 \equiv 0$, $Y_{n+1} \equiv a$이다.

7.5.19 $Y_1, \dots, Y_5$는 pdf가 $f(x) = e^{-x}$, $0 < x < \infty$ 인 분포, 즉 $\text{Exp}(1)$에서 추출한 크기 5인 확률표본 $X_1, \dots, X_5$의 순서통계량이다.

(a) $Z_1 = Y_2$와 $Z_2 = Y_4 - Y_2$의 결합 pdf를 구하라.

(b) Z_1과 Z_2는 독립인가?

7.5.20 $X_1, \dots, X_n$이 균일분포 $\text{U}(0, 1)$에서 추출한 확률표본일 때, $Z_1 = X_{1:n}/X_{n:n}$과 $Z_2 = X_{n:n}$이 서로 독립임을 보여라.

7.5.21 다음 데이터는 야구공 10개의 무게(단위: 온스)이다.

5.09 5.08 5.21 5.17 5.07 5.24 5.12 5.16 5.18 5.19

이 관측값에 대해 경험분포함수 $F_{10}(x)$를 구하고 그래프로 나타내라.

제8장 표집분포

8.1 • 서론

제 7 장에서 확률표본의 개념을 소개했다. 사실, 학부 수준에서 언급하는 대부분의 추론방법은 n개의 표본이 확률표본이라는 가정에 기초를 두고 있다. 실제로, 종종 유한모집단이지만 무한모집단으로 취급할 정도로 충분히 큰 모집단에서의 확률표본을 다룬다. 그러므로 대부분 무한모집단에서의 표본을 적용하는 통계적 이론과 방법에 대해 소개한다. 이 장에서는 특별한 경우로 표본평균과 표본분산을 포함하는 통계량의 개념을 소개하고, 통계량들의 성질을 유도하고자 한다. 또한 정규분포와 관련이 있는 카이제곱분포, t-분포, F-분포, 베타분포를 소개한다. 이 분포들은 분산분석과 정규분포에서의 표본에 근거한 통계적 방법에서 기본이 된다. 물론 이 분포들은 제 7 장에서 소개한 확률변수들의 함수의 분포를 구하는 방법에 따라 유도할 수 있다.

8.2 • 통계량

$X_1, \ldots, X_n$을 pdf (pmf)가 $f(x)$인 모집단에서의 확률표본이라 하자.

정의 8.2.1

미지의 모수를 포함하지 않는 확률표본의 함수 $T = T(X_1, \ldots, X_n)$을 **통계량** (statistic)이라 한다. 통계량 T의 분포를 T의 **표집분포** (sampling distribution)라 한다. 모수를 추정하기 위해 사용되는 통계량을 **추정량** (estimator)이라 한다.

제 4 장에서 적률의 정의와 적률에 관련된 여러 성질을 소개했다. 그러나 현실적으로 모집단의 적률을 알 수 있는 경우는 거의 없다. 따라서 통계적인 추론이 필요한데, 추론에 관한 내용은 《통계적 추정과 가설검정》에서 상세히 언급하고 여기서는 표본에 관한 통계량에 대해서만 언급할 것이다. 먼저 모집단에서 추출한 n개의 확률표본에 근거한 표본적률을 정의한다.

정의 8.2.2

$X_1, \ldots, X_n$이 확률표본일 때

$$M_r' = \frac{1}{n}\sum_{i=1}^{n} X_i^r \tag{8.2.1}$$

를 (원점에 관한) r차 표본적률(rth sample moment)이라 하고

$$\overline{X} = M_1' = \frac{1}{n}\sum_{i=1}^{n} X_i \tag{8.2.2}$$

를 표본평균(sample mean)이라 한다.

다음은 표본적률의 평균과 분산에 관한 정리이다.

정리 8.2.1

$X_1, \ldots, X_n$이 확률표본이고, M_r'이 원점에 관한 r차 표본적률일 때, 다음이 성립된다.

(a) $E(M_r') = \mu_r'$ (8.2.3)

(b) $\mathrm{Var}(M_r') = \frac{1}{n}[\mu_{2r}' - (\mu_r')^2]$ (8.2.4)

증명 (a) $E(M_r') = \frac{1}{n}E\left(\sum_{i=1}^{n} X_i^r\right) = \frac{1}{n}\sum_{i=1}^{n} E(X_i^r) = \mu_r'$

(b)
$$\begin{aligned}\mathrm{Var}(M_r') &= \frac{1}{n^2}\mathrm{Var}\left(\sum_{i=1}^{n} X_i^r\right)\\ &= \frac{1}{n^2}\sum_{i=1}^{n}\mathrm{Var}(X_i^r)\\ &= \frac{1}{n}\left[E(X_i^{2r}) - \left\{E(X_i^r)\right\}^2\right]\\ &= \frac{1}{n}[\mu_{2r}' - (\mu_r')^2]\end{aligned}$$

이다. ✤

정의 8.2.3

$X_1, \ldots, X_n$이 확률표본일 때,

$$M_r = \frac{1}{n}\sum_{i=1}^{n}(X_i - M_1{}')^r = \frac{1}{n}\sum_{i=1}^{n}(X_i - \overline{X})^r \tag{8.2.5}$$

을 표본평균에 관한 r차 표본적률 또는 r차 표본중심적률(rth sample central moment)이라 하고

$$S^2 = \frac{1}{n-1}\sum_{i=1}^{n}(X_i - \overline{X})^2 \tag{8.2.6}$$

을 표본분산(sample variance)이라 한다. 표본표준편차(sample standard deviation)는 $S = \sqrt{S^2}$ 으로 정의한다.

일반적으로 통계학에서는 통계량은 대문자로 나타내고 그 통계량의 관측된 값은 소문자로 구분해 나타낸다. 즉, x_i, $\overline{x}$, s^2은 대응되는 확률변수 X_i, $\overline{X}$, S^2의 값이다. 실제로 $\overline{x}$, s^2은 표본으로 추출한 자료가 아닌 어떠한 종류의 자료를 취급할 때에도 사용할 수 있다. 이 경우에는 표본이라는 말을 사용하지 않고 단순히 평균과 분산으로 언급하는데 이때의 분산은 M_2가 될 것이다. 추정문제에서 표본평균은 모평균의 추정량으로 널리 이용되고 표본분산은 모분산의 추정량으로 널리 이용된다.

정리 8.2.1의 특별한 경우로 널리 이용되는 표본평균의 평균과 분산은 다음 정리와 같다.

정리 8.2.2

$X_1, \ldots, X_n$이 평균이 $E(X) = \mu$이고 분산이 $\text{Var}(X) = \sigma^2$인 분포로부터의 확률표본이면, 다음이 성립된다.

(a) $E(\overline{X}) = \mu$ (8.2.7)

(b) $\text{Var}(\overline{X}) = \dfrac{\sigma^2}{n}$ (8.2.8)

다음 정리는 앞으로 자주 이용할 유용한 등식을 소개한다.

정리 8.2.3

$$\sum_{i=1}^{n}(X_i-\mu)^2=\sum_{i=1}^{n}(X_i-\overline{X})^2+n(\overline{X}-\mu)^2 \tag{8.2.9}$$

증명

$$\begin{aligned}\sum_{i=1}^{n}(X_i-\mu)^2&=\sum_{i=1}^{n}(X_i-\overline{X}+\overline{X}-\mu)^2\\&=\sum_{i=1}^{n}[(X_i-\overline{X})^2+(\overline{X}-\mu)^2+2(\overline{X}-\mu)(X_i-\overline{X})]\\&=\sum_{i=1}^{n}(X_i-\overline{X})^2+n(\overline{X}-\mu)^2+2(\overline{X}-\mu)\sum_{i=1}^{n}(X_i-\overline{X})\\&=\sum_{i=1}^{n}(X_i-\overline{X})^2+n(\overline{X}-\mu)^2\end{aligned}$$

✤

정리 8.2.3에 의해 $\sum_{i=1}^{n}(X_i-\mu)^2$을 최소화하는 μ값은 $\overline{X}$임을 알 수 있으며 매우 유용하게 이용되는 다음 식이 성립함을 쉽게 보일 수 있다.

$$\sum_{i=1}^{n}(X_i-\overline{X})^2=\sum_{i=1}^{n}X_i^2-n\overline{X}^2 \tag{8.2.10}$$

이제 표본분산의 중요한 성질에 대해 알아보자.

정리 8.2.4

$X_1, \ldots, X_n$이 평균이 $E(X)=\mu$이고 분산이 $\mathrm{Var}(X)=\sigma^2$이며 $E(X^4)<\infty$인 분포로부터 추출한 크기 n인 확률표본이면, 다음이 성립된다.

(a) $E(S^2)=\sigma^2$ (8.2.11)

(b) $\mathrm{Var}(S^2)=\dfrac{1}{n}\left(\mu_4-\dfrac{n-3}{n-1}\sigma^4\right),\quad n>1$ (8.2.12)

증명 여기서는 (a)번만 증명한다. 정리 8.2.3에 의해

$$E(S^2)=\frac{1}{n-1}E\left[\sum_{i=1}^{n}(X_i-\overline{X})^2\right]$$

$$
\begin{aligned}
&= \frac{1}{n-1} E\left[\sum_{i=1}^{n}(X_i-\mu)^2 - n(\overline{X}-\mu)^2\right] \\
&= \frac{1}{n-1}\left[\sum_{i=1}^{n} E[(X_i-\mu)^2] - nE[(\overline{X}-\mu)^2]\right] \\
&= \frac{1}{n-1}\left[\sum_{i=1}^{n}\mathrm{Var}(X_i) - n\,\mathrm{Var}(\overline{X})\right] \\
&= \frac{1}{n-1}(n\sigma^2-\sigma^2) \\
&= \sigma^2
\end{aligned}
$$

이므로 증명된다. ✤

통계량 중 표본평균은 통계적 추정 및 검정에서 널리 이용되는 추정량이다. 따라서 표본평균의 분포를 알아야 할 필요가 있다. 물론 대표본인 경우 근사적인 분포를 이용할 수는 있으나 정확한 분포를 간단히 구할 수 있다면 유용할 것이다. 다음 정리는 적률생성함수의 성질을 이용해 $\overline{X}$의 표집분포를 쉽게 구할 수 있는 정리이다. 다음 정리는 정리 4.5.2와 정리 4.5.3을 이용해 쉽게 증명할 수 있다.

정리 8.2.5

$X_1, \ldots, X_n$이 적률생성함수 $M(t)$가 존재하는 모집단에서의 확률표본이면, $\overline{X}$의 적률생성함수는 다음과 같다.

$$M_{\overline{X}}(t) = \left[M\left(\frac{t}{n}\right)\right]^n \tag{8.2.13}$$

예제 8.2.1 $X_1, \ldots, X_n$이 감마분포 $\mathrm{Gam}(\alpha, \beta)$에서의 확률표본이면, $\overline{X}$의 분포는 정리 8.2.5에 의해

$$
\begin{aligned}
M_{\overline{X}}(t) &= \left[M\left(\frac{t}{n}\right)\right]^n \\
&= \left[\left(\frac{1}{1-\beta t/n}\right)^{\alpha}\right]^n \\
&= \left(\frac{1}{1-\beta t/n}\right)^{\alpha n}
\end{aligned}
$$

이므로, $\mathrm{Gam}(\alpha n,\ \beta/n)$임을 쉽게 알 수 있다. ■

추정과 검정에서 매우 중요한 정규분포의 유용한 성질에 대해 살펴보자.

정리 8.2.6

$X_1, \ldots, X_n$은 서로 독립이며, $X_j \sim \mathrm{N}(\mu_j,\ \sigma_j^2),\ j=1, \ldots, n$이다. 상수 $a_{ij},\ b_{rj},\ i=1, \ldots, k\ ;\ r=1, \ldots, m\ ;\ k+m \le n$에 대해

$$U_i = \sum_{j=1}^{n} a_{ij} X_j, \quad i=1, \ldots, k \tag{8.2.14}$$

$$V_r = \sum_{j=1}^{n} b_{rj} X_j, \quad r=1, \ldots, m \tag{8.2.15}$$

일 때, 다음이 성립된다.

(a) U_i와 V_r이 독립일 필요충분조건은 $\mathrm{Cov}(U_i,\ V_r) = \sum_{j=1}^{n} a_{ij} b_{rj} \sigma_j^2 = 0$이다.

(b) $(U_1, \ldots, U_k)$와 $(V_1, \ldots, V_m)$이 독립일 필요충분조건은 모든 쌍 $(i,\ r),\ i=1, \ldots, k\ ;\ r=1, \ldots, m$에 대해 U_i와 V_r이 독립이다.

다음은 정규분포의 또 다른 중요한 성질을 나타내는 정리이다. 즉, 정규분포에서 추출한 확률표본의 표본평균과 표본분산은 독립이다.

정리 8.2.7

$X_1, \ldots, X_n$이 정규분포 $\mathrm{N}(\mu,\ \sigma^2)$에서의 확률표본이면, 다음이 성립된다.

(a) $\overline{X}$와 $X_j - \overline{X},\ j=1, \ldots, n$은 독립이다.

(b) $\overline{X}$와 $S^2 = \dfrac{1}{n-1} \sum_{i=1}^{n} (X_i - \overline{X})^2$은 독립이다.

증명 (a)

$$\begin{aligned} \mathrm{Cov}(\overline{X},\ X_j - \overline{X}) &= \mathrm{Cov}(\overline{X}, X_j) - \mathrm{Cov}(\overline{X},\ \overline{X}) \\ &= \frac{1}{n} \sum_{i=1}^{n} \mathrm{Cov}(X_i,\ X_j) - \mathrm{Var}(\overline{X}) \end{aligned}$$

$$= \frac{1}{n}\text{Var}(X_j) - \frac{\sigma^2}{n}$$
$$= 0$$

이므로, 정리 8.2.6에 의해 $\overline{X}$와 $X_j - \overline{X}$는 독립이다.

(b) S^2은 $(X_1 - \overline{X}, \ldots, X_n - \overline{X})$의 함수이므로 (a)번에 의해서 쉽게 $\overline{X}$와 S^2은 독립이다. ✣

많은 중요한 통계량은 독립인 정규확률변수들의 선형결합으로 나타낼 수 있다. 정리 7.4.1 또는 정리 8.2.5에 의해 다음 정리를 얻을 수 있다.

정리 8.2.8

$X_1, \ldots, X_n$이 정규분포 $\text{N}(\mu, \sigma^2)$에서의 확률표본이면, $\overline{X} \sim \text{N}(\mu, \sigma^2/n)$이다.

예제 8.2.2 $X_1, \ldots, X_{25}$와 $Y_1, \ldots, Y_{25}$를 각각 정규분포 $\text{N}(0, 16)$과 $\text{N}(1, 9)$에서 추출한 독립인 확률표본이라 하자. $\overline{X}$와 $\overline{Y}$를 각 확률분포에 대응되는 표본평균이라 할 때, $P[\overline{X} > \overline{Y}]$를 구하라.

풀이 $\overline{X} \sim \text{N}\left(0, \frac{16}{25}\right)$이고 $\overline{Y} \sim \text{N}\left(1, \frac{9}{25}\right)$이며 독립이므로 $\overline{X} - \overline{Y} \sim \text{N}(-1, 1)$이다. 따라서 구하는 확률은

$$\begin{aligned} P[\overline{X} > \overline{Y}] &= P[\overline{X} - \overline{Y} > 0] \\ &= P[\overline{X} - \overline{Y} + 1 > 1] \\ &= P[Z > 1], \ Z \sim \text{N}(0, 1) \\ &= 0.1587 \end{aligned}$$

이다. ■

확률표본의 개념을 이변량 모집단의 표본에 확장할 수 있다. 특별히, 결합 pdf (pmf)가 $f(x, y)$인 모집단에서의 확률표본은 독립인 쌍 $(X_1, Y_1), \ldots, (X_n, Y_n)$의 집합이 된다. 즉, $i \neq j$에 대해 (X_i, Y_i)와 (X_j, Y_j)는 독립이지만 한 쌍 내의 성분 X_i와 $Y_i (i = 1, 2, \ldots, n)$는 종속일 수도 있다.

특별히 상관계수 ρ의 추정량인 표본상관계수 (sample correlation coefficient)는

$$R = \frac{S_{XY}}{S_X S_Y} = \frac{\sum_{i=1}^{n}(X_i - \overline{X})(Y_i - \overline{Y})}{\sqrt{\sum_{i=1}^{n}(X_i - \overline{X})^2 \sum_{i=1}^{n}(Y_i - \overline{Y})^2}} \tag{8.2.16}$$

으로 정의한다. 그러면 표본상관계수는 $|R| \le 1$이며, 모든 점 $(X_1, Y_1), \ldots, (X_n, Y_n)$이 직선 상에 있을 때에만 $R = \pm 1$임을 보일 수 있다.

연습문제

8.2.1 $X_1, \ldots, X_n$은 동일한 cdf F_X를 갖는 독립 확률변수이고 $E(X_i) = \mu$이다. $Y_1, \ldots, Y_n$을 다음과 같이 정의할 때, $T = \sum_{i=1}^{n} Y_i$의 분포를 구하라.

$$Y_i = \begin{cases} 1, & X_i > \mu \\ 0, & X_i \le \mu \end{cases}$$

8.2.2 S^2이 확률표본 $X_1, \ldots, X_n$의 표본분산일 때, 다음을 증명하라.

$$S^2 = \frac{1}{n-1}\left(\sum_{i=1}^{n} X_i^2 - n\overline{X}^2\right)$$

8.2.3 $X_1, \ldots, X_n$은 확률표본이다. 표본분산 S^2을 다음과 같이 나타낼 수 있음을 보여라.

$$S^2 = \frac{1}{2n(n-1)} \sum_{i=1}^{n}\sum_{j=1}^{n}(X_i - X_j)^2$$

8.2.4 정규분포 N(51, 36)에서 크기 64인 확률표본이 추출되었다. 다음을 구하라.

(a) $P[\overline{X} > 52.5]$ (b) $P[49.8 < \overline{X} < 52.2]$

(c) $P[\overline{X} < 50]$

8.2.5 $X_1, \ldots, X_n$이 정규분포 $\mathrm{N}(2,\ 4)$에서 추출한 확률표본이다.

$$P[1.8 < \overline{X} < 2.2] \geq 0.95$$

를 만족하기 위한 n의 최솟값은 얼마인가?

8.2.6 $\overline{X}$가 정규분포 $\mathrm{N}(\mu,\ 100)$에서 추출한 크기 n인 확률표본의 표본평균일 때, $P[\mu-5 < \overline{X} < \mu+5] \geq 0.95$를 만족하는 n의 최솟값을 구하라.

8.2.7 $X_1, \ldots, X_n$이 지수분포 $\mathrm{Exp}(\theta)$에서 추출한 확률표본일 때, $\overline{X}$의 분포를 구하라.

8.2.8 $\ln X \sim \mathrm{N}(\mu,\ \sigma^2)$이면, 연습문제 7.2.6번에서 정의했듯이 X는 모수가 μ와 σ^2인 로그 정규분포(lognormal distribution)를 따른다고 하며, $X \sim \mathrm{LN}(\mu,\ \sigma^2)$으로 나타낸다. $X_i \sim \mathrm{LN}(\mu_i,\ \sigma_i^2)$, $i=1, \ldots, n$들이 독립이라 가정할 때, 다음 각각의 분포와 (d)의 값을 구하라.

(a) $\prod_{i=1}^{n} X_i$

(b) $\prod_{i=1}^{n} X_i^{a_i}$

(c) $\dfrac{X_1}{X_2}$

(d) $E\left(\prod_{i=1}^{n} X_i\right)$

8.3 • 카이제곱분포

이제 정규분포와 관련이 있는 카이제곱분포, t-분포, F-분포, 베타분포를 소개하고 그 성질을 간략히 알아보고자 한다. 물론 이 분포들은 모집단의 통계적 분석에 있어서 매우 중요하다. 특히 분산분석에서 기본이 되는 분포이다. 먼저 카이제곱분포에 대해 알아보자.

제 6 장에서 감마분포의 특별한 형태가 지수분포와 카이제곱분포임을 언급했었다. 여기서는 카이제곱분포의 pdf와 그 성질을 소개한다.

모수가 $\alpha = k/2$와 $\beta = 2$인 특별한 감마분포를 자유도가 k인 카이제곱분포(chi-square distribution)라 한다. 즉, $X \sim \mathrm{Gam}(k/2,\ 2)$이면 X는 자유도가 k인 카이제곱분포를 따르며

$$X \sim \chi^2(k) \tag{8.3.1}$$

으로 표시한다. 그러므로 X의 pdf는

$$f(x\,;\,k) = \frac{1}{2^{k/2}\Gamma(k/2)} x^{k/2-1} e^{-x/2},\ x > 0 \tag{8.3.2}$$

이다.

감마분포의 성질 식 (6.3.11)과 (6.3.16)으로부터 다음 결과를 얻을 수 있다.

정리 8.3.1

$X \sim \chi^2(k)$이면, 다음이 성립된다.

(a) $M_X(t) = \left(\frac{1}{1-2t}\right)^{k/2},\quad t < 1/2$ (8.3.3)

(b) $E(X^r) = 2^r \frac{\Gamma(k/2+r)}{\Gamma(k/2)}$ (8.3.4)

정리 8.3.1에 의해 $X \sim \chi^2(k)$이면

$$E(X) = k\text{이고 } \mathrm{Var}(X) = 2k \tag{8.3.5}$$

이다.

다음 정리는 정리 8.3.1을 이용하지 않고 카이제곱분포의 적절한 적률을 구할 수 있는 유용한 정리이다.

정리 8.3.2

$X_k \sim \chi^2(k)$이면, 임의의 함수 $h(x)$에 대해 기댓값이 존재한다면 다음이 성립된다.

$$E[h(X_k)] = kE\left[\frac{h(X_{k+2})}{X_{k+2}}\right] \tag{8.3.6}$$

예제 8.3.1 $X_k \sim \chi^2(k)$일 때 정리 8.3.2를 이용하여 적률을 구해 보자.

(a) $h(x) = x$

$$E[h(X_k)] = E(X_k) = kE\left(\frac{X_{k+2}}{X_{k+2}}\right) = kE(1) = k$$

(b) $h(x) = x^2$

$$E[h(X_k)] = E(X_k^2) = kE\left(\frac{X_{k+2}^2}{X_{k+2}}\right) = kE(X_{k+2}) = k(k+2)$$

따라서 식 (8.3.5)와 같이

$$\begin{aligned}\mathrm{Var}(X_k) &= E(X_k^2) - [E(X_k)]^2 \\ &= k(k+2) - k^2 \\ &= 2k\end{aligned}$$

가 된다.

(c) $h(x) = x^3$

$$E[h(X_k)] = E(X_k^3) = kE\left(\frac{X_{k+2}^3}{X_{k+2}}\right) = kE(X_{k+2}^2) = k(k+2)(k+4)$$

로 정리 8.3.1 (b)의 결과와 동일함을 알 수 있다. ■

$X \sim \chi^2(k)$의 $100(1-\alpha)$백분위수(즉, 자유도가 k인 카이제곱분포의 오른쪽 꼬리 확률이 α인 값)를 그림 8.3.1과 같이 $\chi_\alpha^2(k)$로 나타낸다. 즉, $X \sim \chi^2(k)$이면

$$P[X \geq \chi_\alpha^2(k)] = \alpha \tag{8.3.7}$$

이다.

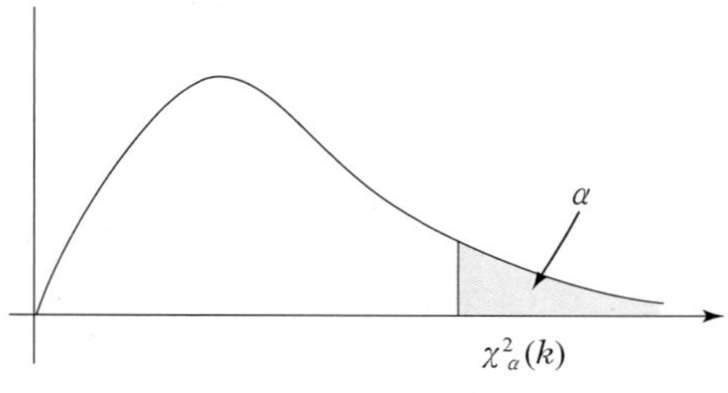

그림 8.3.1 χ^2분포

$\chi_\alpha^2(k)$의 값은 다양한 α와 k에 대해 부록 B의 표 B.4에 주어져 있다. 이 값은 감마분포의

백분위수를 얻기 위해 이용될 수 있다. 다음 정리에서 알 수 있듯이 감마분포는 카이제곱분포로 변환시킬 수 있다.

> **정리 8.3.3**
>
> $X \sim \text{Gam}(\alpha,\ \beta)$이면, $Y = 2X/\beta \sim \chi^2(2\alpha)$이다.

증명 Y의 적률생성함수를 구하면

$$\begin{aligned} M_Y(t) &= M_{2X/\beta}(t) \\ &= M_X(2t/\beta) \\ &= (1-2t)^{-2\alpha/2} \end{aligned}$$

이며, 이것은 자유도가 2α인 카이제곱분포의 적률생성함수이므로, 적률생성함수의 유일성에 의해 정리가 증명된다. ✣

예제 8.3.2 크기가 $n = 10$인 확률표본이 지수분포 $\text{Exp}(\theta)$에서 추출되었다. $P[c\overline{X} < \theta] = 0.90$을 만족하는 c를 구하라. 여기서 $\overline{X}$는 표본평균이다.

풀이 $X_i \sim \text{Exp}(\theta)$, $i = 1,\ 2,\ \ldots, 10$이고 X_i들이 독립이므로 $\sum_{i=1}^{10} X_i \sim \text{Gam}(10,\ \theta)$이다. 그러므로

$$\begin{aligned} 0.90 = P[c\overline{X} < \theta] &= P\left[\frac{c}{10}\sum_{i=1}^{10} X_i < \theta\right] = P\left[\sum_{i=1}^{10} X_i < \frac{10\theta}{c}\right] \\ &= P\left[\frac{2}{\theta}\sum_{i=1}^{10} X_i < \frac{20}{c}\right] = P\left[\chi^2(20) < \frac{20}{c}\right] \end{aligned}$$

이다. 따라서 $\dfrac{20}{c}$이 $\chi^2(20)$의 제 90 백분위수이다. 즉,

$$20/c = \chi^2_{0.1}(20) = 28.41$$

이므로 $c = \dfrac{20}{28.41} \approx 0.740$이다. ■

다음 정리는 카이제곱분포가 정규분포와 어떤 관계가 있는지를 보여준다.

정리 8.3.4

$Z \sim \mathrm{N}(0,\ 1)$이면, $Z^2 \sim \chi^2(1)$이다.

증명 Z^2의 적률생성함수는

$$\begin{aligned} M_{Z^2}(t) &= E(e^{tz^2}) \\ &= \int_{-\infty}^{\infty} \frac{1}{\sqrt{2\pi}} e^{-z^2/2} e^{tz^2} dz \\ &= \int_{-\infty}^{\infty} \frac{1}{\sqrt{2\pi}} e^{-z^2(1-2t)/2} dz \\ &= (1-2t)^{-1/2} \end{aligned}$$

이며, 이것은 자유도가 1인 카이제곱분포의 적률생성함수이다. ✣

예제 8.3.3 $X_1,\ \ldots, X_n$이 카이제곱분포 $\chi^2(k)$에서 추출한 확률표본일 때, $\overline{X}$의 pdf를 구해 보자. 정리 8.2.5에 의해 $\overline{X}$의 mgf는

$$\begin{aligned} M_{\overline{X}}(t) &= \left[M\left(\frac{t}{n}\right)\right]^n \\ &= \left[\left(\frac{1}{1-2t/n}\right)^{k/2}\right]^n \\ &= \left(\frac{1}{1-2t/n}\right)^{nk/2} \end{aligned}$$

이므로 $\overline{X} \sim \mathrm{Gam}(nk/2,\ 2/n)$이다. ■

7.4절에서 적률생성함수를 이용해 독립인 확률변수들의 합에 대한 분포를 구하는 방법을 소개했다. 다음 정리는 독립인 카이제곱 확률변수들의 합 역시 카이제곱분포를 따른다는 중요한 성질이다.

정리 8.3.5

$X_i \sim \chi^2(k_i),\ i = 1,\ \ldots, n$이 독립인 카이제곱 확률변수이면,

$$Y = \sum_{i=1}^{n} X_i \sim \chi^2\left(\sum_{i=1}^{n} k_i\right) \tag{8.3.8}$$

이다.

증명

$$\begin{aligned} M_Y(t) &= \prod_{i=1}^{n} M_{X_i}(t) \\ &= \prod_{i=1}^{n} (1-2t)^{-k_i/2} \\ &= (1-2t)^{-\sum k_i/2} \end{aligned}$$

가 $\chi^2(\sum k_i)$의 적률생성함수이므로 정리가 증명된다. ✤

정리 8.3.6

$X_1, \dots, X_n$이 정규분포 $N(\mu, \sigma^2)$에서 추출한 확률표본이면, 다음이 성립된다.

$$\sum_{i=1}^{n} \frac{(X_i-\mu)^2}{\sigma^2} \sim \chi^2(n) \tag{8.3.9}$$

다음 정리는 정규분포에서 추출한 확률표본의 표본분산은 카이제곱분포를 따른다는 것이다.

정리 8.3.7

$X_1, \dots, X_n$이 정규분포 $N(\mu, \sigma^2)$에서의 확률표본이면, 다음이 성립된다.

$$\frac{(n-1)S^2}{\sigma^2} \sim \chi^2(n-1) \tag{8.3.10}$$

이다.

증명 정리 8.2.3에 의해

$$V_1 \equiv \sum_{i=1}^{n} \frac{(X_i-\mu)^2}{\sigma^2} = \frac{(n-1)S^2}{\sigma^2} + \frac{n(\overline{X}-\mu)^2}{\sigma^2}$$

$$\equiv V_2 + V_3$$

이라 하자. 정리 8.3.6과 정리 8.3.4에 의해, $V_1 \sim \chi^2(n)$이고 $V_3 \sim \chi^2(1)$이다. 또한 정리 8.2.7에 의해 V_2와 V_3는 독립이므로

$$M_{V_1}(t) = M_{V_2+V_3}(t) = M_{V_2}(t) M_{V_3}(t)$$

이고

$$M_{V_2}(t) = \frac{M_{V_1}(t)}{M_{V_3}(t)} = \frac{(1-2t)^{-n/2}}{(1-2t)^{-1/2}} = (1-2t)^{-(n-1)/2}$$

이다. 따라서 $V_2 = (n-1)S^2/\sigma^2 \sim \chi^2(n-1)$이다. ✣

정리 8.3.7에 의해, S^2의 백분위수는 자유도 $n-1$인 카이제곱분포의 백분위수에 의해 구할 수 있다.

예제 8.3.4 $\overline{X}$와 S^2이 정규분포 N(5, 36)에서 추출한 크기 $n=16$인 확률표본의 표본평균과 표본분산일 때, $P[2 < \overline{X} < 8,\ 17.424 < S^2 < 65.976]$을 구하라.

풀이 정리 8.2.7과 정리 8.3.7에 의해 $\overline{X}$와 S^2은 독립이고, $\overline{X} \sim \mathrm{N}(5,\ 36/16)$이며 $15S^2/36 \sim \chi^2(15)$이므로 구하는 확률은

$$\begin{aligned}
&P[2 < \overline{X} < 8,\ 17.424 < S^2 < 65.976] \\
&\quad = P[2 < \overline{X} < 8] P[17.424 < S^2 < 65.976] \\
&\quad = P\left[-\frac{3}{1.5} < Z < \frac{3}{1.5}\right] P\left[\frac{15(17.424)}{36} < \chi^2(15) < \frac{15(65.976)}{36}\right] \\
&\quad = P[-2 < Z < 2] P[7.26 < \chi^2(15) < 27.49] \\
&\quad = [1 - 2P[Z > 2]](0.950 - 0.025) \\
&\quad = (1 - 2(0.0228))(0.925) \\
&\quad = 0.88282
\end{aligned}$$

이다. ■

연습문제

8.3.1 $X_1, \ldots, X_{10}$은 지수분포 Exp(4)에서 추출한 크기 $n=10$인 확률표본이다. $P\left[\sum_{i=1}^{10} X_i < 47.66\right]$을 구하라.

8.3.2 $X \sim \mathrm{N}(10,\ 9)$일 때, $P[24.39 \le (X-10)^2 \le 48.69]$를 계산하라.

8.3.3 확률변수 X의 적률생성함수가 $M_X(t) = \exp(100t + 50t^2)$일 때, $P[207 \le (X-100)^2 \le 502]$를 계산하라.

8.3.4 $X_1, \ldots, X_{15}$가 정규분포 $\mathrm{N}(\mu,\ 20)$에서 추출한 크기 $n=15$인 확률표본이고 $\overline{X}$는 표본평균일 때, $P[(\overline{X} - \mu)^2 \le 5.12]$를 구하라.

8.3.5 $X_1 \sim \chi^2(10)$, $X_2 \sim \chi^2(8)$이며 X_1과 X_2가 독립일 때, $P[X_1 + X_2 \le 24.16]$을 구하라.

8.3.6 $Z_1, \ldots, Z_{15}$는 정규분포 $\mathrm{N}(0,\ 1)$에서 추출한 확률표본이고 $W = \sum_{i=1}^{15} Z_i^2$이라 할 때, $P[6.26 < W < 25.00]$를 계산하라.

8.3.7 $X_1, \ldots, X_6$이 정규분포 $\mathrm{N}(0,\ 4)$에서 추출한 확률표본일 때, $P\left[\sum_{i=1}^{6} X_i^2 \ge 6.56\right]$을 구하라.

8.3.8 $X_1, \ldots, X_{10}$이 표준정규분포 $\mathrm{N}(0,\ 1)$에서 추출한 크기 $n=10$인 확률표본일 때, 다음을 만족하는 상수 a를 구하라.

$$P\left[\sum_{i=1}^{10} X_i^2 \le a\right] = 0.90$$

8.3.9 $X_1, \ldots, X_{10}$이 카이제곱분포 $\chi^2(19)$에서 추출한 확률표본일 때, 10개의 표본 중에서 정확히 2개가 30.14를 초과할 확률을 구하라.

8.3.10 $X_1, \ldots, X_{25}$가 정규분포 $\mathrm{N}(\mu, 6)$에서 추출한 확률표본이고 S^2은 표본분산일 때, 다음을 구하라.

(a) $P[S^2 > 9.84]$ (b) $P[3.1 < S^2 < 10.745]$

8.3.11 $X_1, \ldots, X_{20}$은 정규분포 $\mathrm{N}(\mu, 2)$에서 추출한 크기 $n=20$인 확률표본이고 S^2은 이 표본의 표본분산일 때, $P[a \le S^2 \le b] = 0.95$를 만족하는 상수 a와 b를 구하라.

8.3.12 어느 지역에서 매주 측정된 토양산도는 평균이 50이고 표준편차가 8인 정규분포에서의 표본을 이룬다고 한다. 12주 기간 동안 측정한 자료에 대해 다음을 구하라.

(a) 표본평균이 55를 초과할 확률

(b) 표본표준편차가 10.027을 초과할 확률

8.3.13 어느 온도 조절장치의 온도는 분산이 σ^2인 정규분포를 계속 따르도록 조절되어 있다. 확률표본을 추출하여 표본분산 S^2을 계산하였다. 다음을 만족하기 위해 얼마나 많은 관측값이 요구되는가?

$$P\left[\frac{S^2}{\sigma^2} \le 1.8\right] \ge 0.95$$

8.3.14 $X_1, \ldots, X_n$이 정규분포 $\mathrm{N}(\mu, \sigma^2)$에서 추출한 확률표본일 때, S^2의 평균과 분산을 구하라.

8.3.15 $X_1, \ldots, X_{20}$이 표준정규분포 $\mathrm{N}(0, 1)$에서 추출한 크기 $n=20$인 확률표본일 때

(a) 표준정규분포표를 이용하여 $P[\overline{X}^2 \le 0.192]$를 구하라.

(b) 카이제곱분포표를 이용하여 $P[\overline{X}^2 \le 0.192]$를 구하라.

8.3.16 $X \sim \chi^2(m)$, $Y \sim \chi^2(n)$이고 X와 Y는 독립이다. $n > m$일 때 $Y - X$가 카이제곱분포를 따르는가?

8.3.17 $X \sim \chi^2(m)$이고 $S = X + Y \sim \chi^2(m+n)$이며 X와 Y는 독립이다. 적률생성함수를 이용하여 $S - X \sim \chi^2(n)$임을 보여라.

8.3.18 어떤 사람이 사격을 하여 표적의 1인치 이내에 들어가면 10점, 표적으로부터 1인치에서 3인치 사이에 들어가면 5점, 표적으로부터 3인치에서 5인치 사이에 들어가면 3점을 받을 때, 다음 각 경우 사격을 하여 받을 점수의 기댓값을 구하라.

(a) 그 사람이 사격한 탄환은 표적을 중심으로 반경이 8인치인 원 내에 균일하게 분포된다.

(b) 목표물로부터 그 사람이 사격한 탄환의 가로와 세로의 거리가 각각 독립이고 모수가 $\mu=0$이고 $\sigma^2=4$인 동일한 정규분포를 따른다.

8.3.19 $X \sim \chi^2(10)$일 때, X의 분포의 왜도 α_3와 첨도 α_4를 구하라.

8.4 • t-분포

정리 8.2.8에서, 정규분포 $\mathrm{N}(\mu, \sigma^2)$에서 추출한 확률표본에 대해 $\overline{X}$의 분포는 평균이 μ이고 분산이 σ^2/n인 정규분포임을 보였다. 즉

$$\frac{\overline{X}-\mu}{\sigma/\sqrt{n}} \sim \mathrm{N}(0,\ 1) \tag{8.4.1}$$

이다. 이것은 중요한 결과이지만 이 결과를 적용하기가 어려운 것은 대부분의 현실적인 응용에서는 모집단의 표준편차 σ를 알지 못한다는 것이다. 이런 경우에는 σ 대신에 추정량 S를 이용한다. 그러면

$$\frac{\overline{X}-\mu}{S/\sqrt{n}} \tag{8.4.2}$$

의 분포도 $\mathrm{N}(0,\ 1)$인가? 아니면 정확한 분포는 무엇인가?

먼저 이 분포에 대해 소개하고 필요한 성질들에 대해 알아보자.

확률변수 T의 pdf가

$$f(t\ ;\ k)=\frac{\Gamma((k+1)/2)}{\sqrt{k\pi}\,\Gamma(k/2)}\frac{1}{(1+t^2/k)^{(k+1)/2}},\quad -\infty<t<\infty \tag{8.4.3}$$

일 때, T는 자유도가 k인 스튜던트 t-분포(student's t-distribution)를 따른다고 하며, $T \sim t(k)$로 나타낸다.

이제 이 분포가 정규분포와 어떤 관계가 있는지 알아보자.

정리 8.4.1

$Z \sim \mathrm{N}(0,\ 1)$이고 $V \sim \chi^2(k)$이며 Z와 V가 독립일 때,

$$T = \frac{Z}{\sqrt{V/k}} \sim t(k) \tag{8.4.4}$$

이다.

증명 Z와 V의 결합 pdf는

$$\begin{aligned} f_{Z,V}(z,\ v) &= f_Z(z) f_V(v) \\ &= \frac{1}{\sqrt{2\pi}} e^{-z^2/2} \frac{1}{2^{k/2}\Gamma(k/2)} v^{k/2-1} e^{-v/2},\ 0 < v < \infty,\ -\infty < z < \infty \end{aligned}$$

이다. 여기서 $T = Z/\sqrt{V/k}$와 $U = V$ 변환을 생각하면, 역변환은 $v = u$이고 $z = t\sqrt{u/k}$이다. 이 변환의 야코비안이 $J = \sqrt{u/k}$이므로

$$\begin{aligned} f_{T,U}(t,\ u) &= f_{Z,V}(t\sqrt{u/k},\ u)\sqrt{u/k} \\ &= \frac{1}{\sqrt{2\pi}\,\Gamma(k/2) 2^{k/2}} (u/k)^{1/2} u^{k/2-1} e^{-u/2} e^{-t^2 u/2k}, \\ &\qquad -\infty < t < \infty,\ 0 < u < \infty \end{aligned}$$

이다. 그러므로 T의 주변 pdf는

$$\begin{aligned} f(t;\ k) &= \int_0^\infty f_{T,U}(t,\ u)\,du \\ &= \frac{1}{\Gamma(k/2)\sqrt{2\pi}\,2^{k/2}\sqrt{k}} \int_0^\infty u^{\frac{k+1}{2}-1} e^{-u(1+t^2/k)/2} du \\ &= \frac{1}{\Gamma(k/2)\sqrt{2\pi}\,2^{k/2}\sqrt{k}} \Gamma\left(\frac{k+1}{2}\right)\left(\frac{2}{1+t^2/k}\right)^{(k+1)/2} \end{aligned}$$

$$= \frac{\Gamma\left(\frac{k+1}{2}\right)}{\Gamma(k/2)} \frac{1}{\sqrt{k\pi}} \frac{1}{(1+t^2/k)^{(k+1)/2}}, \quad -\infty < t < \infty$$

이므로 증명된다. ✣

자유도가 k인 t-분포의 오른쪽 꼬리 확률이 α인 값 $t_\alpha(k)$는 표 B.5에 다양한 α와 k에 대해 주어져 있다. 즉, $T \sim t(k)$이면

$$P[T > t_\alpha(k)] = \alpha \tag{8.4.5}$$

이다 (그림 8.4.1 참조).

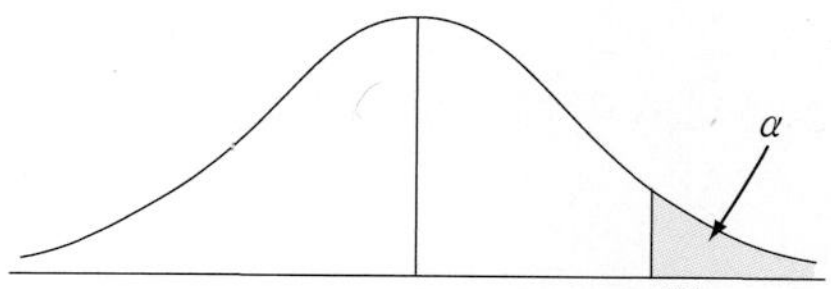

그림 8.4.1 t–분포

t-분포는 고셋 (W.S. Gosset)에 의해 처음 소개되었다. 그가 근무하는 맥주공장에서 발효 과정을 더 잘 이해하고 개선하기 위해 통계적 기법을 이용한다는 사실을 경쟁회사에 알리는 것을 허용하지 않았기 때문에 본인의 이름으로 연구결과를 발표할 수 없어서 "학생 (student)"이라는 가명으로 그의 연구 논문을 발표하여 오늘날 스튜던트 t-분포로 알려지게 된 것이다.

정리 8.4.2

$T \sim t(k)$이면, $k > 2r$에 대해 다음이 성립된다.

(a) $$E(T^{2r}) = \frac{\Gamma\left(r+\frac{1}{2}\right)\Gamma\left(\frac{k}{2}-r\right)}{\Gamma\left(\frac{1}{2}\right)\Gamma\left(\frac{k}{2}\right)} k^r \tag{8.4.6}$$

(b) $$E(T^{2r-1}) = 0, \ r = 1, 2, \ldots \tag{8.4.7}$$

증명 정리 8.4.1에서 T는

$$T = \frac{Z}{\sqrt{V/k}}$$

로 나타낼 수 있고, Z와 V는 독립이므로

$$\begin{aligned} E(T^{2r}) &= E[Z^{2r}/(V/k)^r] \\ &= k^r E(Z^{2r}) E(V^{-r}) \end{aligned}$$

이다. 따라서 정리 6.7.2와 정리 8.3.1의 식 (8.3.4)에 의해 증명된다. ✣

정리 8.4.2에 의해 $T \sim t(k)$의 평균과 분산은

$$E(T) = 0, \quad \mathrm{Var}(T) = \frac{k}{k-2}, \; k > 2 \tag{8.4.8}$$

이다. 정규분포에서 추출한 확률표본에 대해 식 (8.4.2) 통계량의 분포가 t-분포라는 유용한 다음 정리를 얻을 수 있다.

정리 8.4.3

$X_1, \ldots, X_n$이 정규분포 $\mathrm{N}(\mu, \sigma^2)$에서 추출한 확률표본이면, 다음이 성립된다.

$$\frac{\overline{X} - \mu}{S/\sqrt{n}} \sim t(n-1) \tag{8.4.9}$$

증명 $Z = \sqrt{n}(\overline{X} - \mu)/\sigma \sim \mathrm{N}(0, 1)$이고, 정리 8.3.7에 의해 $V = (n-1)S^2/\sigma^2 \sim \chi^2(n-1)$이며 $\overline{X}$와 S^2은 독립이므로, 정리 8.4.1에 의해 증명된다. ✣

예제 8.4.1 정규분포 $\mathrm{N}(\mu, \sigma^2)$에서 추출한 크기 $n = 16$인 확률분포에서 표본평균 $\overline{X}$와 표본분산 S^2을 구하였다. 이때

$$P\left[-c < \frac{4(\overline{X} - \mu)}{S} < c\right] = 0.95$$

를 만족하는 상수 c값을 구하라.

풀이 정규분포 $\mathrm{N}(\mu, \sigma^2)$에서 추출한 확률표본일 때

$$\frac{\overline{X}-\mu}{S/\sqrt{n}} \sim t(n-1)$$

이므로

$$\frac{4(\overline{X}-\mu)}{S} \sim t(15)$$

이다. t-분포가 0에 관해 대칭이므로 c는

$$P[t(15)>c]=0.025$$

를 만족하는 값이다. 부록 B의 표 B.5에 의해 $c=t_{0.025}(15)=2.131$이다. ■

정리 8.4.4

$X_1, \ldots, X_m$과 $Y_1, \ldots, Y_n$이 독립이며 각각 정규분포 $\mathrm{N}(\mu_1, \sigma_1^2)$과 $\mathrm{N}(\mu_2, \sigma_2^2)$에서 추출한 확률표본이면

$$\frac{\overline{X}-\overline{Y}-(\mu_1-\mu_2)}{\sqrt{(m-1)S_1^2/\sigma_1^2+(n-1)S_2^2/\sigma_2^2}}\sqrt{\frac{m+n-2}{\sigma_1^2/m+\sigma_2^2/n}} \sim t(m+n-2) \qquad (8.4.10)$$

이다. 특별히 $\sigma_1=\sigma_2$이면

$$\frac{\overline{X}-\overline{Y}-(\mu_1-\mu_2)}{\sqrt{(m-1)S_1^2+(n-1)S_2^2}}\sqrt{\frac{mn(m+n-2)}{m+n}} \sim t(m+n-2) \qquad (8.4.11)$$

이다. 여기서 S_1^2과 S_2^2은 각각 $X_1, \ldots, X_m$과 $Y_1, \ldots, Y_n$의 표본분산이다.

정리 8.4.4의 결과는 두 정규모집단에서의 확률표본을 이용해 두 모집단 평균의 차에 대한 추정과 검정에 유용하게 이용된다.

연습문제

8.4.1 부록 B의 표를 이용하여 다음을 구하라.

(a) $T \sim t(20)$일 때, $P[1.064 < T < 3.153]$

(b) $T \sim t(25)$일 때, $P[T < a] = 0.90$인 a값

(c) $T \sim t(10)$일 때, $P[|T| \geq b] = 0.05$인 b값

8.4.2 $X_1, \ldots, X_9$는 정규분포 $\mathrm{N}(50, \sigma^2)$에서 추출한 크기 $n = 9$인 확률표본이다. 이 표본의 표본분산이 $S^2 = 36$일 때, 다음을 구하라.

(a) $P[\overline{X} > 54.612]$

(b) $P[46.28 < \overline{X} < 53.72]$

(c) $P[\overline{X} - \mu < 2.216]$

8.4.3 Z, V_1, V_2는 독립이며 $Z \sim \mathrm{N}(0, 1)$, $V_1 \sim \chi^2(10)$, $V_2 \sim \chi^2(6)$일 때, 다음을 구하라.

$$P[Z/\sqrt{V_1 + V_2} \leq 0.53]$$

8.4.4 $T \sim t(k)$, $k > 4$일 때, 다음을 구하라.

(a) $\mu_4 = E[(T - \mu)^4]$

(b) T의 분포의 왜도 α_3와 첨도 α_4

8.4.5 $X_1, \ldots, X_{10}$은 정규분포 $\mathrm{N}(10, \sigma_1^2)$에서 추출한 크기 10인 확률표본이고, $Y_1, \ldots, Y_{15}$는 $X_1, \ldots, X_{10}$과는 서로 독립이며 정규분포 $\mathrm{N}(8, \sigma_2^2)$에서 추출한 크기 15인 확률표본이다. $\sigma_1^2 = \sigma_2^2$이라 가정하고 이 표본의 표본분산들이 각각 $S_1^2 = 6$이고 $S_2^2 = 6$일 때 $P[\overline{X} - \overline{Y} \leq 3.06]$을 구하라.

8.5 • F-분포

정규모집단에서의 확률표본과 관련하여 중요한 역할을 하는 또 다른 분포가 F-분포이다. 이 분포는 가장 두드러진 통계학자 중의 한 사람인 피셔(Ronald A. Fisher) 이후에 명명되었다. 먼저 F-분포의 pdf와 기호에 대해 정의한다.

확률변수 X의 pdf가

$$f(x;\, k_1,\, k_2) = \begin{cases} \dfrac{\Gamma((k_1+k_2)/2)}{\Gamma(k_1/2)\Gamma(k_2/2)}\left(\dfrac{k_1}{k_2}\right)^{k_1/2} \dfrac{x^{k_1/2-1}}{(1+k_1x/k_2)^{(k_1+k_2)/2}}, & x > 0 \\ 0, & x \le 0 \end{cases} \tag{8.5.1}$$

인 분포를 자유도가 k_1과 k_2인 스네데커 F-분포(Snedecor's F-distribution)라 하고, $X \sim F(k_1,\, k_2)$로 나타낸다. k_1을 분자의 자유도라 하고 k_2를 분모의 자유도라 한다.

이제 F-분포가 정규분포와 어떤 관련이 있는지 알아보자.

정리 8.5.1

$V_1 \sim \chi^2(k_1)$과 $V_2 \sim \chi^2(k_2)$가 독립이면, 다음이 성립된다.

$$X = \frac{V_1/k_1}{V_2/k_2} \sim F(k_1,\, k_2) \tag{8.5.2}$$

정리 8.5.1도 변수변환법을 이용하여 정리 8.4.1과 비슷한 방법으로 증명할 수 있다.

정리 8.5.2

$X \sim F(k_1,\, k_2)$이면 다음이 성립된다.

$$E(X^r) = \frac{\left(\dfrac{k_2}{k_1}\right)^r \Gamma\left(\dfrac{k_1}{2}+r\right)\Gamma\left(\dfrac{k_2}{2}-r\right)}{\Gamma\left(\dfrac{k_1}{2}\right)\Gamma\left(\dfrac{k_2}{2}\right)}, \quad k_2 > 2r \tag{8.5.3}$$

증명 정리 8.5.1에 의해

$$X = \frac{V_1/k_1}{V_2/k_2}$$

로 나타낼 수 있으며, $V_1 \sim \chi^2(k_1)$과 $V_2 \sim \chi^2(k_2)$는 독립이므로

$$\begin{aligned} E(X^r) &= E\left[\left(\frac{k_2}{k_1}\right)^r V_1^r V_2^{-r}\right] \\ &= \left(\frac{k_2}{k_1}\right)^r E(V_1^r)E(V_2^{-r}) \end{aligned}$$

이다. 정리 8.3.1의 식 (8.3.4)에 의해

$$\begin{aligned} E(X^r) &= \left(\frac{k_2}{k_1}\right)^r 2^r \frac{\Gamma(k_1/2+r)}{\Gamma(k_1/2)} 2^{-r} \frac{\Gamma(k_2/2-r)}{\Gamma(k_2/2)} \\ &= \left(\frac{k_2}{k_1}\right)^r \frac{\Gamma(k_1/2+r)\Gamma(k_2/2-r)}{\Gamma(k_1/2)\Gamma(k_2/2)} \end{aligned}$$

이다. ✣

정리 8.5.2에 의해 $X \sim F(k_1,\ k_2)$의 평균과 분산은 다음과 같다.

$$E(X) = \frac{k_2}{k_2-2},\ k_2 > 2, \quad \mathrm{Var}(X) = \frac{2k_2^2(k_1+k_2-2)}{k_1(k_2-2)^2(k_2-4)},\ k_2 > 4 \tag{8.5.4}$$

$X \sim F(k_1,\ k_2)$일 때, $F_\alpha(k_1,\ k_2)$는

$$P[X \ge F_\alpha(k_1,\ k_2)] = \alpha \tag{8.5.5}$$

를 만족하는 값이다. 부록 B의 표 B.6에 다양한 k_1과 k_2에 대해 값이 주어져 있다. 표 B.6을 보면 α값이 0.001, 0.01, 0.025, 0.05, 0.1과 같이 작은 경우만 나타나 있다. 그러나 실제로 α값이 0.95, 0.975, 0.9 등과 같이 큰 경우의 값도 필요하다. 그러나 이 경우의 값은 F-분포의 성질에 의해 주어진 표에서 구할 수 있다. 정리 8.5.1에 의해

$$X \sim F(k_1,\ k_2)\text{이면, } \frac{1}{X} \sim F(k_2,\ k_1) \tag{8.5.6}$$

임을 알 수 있다. 따라서

$$\begin{aligned}\alpha &= P[X \geq F_\alpha(k_1,\ k_2)] \\ &= P\left[\frac{1}{X} \leq \frac{1}{F_\alpha(k_1,\ k_2)}\right] \\ &= 1 - P\left[\frac{1}{X} > \frac{1}{F_\alpha(k_1,\ k_2)}\right]\end{aligned} \tag{8.5.7}$$

이므로

$$P\left[\frac{1}{X} > \frac{1}{F_\alpha(k_1,\ k_2)}\right] = P\left[F(k_2,\ k_1) > \frac{1}{F_\alpha(k_1,\ k_2)}\right] = 1-\alpha \tag{8.5.8}$$

이다. 즉

$$\frac{1}{F_\alpha(k_1,\ k_2)} = F_{1-\alpha}(k_2,\ k_1) \tag{8.5.9}$$

이 성립한다. 이 관계식은《통계적 추정과 가설검정》에서 추정과 검정에 유용하게 이용된다.

정리 8.5.3

만일 $X_1,\ \dots,X_m$이 정규분포 $\mathrm{N}(\mu_1,\ \sigma_1^2)$에서 추출한 확률표본이고 $Y_1,\ \dots,Y_n$이 정규분포 $\mathrm{N}(\mu_2,\ \sigma_2^2)$에서 추출한 확률표본이며 두 표본이 독립이면,

$$\frac{S_1^2/\sigma_1^2}{S_2^2/\sigma_2^2} \sim F(m-1,\ n-1) \tag{8.5.10}$$

이다. 특별히 $\sigma_1 = \sigma_2$이면

$$\frac{S_1^2}{S_2^2} \sim F(m-1,\ n-1) \tag{8.5.11}$$

이다.

예제 8.5.1 $X_1,\ \dots,X_{11}$은 정규분포 $\mathrm{N}(\mu_1,\ 9)$에서 추출한 크기 11인 확률표본이고, $Y_1,\ \dots,Y_6$은 정규분포 $\mathrm{N}(\mu_2,\ 10)$에서 추출한 크기 6인 확률표본이며 두 확률표본이 독립일 때, 다음을 구하라.

$$P\left[0.4245 \le \frac{\sum_{i=1}^{11}(X_i - \overline{X})^2}{\sum_{i=1}^{6}(Y_i - \overline{Y})^2} \le 11.916\right]$$

풀이 정리 8.5.3에 의해

$$\frac{S_1^2/\sigma_1^2}{S_2^2/\sigma_2^2} = \frac{\sum_{i=1}^{11}(X_i - \overline{X})^2/90}{\sum_{i=1}^{6}(Y_i - \overline{Y})^2/50}$$

$$= \frac{5}{9}\frac{\sum_{i=1}^{11}(X_i - \overline{X})^2}{\sum_{i=1}^{6}(Y_i - \overline{Y})^2} \sim F(10,\ 5)$$

이므로

$$P\left[0.4245 \le \frac{\sum_{i=1}^{11}(X_i - \overline{X})^2}{\sum_{i=1}^{6}(Y_i - \overline{Y})^2} \le 11.916\right]$$

$$= P\left[0.4245\left(\frac{5}{9}\right) \le F(10,\ 5) \le 11.916\left(\frac{5}{9}\right)\right]$$

$$= P[0.23583 \le F(10,\ 5) \le 6.62]$$

$$= P[F(10,\ 5) \ge 0.23583] - P[F(10,\ 5) > 6.62]$$

$$\approx P[F(5,\ 10) \le 4.24] - 0.025$$

$$= 1 - 0.025 - 0.025$$

$$= 0.95$$

이다. ■

연습문제

8.5.1 $T \sim t(k)$일 때, $T^2 \sim F(1,\ k)$임을 보여라.

8.5.2 정규분포 $\mathrm{N}(\mu_1,\ \sigma^2)$에서 추출한 크기 13인 표본과 정규분포 $\mathrm{N}(\mu_2,\ \sigma^2)$에서 추출한 크기 7인 표본을 생각해 보자. 두 표본이 독립일 때, 첫 번째 표본의 표본분산이 두 번째 표본분산의 4배를 초과할 확률을 계산하라.

8.5.3 S_1^2과 S_2^2을 각각 분산이 같은 두 정규모집단에서 추출한 크기 $n_1 = 10$이고 $n_2 = 17$인 독립 확률표본들의 표본분산이라 할 때, $P[S_1^2/S_2^2 < 3.78]$을 구하라.

8.5.4 $X_i \sim \mathrm{Exp}(1),\ i = 1,\ 2$이고 X_1과 X_2가 독립일 때, $Z = X_1/X_2 \sim F(2,\ 2)$임을 증명하라.

8.5.5 부록 B의 표를 이용하여 다음을 구하라.

(a) $X \sim F(7,\ 12)$일 때, $P[2.91 < X < 4.64]$

(b) $X \sim F(20,\ 8)$일 때, $P[1/X > 0.25]$

8.5.6 V_1과 V_2는 독립이며 $V_1 \sim \chi^2(10)$이고 $V_2 \sim \chi^2(5)$일 때, 다음을 구하라.

(a) $P[V_1/V_2 \leq 13.24]$

(b) $P\left[\dfrac{V_1}{V_1 + V_2} > a\right] = 0.05$인 a값

*8.6 • 베타분포

제 6 장에서 정의한 감마함수와 밀접한 관계가 있는 함수를 먼저 정의한다.

정의 8.6.1

모든 $\alpha > 0$, $\beta > 0$에 대해

$$B(\alpha,\ \beta) = \int_0^1 x^{\alpha-1}(1-x)^{\beta-1}dx \tag{8.6.1}$$

를 베타함수(beta function)라 한다.

다음 정리들은 베타함수의 다양한 표현 방법을 나타내고 있다.

정리 8.6.1

모든 양의 α, β에 대해 $B(\alpha,\ \beta) = B(\beta,\ \alpha)$이다.

증명 식 (8.6.1)의 베타함수의 정의에서 $x = 1 - y$로 변환하면 증명된다. ✣

정리 8.6.2

모든 양의 α, β에 대해

$$B(\alpha,\ \beta) = \int_0^\infty x^{\alpha-1}(1+x)^{-(\alpha+\beta)}dx \tag{8.6.2}$$

이다.

증명 식 (8.6.1)의 베타함수의 정의에서 $x = y/(1+y)$로 변환하면 증명된다. ✣

정리 8.6.3

모든 양의 α, β에 대해

$$B(\alpha,\ \beta) = 2\int_0^1 x^{2\alpha-1}(1-x^2)^{\beta-1}dx \tag{8.6.3}$$

이다.

증명 식 (8.6.1)의 베타함수의 정의에서 $x = y^2$으로 변환하면 증명된다. ✤

정리 8.6.4

모든 양의 α, β에 대해

$$B(\alpha,\ \beta) = 2\int_0^\infty x^{2\alpha-1}(1+x^2)^{-(\alpha+\beta)}dx \tag{8.6.4}$$

이다.

증명 식 (8.6.1)의 베타함수의 정의에서 $x = y^2/(1+y^2)$으로 변환하면 증명된다. ✤

정리 8.6.5

모든 양의 α, β에 대해

$$B(\alpha,\ \beta) = 2\int_0^{\pi/2} (\cos\theta)^{2\alpha-1}(\sin\theta)^{2\beta-1}d\theta \tag{8.6.5}$$

이다.

증명 식 (8.6.1)의 베타함수의 정의에서 $x = \cos^2\theta$로 변환하면 증명된다. ✤

정리 8.6.6

모든 양의 α, β에 대해 베타함수는 다음과 같이 감마함수로 나타낼 수 있다.

$$B(\alpha,\ \beta) = \frac{\Gamma(\alpha)\Gamma(\beta)}{\Gamma(\alpha+\beta)} \tag{8.6.6}$$

증명 감마함수의 정의에 의해

$$\Gamma(\alpha) = \int_0^\infty x^{\alpha-1} e^{-x} dx,\ \alpha > 0$$

이므로 $x = y^2$ 으로 변환하면,

$$\Gamma(\alpha) = 2\int_0^\infty y^{2\alpha-1} e^{-y^2} dy \tag{8.6.7}$$

이다. 따라서

$$\Gamma(\alpha)\Gamma(\beta) = 4\int_0^\infty \int_0^\infty x^{2\alpha-1} y^{2\beta-1} e^{-(x^2+y^2)} dx\ dy$$

가 된다. 여기서 극좌표변환

$$x = r\cos\theta,\ y = r\sin\theta$$

를 이용하면 야코비안은

$$J = \begin{vmatrix} \dfrac{\partial x}{\partial r} & \dfrac{\partial x}{\partial \theta} \\ \dfrac{\partial y}{\partial r} & \dfrac{\partial y}{\partial \theta} \end{vmatrix} = r$$

이므로 정리 8.6.5와 식 (8.6.7)에 의해

$$\begin{aligned}
\Gamma(\alpha)\Gamma(\beta) &= 4\int_0^\infty \int_0^\infty x^{2\alpha-1} y^{2\beta-1} e^{-(x^2+y^2)} dx\ dy \\
&= 4\int_0^\infty \int_0^{\pi/2} (\cos\theta)^{2\alpha-1} (\sin\theta)^{2\beta-1} r^{2\alpha+2\beta-1} e^{-r^2} d\theta dr \\
&= 4\int_0^\infty r^{2\alpha+2\beta-1} e^{-r^2} \int_0^{\pi/2} (\cos\theta)^{2\alpha-1} (\sin\theta)^{2\beta-1} d\theta dr \\
&= B(\alpha,\ \beta)\, 2\int_0^\infty r^{2\alpha+2\beta-1} e^{-r^2} dr \\
&= B(\alpha,\ \beta)\Gamma(\alpha+\beta)
\end{aligned}$$

이다. 따라서 정리가 증명된다. ✤

연속확률변수 X의 pdf가

$$f(x\;;\alpha,\ \beta)=\frac{1}{B(\alpha,\ \beta)}x^{\alpha-1}(1-x)^{\beta-1},\ 0<x<1,\ \alpha>0,\ \beta>0 \tag{8.6.8}$$

인 분포를 모수가 α와 β인 베타분포(beta distribution)라 하고 간단히

$$X\sim \mathrm{Beta}(\alpha,\ \beta) \tag{8.6.9}$$

로 나타낸다.

베타분포는 모수 α와 β의 값에 따라 그림 8.6.1과 그림 8.6.2와 같이 다양한 형태의 pdf 모양을 갖는다.

(i) $\alpha>1,\ \beta=1$인 경우: 순증가(strictly increasing)

(ii) $\alpha=1,\ \beta>1$인 경우: 순감소(strictly decreasing)

(iii) $\alpha<1,\ \beta<1$인 경우: U 모양

(iv) $\alpha>1,\ \beta>1$인 경우: 최댓값을 갖는 단봉형

(v) $\alpha=\beta$인 경우: 평균인 $\frac{1}{2}$에 관해 좌우대칭

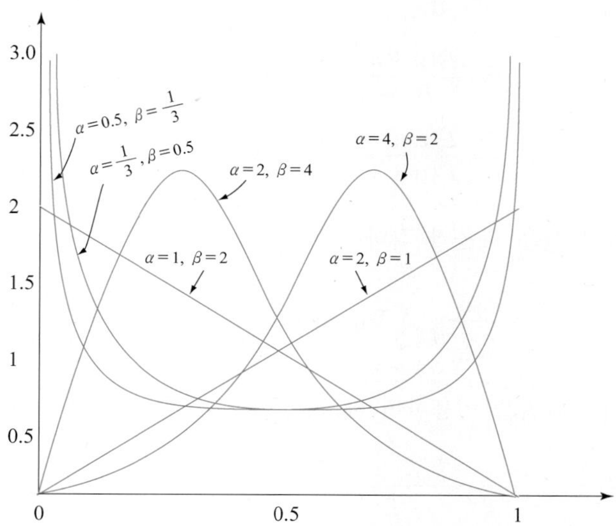

그림 8.6.1 베타분포의 pdf

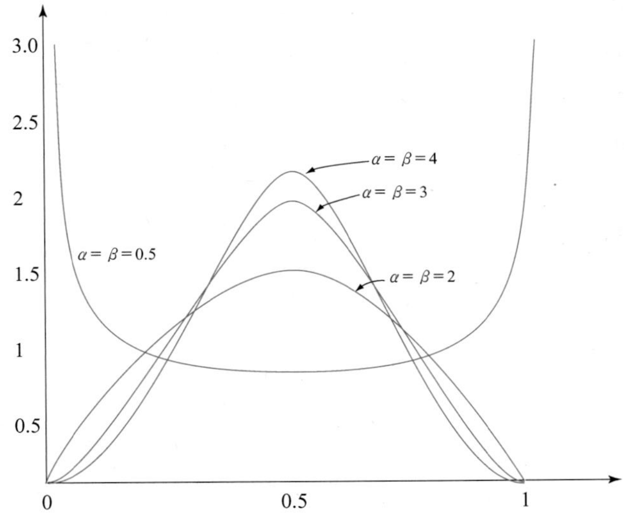

그림 8.6.2 $\alpha = \beta$인 베타분포의 pdf

$X \sim \text{Beta}(\alpha,\ \beta)$이면

$$\begin{aligned} E(X^n) &= \int_0^1 \frac{1}{B(\alpha,\ \beta)} x^n x^{\alpha-1}(1-x)^{\beta-1}dx \\ &= \frac{1}{B(\alpha,\ \beta)} \int_0^1 x^{n+\alpha-1}(1-x)^{\beta-1}dx \\ &= \frac{B(n+\alpha,\ \beta)}{B(\alpha,\ \beta)} \\ &= \frac{\Gamma(\alpha+n)\Gamma(\alpha+\beta)}{\Gamma(\alpha+\beta+n)\Gamma(\alpha)} \end{aligned} \tag{8.6.10}$$

이므로, X의 평균과 분산은 다음과 같다.

$$E(X) = \frac{\alpha}{\alpha+\beta}, \quad \text{Var}(X) = \frac{\alpha\beta}{(\alpha+\beta)^2(\alpha+\beta+1)} \tag{8.6.11}$$

F-분포로부터 변수변환법을 이용하여 베타분포를 유도할 수 있다.

정리 8.6.7

$X \sim F(k_1,\ k_2)$이면,

$$Y = \frac{(k_1/k_2)X}{1+(k_1/k_2)X} \sim \text{Beta}(k_1/2,\ k_2/2) \tag{8.6.12}$$

이다.

증명 $X \sim F(k_1,\ k_2)$의 pdf가

$$f_X(x) = \frac{\Gamma\left(\frac{k_1+k_2}{2}\right)}{\Gamma(k_1/2)\Gamma(k_2/2)}\left(\frac{k_1}{k_2}\right)^{k_1/2}\frac{x^{k_1/2-1}}{(1+k_1x/k_2)^{(k_1+k_2)/2}}$$

이고

$$Y = \frac{(k_1/k_2)X}{1+(k_1/k_2)X}$$

의 역변환이

$$x = \frac{k_2}{k_1}\frac{y}{1-y}$$

이므로 변수변환법을 이용하면 Y의 pdf는

$$\begin{aligned} g(y) &= f_X\left(\frac{k_2}{k_1}\frac{y}{1-y}\right)\left|\frac{dx}{dy}\right| \\ &= \frac{\Gamma\left(\frac{k_1+k_2}{2}\right)}{\Gamma(k_1/2)\Gamma(k_2/2)}\left(\frac{k_1}{k_2}\right)^{k_1/2}\left(\frac{k_2}{k_1}\frac{y}{1-y}\right)^{k_1/2-1} \\ &\quad \times\left(1+\frac{y}{1-y}\right)^{-(k_1+k_2)/2}\frac{k_2}{k_1}\frac{1}{(1-y)^2} \\ &= \frac{\Gamma\left(\frac{k_1+k_2}{2}\right)}{\Gamma(k_1/2)\Gamma(k_2/2)}y^{k_1/2-1}(1-y)^{k_2/2-1},\ 0<y<1 \end{aligned}$$

이다. 따라서 정리가 증명된다. ✤

정리 8.6.7에 의해 베타분포의 백분위수를 F-분포의 백분위수로 나타낼 수 있다. 즉, 베타분포의 $100(1-\alpha)$백분위수는

$$B_\alpha(a,\ b) = \frac{aF_\alpha(2a,\ 2b)}{b + aF_\alpha(2a,\ 2b)} \tag{8.6.13}$$

이다.

$X \sim F(k_1,\ k_2)$일 때, $1/X \sim F(k_2,\ k_1)$이라는 사실과 정리 8.6.7을 이용하면 간단히 다음 결과를 얻을 수 있다.

> **정리 8.6.8**
>
> $X \sim F(k_1,\ k_2)$일 때, $Y = \dfrac{1}{1 + (k_1/k_2)X} \sim \text{Beta}(k_2/2,\ k_1/2)$이다.

α와 β가 양의 정수이면, 부분적분을 계속하여 다음 정리와 같은 베타분포와 이항분포의 관계를 유도할 수 있다.

> **정리 8.6.9**
>
> 양의 정수 n과 $m(n \geq 1)$에 대해 $X \sim \text{Beta}(n,\ m)$이고 $Y \sim \text{Bin}(n+m-1,\ p)$, $0 < p < 1$이면, 다음이 성립된다.
>
> $$P[X \leq p] = P[Y \geq n] \tag{8.6.14}$$

증명 베타분포의 정의와 부분적분을 이용하면

$$\begin{aligned}
I(n,\ m) \equiv P[X \leq p] &= \int_0^p \frac{\Gamma(n+m)}{\Gamma(n)\Gamma(m)} x^{n-1}(1-x)^{m-1}dx \\
&= \frac{(n+m-1)!}{(n-1)!(m-1)!} \int_0^p x^{n-1}(1-x)^{m-1}dx \\
&= \frac{(n+m-1)!}{(n-1)!(m-1)!} \left\{ \left[\frac{-x^{n-1}(1-x)^m}{m} \right]_0^p \right. \\
&\quad \left. + \frac{n-1}{m} \int_0^p x^{n-2}(1-x)^m dx \right\} \\
&= -\frac{(n+m-1)!}{(n-1)!\, m!} p^{n-1}(1-p)^m
\end{aligned}$$

$$
\begin{aligned}
&+ \frac{\Gamma(n+m)}{\Gamma(n-1)\Gamma(m+1)} \int_0^p x^{n-2}(1-x)^m dx \\
&= -P[Y=n-1] + I(n-1,\ m+1)
\end{aligned}
$$

이 성립된다. 따라서 계속 이 결과를 반복 이용하면

$$
\begin{aligned}
P[X \le p] &= -P[Y=n-1] + I(n-1,\ m+1) \\
&= -P[Y=n-1] - \cdots - P[Y=1] + I(1,\ n+m-1) \\
&= -P[1 \le Y \le n-1] + \int_0^p \frac{\Gamma(n+m)}{\Gamma(1)\Gamma(n+m-1)}(1-x)^{n+m-2}dx \\
&= -P[1 \le Y \le n-1] + [-(1-x)^{n+m-1}]_0^p \\
&= -P[1 \le Y \le n-1] - (1-p)^{n+m-1} + 1 \\
&= -P[1 \le Y \le n-1] - P[Y=0] + 1 \\
&= P[Y \ge n]
\end{aligned}
$$

이므로 정리가 증명된다. ✤

연속인 확률변수에 대해, 크기 n인 확률표본으로부터 i번째 순서통계량 $Y_i = X_{i:n}$의 pdf는

$$
g_i(y_i) = \frac{n!}{(i-1)!(n-i)!}[F(y_i)]^{i-1}[1-F(y_i)]^{n-i}f(y_i)
$$

이므로, $U_{i:n} = F(Y_i) = F(X_{i:n})$으로 변환하면,

$$
U_{i:n} \sim \mathrm{Beta}(i,\ n-i+1) \tag{8.6.15}
$$

이다 (예제 7.5.4 참조). $U = F(X) \sim \mathrm{U}(0,\ 1)$이므로, $U_{i:n}$은 균일분포에서의 크기 n인 확률표본의 i번째 순서통계량이다.

다음은 베타분포의 성질을 나타내는 정리들이다.

정리 8.6.10

X와 Y가 독립이고 각각 감마분포 $\mathrm{Gam}(\alpha_1,\ \beta)$과 $\mathrm{Gam}(\alpha_2,\ \beta)$를 따를 때

$$
X/(X+Y) \sim \mathrm{Beta}(\alpha_1,\ \alpha_2)
$$

이다.

증명 $T_1 = X + Y$, $T_2 = X/(X+Y)$라 하자. X와 Y는 독립이고 각각 $\mathrm{Gam}(\alpha_1, \beta)$와 $\mathrm{Gam}(\alpha_2, \beta)$ 확률변수이므로, X와 Y의 결합 pdf는

$$f(x, y) = \frac{1}{\Gamma(\alpha_1)\Gamma(\alpha_2)\beta^{\alpha_1+\alpha_2}} x^{\alpha_1 - 1} y^{\alpha_2 - 1} e^{-(x+y)/\beta}, \quad x > 0, \ y > 0$$

이다. 역변환을 구해 보면

$$x = t_1 t_2, \quad y = t_1(1 - t_2)$$

이므로

$$J = \begin{vmatrix} t_2 & t_1 \\ 1 - t_2 & -t_1 \end{vmatrix} = -t_1$$

이다. 따라서 T_1과 T_2의 결합 pdf는

$$\begin{aligned} g(t_1, t_2) &= f(t_1 t_2, t_1(1-t_2)) |-t_1| \\ &= \frac{1}{\Gamma(\alpha_1)\Gamma(\alpha_2)\beta^{\alpha_1+\alpha_2}} (t_1 t_2)^{\alpha_1 - 1} [t_1(1-t_2)]^{\alpha_2 - 1} t_1 e^{-t_1/\beta} \\ &= \frac{1}{\Gamma(\alpha_1)\Gamma(\alpha_2)\beta^{\alpha_1+\alpha_2}} t_1^{\alpha_1+\alpha_2-1} e^{-t_1/\beta} t_2^{\alpha_1 - 1}(1-t_2)^{\alpha_2 - 1} \\ &= \frac{1}{\Gamma(\alpha_1+\alpha_2)\beta^{\alpha_1+\alpha_2}} t_1^{\alpha_1+\alpha_2-1} e^{-t_1/\beta} \\ &\quad \times \frac{\Gamma(\alpha_1+\alpha_2)}{\Gamma(\alpha_1)\Gamma(\alpha_2)} t_2^{\alpha_1 - 1}(1-t_2)^{\alpha_2 - 1}, \quad t_1 > 0, \ 0 < t_2 < 1 \end{aligned}$$

이다. T_2의 주변 pdf는

$$g_{T_2}(t_2) = \int_0^\infty g(t_1, t_2) dt_1 = \frac{\Gamma(\alpha_1+\alpha_2)}{\Gamma(\alpha_1)\Gamma(\alpha_2)} t_2^{\alpha_1 - 1}(1-t_2)^{\alpha_2 - 1}, \quad 0 < t_2 < 1$$

이므로 정리가 증명된다. ✣

정리 8.6.11

$X \sim \mathrm{Beta}(\alpha_1, \beta_1)$이고 $Y \sim \mathrm{Beta}(\alpha_2, \beta_2)$이며 서로 독립일 때, 다음이 성립된다.

(a) $\alpha_1 = \alpha_2 + \beta_2$이면 $XY \sim \mathrm{Beta}(\alpha_2, \beta_1 + \beta_2)$

(b) $\alpha_2 = \alpha_1 + \beta_1$이면 $XY \sim \text{Beta}(\alpha_1,\ \beta_1 + \beta_2)$

증명 (a) $T = XY$의 pdf는 정리 7.3.8에 의해

$$\begin{aligned}
f_T(t) &= \int_{-\infty}^{\infty} f_X(x) f_Y\left(\frac{t}{x}\right)\frac{1}{|x|}dx \\
&= \int_t^1 \frac{1}{x}\frac{x^{\alpha_1-1}(1-x)^{\beta_1-1}}{B(\alpha_1,\ \beta_1)}\frac{(t/x)^{\alpha_2-1}(1-t/x)^{\beta_2-1}}{B(\alpha_2,\ \beta_2)}dx \\
&= \frac{t^{\alpha_2-1}}{B(\alpha_1,\ \beta_1)B(\alpha_2,\ \beta_2)}\int_t^1 (1-x)^{\beta_1-1}(x-t)^{\beta_2-1}dx \\
&= \frac{t^{\alpha_2-1}}{B(\alpha_1,\ \beta_1)B(\alpha_2,\ \beta_2)}\int_0^1 [(1-t)(1-u)]^{\beta_1-1}[(1-t)u]^{\beta_2-1}(1-t)du \\
&= \frac{t^{\alpha_2-1}(1-t)^{\beta_1+\beta_2-1}}{B(\alpha_1,\ \beta_1)B(\alpha_2,\ \beta_2)}\int_0^1 (1-u)^{\beta_1-1}u^{\beta_2-1}du \\
&= \frac{t^{\alpha_2-1}(1-t)^{\beta_1+\beta_2-1}}{B(\alpha_1,\ \beta_1)B(\alpha_2,\ \beta_2)}B(\beta_2,\ \beta_1) \\
&= \frac{1}{B(\alpha_2,\ \beta_1+\beta_2)}t^{\alpha_2-1}(1-t)^{\beta_1+\beta_2-1}
\end{aligned}$$

이므로 정리 (a)가 증명된다. 물론 4번째 등식에서 $u = (x-t)/(1-t)$로 변환하였다. (b)의 증명도 유사하게 할 수 있다. ✣

정리 8.6.12

$X_1,\ \ldots, X_n$이 독립이면, $X_1,\ \ldots, X_n$이 동일한 베타분포 $\text{Beta}(\alpha,\ 1)$을 따를 필요충분조건은 $X_{n:n} \sim \text{Beta}(\alpha n,\ 1)$이다.

연습문제

8.6.1 정리 8.6.8을 증명하라.

8.6.2 X_1과 X_2는 감마분포 $\mathrm{Gam}(1/2,\ 2)$에서 추출한 크기 2인 확률표본이다. 다음을 구하라.

(a) $Y = \sqrt{X_1 + X_2}$의 pdf (b) $W = \dfrac{X_1}{X_2}$의 pdf

8.6.3 (0, 1)에서의 균일분포로부터 추출한 크기 $2n+1$인 표본중앙값의 분포는 베타분포 $\mathrm{Beta}(n+1,\ n+1)$임을 보여라.

8.6.4 $X \sim \mathrm{Beta}(4,\ 12)$일 때, $P[X \le 0.3]$을 구하라.

8.6.5 어떤 위치에서 측정된 상대습도는 다음 밀도함수를 갖는 확률변수로 생각할 수 있다.

$$f(x) = \begin{cases} ax^5(1-x)^4, & 0 < x < 1 \\ 0, & \text{그 외} \end{cases}$$

(a) a값을 구하라.

(b) 이 지역의 상대습도가 적어도 45%일 확률을 구하라.

제9장

극한분포

9.1 • 서론

제 7 장에서 n개의 확률변수 $X_1, \ldots, X_n$의 함수 $Y_n = g(X_1, \ldots, X_n)$의 분포를 구하는 일반적인 방법에 대해 설명했다. 제 7 장에서 다룬 대부분의 함수에 대해서는 쉽게 Y_n의 pdf (pmf)를 구할 수 있었지만, 사실 Y_n의 분포를 정확히 유도하기가 매우 어려운 경우가 많다. 이런 경우에 정확한 분포를 알지 못하더라도 표본의 크기가 큰 경우에 잘 근사될 수 있는 분포를 알 수 있다면 매우 유용할 것이다. 이 장에서는 확률변수열의 수렴성질을 조사하고 극한분포를 유도하는 방법을 소개하고자 한다. 여기서 다루는 이론은《통계적 추정과 가설검정》에서 일치성 등을 밝히는 데 유용하게 이용된다.

9.2 • 수렴의 개념

9.2.1 분포수렴

이 절에서는 표본의 크기 n이 무한히 커질 때, 확률변수열의 수렴에 관한 정의와 성질을 소개한다. 먼저 분포수렴에 대해 생각해 보자.

정의 9.2.1

각 $n = 1, 2, \ldots$에 대해 Y_n의 cdf는 $F_n(y) = P[Y_n \le y]$이고 어떤 확률변수 Y의 cdf $F_Y(y)$가 존재하여 $F_Y(y)$가 연속인 모든 y에 대해

$$\lim_{n \to \infty} F_n(y) = F_Y(y) \tag{9.2.1}$$

이면, Y_n은 Y에 분포수렴(convergence in distribution)한다고 하며 $Y_n \xrightarrow{d} Y$로 나타낸다. cdf $F_Y(y)$를 갖는 분포를 Y_n의 극한분포(limiting distribution)라 한다. 또한 Y_n이 Y에 법칙수렴(convergence in law)한다고도 하며 $Y_n \xrightarrow{L} Y$로 나타내기도 한다.

예제 9.2.1 확률밀도함수가

$$f(x)=\begin{cases} e^{-(x-\theta)}, & \theta < x < \infty \\ 0, & \text{그 외} \end{cases}$$

인 분포에서 추출한 크기 n인 확률표본을 $X_1, \dots, X_n$이라 할 때, $Z_n = n(X_{1:n} - \theta)$의 극한 분포를 구하라.

풀이 X의 cdf가

$$F(x)=\int_{\theta}^{x} e^{-(t-\theta)}dt = 1-e^{-(x-\theta)}, \quad x > \theta$$

이므로 Z_n의 cdf는

$$\begin{aligned} F_{Z_n}(z) &= P[n(X_{1:n} - \theta) \le z] \\ &= P\left[X_{1:n} \le \frac{z}{n} + \theta\right] \\ &= 1 - \left[1 - F\left(\frac{z}{n}+\theta\right)\right]^n \\ &= 1 - \left(e^{-z/n}\right)^n \\ &= 1 - e^{-z}, \quad z > 0 \end{aligned}$$

이다. 따라서 $Z_n \sim \text{Exp}(1)$이다. ■

정의 9.2.2

어떤 상수 c에 대해

$$F(y)=\begin{cases} 0, & y < c \\ 1, & y \ge c \end{cases} \tag{9.2.2}$$

이면, 함수 $F(y)$는 값 $y=c$에서 **퇴화분포**(degenerate distribution)의 cdf라 한다. 즉, $F(y)$는 $P[Y=c]=1$인 이산확률변수 Y의 cdf이다.

예제 9.2.2 Y_n의 pdf가

$$f_n(y) = \begin{cases} 1, & y = 3 + \dfrac{1}{n} \\ 0, & \text{그 외} \end{cases}$$

이면, Y_n의 cdf는

$$F_n(y) = \begin{cases} 0, & y < 3 + \dfrac{1}{n} \\ 1, & y \geq 3 + \dfrac{1}{n} \end{cases}$$

이므로

$$\lim_{n \to \infty} F_n(y) = \begin{cases} 0, & y \leq 3 \\ 1, & y > 3 \end{cases}$$

이다.

$$F(y) = \begin{cases} 0, & y < 3 \\ 1, & y \geq 3 \end{cases}$$

는 cdf이고, $F(y)$가 연속인 모든 점에서 $\lim_{n \to \infty} F_n(y) = F(y)$이므로 Y_n의 극한분포는 cdf $F(y)$를 갖는 퇴화분포이다. ■

극한분포를 구하는 과정에서 유용하게 이용될 수 있는 다음 극한을 먼저 생각해 보자.

정리 9.2.1

(a) $d(n)$이 n의 함수이면서 $\lim_{n \to \infty} d(n) = 0$이면, 다음이 성립된다.

$$\lim_{n \to \infty} \left(1 + \frac{c}{n} + \frac{d(n)}{n}\right)^{nb} = \lim_{n \to \infty} \left(1 + \frac{c}{n}\right)^{nb} = e^{bc} \tag{9.2.3}$$

(b) 상수열 $\{c_n\}$이 $\lim_{n \to \infty} c_n = c$이면, 다음이 성립된다.

$$\lim_{n \to \infty} \left(1 + \frac{c_n}{n}\right)^{n} = e^{c} \tag{9.2.4}$$

여기서 c는 상수이다.

증명 (a) 테일러 전개에 의해

$$\begin{aligned}\ln\left(1+\frac{c}{n}+\frac{d(n)}{n}\right)^{nb} &= nb\ln\left(1+\frac{c}{n}+\frac{d(n)}{n}\right)\\ &= nb\left[\frac{c+d(n)}{n}-\frac{1}{2}\left(\frac{c+d(n)}{n}\right)^2+\frac{1}{3}\left(\frac{c+d(n)}{n}\right)^3-\cdots\right]\\ &= b(c+d(n))-\frac{b(c+d(n))^2}{2n}+\frac{b(c+d(n))^3}{3n^2}-\cdots\end{aligned}$$

이므로

$$\lim_{n\to\infty}\ln\left(1+\frac{c}{n}+\frac{d(n)}{n}\right)^{nb}=bc$$

이다. $\ln x$는 연속함수이므로

$$\lim_{n\to\infty}\left(1+\frac{c}{n}+\frac{d(n)}{n}\right)^{nb}=e^{bc}$$

이 증명된다. (b)번의 증명은 (a)번의 증명과정에서 쉽게 성립함을 알 수 있다. ✤

예제 9.2.3 $X_1, \ldots, X_n$이 cdf가

$$F(x)=\begin{cases}0, & x<0\\ 1-(1+x/4)^{-2}, & x\geq 0\end{cases}$$

인 파레토분포 Par(4, 2)에서 추출한 확률표본일 때, $Y_n=nX_{1:n}$의 극한분포를 구해 보자.

풀이 $Y_n=nX_{1:n}$의 cdf는

$$\begin{aligned}F_n(y)=P[Y_n\leq y] &= P[nX_{1:n}\leq y]\\ &= P[X_{1:n}\leq y/n]\\ &= 1-[1-F(y/n)]^n\\ &= 1-\left(1+\frac{y}{4n}\right)^{-2n}\end{aligned}$$

이므로

$$\lim_{n\to\infty}F_n(y)=1-\lim_{n\to\infty}\left(1+\frac{y}{4n}\right)^{-2n}=1-e^{-y/2},\quad y>0$$

이다. 즉 $Y_n=nX_{1:n}$의 극한분포는 Exp(2)이다. ■

예제 9.2.4 모든 실수 x에 대하여 cdf가 $F(x)=(1+e^{-x})^{-1}$인 분포에서 크기 n인 확률표본을 생각해 보자.

(a) 최대 순서통계량 $X_{n:n}$은 극한분포를 가지는가?

(b) $X_{n:n}-\ln n$은 극한분포를 가지는가? 만일 가진다면 어떤 분포인가?

풀이 (a) $Y_n = X_{n:n}$의 cdf가

$$F_n(y)=P[X_{n:n} \le y]=[F(y)]^n=(1+e^{-y})^{-n}$$

이므로

$$\lim_{n\to\infty} F_n(y)=\lim_{n\to\infty}(1+e^{-y})^{-n}=0$$

이다. 그러므로 $X_{n:n}$은 극한분포를 가지지 않는다.

(b) $X_{n:n}-\ln n$의 cdf가

$$\begin{aligned} P[X_{n:n}-\ln n \le y] &= P[X_{n:n} \le y+\ln n] \\ &= [F(y+\ln n)]^n \\ &= [1+\exp\{-(y+\ln n)\}]^{-n} \\ &= \left(1+\frac{1}{n}e^{-y}\right)^{-n} \end{aligned}$$

이므로

$$\lim_{n\to\infty} P[X_{n:n}-\ln n \le y]=\lim_{n\to\infty}\left(1+\frac{1}{n}e^{-y}\right)^{-n}=\exp(-e^{-y})$$

이다. 즉, $X_{n:n}-\ln n$은 극한분포를 가지며 극한분포의 cdf는 다음과 같다.

$$F_Y(y)=\exp(-e^{-y}),\ -\infty < y < \infty$$ ■

$Y_n \xrightarrow{d} Y$라 해도 임의의 k에 대해 $E(Y_n^k)$이 $E(Y^k)$에 수렴한다고 말할 수 없다. 이에 대한 예를 살펴보자.

예제 9.2.5 Y_n의 cdf가

$$F_n(y) = \begin{cases} 0, & y < 0 \\ 1 - 1/n, & 0 \le y < n \\ 1, & n \le y \end{cases}$$

라 하자. 그러면

$$\lim_{n \to \infty} F_n(y) = \begin{cases} 0, & y < 0 \\ 1, & y \ge 0 \end{cases}$$

이므로 Y_n의 극한분포는 $y = 0$에서 퇴화분포이다. 즉, Y의 cdf가

$$F_Y(y) = \begin{cases} 0, & y < 0 \\ 1, & y \ge 0 \end{cases}$$

이라 하면, $Y_n \xrightarrow{d} Y$이다. 한편 Y_n의 pmf는

$$P[Y_n = 0] = 1 - \frac{1}{n}$$

$$P[Y_n = n] = \frac{1}{n}$$

이며 Y의 pmf는

$$P[Y = 0] = 1$$

이므로

$$E(Y_n^k) = n^k P[Y_n = n] = n^k \left(\frac{1}{n} \right) = n^{k-1}, \; k = 1, 2, \ldots$$

이고

$$E(Y^k) = 0$$

이다. 그러므로 임의의 k에 대해

$$E(Y_n^k) \nrightarrow E(Y^k)$$

이다. ■

확률변수열 Y_n이 Y에 분포수렴한다해도 Y_n의 pdf (pmf)가 Y의 pdf (pmf)에 수렴하지 않을 수도 있다. 예제 9.2.2를 생각해 보자.

$$\lim_{n \to \infty} f_n(y) = 0$$

이지만 Y의 분포는 $y=3$에서 퇴화분포이므로

$$f_Y(y) = \begin{cases} 1, & y=3 \\ 0, & \text{그 외} \end{cases}$$

이다. 따라서

$$\lim_{n \to \infty} f_n(y) \neq f_Y(y)$$

이다.

정리 9.2.2

$Y_1, Y_2, \ldots$이 정숫값을 갖는 확률변수열이고 Y_n과 확률변수 Y의 pmf를 각각 $f_n(y) = P[Y_n = y]$와 $f_Y(y) = P[Y = y]$, $y = 0, 1, 2, \ldots$라 하자. 그러면 모든 y에 대해

$$\lim_{n \to \infty} f_n(y) = f_Y(y) \tag{9.2.5}$$

일 필요충분조건은 $Y_n \xrightarrow{d} Y$이다.

증명 ($\Leftarrow$) 만일 $Y_n \xrightarrow{d} Y$이면, Y_n의 cdf $F_n(y)$에 대해 Y의 cdf $F_Y(y)$가 존재하여 $F_Y(y)$가 연속인 모든 y에 대해

$$\lim_{n \to \infty} F_n(y) = F_Y(y)$$

이다. 그러므로

$$\begin{aligned} \lim_{n \to \infty} f_n(y) &= \lim_{n \to \infty} P[Y_n = y] \\ &= \lim_{n \to \infty} P[Y_n \le y] - \lim_{n \to \infty} P[Y_n \le y-1] \\ &= F_Y(y) - F_Y(y-1) \\ &= f_Y(y) \end{aligned}$$

이다.

($\Rightarrow$) 만일 모든 y에 대해

$$\lim_{n\to\infty} f_n(y) = f_Y(y)$$

이면

$$\begin{aligned}\lim_{n\to\infty} F_n(y) &= \lim_{n\to\infty} P[Y_n \le y] \\ &= \lim_{n\to\infty} \sum_{k \le y} P[Y_n = k] \\ &= \sum_{k \le y} \lim_{n\to\infty} P[Y_n = k] \\ &= \sum_{k \le y} P[Y = k] \\ &= P[Y \le y] \\ &= F_Y(y)\end{aligned}$$

이므로, $Y_n \xrightarrow{d} Y$이다. ✤

연속인 경우는 다음 정리가 성립된다.

정리 9.2.3

$Y_1, Y_2, \ldots$와 Y가 연속확률변수로 모든 y에 대해

$$\lim_{n\to\infty} f_n(y) = f_Y(y) \tag{9.2.6}$$

이면, $Y_n \xrightarrow{d} Y$이다. 여기서 $f_n(y)$와 $f_Y(y)$는 각각 Y_n과 Y의 pdf이다.

증명

$$\begin{aligned}\lim_{n\to\infty} F_n(y) &= \lim_{n\to\infty} \int_{-\infty}^{y} f_n(t)dt \\ &= \int_{-\infty}^{y} \lim_{n\to\infty} f_n(t)dt \\ &= \int_{-\infty}^{y} f_Y(t)dt \\ &= F_Y(y)\end{aligned}$$

✤

다음 정리는 분포수렴의 유용한 정리로 쉽게 증명할 수 있다.

정리 9.2.4

$Y_n \xrightarrow{d} Y$이고 c가 상수이면 다음이 성립된다.

(a) $Y_n + c \xrightarrow{d} Y + c$ (9.2.7)

(b) $cY_n \xrightarrow{d} cY, \quad c \neq 0$ (9.2.8)

정리 9.2.5

$Y_n \xrightarrow{d} Y$이고 상수열 $\{a_n\}$과 $\{b_n\}$에 대해 $\lim_{n\to\infty} a_n = a$이고 $\lim_{n\to\infty} b_n = b$이면, $a_n Y_n + b_n \xrightarrow{d} aY + b$이다.

9.2.2 대수의 약법칙

다음은 분포수렴보다 약간 더 강한 확률수렴을 정의한다.

정의 9.2.3 **확률수렴**

확률변수열 $Y_1, Y_2, \ldots$이 임의의 $\epsilon > 0$에 대해

$$\lim_{n\to\infty} P[|Y_n - Y| < \epsilon] = 1 \tag{9.2.9}$$

이면, Y_n은 Y에 확률수렴(convergence in probability)한다고 하며 $Y_n \xrightarrow{p} Y$로 나타낸다. 물론 Y가 상수 c가 되는 경우에도 동일하게 정의한다.

정리 9.2.6

Y_n의 극한분포가 $y = c$에서 퇴화분포이면 $Y_n \xrightarrow{p} c$이다.

예제 9.2.6 예제 9.2.2에서 Y_n의 극한분포는 $y=3$에서 퇴화분포이므로, $Y_n \xrightarrow{p} 3$이다. ■

예제 9.2.7 Y_n은 다음의 pmf를 갖는 이산확률변수이다.

$$P[Y_n = 1] = \frac{1}{n}, \quad P[Y_n = 0] = 1 - \frac{1}{n}$$

그러면 임의의 $\epsilon > 0$에 대해

$$P[|Y_n - 0| < \epsilon] = P[Y_n = 0] = 1 - \frac{1}{n}$$

이다. 따라서 $Y_n \xrightarrow{p} 0$이다. ■

정리 9.2.7

$Y_n \xrightarrow{p} c$이고, $g(y)$가 c에서 연속이면 $g(Y_n) \xrightarrow{p} g(c)$이다.

증명 $g(y)$가 c에서 연속이므로, 임의의 $\epsilon > 0$에 대해 $|y-c| < \delta$이면, $|g(y) - g(c)| < \epsilon$인 δ가 존재한다. 그러므로

$$P[|Y_n - c| < \delta] \le P[|g(Y_n) - g(c)| < \epsilon]$$

이다. $Y_n \xrightarrow{p} c$이므로, 임의의 $\delta > 0$에 대해

$$1 = \lim_{n \to \infty} P[|Y_n - c| < \delta] \le \lim_{n \to \infty} P[|g(Y_n) - g(c)| < \epsilon]$$

이다. 따라서 정리가 증명된다. ✣

다음은 확률수렴이 분포수렴보다 강한 성질임을 보여주는 정리로 증명 없이 소개한다.

정리 9.2.8

확률변수열에 대해 $Y_n \xrightarrow{p} Y$이면, $Y_n \xrightarrow{d} Y$이다.

사실 상수 c에 분포수렴하면 역시 c에 확률수렴한다. 즉,

$$Y_n \xrightarrow{d} c \Leftrightarrow Y_n \xrightarrow{p} c \tag{9.2.10}$$

이다.

정리 9.2.7은 Y_n이 k차원 벡터인 경우에도 성립한다. 다음 정리는 k차원 벡터에 대한 정리 9.2.7의 특별한 경우이다.

정리 9.2.9

X_n과 Y_n이 $X_n \xrightarrow{p} c$이고 $Y_n \xrightarrow{p} d$인 확률변수열이고, a, b, c, d가 상수이면 다음이 성립된다.

(a) $aX_n \pm bY_n \xrightarrow{p} ac \pm bd$ (9.2.11)

(b) $X_n Y_n \xrightarrow{p} cd$ (9.2.12)

(c) $c \neq 0$이면 $\dfrac{Y_n}{X_n} \xrightarrow{p} \dfrac{d}{c}$ (9.2.13)

정리 9.2.10 대수의 약법칙(Weak Law of Large Numbers)

$X_1, X_2, \ldots$이 독립이며 동일한 분포를 갖는 확률변수열로 $E(X_i) = \mu$이고 $\mathrm{Var}(X_i) = \sigma^2 < \infty$이며 $\overline{X}_n = \dfrac{1}{n}\sum_{i=1}^{n} X_i$를 표본평균이라 하자. 그러면 임의의 $\epsilon > 0$에 대해

$$\lim_{n\to\infty} P[|\overline{X}_n - \mu| < \epsilon] = 1 \tag{9.2.14}$$

이 성립한다. 즉, $\overline{X}_n \xrightarrow{p} \mu$이다.

증명

$$E(\overline{X}_n) = \mu, \quad \mathrm{Var}(\overline{X}_n) = \sigma^2/n$$

이므로, 체비셰프 부등식에 의해

$$P[|\overline{X}_n - \mu| < \epsilon] \geq 1 - \frac{\mathrm{Var}(\overline{X}_n)}{\epsilon^2} = 1 - \frac{\sigma^2}{n\epsilon^2}$$

이 성립한다. 따라서

$$\lim_{n\to\infty} P[|\overline{X}_n - \mu| < \epsilon] = 1$$

이다. ✣

물론 대수의 약법칙은 유한평균을 갖는다는 조건만 있어도 된다.

정리 9.2.11

$X_1, X_2, \ldots$은 독립인 확률변수열로 $E(X_i) = \mu_i$이고 $\mathrm{Var}(X_i) = \sigma_i^2$이다. 만일

$$\lim_{n\to\infty} \frac{1}{n^2} \sum_{i=1}^{n} \sigma_i^2 = 0 \tag{9.2.15}$$

이면, 임의의 $\epsilon > 0$에 대해

$$\lim_{n\to\infty} P\left[\left|\overline{X}_n - \frac{1}{n}\sum_{i=1}^{n}\mu_i\right| < \epsilon\right] = 1 \tag{9.2.16}$$

이 성립한다.

예제 9.2.8 $\overline{X}_n$를 평균이 μ이고 분산이 $\sigma^2 < \infty$인 분포에서의 크기 n인 확률표본의 표본평균이라 하면, 대수의 약법칙에 의해 $\overline{X}_n \xrightarrow{p} \mu$이다. 따라서 정리 9.2.7을 이용하면 $\overline{X}_n^2 \xrightarrow{p} \mu^2$임을 알 수 있다. ■

다음은 극한분포를 결정하는 유용한 정리이다.

정리 9.2.12 슬러츠키(Slutsky)의 정리

X_n과 Y_n이 $X_n \xrightarrow{p} c$이고 $Y_n \xrightarrow{d} Y$인 확률변수열이면, 다음이 성립된다.

(a) $X_n \pm Y_n \xrightarrow{d} c \pm Y$ (9.2.17)

(b) $X_n Y_n \xrightarrow{d} cY$ (9.2.18)

(c) $c \neq 0$이면 $\dfrac{Y_n}{X_n} \xrightarrow{d} \dfrac{Y}{c}$ (9.2.19)

정리 9.2.13

$Y_n \xrightarrow{d} Y$이고 $g(y)$가 연속함수이면, $g(Y_n) \xrightarrow{d} g(Y)$이다.

예제 9.2.9 $T_k \sim t(k)$이면

$$T_k = \frac{Z}{\sqrt{\chi^2(k)/k}}$$

로 나타낼 수 있다. $E\left(\dfrac{\chi^2(k)}{k}\right) = 1$이며 $\mathrm{Var}\left(\dfrac{\chi^2(k)}{k}\right) = \dfrac{2}{k}$이므로 체비셰프 부등식에 의해

$$P\left[\left|\frac{\chi^2(k)}{k} - 1\right| < \epsilon\right] \geq 1 - \frac{2}{k\epsilon^2}$$

이다. 따라서 $k \to \infty$일 때 $\dfrac{\chi^2(k)}{k} \xrightarrow{p} 1$이다. 그러므로 정리 9.2.12의 (c)에 의해

$$T_k = \frac{Z}{\sqrt{\chi^2(k)/k}} \xrightarrow{d} Z \sim \mathrm{N}(0,\ 1)$$

임을 알 수 있다. 또한 정리 9.2.13에 의해

$$T_k^2 \sim F(1,\ k) \xrightarrow{d} Z^2 \sim \chi^2(1)$$

이다. ■

예제 9.2.10 $X_1, \ldots, X_n$은 표준정규분포 N(0, 1)에서 추출한 확률표본이고

$$W_n = \sqrt{n}\,\frac{X_1 + X_2 + \cdots + X_n}{X_1^2 + X_2^2 + \cdots + X_n^2}$$

이다. 그러면

$$U_n \equiv \sum_{i=1}^{n} X_i / \sqrt{n} \sim \mathrm{N}(0,\ 1)$$

이고

$$X_i^2 \sim \chi^2(1)$$

이다. 따라서 대수의 약법칙에 의해, $X_1^2,\ \ldots, X_n^2$의 표본평균인

$$V_n \equiv \frac{X_1^2 + X_2^2 + \cdots + X_n^2}{n} \xrightarrow{p} 1$$

이 성립된다. 그러므로 $W_n = U_n / V_n$은 정리 9.2.12의 슬러츠키의 정리에 의해

$$W_n \xrightarrow{d} Z, \quad Z \sim \mathrm{N}(0,\ 1)$$

이다. ■

연습문제

9.2.1 $\overline{X}_n$는 $\mathrm{N}(\mu,\ \sigma^2)$에서 추출한 크기 n인 확률표본 $X_1,\ \ldots, X_n$의 표본평균이다. $\overline{X}_n$의 극한분포를 구하라.

9.2.2 $X_1,\ \ldots, X_n$을 $\mathrm{N}(\mu,\ \sigma^2)$, $\mu > 0$인 분포에서 추출한 크기 n인 확률표본이라 하자. $Z_n = \sum_{i=1}^{n} X_i$는 극한분포를 갖지 않음을 보여라.

9.2.3 $X_1,\ \ldots, X_n$은 균일분포 $\mathrm{U}(0,\ \theta)$에서 추출한 크기 n인 확률표본이다.

(a) 최대 순서통계량 $X_{n:n}$의 cdf를 구하라.

(b) $X_{n:n}$의 극한분포를 구하라.

(c) $X_{n:n} \xrightarrow{p} \theta$임을 보여라.

(d) $\sqrt{X_{n:n}} \xrightarrow{p} \sqrt{\theta}$ 임을 보여라.

9.2.4 연습문제 9.2.3번에서 $nX_{1:n}$의 극한분포를 구하라.

9.2.5 $X_1, \ldots, X_n$이 cdf가 $F(x)$인 연속모집단에서 추출한 크기 n인 확률표본일 때, $Y_n = n[1 - F(X_{n:n})]$의 극한분포를 구하라.

9.2.6 cdf가 다음과 같은 분포에서 크기 n인 확률표본을 생각해 보자.

$$F(x) = \begin{cases} 1 - (\theta/x)^2, & x > \theta \\ 0, & \text{그 외} \end{cases}$$

(a) $X_{1:n}$의 극한분포를 구하라.

(b) $X_{1:n} \xrightarrow{p} \theta$임을 보여라.

9.2.7 연습문제 9.2.3번에서 $Y_n = n(\theta - X_{n:n})$의 극한분포를 구하라.

9.2.8 X_n의 pdf가 양의 실수 a에 대해 다음과 같을 때, X_n의 극한분포를 구하라.

$$f_n(x) = \begin{cases} \dfrac{1}{\theta} e^{-(x-a/n)/\theta}, & x > a/n \\ 0, & x \le a/n \end{cases}$$

9.2.9 $X_1, \ldots, X_n$이 정규분포 $\mathrm{N}(\mu, \sigma^2)$에서 추출한 확률표본일 때, 다음을 증명하라.

(a) $\overline{X}_n = \dfrac{1}{n}(X_1 + \cdots + X_n) \xrightarrow{p} \mu$ (b) $S_n^2 = \dfrac{1}{n-1}\displaystyle\sum_{i=1}^{n}(X_i - \overline{X}_n)^2 \xrightarrow{p} \sigma^2$

(c) $S_n \xrightarrow{p} \sigma$

9.2.10 $T_n = (\overline{X}_n - \mu)/\sqrt{S_n^2/n}$이다. 여기서 $\overline{X}_n$와 S_n^2은 각각 $\mathrm{N}(\mu, \sigma^2)$ 분포에서 추출한 크기 n인 확률표본의 표본평균과 표본분산이다. T_n의 극한분포가 $\mathrm{N}(0, 1)$임을 증명하라.

9.2.11 각 n에 대해 $P[Y_n = c_n] = 1$이고 $c_n \to c$이면, $Y_n \xrightarrow{p} c$이다. 정리 9.2.9와 이 결과를 이용하여, $a_n \to a$, $b_n \to b$이고 $Y_n \xrightarrow{p} c$이면, $a_n + b_n Y_n \xrightarrow{p} a + bc$임을 보여라.

9.2.12 $X_1, \ldots, X_n$은 $E(X_i^4) < \infty$인 분포에서의 확률표본이고, $\overline{X}_n$와 S_n^2은 이 확률표본의 표본평균과 표본분산이다. 다음을 보여라.

(a) $S_n^2 \xrightarrow{p} \sigma^2$ (b) $S_n/\sigma \xrightarrow{p} 1$

(c) $\dfrac{n-1}{n} S_n^2 \xrightarrow{p} \sigma^2$

9.2.13 예제 9.2.1에서 정의한 확률표본에 대해 다음이 성립함을 보여라.

(a) $\overline{X}_n = \dfrac{1}{n}(X_1 + \cdots + X_n) \xrightarrow{p} 1+\theta$

(b) $X_{1:n} \xrightarrow{p} \theta$

9.2.14 $X_1, \ldots, X_n$은 푸아송분포 Poi(μ)에서 추출한 확률표본이고 $\overline{X}_n$가 표본평균일 때, 다음이 성립함을 보여라.

(a) $Y_n = e^{-\overline{X}_n} \xrightarrow{p} P[X=0] = e^{-\mu}$ (b) $\overline{X}_n e^{-\overline{X}_n} \xrightarrow{p} P[X=1] = \mu e^{-\mu}$

9.3 • 적률생성함수의 접근법

극한분포는 정확한 분포를 이용할 수 없을 때 유용한 근사를 제공할 수 있는데 이러한 극한분포를 구하기 위한 한 가지 방법이 적률생성함수를 이용하는 것이다.

정리 9.3.1

Y_n은 mgf $M_n(t)$가 모든 n과 $|t|<h$에 대해 존재하는 확률변수이다. 만일 어떤 확률변수 Y의 mgf $M(t)$가 $|t|<h_1<h$에 대해 존재하고

$$\lim_{n\to\infty} M_n(t) = M(t), \quad t \in (-h_1, h_1) \tag{9.3.1}$$

이면, 다음이 성립된다.

$$Y_n \xrightarrow{d} Y \tag{9.3.2}$$

예제 9.3.1 $Z_n \sim \chi^2(n)$이고 $W_n = Z_n/n^2$일 때, W_n의 극한분포를 구하라.

풀이 Z_n의 mgf가

$$M_{Z_n}(t) = (1-2t)^{-n/2}, \quad t < \frac{1}{2}$$

이므로

$$\begin{aligned} M_{W_n}(t) &= M_{Z_n/n^2}(t) = M_{Z_n}\left(\frac{t}{n^2}\right) \\ &= \left(1 - \frac{2t}{n^2}\right)^{-n/2}, \quad \frac{t}{n^2} < \frac{1}{2} \end{aligned}$$

이다. 따라서

$$\begin{aligned} \lim_{n\to\infty} M_{W_n}(t) &= \lim_{n\to\infty}\left(1 - \frac{2t}{n^2}\right)^{-n/2} \\ &= \lim_{n\to\infty}\left(1 - \frac{0}{n} - \frac{d(n)}{n}\right)^{-n/2} = e^0 = 1, \quad -\infty < t < \infty \end{aligned}$$

이다. 여기서 $d(n)$은

$$\lim_{n\to\infty} d(n) = 0$$

을 만족하는 n의 함수이다. 그러므로 W_n의 극한분포의 cdf는

$$F_W(w) = \begin{cases} 0, & w < 0 \\ 1, & w \geq 0 \end{cases}$$

이다. 즉, 0에서 퇴화분포이다. 그러므로 $W_n \xrightarrow{p} 0$이다. ■

예제 9.3.2 $X_n \sim \chi^2(n)$이면 X_n의 mgf는 $M_{X_n}(t) = (1-2t)^{-n/2}, \ t < 1/2$이다. $Y_n = (X_n - n)/\sqrt{2n}$이라 하면, Y_n의 mgf는

$$\begin{aligned} M_n(t) &= M_{\frac{1}{\sqrt{2n}}(X_n - n)}(t) \\ &= e^{-\frac{nt}{\sqrt{2n}}} M_{X_n}\left(\frac{t}{\sqrt{2n}}\right) \end{aligned}$$

$$= \exp\left[-\left(t\sqrt{\frac{2}{n}}\right)\left(\frac{n}{2}\right)\right]\left(1-2\frac{t}{\sqrt{2n}}\right)^{-n/2}, \quad t<\frac{\sqrt{2n}}{2}$$
$$= \left\{e^{t\sqrt{2/n}}\left(1-2\frac{t}{\sqrt{2n}}\right)\right\}^{-n/2}$$
$$= \left\{\left[1+t\sqrt{\frac{2}{n}}+\frac{1}{2}\left(t\sqrt{\frac{2}{n}}\right)^2+\cdots\right]\left(1-t\sqrt{\frac{2}{n}}\right)\right\}^{-n/2}$$
$$= \left\{1-\frac{t^2}{n}+\frac{d(n)}{n}\right\}^{-n/2}$$

이다. 여기서 $d(n)$은 $\lim_{n\to\infty} d(n)=0$인 n의 함수이다. 그러므로

$$\lim_{n\to\infty} M_n(t) = \lim_{n\to\infty}\left\{1-\frac{t^2}{n}+\frac{d(n)}{n}\right\}^{-n/2}$$
$$= e^{t^2/2}$$

이고, 이것이 표준정규분포의 mgf이므로 Y_n의 극한분포는 $\mathrm{N}(0, 1)$이다. ■

다음 예제는 이항분포의 푸아송근사인 정리 5.5.1을 mgf를 이용해 증명한 것이다.

예제 9.3.3 $X_n \sim \mathrm{Bin}(n, p)$이고, $n\to\infty$일 때 $p\to 0$이고 $np=\mu$이면, X_n의 mgf는

$$M_n(t) = (pe^t+q)^n$$
$$= \left(\frac{\mu e^t}{n}+1-\frac{\mu}{n}\right)^n$$
$$= \left[1+\frac{\mu(e^t-1)}{n}\right]^n$$

이므로, 식 (9.2.3)에 의해

$$\lim_{n\to\infty} M_n(t) = e^{\mu(e^t-1)}$$

이며 이것이 $\mathrm{Poi}(\mu)$의 mgf이다. 즉, $X_n \xrightarrow{d} X \sim \mathrm{Poi}(\mu)$이다. 이 사실은 정리 5.5.1의 결과와 일치한다. 그러나 증명은 다소 쉽다. ■

9.3.1 중심극한정리

통계학에서 매우 유용하게 이용되는 정리 중 하나가 중심극한정리이다. 먼저 다음 예제를 살펴보자.

예제 9.3.4 예제 9.3.3에서 표준화된 변수

$$Z_n = \frac{X_n - np}{\sqrt{npq}}$$

를 생각해 보자. $\sigma_n = \sqrt{npq}$ 라 하면, Z_n의 mgf는

$$\begin{aligned} M_{Z_n}(t) &= e^{-npt/\sigma_n}(pe^{t/\sigma_n} + q)^n \\ &= [e^{-pt/\sigma_n}(pe^{t/\sigma_n} + q)]^n \\ &= \left[\left(1 - \frac{pt}{\sigma_n} + \frac{p^2t^2}{2\sigma_n^2} + \cdots\right)\left(1 + \frac{pt}{\sigma_n} + \frac{pt^2}{2\sigma_n^2} + \cdots\right)\right]^n \\ &= \left[1 + \frac{t^2}{2n} + \frac{d(n)}{n}\right]^n \end{aligned}$$

이다. 여기서 $\lim_{n\to\infty} d(n) = 0$이다. 그러므로

$$\lim_{n\to\infty} M_{Z_n}(t) = e^{t^2/2}$$

이며 이것이 표준정규분포의 mgf이다. 그러므로 $Z_n \xrightarrow{d} Z \sim \mathrm{N}(0,\ 1)$이다. ■

예제 9.3.2와 9.3.4가 다음에 소개할 중심극한정리의 특별한 결과의 예이다.

정리 9.3.2 **중심극한정리 (Central Limit Theorem; CLT)**

$X_1, \ldots, X_n$이 평균이 μ이고 분산이 $\sigma^2 < \infty$ 인 분포에서 추출한 확률표본이면,

$$Z_n = \frac{\sum_{i=1}^{n} X_i - n\mu}{\sqrt{n}\,\sigma} = \frac{\overline{X} - \mu}{\sigma/\sqrt{n}} \tag{9.3.3}$$

의 극한분포는 표준정규분포이다. 즉, $Z_n \xrightarrow{d} Z \sim \mathrm{N}(0,\ 1)$이다.

증명 여기서는 적률생성함수가 존재한다고 가정하고 적률생성함수를 이용해 정리를 증명한다. 적률생성함수가 존재하지 않는 일반적인 경우는 특성함수를 이용해 증명할 수 있다. 그러나 여기서는 적률생성함수가 존재하는 경우에만 증명한다.

$Y_i = (X_i - \mu)/\sigma$라 하면 $Z_n = \sum_{i=1}^{n} Y_i / \sqrt{n}$의 적률생성함수는

$$M_{Z_n}(t) = M_{\sum_{i=1}^{n} Y_i}\left(\frac{t}{\sqrt{n}}\right) = \left[M_{Y_1}\left(\frac{t}{\sqrt{n}}\right)\right]^n$$

이다. 식 (4.5.4)에 의해

$$\begin{aligned} M_{Y_1}\left(\frac{t}{\sqrt{n}}\right) &= 1 + E(Y_1)\left(\frac{t}{\sqrt{n}}\right) + \frac{E(Y_1^2)}{2!}\left(\frac{t}{\sqrt{n}}\right)^2 + \frac{E(Y_1^3)}{3!}\left(\frac{t}{\sqrt{n}}\right)^3 + \cdots \\ &= 1 + \frac{t^2}{2n} + \frac{E(Y_1^3)}{3!}\left(\frac{t}{\sqrt{n}}\right)^3 + \cdots \\ &= 1 + \frac{t^2}{2n} + \frac{d(n)}{n} \end{aligned}$$

이다. 여기서 $d(n)$은 $\lim_{n \to \infty} d(n) = 0$인 n의 함수이다. 따라서

$$M_{Z_n}(t) = \left[1 + \frac{t^2}{2n} + \frac{d(n)}{n}\right]^n$$

이므로 식 (9.2.3)에 의해

$$\lim_{n \to \infty} M_{Z_n}(t) = e^{t^2/2}$$

이 성립되므로 정리 9.3.1에 의해 $Z_n \xrightarrow{d} Z \sim \mathrm{N}(0,\ 1)$이다. ✣

중심극한정리는 분산이 존재하는 모집단에서 추출한 확률표본의 합 $\sum_{i=1}^{n} X_i$는 표본의 크기 n이 클 때, 근사적으로 평균이 $n\mu$이고 분산이 $n\sigma^2$인 정규분포를 따른다는 것이다. 최초의 중심극한정리는 드무아브르(De Moivre)가 1733년경에 X_i가 $p = 1/2$인 베르누이 확률변수인 특별한 경우에 대해 증명했다. 그 후 라플라스(Laplace)가 임의의 p의 경우로 확장했다.

라플라스는 또한 정리 9.3.2에 주어진 중심극한정리의 일반적인 형태를 발견했다. 그러나 그의 증명은 완벽하지 못했으며 명확한 증명은 1901~1902년에 러시아 수학자 리아푸노프(Liapounoff)에 의해 처음 소개되었다.

> **정리 9.3.3**
>
> $F_n(x)$를 정의 7.5.4에서 정의한 경험분포함수라 하자. 그러면 다음이 성립된다.
>
> (a) $F_n(x) \xrightarrow{p} F(x)$ (9.3.4)
>
> (b) $\dfrac{\sqrt{n}[F_n(x)-F(x)]}{\sqrt{F(x)[1-F(x)]}} \xrightarrow{d} Z, \quad Z \sim \mathrm{N}(0,\ 1)$ (9.3.5)

예제 9.3.5 $X_1, \ldots, X_n$을 푸아송분포 $\mathrm{Poi}(\mu)$에서의 확률표본이라 하고, $Y_n = \sum_{i=1}^{n} X_i$라 하자. 그러면 $E(X_i) = \mu = \mathrm{Var}(X_i)$이므로, 중심극한정리에 의해 Y_n은 근사적으로 정규분포를 따른다. 즉,

$$\frac{Y_n - n\mu}{\sqrt{n\mu}} \xrightarrow{d} Z \sim \mathrm{N}(0,\ 1)$$

이다. ■

예제 9.3.6 50개의 수를 가장 가까운 정수로 반올림한 후 합을 구했다. 각각의 반올림 오차가 $(-0.5,\ 0.5)$에서 균일하게 분포된다면, 반올림한 후 생성된 합과 정확한 합의 차이가 3 이상일 확률은 얼마인가?

풀이 $X_i,\ i = 1,\ 2,\ \ldots, 50$을 i번째 수의 반올림 오차라 하자. $X_i \sim \mathrm{U}(-0.5,\ 0.5)$이므로, $0.5 + X_i \sim \mathrm{U}(0,\ 1)$이다. 따라서 $E(X_i) = 0$이고 $\mathrm{Var}(X_i) = \mathrm{Var}(0.5 + X_i) = \dfrac{1}{12}$이므로, $E\left(\sum_{i=1}^{50} X_i\right) = 0$이고

$$\mathrm{Var}\left(\sum_{i=1}^{50} X_i\right) = 50\ \mathrm{Var}(X_i) = \frac{50}{12}$$

이다. 그러므로 구하는 확률은 중심극한정리에 의해 다음과 같다.

$$P\left[\left|\sum_{i=1}^{50} X_i\right| \geq 3\right] \approx P[|Z| \geq 3/\sqrt{50/12}],\ Z \sim \mathrm{N}(0,\ 1)$$
$$= P[|Z| \geq 1.47]$$
$$= 2P[Z \geq 1.47] = 0.1416$$
■

자유도가 k인 카이제곱분포($Y_k \sim \chi^2(k)$)의 백분위수는 k가 클 때 중심극한정리나 예제 9.3.2에 의해 표준정규분포의 백분위수에 의해 근삿값을 구할 수 있다. 특별히

$$\begin{aligned} 1-\alpha &= P[Y_k \leq \chi^2_\alpha(k)] \\ &\approx \Phi\left(\frac{\chi^2_\alpha(k)-k}{\sqrt{2k}}\right) \end{aligned} \tag{9.3.6}$$

이므로 근사적으로

$$\chi^2_\alpha(k) \approx k + z_\alpha\sqrt{2k} \tag{9.3.7}$$

이다. 윌슨–힐퍼티(Wilson-Hilferty) 근사로 알려진 좀더 정확한 근사는

$$\chi^2_\alpha(k) \approx k\left(1-\frac{2}{9k}+z_\alpha\sqrt{\frac{2}{9k}}\right)^3 \tag{9.3.8}$$

인데, 이 근사식은 확률변수 $(Y_k/k)^{1/3}$이 근사적으로 $\mathrm{N}\left(1-\dfrac{2}{9k},\ \dfrac{2}{9k}\right)$ 분포를 따른다는 윌슨-힐퍼티 변환에 의한 것이다. 예를 들어, $k=40,\ \alpha=0.025$일 때 중심극한정리에 의한 근사는

$$\chi^2_{0.025}(40) \approx 40 + 1.96\sqrt{80} \approx 57.5308$$

이고, 윌슨-힐퍼티 근사는

$$\chi^2_{0.025}(40) \approx 40\left(1-\frac{2}{360}+1.96\sqrt{\frac{2}{360}}\right)^3 \approx 59.3451$$

로 정확한 값 $\chi^2_{0.025}(40) = 59.34$에 잘 근사됨을 알 수 있다.

> **정리 9.3.4** 독립 확률변수들에 대한 중심극한정리
>
> $X_1, X_2, \ldots$은 독립이며 평균과 분산이 각각 $\mu_i = E(X_i)$이고 $\sigma_i^2 = \mathrm{Var}(X_i)$인 확률변수이다.
>
> (a) 모든 i에 대해 어떤 $M > 0$이 존재하여 $P[|X_i| < M] = 1$이고
>
> (b) $\sum_{i=1}^{\infty} \sigma_i^2 = \infty$이면
>
> $$Z_n = \frac{\sum_{i=1}^{n}(X_i - \mu_i)}{\sqrt{\sum_{i=1}^{n}\sigma_i^2}} \xrightarrow{d} Z \sim \mathrm{N}(0,\ 1) \tag{9.3.9}$$
>
> 이다.

9.3.2 이항분포에 대한 근사

제 5 장에서는 성공할 확률 p가 작은 경우에 이항분포의 근사로 푸아송분포를 이용할 수 있음을 보였다. 여기서는 예제 9.3.4에서 이미 보였듯이 독립시행횟수 n이 큰 경우 이항분포에 대한 근사로 정규분포를 이용할 수 있다. 이 결과를 다시 정리해 보자.

> **정리 9.3.5**
>
> $X_n \sim \mathrm{Bin}(n,\ p)$이면
>
> $$Z_n = \frac{X_n - np}{\sqrt{npq}},\quad q = 1 - p \tag{9.3.10}$$
>
> 의 극한분포는 표준정규분포이다. 즉, $Z_n \xrightarrow{d} Z \sim \mathrm{N}(0,\ 1)$이다.

정리 9.3.5는 중심극한정리에 의해서도 쉽게 증명된다. 그러나 $X_n \sim \mathrm{Bin}(n,\ p)$이고 $Z \sim \mathrm{N}(0,\ 1)$이므로, 즉 X_n은 이산확률변수이고 Z는 연속확률변수이므로 연속성의 수정을 함으로써 근사가 개선될 수 있다.

일반적으로 $X_n \sim \text{Bin}(n,\ p)$이고 a와 b가 $a \le b$인 정수이면

$$P[a \le X_n \le b] \approx \Phi\left(\frac{b+0.5-np}{\sqrt{npq}}\right) - \Phi\left(\frac{a-0.5-np}{\sqrt{npq}}\right) \tag{9.3.11}$$

이다.

예제 9.3.7 공정한 동전을 15번 던질 때, 앞면이 나타난 횟수 X가 8회 또는 9회일 확률을 생각해 보자. $X \sim \text{Bin}\left(15,\ \frac{1}{2}\right)$이므로 구하는 확률은

$$\begin{aligned} P[8 \le X \le 9] &= P[X=8] + P[X=9] \\ &= \binom{15}{8}\left(\frac{1}{2}\right)^{15} + \binom{15}{9}\left(\frac{1}{2}\right)^{15} \\ &\approx 0.1964 + 0.1527 \\ &= 0.3491 \end{aligned}$$

이고 정규근사를 이용한 확률은

$$\begin{aligned} P[8 \le X \le 9] &= P[7.5 < X < 9.5] \\ &= P\left[\frac{7.5-7.5}{\sqrt{15/4}} < \frac{X-7.5}{\sqrt{15/4}} < \frac{9.5-7.5}{\sqrt{15/4}}\right] \\ &\approx P[0 < Z < 1.03] \\ &= 0.5 - 0.1515 \\ &= 0.3485 \end{aligned}$$

이다. ■

연습문제

9.3.1 $X_n \sim \text{Gam}(n, \beta)$, $\beta > 0$일 때, $Y_n = \dfrac{X_n}{n}$의 극한분포를 구하라.

9.3.2 $\overline{X}_n$는 푸아송분포 Poi(1)에서 추출한 크기 n인 확률표본의 표본평균이다.

(a) $Y_n = \dfrac{\sqrt{n}(\overline{X}_n - \mu)}{\sigma} = \sqrt{n}(\overline{X}_n - 1)$의 적률생성함수가

$\exp[-t\sqrt{n} + n(e^{t/\sqrt{n}} - 1)]$임을 보여라.

(b) Y_n의 극한분포를 구하라.

9.3.3 $\overline{X}_n$는 pdf가 $f(x) = e^{-x}$, $x > 0$인 분포에서 추출한 크기 n인 확률표본의 표본평균이다.

(a) $Y_n = \sqrt{n}(\overline{X}_n - 1)$의 적률생성함수가

$$M_{Y_n}(t) = \left(e^{t/\sqrt{n}} - \frac{t}{\sqrt{n}} e^{t/\sqrt{n}}\right)^{-n}, \quad t < \sqrt{n}$$

임을 보여라.

(b) Y_n의 극한분포를 구하라.

9.3.4 $Y \sim \text{Gam}(\alpha, \theta)$이면, α가 클 때 Y는 근사적으로 정규분포를 따르는 이유를 설명하라.

9.3.5 $X_1, \ldots, X_{100}$은 평균이 μ이고 분산이 4인 모집단에서의 크기 $n = 100$인 확률표본이다. 중심극한정리를 이용해 $P[|\overline{X} - \mu| \le c] = 0.90$을 만족하는 c값을 구하라.

9.3.6 수리센터에 온 고객들의 서비스 시간은 서로 독립이며 평균이 5분이고 분산이 4이다. 100명의 고객이 받은 총 서비스 시간이 8시간 이하일 확률의 근삿값을 구하라.

9.3.7 $X_1, \ldots, X_{36}$은 pdf가

$$f(x) = \begin{cases} 3x^2, & 0 < x < 1 \\ 0, & \text{그 외} \end{cases}$$

인 모집단에서 크기 $n = 36$인 확률표본이다. $P[\overline{X} > 0.8]$의 근삿값을 구하라.

9.3.8 $X_1, \dots, X_{100}$이 푸아송분포 Poi(0.04)에서의 크기 $n = 100$인 확률표본일 때, $P\left[\sum_{i=1}^{100} X_i \le 5\right]$의 정확한 값과 중심극한정리를 이용한 근삿값을 구하라.

9.3.9 환경문제 전문가는 환경오염도를 일정한 양의 물에 포함되어 있는 박테리아 수로 측정한다. X는 물 1cm^3당 포함되어 있는 박테리아 수로, $X \sim \text{Poi}(100)$이라 하자. 물 1cm^3당 허용수치가 박테리아 110마리 이하일 때, 이 물이 허용수치에 적합할 확률의 근삿값을 구하라.

9.3.10 어떤 기계가 고장날 때까지의 작동시간(단위: 년) X는 지수분포 Exp(2)를 따른다고 한다. $X_1, \dots, X_{30}$을 이 분포에서의 크기 $n = 30$인 확률표본이라 하자. 즉 X_1은 첫 번째 고장날 때까지의 시간, X_2는 첫 번째 고장을 수리한 후 두 번째 고장날 때까지의 작동시간 등이다.

(a) $P\left[\sum_{i=1}^{30} X_i \ge 40.48\right]$의 정확한 값을 구하라.

(b) 중심극한정리를 이용해 (a)번의 근삿값을 구하라.

9.3.11 어떤 회사에서 생산되는 제품의 수명은 평균이 2,000시간인 지수분포를 따른다. 이러한 제품 64개의 전체 수명이 150,080시간을 초과할 확률의 근삿값을 구하라.

9.3.12 $X \sim \chi^2(50)$일 때, $P[35 < X < 65]$를 근사적으로 구하라.

9.3.13 $\overline{X}_n$는 $\chi^2(45)$인 분포에서 추출한 크기 $n = 100$인 확률표본의 표본평균이다. $P[43.5 < \overline{X}_n < 46.5]$의 근삿값을 계산하라.

9.3.14 $\overline{X}$는 Gam(2, 4)에서 추출한 크기 90인 확률표본의 표본평균이다. $P[6.7 < \overline{X} < 9.3]$의 근삿값을 구하라.

9.3.15 $X \sim \text{Gam}(n,\ 2)$일 때, $P\left[\left|\dfrac{X}{2n}-1\right|>0.05\right]<0.1$이 성립하기 위해 얼마나 큰 n이 필요한가?

9.3.16 베타분포에서의 확률표본 $X_i \sim \text{Beta}(3,\ 3)$을 생각해 보자. 중심극한정리를 이용하여, $n=36$일 때 $P[\overline{X} \le 0.56]$의 근삿값을 구하라.

9.3.17 $X_n \sim \text{Gam}(n,\ 1)$이고 $Z_n=(X_n-n)/\sqrt{n}$이며 $Y_n \xrightarrow{p} c$라 할 때, $W_n = Y_n Z_n$의 극한분포를 구하라. Z_n / Y_n의 극한분포는 무엇인가?

9.3.18 $X_1,\ \ldots, X_n$은 평균이 μ이고 분산이 σ^2인 모집단에서의 확률표본이고 $\overline{X}_n$와 S_n^2은 이 표본의 표본평균과 표본분산이다. $\sqrt{n}(\overline{X}_n-\mu)/S_n \xrightarrow{d} Z,\ Z \sim \text{N}(0,\ 1)$임을 보여라.

9.3.19 $\overline{X}_n$는 감마분포 $\text{Gam}(\mu,\ 1)$에서 추출한 크기 n인 확률표본의 표본평균이다. $\dfrac{\sqrt{n}(\overline{X}_n-\mu)}{\sqrt{\overline{X}_n}}$의 극한분포는 $\text{N}(0,\ 1)$임을 보여라.

9.3.20 $X_1,\ \ldots, X_n$과 $Y_1,\ \ldots,\ Y_n$을 각각 평균이 μ_1과 μ_2이고 분산이 σ^2으로 동일한 분포에서 추출한 크기 n인 두 개의 독립 확률표본이다.

$$\frac{(\overline{X}_n-\overline{Y}_n)-(\mu_1-\mu_2)}{\sigma\sqrt{2/n}}$$

의 극한분포를 구하라. 여기서 $\overline{X}_n$와 $\overline{Y}_n$는 각 확률표본의 표본평균이다.

9.3.21 $\chi^2_{0.975}(15)$와 $\chi^2_{0.025}(15)$의 정확한 값과 윌슨-힐퍼티 근사를 비교하라.

9.3.22 $X \sim \text{Bin}(20,\ 0.30)$일 때

(a) $P[X \le 10]$의 정확한 값을 구하라.

(b) $P[X \le 10]$을 정규근사를 이용해 구하라.

9.3.23 공정한 주사위를 독립적으로 900번 던진다. 눈금 1이 나타난 횟수를 X라 할 때, $P[130 \le X \le 170]$의 근삿값을 구하라.

9.2.24 $X_1, \ldots, X_{100}$은 베르누이분포 Bin(1, 1/4)에서 추출한 크기 $n = 100$인 확률표본이다. 즉, 성공할 확률이 1/4인 독립 베르누이 시행을 100번 반복했다. 이때 $X = \sum_{i=1}^{100} X_i$는 100번의 베르누이 시행에서 성공의 횟수이다. $P[15 \le X \le 35]$의 근삿값을 구하라.

9.3.25 어느 도시의 인구 중 70%는 학비 인상안에 찬성한다. 100명의 확률표본에서 다음을 만족할 확률의 근삿값을 구하라.

(a) 적어도 60명이 인상안에 찬성

(b) 65명 이상 80명 이하가 인상안에 찬성

9.3.26 신문팔이 소년은 10센트에 신문을 구입하여 15센트에 판매한다. 그러나 팔지 못하고 남은 신문은 반납하지 못한다. 매일 판매하는 수요가 $n = 300$이고 $p = \frac{1}{3}$인 이항확률변수라 하면, 기대이익을 최대화하기 위해 그는 신문을 대략 몇 부 구입해야 하는가?

9.4 • 점근분포

$X_1, \ldots, X_n$이 평균이 μ이고 분산이 σ^2인 분포에서의 확률표본일 때 중심극한정리에 의해

$$Z_n = \frac{\overline{X}_n - \mu}{\sigma/\sqrt{n}} \xrightarrow{d} Z \sim \mathrm{N}(0,\ 1) \tag{9.4.1}$$

이 성립되므로, $\overline{X}_n$는 n이 클 경우 근사적으로 정규분포 $\mathrm{N}(\mu,\ \sigma^2/n)$을 따른다고 생각할 수 있다. 이제 좀더 일반적인 개념을 정의해 보자.

정의 9.4.1

$X_1, X_2, \ldots$이 확률변수열이고 b와 c가

$$Z_n = \frac{X_n - b}{c/\sqrt{n}} \xrightarrow{d} Z \sim \mathrm{N}(0,\ 1) \tag{9.4.2}$$

을 만족하는 상수일 때, X_n은 점근평균이 b이고 점근분산이 c^2/n인 점근정규분포 (asymptotic normal distribution)를 따른다고 한다.

정리 9.4.1

$X_1, \ldots, X_n$은 pdf $f(x)$를 갖는 연속분포에서 추출한 확률표본이고, $f(x)$는 $100p$백분위수 $x_p(0<p<1)$에서 연속이며 0이 아니다. 만일 $k/n \to p(k-np$가 유계)이면, k번째 순서통계량 $X_{k:n}$은 점근평균이 x_p이고 점근분산이 c^2/n인 점근정규분포를 따른다. 여기서

$$c^2 = \frac{p(1-p)}{[f(x_p)]^2} \tag{9.4.3}$$

이다.

예제 9.4.1 $X_1, \ldots, X_n$을 균일분포 $\mathrm{U}(0,\ 1)$에서 추출한 확률표본이라 하면, $f(x)=1$, $F(x)=x$, $0<x<1$이다. 홀수 n에 대해 $k=(n+1)/2$라 하면 $Y_k = X_{k:n}$은 표본중앙값이다. 만일 $p=0.5$이면 중앙값은 $x_{0.5}=1/2$이고

$$c^2 = \frac{0.5(1-0.5)}{[f(1/2)]^2} = \frac{1}{4}$$

이므로,

$$\frac{X_{k:n} - 1/2}{1/\sqrt{4n}} \xrightarrow{d} Z \sim \mathrm{N}(0,\ 1)$$

이다. 즉, $X_{k:n}$은 점근평균이 $\frac{1}{2}$이고 점근분산이 $\frac{1}{4n}$인 점근정규분포를 따른다. 사실 $X_{k:n} \sim \mathrm{Beta}(k,\ n-k+1)$이므로

$$E(X_{k:n}) = \frac{k}{n+1} = \frac{1}{2}, \quad \mathrm{Var}(X_{k:n}) = \frac{k(n-k+1)}{(n+1)^2(n+2)} = \frac{1}{4(n+2)}$$

임을 생각해 보라. ■

예제 9.4.2 $X_1, \dots, X_n$은 cdf가 $F(x) = x^2,\ 0 < x < 1$인 분포에서 추출한 확률표본이고 짝수 n에 대해 $k = n/2$일 때, $k/n = 1/2$이고 $x_{0.5} = \sqrt{0.5}$이므로

$$c^2 = \frac{0.5(0.5)}{[f(\sqrt{0.5})]^2} = \frac{1}{8}$$

이다. 따라서 정리 9.4.1에 의해

$$\frac{X_{k:n} - \sqrt{0.5}}{1/\sqrt{8n}} \xrightarrow{d} Z \sim \mathrm{N}(0,\ 1)$$

이다. 즉 $X_{k:n}$은 점근평균이 $\sqrt{0.5}$이고 점근분산이 $\frac{1}{8n}$인 점근정규분포를 따른다. ■

> **정리 9.4.2**
>
> $Z_n = \dfrac{X_n - b}{c/\sqrt{n}} \xrightarrow{d} Z \sim \mathrm{N}(0,\ 1)$이면, $X_n \xrightarrow{p} b$이다.

예제 9.4.3 예제 9.4.1에서 $X_{k:n} \xrightarrow{p} 1/2$이다. ■

> **정리 9.4.3**
>
> $\sqrt{n}(X_n - b)/c \xrightarrow{d} Z \sim \mathrm{N}(0,\ 1)$이고 $g(x)$가 $x = b$에서 0이 아닌 도함수 $g'(b) \neq 0$을 가지면
>
> $$\frac{[g(X_n) - g(b)]}{[cg'(b)]/\sqrt{n}} \xrightarrow{d} Z \sim \mathrm{N}(0,\ 1) \qquad (9.4.4)$$
>
> 이다. 즉, 큰 n에 대해 점근적으로 $X_n \approx \mathrm{N}\left(b,\ \frac{c^2}{n}\right)$이면, 점근적으로

$$g(X_n) \approx \mathrm{N}\left(g(b),\ \frac{c^2[g'(b)]^2}{n}\right) \tag{9.4.5}$$

이다.

예제 9.4.4 $\overline{X}_n$를 평균이 μ이고 분산이 $\sigma^2 < \infty$인 분포에서 추출한 크기 n인 확률표본의 표본평균이라 하면, 중심극한정리에 의해

$$\frac{\sqrt{n}(\overline{X}_n - \mu)}{\sigma} \xrightarrow{d} Z \sim \mathrm{N}(0,\ 1)$$

이므로, 큰 n에 대해 점근적으로

$$\overline{X}_n \approx \mathrm{N}\left(\mu,\ \frac{\sigma^2}{n}\right)$$

이다. 정리 9.4.3에서 $g(\overline{X}_n) = \overline{X}_n^2$이라 하면 $g'(\mu) = 2\mu$이므로 점근적으로

$$\overline{X}_n^2 \approx \mathrm{N}\left(\mu^2,\ \frac{(2\mu)^2\sigma^2}{n}\right)$$

임을 알 수 있다. 만일 푸아송분포 $\mathrm{Poi}(\mu)$에서의 추출이라면

$$\frac{\overline{X}_n - \mu}{\sqrt{\mu/n}} \xrightarrow{d} Z \sim \mathrm{N}(0,\ 1)$$

이므로 점근적으로

$$\overline{X}_n^2 \approx \mathrm{N}(\mu^2,\ 4\mu^3/n)$$

이다. ■

연습문제

9.4.1 푸아송분포 Poi(μ)에서의 확률표본 $X_1, \ldots, X_n$의 표본평균 $\overline{X}_n$에 대해, $Y_n = e^{-\overline{X}_n}$의 점근정규분포를 구하라.

9.4.2 $X_1, \ldots, X_n$은 베르누이분포 Bin(1, p)에서의 확률표본이고 $\overline{X}_n$를 표본평균이라 할 때,

(a) $\hat{p} = \overline{X}_n$의 점근정규분포를 구하라.

(b) $\hat{p}(1-\hat{p})$의 점근정규분포를 구하라.

(c) $\hat{p}(1-\hat{p}) \xrightarrow{p} p(1-p)$임을 보여라.

9.4.3 $X_1, \ldots, X_n$이 지수분포 Exp(θ)에서의 확률표본이고 $\overline{X}_n$가 표본평균일 때

(a) $\overline{X}_n$의 점근정규분포를 구하라.

(b) $Y_n = 1 - e^{-\overline{X}_n/\theta}$의 점근정규분포를 구하라.

(c) $Y_n \xrightarrow{p} c$인 c를 구하라.

9.4.4 $X_1, \ldots, X_{81}$이 지수분포 Exp(10)에서 추출한 크기 $n = 81$인 확률표본이다.

(a) 표본중앙값 $Z_{1/2} = X_{41:81}$의 점근정규분포를 구하라.

(b) $P[X_{41:81} \leq 8.6]$의 근삿값을 구하라.

(c) $P[X_{41:81} \geq b] \approx 0.025$인 b값을 구하라.

(d) 만일 $k/n \to 0.3$일 때, $X_{k:n} \xrightarrow{p} a$인 a값을 구하라.

(e) (d)번에서 $F(X_{k:n}) = 1 - e^{-X_{k:n}/10}$은 어떤 값에 확률수렴하는가?

부 록

부록 A 특별한 분포들의 기호와 특성

[표 A.1] 특별한 이산분포

기호와 모수	pmf $f(x)$	mgf $M_X(t)$	평균	분산
베르누이분포 $X \sim \text{Bin}(1,\ p)$ $0<p<1$ $q=1-p$	$p^x q^{1-x}$ $x=0,\ 1$	pe^t+q	p	pq
이항분포 $X \sim \text{Bin}(n,\ p)$ $0<p<1$ $q=1-p$	$\binom{n}{x} p^x q^{n-x}$ $x=0, 1,\ \ldots, n$	$(pe^t+q)^n$	np	npq
초기하분포 $X \sim \text{Hyp}(n,\ M,\ N)$ $n=1, 2,\ \ldots, N$ $M=0, 1,\ \ldots, N$	$\binom{M}{x}\binom{N-M}{n-x} \Big/ \binom{N}{x}$ $x=0, 1,\ \ldots, n$	*	$\frac{nM}{N}$	$n\frac{M}{N}\left(1-\frac{M}{N}\right)\frac{N-n}{N-1}$
푸아송분포 $X \sim \text{Poi}(\mu)$ $\mu>0$	$\frac{e^{-\mu}\mu^x}{x!}$ $x=0, 1,\ \ldots$	$e^{\mu(e^t-1)}$	μ	μ
기하분포 $X \sim \text{Geo}(p)$ $0<p<1$ $q=1-p$	pq^{x-1} $x=1, 2,\ \ldots$	$\frac{pe^t}{1-qe^t}$	$\frac{1}{p}$	$\frac{q}{p^2}$
음이항분포 $X \sim \text{NB}(r,\ p)$ $0<p<1$ $q=1-p$ $r=1, 2,\ \ldots$	$\binom{x-1}{r-1} p^r q^{x-r}$ $x=r, r+1,\ \ldots$	$\left(\frac{pe^t}{1-qe^t}\right)^r$	$\frac{r}{p}$	$\frac{rq}{p^2}$
이산균일분포 $X \sim \text{DU}(N)$ $N=1, 2,\ \ldots$	$\frac{1}{N}$ $x=1, 2,\ \ldots, N$	$\frac{1}{N}\frac{e^t-e^{(N+1)t}}{1-e^t}$	$\frac{N+1}{2}$	$\frac{N^2-1}{12}$

* 다루기 어려움.

[표 A.2] 특별한 연속분포

기호와 모수	pdf $f(x)$	mgf $M_X(t)$	평균	분산
균일분포 $X \sim \mathrm{U}(a,\ b)$ $b > a$	$\frac{1}{b-a}$ $a < x < b$	$\frac{e^{bt}-e^{at}}{(b-a)t}$	$\frac{a+b}{2}$	$\frac{(b-a)^2}{12}$
감마분포 $X \sim \mathrm{Gam}(\alpha,\ \beta)$ $\alpha > 0$ $\beta > 0$	$\frac{1}{\beta^\alpha \Gamma(\alpha)} x^{\alpha-1} e^{-x/\beta}$ $x > 0$	$\left(\frac{1}{1-\beta t}\right)^\alpha$	$\alpha\beta$	$\alpha\beta^2$
지수분포 $X \sim \mathrm{Exp}(\theta)$ $\theta > 0$	$\frac{1}{\theta} e^{-x/\theta}$ $x > 0$	$\frac{1}{1-\theta t}$	θ	θ^2
와이블분포 $X \sim \mathrm{Wei}(\alpha,\ \beta)$ $\alpha > 0$ $\beta > 0$	$\frac{\alpha}{\beta^\alpha} x^{\alpha-1} e^{-(x/\beta)^\alpha}$ $x > 0$	*	$\beta\Gamma\left(1+\frac{1}{\alpha}\right)$	$\beta^2\left[\Gamma\left(1+\frac{2}{\alpha}\right)-\left\{\Gamma\left(1+\frac{1}{\alpha}\right)\right\}^2\right]$
파레토분포 $X \sim \mathrm{Par}(\theta,\ \alpha)$ $\theta > 0$ $\alpha > 0$	$\frac{\alpha}{\theta(1+x/\theta)^{\alpha+1}}$ $x > 0$	**	$\frac{\theta}{\alpha-1}$ $\alpha > 1$	$\frac{\theta^2\alpha}{(\alpha-2)(\alpha-1)^2}$ $\alpha > 2$
정규분포 $X \sim \mathrm{N}(\mu,\ \sigma^2)$ $\sigma^2 > 0$	$\frac{1}{\sqrt{2\pi}\,\sigma} e^{-(x-\mu)^2/2\sigma^2}$	$e^{\mu t+\sigma^2 t^2/2}$	μ	σ^2
2-모수 지수분포 $X \sim \mathrm{Exp}(\theta,\ \eta)$ $\theta > 0$	$\frac{1}{\theta} e^{-(x-\eta)/\theta}$ $x > \eta$	$\frac{e^{\eta t}}{1-\theta t}$	$\eta + \theta$	θ^2
이중지수분포 $X \sim \mathrm{DE}(\theta,\ \eta)$ $\theta > 0$	$\frac{1}{2\theta} e^{-\lvert x-\eta \rvert/\theta}$	$\frac{e^{\eta t}}{1-\theta^2 t^2}$	η	$2\theta^2$

[표 A.2] 특별한 연속분포(계속)

기호와 모수	pdf $f(x)$	mgf $M_X(t)$	평균	분산
극단값분포 $X \sim \mathrm{EV}(\theta, \eta)$ $\theta > 0$	$\frac{1}{\theta}\exp\left\{\frac{x-\eta}{\theta} - \exp\left(\frac{x-\eta}{\theta}\right)\right\}$	$e^{\eta t}\Gamma(1+\theta t)$	$\eta - \gamma\theta$ $\gamma \doteq 0.5772$ (오일러의 상수)	$\frac{\pi^2\theta^2}{6}$
코시분포 $X \sim \mathrm{Cau}(\theta, \eta)$ $\theta > 0$	$\frac{1}{\theta\pi\left\{1+\left(\frac{x-\eta}{\theta}\right)^2\right\}}$	**	**	**
카이제곱분포 $X \sim \chi^2(k)$ $k = 1, 2, \ldots$	$\frac{1}{2^{k/2}\Gamma(k/2)} \times x^{k/2-1}e^{-x/2}$ $x > 0$	$\left(\frac{1}{1-2t}\right)^{k/2}$	k	$2k$
스튜던트 t-분포 $X \sim t(k)$ $k = 1, 2, \ldots$	$\frac{\Gamma\left(\frac{k+1}{2}\right)}{\Gamma\left(\frac{k}{2}\right)}\frac{1}{\sqrt{k\pi}} \times \frac{1}{(1+x^2/k)^{(k+1)/2}}$	**	0 $k > 1$	$\frac{k}{k-2}$ $k > 2$
스네데커 F-분포 $X \sim F(k_1, k_2)$ $k_1 = 1, 2, \ldots$ $k_2 = 1, 2, \ldots$	$\frac{\Gamma\left(\frac{k_1+k_2}{2}\right)}{\Gamma\left(\frac{k_1}{2}\right)\Gamma\left(\frac{k_2}{2}\right)}\left(\frac{k_1}{k_2}\right)^{k_1/2} \times \frac{x^{k_1/2-1}}{(1+k_1x/k_2)^{(k_1+k_2)/2}}$ $x > 0$	**	$\frac{k_2}{k_2-2}$ $k_2 > 2$	$\frac{2k_2^2(k_1+k_2-2)}{k_1(k_2-2)^2(k_2-4)}$ $k_2 > 4$
베타분포 $X \sim \mathrm{Beta}(a, b)$ $a > 0$ $b > 0$	$\frac{\Gamma(a+b)}{\Gamma(a)\Gamma(b)}x^{a-1} \times (1-x)^{b-1}$ $0 < x < 1$	*	$\frac{a}{a+b}$	$\frac{ab}{(a+b+1)(a+b)^2}$

* 다루기 어려움.

** 존재하지 않음.

부록 B 분포표

[표 B.1] 이항 누적분포함수

$$B(x\,;n,\,p)=\sum_{k=0}^{x}\binom{n}{k}p^k(1-p)^{n-k}$$

n	x	p = 0.05	0.10	0.15	0.20	0.25	0.30	0.35	0.40	0.45	0.50	0.55	0.60	0.65	0.70	0.75	0.80	0.85	0.90	0.95
1	0	0.9500	0.9000	0.8500	0.8000	0.7500	0.7000	0.6500	0.6000	0.5500	0.5000	0.4500	0.4000	0.3500	0.3000	0.2500	0.2000	0.1500	0.1000	0.0500
2	0	0.9025	0.8100	0.7225	0.6400	0.5625	0.4900	0.4225	0.3600	0.3025	0.2500	0.2025	0.1600	0.1225	0.0900	0.0625	0.0400	0.0225	0.0100	0.0025
	1	0.9975	0.9900	0.9775	0.9600	0.9375	0.9100	0.8775	0.8400	0.7975	0.7500	0.6975	0.6400	0.5775	0.5100	0.4375	0.3600	0.2775	0.1900	0.0975
3	0	0.8574	0.7290	0.6141	0.5120	0.4219	0.3430	0.2746	0.2160	0.1664	0.1250	0.0911	0.0640	0.0429	0.0270	0.0156	0.0080	0.0034	0.0010	0.0001
	1	0.9928	0.9720	0.9393	0.8960	0.8438	0.7840	0.7182	0.6480	0.5748	0.5000	0.4252	0.3520	0.2818	0.2160	0.1406	0.1040	0.0608	0.0280	0.0072
	2	0.9999	0.9990	0.9967	0.9920	0.9844	0.9730	0.9571	0.9360	0.9089	0.8750	0.8336	0.7840	0.7254	0.6570	0.5625	0.4880	0.3859	0.2710	0.1426

n	x	p																		
		0.05	0.10	0.15	0.20	0.25	0.30	0.35	0.40	0.45	0.50	0.55	0.60	0.65	0.70	0.75	0.80	0.85	0.90	0.95
4	0	0.8145	0.6561	0.5220	0.4096	0.3164	0.2401	0.1785	0.1296	0.0915	0.0625	0.0410	0.0256	0.0150	0.0081	0.0039	0.0016	0.0005	0.0001	0.0000
	1	0.9860	0.9477	0.8905	0.8192	0.7383	0.6517	0.5630	0.4752	0.3910	0.3125	0.2415	0.1792	0.1265	0.0837	0.0508	0.0272	0.0120	0.0037	0.0005
	2	0.9995	0.9963	0.9880	0.9728	0.9492	0.9163	0.8735	0.8208	0.7585	0.6875	0.6090	0.5248	0.4370	0.3483	0.2617	0.1808	0.1095	0.0523	0.0140
	3	1.0000	0.9999	0.9995	0.9984	0.9961	0.9919	0.9850	0.9744	0.9590	0.9375	0.9085	0.8704	0.8215	0.7599	0.6836	0.5904	0.4780	0.3439	0.1855
5	0	0.7738	0.5905	0.4437	0.3277	0.2373	0.1681	0.1160	0.0778	0.0503	0.0312	0.0185	0.0102	0.0053	0.0024	0.0010	0.0003	0.0001	0.0000	0.0000
	1	0.9774	0.9185	0.8352	0.7373	0.6328	0.5282	0.4284	0.3370	0.2562	0.1875	0.1312	0.0870	0.0540	0.0308	0.0156	0.0067	0.0022	0.0005	0.0000
	2	0.9988	0.9914	0.9734	0.9421	0.8965	0.8369	0.7648	0.6826	0.5931	0.5000	0.4069	0.3174	0.2352	0.1631	0.1035	0.0579	0.0266	0.0086	0.0012
	3	1.0000	0.9995	0.9978	0.9933	0.9844	0.9692	0.9460	0.9130	0.8688	0.8125	0.7438	0.6630	0.5716	0.4718	0.3672	0.2627	0.1648	0.0815	0.0226
	4	1.0000	1.0000	0.9999	0.9997	0.9990	0.9976	0.9947	0.9898	0.9815	0.9688	0.9497	0.9222	0.8840	0.8319	0.7627	0.6723	0.5563	0.4095	0.2262
6	0	0.7351	0.5314	0.3771	0.2621	0.1780	0.1176	0.0754	0.0467	0.0277	0.0156	0.0083	0.0041	0.0018	0.0007	0.0002	0.0001	0.0000	0.0000	0.0000
	1	0.9672	0.8857	0.7765	0.6554	0.5339	0.4202	0.3191	0.2333	0.1636	0.1094	0.0692	0.0410	0.0223	0.0109	0.0046	0.0016	0.0004	0.0001	0.0000
	2	0.9978	0.9842	0.9527	0.9011	0.8306	0.7443	0.6471	0.5443	0.4415	0.3438	0.2553	0.1792	0.1174	0.0705	0.0376	0.0170	0.0059	0.0013	0.0001
	3	0.9999	0.9987	0.9941	0.9830	0.9624	0.9295	0.8826	0.8208	0.7447	0.6562	0.5585	0.4557	0.3529	0.2557	0.1694	0.0989	0.0473	0.0158	0.0022
	4	1.0000	0.9999	0.9996	0.9984	0.9954	0.9891	0.9777	0.9590	0.9308	0.8906	0.8364	0.7667	0.6809	0.5798	0.4661	0.3446	0.2235	0.1143	0.0328
	5	1.0000	1.0000	1.0000	0.9999	0.9998	0.9993	0.9982	0.9959	0.9917	0.9844	0.9723	0.9533	0.9246	0.8824	0.8220	0.7379	0.6229	0.4686	0.2649
7	0	0.6983	0.4783	0.3206	0.2097	0.1335	0.0824	0.0490	0.0280	0.0152	0.0078	0.0037	0.0016	0.0006	0.0002	0.0001	0.0000	0.0000	0.0000	0.0000
	1	0.9556	0.8503	0.7166	0.5767	0.4449	0.3294	0.2338	0.1586	0.1024	0.0625	0.0357	0.0188	0.0090	0.0038	0.0013	0.0004	0.0001	0.0000	0.0000
	2	0.9962	0.9743	0.9262	0.8520	0.7564	0.6471	0.5323	0.4199	0.3164	0.2266	0.1529	0.0963	0.0556	0.0288	0.0129	0.0047	0.0012	0.0002	0.0000
	3	0.9998	0.9973	0.9879	0.9667	0.9294	0.8740	0.8002	0.7102	0.6083	0.5000	0.3917	0.2898	0.1998	0.1260	0.0706	0.0333	0.0121	0.0027	0.0002
	4	1.0000	0.9998	0.9988	0.9953	0.9871	0.9712	0.9444	0.9037	0.8471	0.7734	0.6836	0.5801	0.4677	0.3529	0.2436	0.1480	0.0738	0.0257	0.0038
	5	1.0000	1.0000	0.9999	0.9996	0.9987	0.9962	0.9910	0.9812	0.9643	0.9375	0.8976	0.8414	0.7662	0.6706	0.5551	0.4233	0.2834	0.1497	0.0444
	6	1.0000	1.0000	1.0000	1.0000	0.9999	0.9998	0.9994	0.9984	0.9963	0.9922	0.9848	0.9720	0.9510	0.9176	0.8665	0.7903	0.6794	0.5217	0.3017

n	x	0.05	0.10	0.15	0.20	0.25	0.30	0.35	0.40	0.45	0.50	0.55	0.60	0.65	0.70	0.75	0.80	0.85	0.90	0.95
8	0	0.6634	0.4305	0.2725	0.1678	0.1001	0.0576	0.0319	0.0168	0.0084	0.0039	0.0017	0.0007	0.0002	0.0001	0.0000	0.0000	0.0000	0.0000	0.0000
	1	0.9428	0.8131	0.6572	0.5033	0.3671	0.2553	0.1691	0.1064	0.0632	0.0352	0.0181	0.0085	0.0036	0.0013	0.0004	0.0001	0.0000	0.0000	0.0000
	2	0.9942	0.9619	0.8948	0.7969	0.6785	0.5518	0.4278	0.3154	0.2201	0.1445	0.0885	0.0498	0.0253	0.0113	0.0042	0.0012	0.0002	0.0000	0.0000
	3	0.9996	0.9950	0.9786	0.9437	0.8862	0.8059	0.7064	0.5941	0.4770	0.3633	0.2604	0.1737	0.1061	0.0580	0.0273	0.0104	0.0029	0.0004	0.0000
	4	1.0000	0.9996	0.9971	0.9896	0.9727	0.9420	0.8939	0.8263	0.7396	0.6367	0.5230	0.4059	0.2936	0.1941	0.1138	0.0563	0.0214	0.0050	0.0004
	5	1.0000	1.0000	0.9998	0.9988	0.9958	0.9887	0.9747	0.9502	0.9115	0.8555	0.7799	0.6846	0.5722	0.4482	0.3215	0.2031	0.1052	0.0381	0.0058
	6	1.0000	1.0000	1.0000	0.9999	0.9996	0.9987	0.9964	0.9915	0.9819	0.9648	0.9368	0.8936	0.8309	0.7447	0.6329	0.4967	0.3428	0.1869	0.0572
	7	1.0000	1.0000	1.0000	1.0000	1.0000	0.9999	0.9998	0.9993	0.9983	0.9961	0.9916	0.9832	0.9681	0.9424	0.8999	0.8322	0.7275	0.5695	0.3366
9	0	0.6302	0.3874	0.2316	0.1342	0.0751	0.0404	0.0207	0.0101	0.0046	0.0020	0.0008	0.0003	0.0001	0.0000	0.0000	0.0000	0.0000	0.0000	0.0000
	1	0.9288	0.7748	0.5995	0.4362	0.3003	0.1960	0.1211	0.0705	0.0385	0.0195	0.0091	0.0038	0.0014	0.0004	0.0001	0.0000	0.0000	0.0000	0.0000
	2	0.9916	0.9470	0.8591	0.7382	0.6007	0.4628	0.3373	0.2318	0.1495	0.0898	0.0498	0.0250	0.0112	0.0043	0.0013	0.0003	0.0000	0.0000	0.0000
	3	0.9994	0.9917	0.9661	0.9144	0.8343	0.7297	0.6089	0.4826	0.3614	0.2539	0.1658	0.0994	0.0536	0.0253	0.0100	0.0031	0.0006	0.0001	0.0000
	4	1.0000	0.9991	0.9944	0.9804	0.9511	0.9012	0.8283	0.7334	0.6214	0.5000	0.3786	0.2666	0.1717	0.0988	0.0489	0.0196	0.0056	0.0009	0.0000
	5	1.0000	0.9999	0.9994	0.9969	0.9900	0.9747	0.9464	0.9006	0.8342	0.7461	0.6386	0.5174	0.3911	0.2703	0.1657	0.0856	0.0339	0.0083	0.0006
	6	1.0000	1.0000	1.0000	0.9997	0.9987	0.9957	0.9888	0.9750	0.9502	0.9102	0.8505	0.7682	0.6627	0.5372	0.3993	0.2618	0.1409	0.0530	0.0084
	7	1.0000	1.0000	1.0000	1.0000	0.9999	0.9996	0.9986	0.9962	0.9909	0.9805	0.9615	0.9295	0.8789	0.8040	0.6997	0.5638	0.4005	0.2252	0.0712
	8	1.0000	1.0000	1.0000	1.0000	1.0000	1.0000	0.9999	0.9997	0.9992	0.9980	0.9954	0.9899	0.9793	0.9596	0.9249	0.8658	0.7684	0.6126	0.3698
	0	0.5987	0.3487	0.1969	0.1074	0.0563	0.0282	0.0135	0.0060	0.0025	0.0010	0.0003	0.0001	0.0000	0.0000	0.0000	0.0000	0.0000	0.0000	0.0000
	1	0.9139	0.7361	0.5443	0.3758	0.2440	0.1493	0.0860	0.0464	0.0233	0.0107	0.0045	0.0017	0.0005	0.0001	0.0000	0.0000	0.0000	0.0000	0.0000
10	2	0.9885	0.9298	0.8202	0.6778	0.5256	0.3828	0.2616	0.1673	0.0996	0.0547	0.0274	0.0123	0.0048	0.0016	0.0004	0.0001	0.0000	0.0000	0.0000
	3	0.9990	0.9872	0.9500	0.8791	0.7759	0.6496	0.5138	0.3823	0.2660	0.1719	0.1020	0.0548	0.0260	0.0106	0.0035	0.0009	0.0001	0.0000	0.0000
	4	0.9999	0.9984	0.9901	0.9672	0.9219	0.8497	0.7515	0.6331	0.5044	0.3770	0.2616	0.1662	0.0949	0.0473	0.0197	0.0064	0.0014	0.0001	0.0000
	5	1.0000	0.9999	0.9986	0.9936	0.9803	0.9527	0.9051	0.8338	0.7384	0.6230	0.4956	0.3669	0.2485	0.1503	0.0781	0.0328	0.0099	0.0016	0.0001
	6	1.0000	1.0000	0.9999	0.9991	0.9965	0.9894	0.9740	0.9452	0.8980	0.8281	0.7340	0.6177	0.4862	0.3504	0.2241	0.1209	0.0500	0.0128	0.0010
	7	1.0000	1.0000	1.0000	0.9999	0.9996	0.9984	0.9952	0.9877	0.9726	0.9453	0.9004	0.8327	0.7384	0.6172	0.4474	0.3222	0.1798	0.0702	0.0115
	8	1.0000	1.0000	1.0000	1.0000	1.0000	0.9999	0.9995	0.9983	0.9955	0.9893	0.9767	0.9536	0.9140	0.8507	0.7560	0.6242	0.4557	0.2639	0.0861
	9	1.0000	1.0000	1.0000	1.0000	1.0000	1.0000	1.0000	0.9999	0.9997	0.9990	0.9975	0.9940	0.9865	0.9718	0.9437	0.8926	0.8031	0.6513	0.4013

n	x	0.05	0.10	0.15	0.20	0.25	0.30	0.35	0.40	0.45	0.50	0.55	0.60	0.65	0.70	0.75	0.80	0.85	0.90	0.95
		p																		
15	0	0.4633	0.2059	0.0874	0.0352	0.0134	0.0047	0.0016	0.0005	0.0001	0.0000	0.0000	0.0000	0.0000	0.0000	0.0000	0.0000	0.0000	0.0000	0.0000
	1	0.8290	0.5490	0.3186	0.1671	0.0802	0.0353	0.0142	0.0052	0.0017	0.0005	0.0001	0.0000	0.0000	0.0000	0.0000	0.0000	0.0000	0.0000	0.0000
	2	0.9638	0.8159	0.6042	0.3980	0.2361	0.1268	0.0617	0.0271	0.0107	0.0037	0.0011	0.0003	0.0001	0.0000	0.0000	0.0000	0.0000	0.0000	0.0000
	3	0.9945	0.9444	0.8227	0.6482	0.4613	0.2969	0.1727	0.0905	0.0424	0.0176	0.0063	0.0019	0.0005	0.0001	0.0000	0.0000	0.0000	0.0000	0.0000
	4	0.9994	0.9873	0.9383	0.8358	0.6865	0.5155	0.3519	0.2173	0.1204	0.0592	0.0255	0.0093	0.0028	0.0007	0.0001	0.0000	0.0000	0.0000	0.0000
	5	0.9999	0.9978	0.9832	0.9389	0.8516	0.7216	0.5643	0.4032	0.2608	0.1509	0.0769	0.0338	0.0124	0.0037	0.0008	0.0001	0.0000	0.0000	0.0000
	6	1.0000	0.9997	0.9964	0.9819	0.9434	0.8689	0.7548	0.6098	0.4522	0.3036	0.1818	0.0950	0.0422	0.0152	0.0042	0.0008	0.0001	0.0000	0.0000
	7	1.0000	1.0000	0.9994	0.9958	0.9827	0.9500	0.8868	0.7869	0.6535	0.5000	0.3465	0.2131	0.1132	0.0500	0.0173	0.0042	0.0006	0.0000	0.0000
	8	1.0000	1.0000	0.9999	0.9992	0.9958	0.9848	0.9578	0.9050	0.8182	0.6964	0.5478	0.3902	0.2452	0.1311	0.0566	0.0181	0.0036	0.0003	0.0000
	9	1.0000	1.0000	1.0000	0.9999	0.9992	0.9963	0.9876	0.9662	0.9231	0.8491	0.7392	0.5968	0.4357	0.2784	0.1484	0.0611	0.0168	0.0022	0.0001
	10	1.0000	1.0000	1.0000	1.0000	0.9999	0.9993	0.9972	0.9907	0.9745	0.9408	0.8796	0.7827	0.6481	0.4845	0.3135	0.1642	0.0617	0.0127	0.0006
	11	1.0000	1.0000	1.0000	1.0000	1.0000	0.9999	0.9995	0.9981	0.9937	0.9824	0.9576	0.9095	0.8273	0.7031	0.5387	0.3518	0.1773	0.0556	0.0055
	12	1.0000	1.0000	1.0000	1.0000	1.0000	1.0000	0.9999	0.9997	0.9989	0.9963	0.9893	0.9729	0.9383	0.8732	0.7639	0.6020	0.3958	0.1841	0.0362
	13	1.0000	1.0000	1.0000	1.0000	1.0000	1.0000	1.0000	1.0000	0.9999	0.9995	0.9983	0.9948	0.9858	0.9647	0.9198	0.8329	0.6814	0.4510	0.1710
	14	1.0000	1.0000	1.0000	1.0000	1.0000	1.0000	1.0000	1.0000	1.0000	1.0000	0.9999	0.9995	0.9984	0.9953	0.9866	0.9648	0.9126	0.7941	0.5367
20	0	0.3585	0.1216	0.0388	0.0115	0.0032	0.0008	0.0002	0.0000	0.0000	0.0000	0.0000	0.0000	0.0000	0.0000	0.0000	0.0000	0.0000	0.0000	0.0000
	1	0.7358	0.3917	0.1756	0.0692	0.0243	0.0076	0.0021	0.0005	0.0001	0.0000	0.0000	0.0000	0.0000	0.0000	0.0000	0.0000	0.0000	0.0000	0.0000
	2	0.9245	0.6769	0.4049	0.2061	0.0913	0.0355	0.0121	0.0036	0.0009	0.0002	0.0000	0.0000	0.0000	0.0000	0.0000	0.0000	0.0000	0.0000	0.0000
	3	0.9841	0.8670	0.6477	0.4114	0.2252	0.1071	0.0444	0.0160	0.0049	0.0013	0.0003	0.0000	0.0000	0.0000	0.0000	0.0000	0.0000	0.0000	0.0000
	4	0.9974	0.9568	0.8298	0.6296	0.4148	0.2375	0.1182	0.0510	0.0189	0.0059	0.0015	0.0003	0.0000	0.0000	0.0000	0.0000	0.0000	0.0000	0.0000
	5	0.9997	0.9887	0.9327	0.8042	0.6172	0.4164	0.2454	0.1256	0.0553	0.0207	0.0064	0.0016	0.0003	0.0000	0.0000	0.0000	0.0000	0.0000	0.0000
	6	1.0000	0.9976	0.9781	0.9133	0.7858	0.6080	0.4166	0.2500	0.1299	0.0577	0.0214	0.0065	0.0015	0.0003	0.0000	0.0000	0.0000	0.0000	0.0000
	7	1.0000	0.9996	0.9941	0.9679	0.8982	0.7723	0.6010	0.4159	0.2520	0.1316	0.0580	0.0210	0.0060	0.0013	0.0002	0.0000	0.0000	0.0000	0.0000
	8	1.0000	0.9999	0.9987	0.9900	0.9591	0.8867	0.7624	0.5956	0.4143	0.2517	0.1308	0.0565	0.0196	0.0051	0.0009	0.0001	0.0000	0.0000	0.0000
	9	1.0000	1.0000	0.9998	0.9974	0.9861	0.9520	0.8782	0.7553	0.5914	0.4119	0.2493	0.1275	0.0532	0.0171	0.0039	0.0006	0.0000	0.0000	0.0000
	10	1.0000	1.0000	1.0000	0.9994	0.9961	0.9829	0.9468	0.8725	0.7507	0.5881	0.4086	0.2447	0.1218	0.0480	0.0139	0.0026	0.0002	0.0000	0.0000
	11	1.0000	1.0000	1.0000	0.9999	0.9991	0.9949	0.9804	0.9435	0.8692	0.7483	0.5857	0.4044	0.2376	0.1133	0.0409	0.0100	0.0013	0.0001	0.0000
	12	1.0000	1.0000	1.0000	1.0000	0.9998	0.9987	0.9940	0.9790	0.9420	0.8684	0.7480	0.5841	0.3990	0.2277	0.1018	0.0321	0.0059	0.0004	0.0000
	13	1.0000	1.0000	1.0000	1.0000	1.0000	0.9997	0.9985	0.9935	0.9786	0.9423	0.8701	0.7500	0.5834	0.3920	0.2142	0.0867	0.0219	0.0024	0.0000
	14	1.0000	1.0000	1.0000	1.0000	1.0000	1.0000	0.9997	0.9984	0.9936	0.9793	0.9447	0.8744	0.7546	0.5836	0.3828	0.1958	0.0673	0.0113	0.0003
	15	1.0000	1.0000	1.0000	1.0000	1.0000	1.0000	1.0000	0.9997	0.9985	0.9941	0.9811	0.9490	0.8818	0.7625	0.5852	0.3704	0.1702	0.0432	0.0026
	16	1.0000	1.0000	1.0000	1.0000	1.0000	1.0000	1.0000	1.0000	0.9997	0.9987	0.9951	0.9840	0.9556	0.8929	0.7748	0.5886	0.3523	0.1330	0.0159
	17	1.0000	1.0000	1.0000	1.0000	1.0000	1.0000	1.0000	1.0000	1.0000	0.9998	0.9991	0.9964	0.9879	0.9645	0.9087	0.7939	0.5951	0.3231	0.0755
	18	1.0000	1.0000	1.0000	1.0000	1.0000	1.0000	1.0000	1.0000	1.0000	1.0000	0.9999	0.9995	0.9979	0.9924	0.9757	0.9308	0.8244	0.6083	0.2642
	19	1.0000	1.0000	1.0000	1.0000	1.0000	1.0000	1.0000	1.0000	1.0000	1.0000	1.0000	1.0000	0.9998	0.9992	0.9968	0.9885	0.9612	0.8784	0.6415
	20	1.0000	1.0000	1.0000	1.0000	1.0000	1.0000	1.0000	1.0000	1.0000	1.0000	1.0000	1.0000	1.0000	1.0000	1.0000	1.0000	1.0000	1.0000	1.0000

[표 B.2] 푸아송 누적분포함수

$$F(x\ ;\ \mu)=\sum_{k=0}^{x}\frac{e^{-\mu}\mu^{k}}{k!}$$

x	μ									
	0.1	0.2	0.3	0.4	0.5	0.6	0.7	0.8	0.9	1.0
0	0.9048	0.8187	0.7408	0.6730	0.6065	0.5488	0.4966	0.4493	0.4066	0.3679
1	0.9953	0.9825	0.9631	0.9384	0.9098	0.8781	0.8442	0.8088	0.7725	0.7358
2	0.9998	0.9989	0.9964	0.9921	0.9856	0.9769	0.9659	0.9526	0.9371	0.9197
3	1.0000	0.9999	0.9997	0.9992	0.9982	0.9966	0.9942	0.9909	0.9865	0.9810
4		1.0000	1.0000	0.9999	0.9998	0.9996	0.9992	0.9986	0.9977	0.9963
5				1.0000	1.0000	1.0000	0.9999	0.9998	0.0997	0.9994
6							1.0000	1.0000	1.0000	0.9999

x	μ									
	2.0	3.0	4.0	5.0	6.0	7.0	8.0	9.0	10.0	15.0
0	0.1353	0.0498	0.0183	0.0067	0.0025	0.0009	0.0003	0.0001	0.0000	
1	0.4060	0.1991	0.0916	0.0404	0.0174	0.0073	0.0030	0.0012	0.0005	
2	0.6767	0.4232	0.2381	0.1247	0.0620	0.0296	0.0138	0.0062	0.0028	0.0000
3	0.8571	0.6472	0.4335	0.2650	0.1512	0.0818	0.0424	0.0212	0.0103	0.0002
4	0.9473	0.8153	0.6288	0.4405	0.2851	0.1730	0.0996	0.0550	0.0293	0.0009
5	0.9834	0.9161	0.7851	0.6160	0.4457	0.3007	0.1912	0.1157	0.0671	0.0028
6	0.9955	0.9665	0.8893	0.7622	0.6063	0.4497	0.3134	0.2068	0.1301	0.0076
7	0.9989	0.9881	0.9489	0.8666	0.7440	0.5987	0.4530	0.3239	0.2202	0.0180
8	0.9998	0.9962	0.9786	0.9319	0.8472	0.7291	0.5925	0.4557	0.3328	0.0374
9	1.0000	0.9989	0.9919	0.9682	0.9161	0.8305	0.7166	0.5874	0.4579	0.0699
10		0.9997	0.9972	0.9863	0.9574	0.9015	0.8159	0.7060	0.5830	0.1185
11		0.9999	0.9991	0.9945	0.9799	0.9466	0.8881	0.8030	0.6968	0.1848
12		1.0000	0.9997	0.9980	0.9912	0.9730	0.9362	0.8758	0.7916	0.2676
13			0.9999	0.9993	0.9964	0.9872	0.9658	0.9261	0.8645	0.3632
14			1.0000	0.9998	0.9986	0.9943	0.9827	0.9585	0.9165	0.4657
15				0.9999	0.9995	0.9976	0.9918	0.9780	0.9513	0.5681
16				1.0000	0.9998	0.9990	0.9963	0.9889	0.9730	0.6641
17					0.9999	0.9996	0.9984	0.9947	0.9857	0.7489
18					1.0000	0.9999	0.9994	0.9976	0.9928	0.8195
19						1.0000	0.9997	0.9989	0.9965	0.8752
20							0.9999	0.9996	0.9984	0.9170
21							1.0000	0.9998	0.9993	0.9469
22								0.9999	0.9997	0.9673
23								1.0000	0.9999	0.9805
24									1.0000	0.9888
25										0.9938
26										0.9967
27										0.9983
28										0.9991
29										0.9996
30										0.9998
31										0.9999
32										1.0000

[표 B.3] 표준정규분포—오른쪽 꼬리 확률

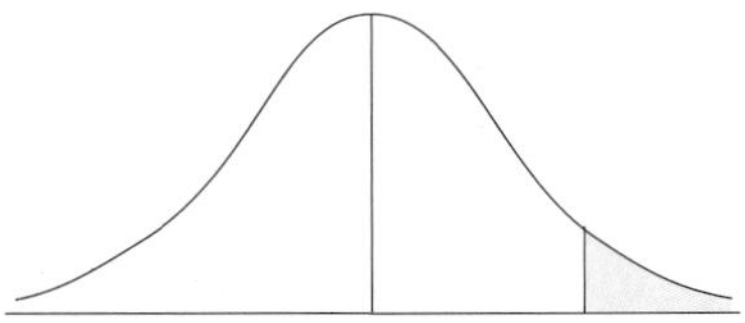

z	0.00	0.01	0.02	0.03	0.04	0.05	0.06	0.07	0.08	0.09
0.0	0.5000	0.4960	0.4920	0.4880	0.4840	0.4801	0.4761	0.4721	0.4681	0.4641
0.1	0.4602	0.4562	0.4522	0.4483	0.4443	0.4404	0.4364	0.4325	0.4286	0.4247
0.2	0.4207	0.4168	0.4129	0.4090	0.4052	0.4013	0.3974	0.3936	0.3897	0.3859
0.3	0.3821	0.3783	0.3745	0.3707	0.3669	0.3632	0.3594	0.3557	0.3520	0.3483
0.4	0.3446	0.3409	0.3372	0.3336	0.3300	0.3264	0.3228	0.3192	0.3156	0.3121
0.5	0.3085	0.3050	0.3015	0.2981	0.2946	0.2912	0.2877	0.2843	0.2810	0.2776
0.6	0.2743	0.2709	0.2676	0.2643	0.2611	0.2578	0.2546	0.2514	0.2483	0.2451
0.7	0.2420	0.2389	0.2358	0.2327	0.2296	0.2266	0.2236	0.2206	0.2177	0.2148
0.8	0.2119	0.2090	0.2061	0.2033	0.2005	0.1977	0.1949	0.1922	0.1894	0.1867
0.9	0.1841	0.1814	0.1788	0.1762	0.1736	0.1711	0.1685	0.1660	0.1635	0.1611
1.0	0.1587	0.1562	0.1539	0.1515	0.1492	0.1469	0.1446	0.1423	0.1401	0.1379
1.1	0.1357	0.1335	0.1314	0.1292	0.1271	0.1251	0.1230	0.1210	0.1190	0.1170
1.2	0.1151	0.1131	0.1112	0.1093	0.1075	0.1056	0.1038	0.1020	0.1003	0.0985
1.3	0.0968	0.0951	0.0934	0.0918	0.0901	0.0885	0.0869	0.0853	0.0838	0.0823
1.4	0.0808	0.0793	0.0778	0.0764	0.0749	0.0735	0.0721	0.0708	0.0694	0.0681
1.5	0.0668	0.0655	0.0643	0.0630	0.0618	0.0606	0.0594	0.0582	0.0571	0.0559
1.6	0.0548	0.0537	0.0526	0.0516	0.0505	0.0495	0.0485	0.0475	0.0465	0.0455
1.7	0.0446	0.0436	0.0427	0.0418	0.0409	0.0401	0.0392	0.0384	0.0375	0.0367
1.8	0.0359	0.0351	0.0344	0.0336	0.0329	0.0322	0.0314	0.0307	0.0301	0.0294
1.9	0.0287	0.0281	0.0274	0.0268	0.0262	0.0256	0.0250	0.0244	0.0239	0.0233
2.0	0.0228	0.0222	0.0217	0.0212	0.0207	0.0202	0.0197	0.0192	0.0188	0.0183
2.1	0.0179	0.0174	0.0170	0.0166	0.0162	0.0158	0.0154	0.0150	0.0146	0.0143
2.2	0.0139	0.0136	0.0132	0.0129	0.0125	0.0122	0.0119	0.0116	0.0113	0.0110
2.3	0.0107	0.0104	0.0102	0.0099	0.0096	0.0094	0.0091	0.0089	0.0087	0.0084
2.4	0.0082	0.0080	0.0078	0.0075	0.0073	0.0071	0.0069	0.0068	0.0066	0.0064
2.5	0.0062	0.0060	0.0059	0.0057	0.0055	0.0054	0.0052	0.0051	0.0049	0.0048
2.6	0.0047	0.0045	0.0044	0.0043	0.0041	0.0040	0.0039	0.0038	0.0037	0.0036
2.7	0.0035	0.0034	0.0033	0.0032	0.0031	0.0030	0.0029	0.0028	0.0027	0.0026
2.8	0.0026	0.0025	0.0024	0.0023	0.0023	0.0022	0.0021	0.0021	0.0020	0.0019
2.9	0.0019	0.0018	0.0018	0.0017	0.0016	0.0016	0.0015	0.0015	0.0014	0.0014
3.0	0.0013	0.0013	0.0013	0.0012	0.0012	0.0011	0.0011	0.0011	0.0010	0.0010
3.1	0.0010	0.0009	0.0009	0.0009	0.0008	0.0008	0.0008	0.0008	0.0007	0.0007
3.2	0.0007	0.0007	0.0006	0.0006	0.0006	0.0006	0.0006	0.0005	0.0005	0.0005
3.3	0.0005	0.0005	0.0005	0.0004	0.0004	0.0004	0.0004	0.0004	0.0004	0.0003
3.4	0.0003	0.0003	0.0003	0.0003	0.0003	0.0003	0.0003	0.0003	0.0003	0.0002

[표 B.4] 카이제곱분포—오른쪽 꼬리 확률

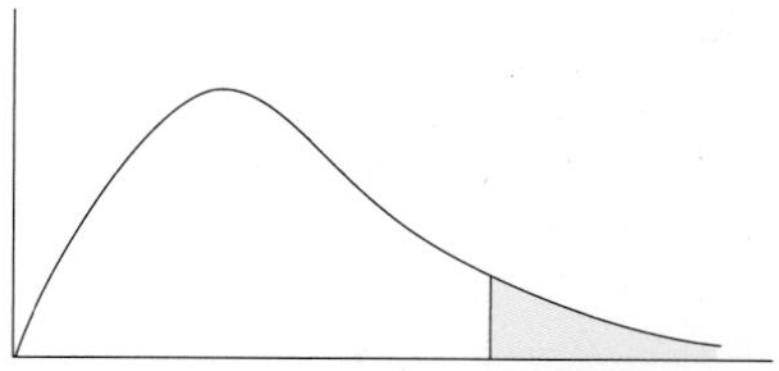

df	0.9995	0.999	0.9975	0.995	0.990	0.975	0.950	0.900	0.750	0.500
1	0.00	0.00	0.00	0.00	0.00	0.00	0.00	0.02	0.10	0.45
2	0.00	0.00	0.01	0.01	0.02	0.05	0.10	0.21	0.58	1.39
3	0.02	0.02	0.04	0.07	0.11	0.22	0.35	0.58	1.21	2.37
4	0.06	0.09	0.14	0.21	0.30	0.48	0.71	1.06	1.92	3.36
5	0.16	0.21	0.31	0.41	0.55	0.83	1.15	1.61	2.67	4.35
6	0.30	0.38	0.53	0.68	0.87	1.24	1.64	2.20	3.45	5.35
7	0.48	0.60	0.79	0.99	1.24	1.69	2.17	2.83	4.25	6.35
8	0.71	0.86	1.10	1.34	1.65	2.18	2.73	3.49	5.07	7.34
9	0.97	1.15	1.45	1.73	2.09	2.70	3.33	4.17	5.90	8.34
10	1.26	1.48	1.83	2.16	2.56	3.25	3.94	4.87	6.74	9.34
11	1.59	1.83	2.23	2.60	3.05	3.82	4.57	5.58	7.58	10.34
12	1.93	2.21	2.66	3.07	3.57	4.40	5.23	6.30	8.44	11.34
13	2.31	2.62	3.11	3.57	4.11	5.01	5.89	7.04	9.30	12.34
14	2.70	3.04	3.58	4.07	4.66	5.63	6.57	7.79	10.17	13.34
15	3.11	3.48	4.07	4.60	5.23	6.26	7.26	8.55	11.04	14.34
16	3.54	3.94	4.57	5.14	5.81	6.91	7.96	9.31	11.91	15.34
17	3.98	4.42	5.09	5.70	6.41	7.56	8.67	10.09	12.79	16.34
18	4.44	4.90	5.62	6.26	7.01	8.23	9.39	10.86	13.68	17.34
19	4.91	5.41	6.17	6.84	7.63	8.91	10.12	11.65	14.56	18.34
20	5.40	5.92	6.72	7.43	8.26	9.59	10.85	12.44	15.45	19.34
21	5.90	6.45	7.29	8.03	8.90	10.28	11.59	13.24	16.34	20.34
22	6.40	6.98	7.86	8.64	9.54	10.98	12.34	14.04	17.24	21.34
23	6.92	7.53	8.45	9.26	10.20	11.69	13.09	14.85	18.14	22.34
24	7.45	8.08	9.04	9.89	10.86	12.40	13.85	15.66	19.04	23.34
25	7.99	8.65	9.65	10.52	11.52	13.12	14.61	16.47	19.94	24.34
26	8.54	9.22	10.26	11.16	12.20	13.84	15.38	17.29	20.84	25.34
27	9.09	9.80	10.87	11.81	12.88	14.57	16.15	18.11	21.75	26.34
28	9.66	10.39	11.50	12.46	13.56	15.31	16.93	18.94	22.66	27.34
29	10.23	10.99	12.13	13.12	14.26	16.05	17.71	19.77	23.57	28.34
30	10.80	11.59	12.76	13.79	14.95	16.79	18.49	20.60	24.48	29.34
40	16.91	17.92	19.42	20.71	22.16	24.43	26.51	29.05	33.66	39.34
50	23.46	24.67	26.46	27.99	29.71	32.36	34.76	37.69	42.94	49.33
60	30.34	31.74	33.79	35.53	37.48	40.48	43.19	46.46	52.29	59.33
80	44.79	46.52	49.04	51.17	53.54	57.15	60.39	64.28	71.14	79.33
100	59.90	61.92	64.86	67.33	70.06	74.22	77.93	82.36	90.13	99.33

[표 B.4] 카이제곱분포—오른쪽 꼬리 확률(계속)

df	0.250	0.200	0.150	0.100	0.050	0.025	0.020	0.010	0.005	0.0025	0.001	0.0005
1	1.32	1.64	2.07	2.71	3.84	5.02	5.41	6.63	7.88	9.14	10.83	12.12
2	2.77	3.22	3.79	4.61	5.99	7.38	7.82	9.21	10.60	11.98	13.82	15.20
3	4.11	4.64	5.32	6.25	7.81	9.35	9.84	11.34	12.84	14.32	16.27	17.73
4	5.39	5.99	6.74	7.78	9.49	11.14	11.67	13.28	14.86	16.42	18.47	20.00
5	6.63	7.29	8.12	9.24	11.07	12.83	13.39	15.09	16.75	18.39	20.51	22.11
6	7.84	8.56	9.45	10.64	12.59	14.45	15.03	16.81	18.55	20.25	22.46	24.10
7	9.04	9.80	10.75	12.02	14.07	16.01	16.62	18.48	20.28	22.04	24.32	26.02
8	10.22	11.03	12.03	13.36	15.51	17.53	18.17	20.09	21.95	23.77	26.12	27.87
9	11.39	12.24	13.29	14.68	16.92	19.02	19.68	21.67	23.59	25.46	27.88	29.67
10	12.55	13.44	14.53	15.99	18.31	20.48	21.16	23.21	25.19	27.11	29.59	31.42
11	13.70	14.63	15.77	17.28	19.68	21.92	22.62	24.72	26.76	28.73	31.26	33.14
12	14.85	15.81	16.99	18.55	21.03	23.34	24.05	26.22	28.30	30.32	32.91	34.82
13	15.98	16.98	18.20	19.81	22.36	24.74	25.47	27.69	29.82	31.88	34.53	36.48
14	17.12	18.15	19.41	2.106	23.68	26.12	26.87	29.14	31.32	33.43	36.12	38.11
15	18.25	19.31	20.60	22.31	25.00	27.49	28.26	30.58	32.80	34.95	37.70	39.72
16	19.37	20.47	21.79	23.54	26.30	28.85	29.63	32.00	34.27	36.46	39.25	41.31
17	20.49	21.61	22.98	24.77	27.59	30.19	31.00	33.41	35.72	37.95	40.79	42.88
18	21.60	22.76	24.16	25.99	28.87	31.53	32.35	34.81	37.16	39.42	42.31	44.43
19	22.72	23.90	25.33	27.20	30.14	32.85	33.69	36.19	38.58	40.88	43.82	45.97
20	23.83	25.04	26.50	28.41	31.41	34.17	35.02	37.57	40.00	42.34	45.31	47.50
21	24.93	26.17	27.66	29.62	32.67	35.48	36.34	38.93	41.40	43.78	46.80	49.01
22	26.04	27.30	28.82	30.81	33.92	36.78	37.66	40.29	42.80	45.20	48.27	50.51
23	27.14	28.43	29.98	32.01	35.17	38.08	38.97	41.64	44.18	46.62	49.73	52.00
24	28.24	29.55	31.13	33.20	36.42	39.36	40.27	42.98	45.56	48.03	51.18	53.48
25	29.34	30.68	32.28	34.38	37.65	40.65	41.57	44.31	46.93	49.44	52.62	54.95
26	30.43	31.79	33.43	35.56	38.89	41.92	42.86	45.64	48.29	50.83	54.05	56.41
27	31.53	32.91	34.57	36.74	40.11	43.19	44.14	46.96	49.64	52.22	55.48	57.86
28	32.62	34.03	35.71	37.92	41.34	44.46	45.42	48.28	50.99	53.59	56.89	59.30
29	33.71	35.14	36.85	39.09	42.56	45.72	46.69	49.59	52.34	54.97	58.30	60.73
30	34.80	36.25	37.99	40.26	43.77	46.98	47.96	50.89	53.67	56.33	59.70	62.16
40	45.62	47.27	49.24	51.81	55.76	59.34	60.44	63.69	66.77	69.70	73.40	76.09
50	56.33	58.16	60.35	63.17	67.50	71.42	72.61	76.15	79.49	82.66	86.66	89.56
60	66.98	68.97	71.34	74.40	79.08	83.30	84.58	88.38	91.95	95.34	99.61	102.7
80	88.13	90.41	93.11	96.58	101.9	106.6	108.1	112.3	116.3	120.1	124.8	128.3
100	109.1	111.7	114.7	118.5	124.3	129.6	131.1	135.8	140.2	144.3	149.4	153.2

[표 B.5] 스튜던트 *t* 분포—오른쪽 꼬리 확률

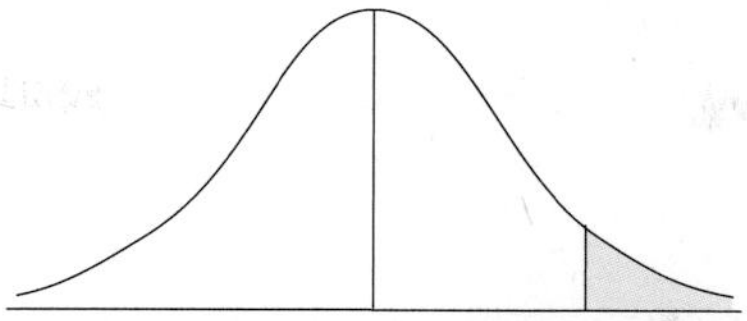

df	0.25	0.20	0.15	0.10	0.05	0.025	0.02	0.01	0.005	0.0025	0.001	0.0005
1	1.000	1.376	1.963	3.078	6.314	12.71	15.89	31.82	63.66	127.3	318.3	636.6
2	0.816	1.061	1.386	1.886	2.920	4.303	4.849	6.965	9.925	14.09	22.33	31.60
3	0.765	0.978	1.250	1.638	2.353	3.182	3.482	4.541	5.841	7.453	10.21	12.92
4	0.741	0.941	1.190	1.533	2.132	2.776	2.999	3.747	4.604	5.598	7.173	8.610
5	0.727	0.920	1.156	1.476	2.015	2.571	2.757	3.365	4.032	4.773	5.893	6.869
6	0.718	0.906	1.134	1.440	1.943	2.447	2.612	3.143	3.707	4.317	5.208	5.959
7	0.711	0.896	1.119	1.415	1.895	2.365	2.517	2.998	3.499	4.029	4.785	5.408
8	0.706	0.889	1.108	1.397	1.860	2.306	2.449	2.896	3.355	3.833	4.501	5.041
9	0.703	0.883	1.100	1.383	1.833	2.262	2.398	2.821	3.250	3.690	4.297	4.781
10	0.700	0.879	1.093	1.372	1.812	2.228	2.359	2.764	3.169	3.581	4.144	4.587
11	0.697	0.876	1.088	1.363	1.796	2.201	2.328	2.718	3.106	3.497	4.025	4.437
12	0.695	0.873	1.083	1.356	1.782	2.179	2.303	2.681	3.055	3.428	3.930	4.318
13	0.694	0.870	1.079	1.350	1.771	2.160	2.282	2.650	3.012	3.372	3.852	4.221
14	0.692	0.868	1.076	1.345	1.761	2.145	2.264	2.624	2.977	3.326	3.787	4.140
15	0.691	0.866	1.074	1.341	1.753	2.131	2.249	2.602	2.947	3.286	3.733	4.073
16	0.690	0.865	1.071	1.337	1.746	2.120	2.235	2.583	2.921	3.252	3.686	4.015
17	0.689	0.863	1.069	1.333	1.740	2.110	2.224	2.567	2.898	3.222	3.646	3.965
18	0.688	0.862	1.067	1.330	1.734	2.101	2.214	2.552	2.878	3.197	3.611	3.922
19	0.688	0.861	1.066	1.328	1.729	2.093	2.205	2.539	2.861	3.174	3.579	3.883
20	0.687	0.860	1.064	1.325	1.725	2.086	2.197	2.528	2.845	3.153	3.552	3.850
21	0.686	0.859	1.063	1.323	1.721	2.080	2.189	2.518	2.831	3.135	3.527	3.819
22	0.686	0.858	1.061	1.321	1.717	2.074	2.183	2.508	2.819	3.119	3.505	3.792
23	0.685	0.858	1.060	1.319	1.714	2.069	2.177	2.500	2.807	3.104	3.485	3.768
24	0.685	0.857	1.059	1.318	1.711	2.064	2.172	2.492	2.797	3.091	3.467	3.745
25	0.684	0.856	1.058	1.316	1.708	2.060	2.167	2.485	2.787	3.078	3.450	3.725
26	0.684	0.856	1.058	1.315	1.706	2.056	2.162	2.479	2.779	3.067	3.435	3.707
27	0.684	0.855	1.057	1.314	1.703	2.052	2.158	2.473	2.771	3.057	3.421	3.690
28	0.683	0.855	1.056	1.313	1.701	2.048	2.154	2.467	2.763	3.047	3.408	3.674
29	0.683	0.854	1.055	1.311	1.699	2.045	2.150	2.462	2.756	3.038	3.396	3.659
30	0.683	0.854	1.055	1.310	1.697	2.042	2.147	2.457	2.750	3.030	3.385	3.646
40	0.681	0.851	1.050	1.303	1.684	2.021	2.123	2.423	2.704	2.971	3.307	3.551
50	0.679	0.849	1.047	1.299	1.676	2.009	2.109	2.403	2.678	2.937	3.261	3.496
60	0.679	0.848	1.045	1.296	1.671	2.000	2.099	2.390	2.660	2.915	3.232	3.460
80	0.678	0.846	1.043	1.292	1.664	1.990	2.088	2.374	2.639	2.887	3.195	3.416
100	0.677	0.845	1.042	1.290	1.660	1.984	2.081	2.364	2.626	2.871	3.174	3.390
1,000	0.675	0.842	1.037	1.282	1.646	1.962	2.056	2.330	2.581	2.813	3.098	3.300
∞	0.674	0.841	1.036	1.282	1.645	1.960	2.054	2.326	2.576	2.807	3.091	3.291

[표 B.6] *F* 분포—오른쪽 꼬리 확률

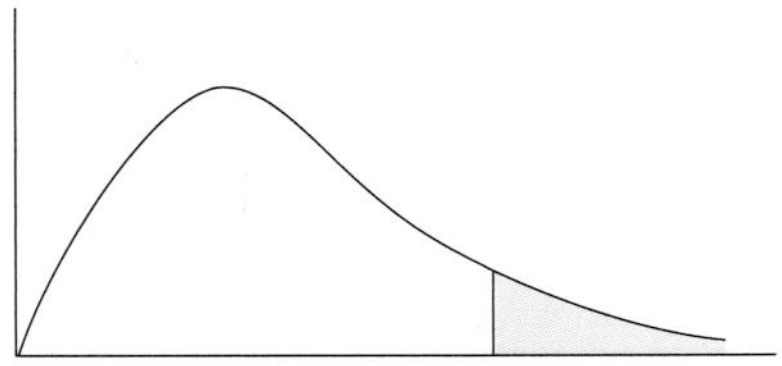

분모의 자유도	α	분자의 자유도									
		1	2	3	4	5	6	7	8	9	10
	0.100	39.86	49.50	53.59	55.83	57.24	58.20	58.91	59.44	59.86	60.19
	0.050	161.45	199.50	215.71	224.58	230.10	233.99	236.77	238.88	240.54	241.88
1	0.025	647.79	799.50	864.16	899.58	921.85	937.11	948.22	956.66	963.28	968.63
	0.010	4052.2	4999.5	5403.4	5624.6	5763.6	5859.0	5928.4	5981.1	6022.5	6055.8
	0.001	405284	500000	540379	562500	576405	585937	592873	598144	602284	605621
	0.100	8.53	9.00	9.16	9.24	9.29	9.33	9.35	9.37	9.38	9.39
	0.050	18.51	19.00	19.16	19.25	19.30	19.33	19.35	19.37	19.38	19.40
2	0.025	38.51	39.00	39.17	39.25	39.30	39.33	39.36	39.37	39.39	39.40
	0.010	98.50	99.00	99.17	99.25	99.30	99.33	99.36	99.37	99.39	99.40
	0.001	998.50	999.00	999.17	999.25	999.30	999.33	999.36	999.37	999.39	999.40
	0.100	5.54	5.46	5.39	5.34	5.31	5.28	5.27	5.25	5.24	5.23
	0.050	10.13	9.55	9.28	9.12	9.01	8.94	8.89	8.85	8.81	8.79
3	0.025	17.44	16.04	15.44	15.10	14.88	14.73	14.62	14.54	14.47	14.42
	0.010	34.12	30.82	29.46	28.71	28.24	27.91	27.67	27.49	27.35	27.23
	0.001	167.03	148.50	141.11	137.10	134.58	132.85	131.58	130.62	129.86	129.25
	0.100	4.54	4.32	4.19	4.11	4.05	4.01	3.98	3.95	3.94	3.92
	0.050	7.71	6.94	6.59	6.39	6.26	6.16	6.09	6.04	6.00	5.96
4	0.025	12.22	10.65	9.98	9.60	9.36	9.20	9.07	8.98	8.90	8.84
	0.010	21.20	18.00	16.69	15.98	15.52	15.21	14.98	14.80	14.66	14.55
	0.001	74.14	61.25	56.18	53.44	51.71	50.53	49.66	49.00	48.47	48.05
	0.100	4.06	3.78	3.62	3.52	3.45	3.40	3.37	3.34	3.32	3.30
	0.050	6.61	5.79	5.41	5.19	5.05	4.95	4.88	4.82	4.77	4.74
5	0.025	10.01	8.43	7.76	7.39	7.15	6.98	6.85	6.76	6.68	6.62
	0.010	16.26	13.27	12.06	11.39	10.97	10.67	10.46	10.29	10.16	10.05
	0.001	47.18	37.12	33.20	31.09	29.75	28.83	28.16	27.65	27.24	26.92
	0.100	3.78	3.46	3.29	3.18	3.11	3.05	3.01	2.98	2.96	2.94
	0.050	5.99	5.14	4.76	4.53	4.39	4.28	4.21	4.15	4.10	4.06
6	0.025	8.81	7.26	6.60	6.23	5.99	5.82	5.70	5.60	5.52	5.46
	0.010	13.75	10.92	9.78	9.15	8.75	8.47	8.26	8.10	7.98	7.87
	0.001	35.51	27.00	23.70	21.92	20.80	20.03	19.46	19.03	18.69	18.41

[표 B.6] F 분포—오른쪽 꼬리 확률(계속)

분모의 자유도	α	분자의 자유도									
		12	15	20	25	30	40	50	60	120	1,000
	0.100	60.71	61.22	61.74	62.05	62.26	62.53	62.69	62.79	63.06	63.30
	0.050	243.91	245.95	248.01	249.26	250.10	251.14	251.77	252.20	253.25	254.11
1	0.025	976.71	984.87	993.10	998.08	1001.4	1005.6	1008.1	1009.8	1014.0	1017.7
	0.010	6106.3	6157.3	6208.7	6239.8	6260.6	6286.8	6302.5	6313.0	6339.4	6362.7
	0.001	610668	615764	620908	624017	626099	628712	630285	631337	633972	636301
	0.100	9.41	9.42	9.44	9.45	9.46	9.47	9.47	9.47	9.48	9.49
	0.050	19.41	19.43	19.45	19.46	19.46	19.47	19.48	19.48	19.49	19.49
2	0.025	39.41	39.43	39.45	39.46	39.46	39.47	39.48	39.48	39.49	39.50
	0.010	99.42	99.43	99.45	99.46	99.47	99.47	99.48	99.48	99.49	99.50
	0.001	999.42	999.43	999.45	999.46	999.47	999.47	999.48	999.48	999.49	999.50
	0.100	5.22	5.20	5.18	5.17	5.17	5.16	5.15	5.15	5.14	5.13
	0.050	8.74	8.70	8.66	8.63	8.62	8.59	8.58	8.57	8.55	8.53
3	0.025	14.34	14.25	14.17	14.12	14.08	14.04	14.01	13.99	13.95	13.91
	0.010	27.05	26.87	26.69	26.58	26.50	26.41	26.35	26.32	26.22	26.14
	0.001	128.32	127.37	126.42	125.84	125.45	124.96	124.66	124.47	123.97	123.53
	0.100	3.90	3.87	3.84	3.83	3.82	3.80	3.80	3.79	3.78	3.76
	0.050	5.91	5.86	5.80	5.77	5.75	5.72	5.70	5.69	5.66	5.63
4	0.025	8.75	8.66	8.56	8.50	8.46	8.41	8.38	8.36	8.31	8.26
	0.010	14.37	14.20	14.02	13.91	13.84	13.75	13.69	13.65	13.56	13.47
	0.001	47.41	46.76	46.10	45.70	45.43	45.09	44.88	44.75	44.40	44.09
	0.100	3.27	3.24	3.21	3.19	3.17	3.16	3.15	3.14	3.12	3.11
	0.050	4.68	4.62	4.56	4.52	4.50	4.46	4.44	4.43	4.40	4.37
5	0.025	6.52	6.43	6.33	6.27	6.23	6.18	6.14	6.12	6.07	6.02
	0.010	9.89	9.72	9.55	9.45	9.38	9.29	9.24	9.20	9.11	9.03
	0.001	26.42	25.91	25.39	25.08	24.87	24.60	24.44	24.33	24.06	23.82
	0.100	2.90	2.87	2.84	2.81	2.80	2.78	2.77	2.76	2.74	2.72
	0.050	4.00	3.94	3.87	3.83	3.81	3.77	3.75	3.74	3.70	3.67
6	0.025	5.37	5.27	5.17	5.11	5.07	5.01	4.98	4.96	4.90	4.86
	0.010	7.72	7.56	7.40	7.30	7.23	7.14	7.09	7.06	6.97	6.89
	0.001	17.99	17.56	17.12	16.85	16.67	16.44	16.31	16.21	15.98	15.77

[표 B.6] F 분포—오른쪽 꼬리 확률(계속)

분모의 자유도	α	1	2	3	4	5	6	7	8	9	10
		분자의 자유도									
	0.100	3.59	3.26	3.07	2.96	2.88	2.83	2.78	2.75	2.72	2.70
	0.050	5.59	4.74	4.35	4.12	3.97	3.87	3.79	3.73	3.68	3.64
7	0.025	8.07	6.54	5.89	5.52	5.29	5.12	4.99	4.90	4.82	4.76
	0.010	12.25	9.55	8.45	7.85	7.46	7.19	6.99	6.84	6.72	6.62
	0.001	29.25	21.69	18.77	17.20	16.21	15.52	15.02	14.63	14.33	14.08
	0.100	3.46	3.11	2.92	2.81	2.73	2.67	2.62	2.59	2.56	2.54
	0.050	5.32	4.46	4.07	3.84	3.69	3.58	3.50	3.44	3.39	3.35
8	0.025	7.57	6.06	5.42	5.05	4.82	4.65	4.53	4.43	4.36	4.30
	0.010	11.26	8.65	7.59	7.01	6.63	6.37	6.18	6.03	5.91	5.81
	0.001	25.41	18.49	15.83	14.39	13.48	12.86	12.40	12.05	11.77	11.54
	0.100	3.36	3.01	2.81	2.69	2.61	2.55	2.51	2.47	2.44	2.42
	0.050	5.12	4.26	3.86	3.63	3.48	3.37	3.29	3.23	3.18	3.14
9	0.025	7.21	5.71	5.08	4.72	4.48	4.32	4.20	4.10	4.03	3.96
	0.010	10.56	8.02	6.99	6.42	6.06	5.80	5.61	5.47	5.35	5.26
	0.001	22.86	16.39	13.90	12.56	11.71	11.13	10.70	10.37	10.11	9.89
	0.100	3.29	2.92	2.73	2.61	2.52	2.46	2.41	2.38	2.35	2.32
	0.050	4.96	4.10	3.71	3.48	3.33	3.22	3.14	3.07	3.02	2.98
10	0.025	6.94	5.46	4.83	4.47	4.24	4.07	3.95	3.85	3.78	3.72
	0.010	10.04	7.56	6.55	5.99	5.64	5.39	5.20	5.06	4.94	4.85
	0.001	21.04	14.91	12.55	11.28	10.48	9.93	9.52	9.20	8.96	8.75
	0.100	3.23	2.86	2.66	2.54	2.45	2.39	2.34	2.30	2.27	2.25
	0.050	4.84	3.98	3.59	3.36	3.20	3.09	3.01	2.95	2.90	2.85
11	0.025	6.72	5.26	4.63	4.28	4.04	3.88	3.76	3.66	3.59	3.53
	0.010	9.65	7.21	6.22	5.67	5.32	5.07	4.89	4.74	4.63	4.54
	0.001	19.69	13.81	11.56	10.35	9.58	9.05	8.66	8.35	8.12	7.92
	0.100	3.18	2.81	2.61	2.48	2.39	2.33	2.28	2.24	2.21	2.19
	0.050	4.75	3.89	3.49	3.26	3.11	3.00	2.91	2.85	2.80	2.75
12	0.025	6.55	5.10	4.47	4.12	3.89	3.73	3.61	3.51	3.44	3.37
	0.010	9.33	6.93	5.95	5.41	5.06	4.82	4.64	4.50	4.39	4.30
	0.001	18.64	12.97	10.80	9.63	8.89	8.38	8.00	7.71	7.48	7.29
	0.100	3.14	2.76	2.56	2.43	2.35	2.28	2.23	2.20	2.16	2.14
	0.050	4.67	3.81	3.41	3.18	3.03	2.92	2.83	2.77	2.71	2.67
13	0.025	6.41	4.97	4.35	4.00	3.77	3.60	3.48	3.39	3.31	3.25
	0.010	9.07	6.70	5.74	5.21	4.86	4.62	4.44	4.30	4.19	4.10
	0.001	17.82	12.31	10.21	9.07	8.35	7.86	7.49	7.21	6.98	6.80

[표 B.6] F 분포—오른쪽 꼬리 확률(계속)

분모의 자유도	α	분자의 자유도 12	15	20	25	30	40	50	60	120	1,000
	0.100	2.67	2.63	2.59	2.57	2.56	2.54	2.52	2.51	2.49	2.47
	0.050	3.57	3.51	3.44	3.40	3.38	3.34	3.32	3.30	3.27	3.23
7	0.025	4.67	4.57	4.47	4.40	4.36	4.31	4.28	4.25	4.20	4.15
	0.010	6.47	6.31	6.16	6.06	5.99	5.91	5.86	5.82	5.74	5.66
	0.001	13.71	13.32	12.93	12.69	12.53	12.33	12.20	12.12	11.91	11.72
	0.100	2.50	2.46	2.42	2.40	2.38	2.36	2.35	2.34	2.32	2.30
	0.050	3.28	3.22	3.15	3.11	3.08	3.04	3.02	3.01	2.97	2.93
8	0.025	4.20	4.10	4.00	3.94	3.89	3.84	3.81	3.78	3.73	3.68
	0.010	5.67	5.52	5.36	5.26	5.20	5.12	5.07	5.03	4.95	4.87
	0.001	11.19	10.84	10.48	10.26	10.11	9.92	9.80	9.73	9.53	9.36
	0.100	2.38	2.34	2.30	2.27	2.25	2.23	2.22	2.21	2.18	2.16
	0.050	3.07	3.01	2.94	2.89	2.86	2.83	2.80	2.79	2.75	2.71
9	0.025	3.87	3.77	3.67	3.60	3.56	3.51	3.47	3.45	3.39	3.34
	0.010	5.11	4.96	4.81	4.71	4.65	4.57	4.52	4.48	4.40	4.32
	0.001	9.57	9.24	8.90	8.69	8.55	8.37	8.26	8.19	8.00	7.84
	0.100	2.28	2.24	2.20	2.17	2.16	2.13	2.12	2.11	2.08	2.06
	0.050	2.91	2.85	2.77	2.73	2.70	2.66	2.64	2.62	2.58	2.54
10	0.025	3.62	3.52	3.42	3.35	3.31	3.26	3.22	3.20	3.14	3.09
	0.010	4.71	4.56	4.41	4.31	4.25	4.17	4.12	4.08	4.00	3.92
	0.001	8.45	8.13	7.80	7.60	7.47	7.30	7.19	7.12	6.94	6.78
	0.100	2.21	2.17	2.12	2.10	2.08	2.05	2.04	2.03	2.00	1.98
	0.050	2.79	2.72	2.65	2.60	2.57	2.53	2.51	2.49	2.45	2.41
11	0.025	3.43	3.33	3.23	3.16	3.12	3.06	3.03	3.00	2.94	2.89
	0.010	4.40	4.25	4.10	4.01	3.94	3.86	3.81	3.78	3.69	3.61
	0.001	7.63	7.32	7.01	6.81	6.68	6.52	6.42	6.35	6.18	6.02
	0.100	2.15	2.10	2.06	2.03	2.01	1.99	1.97	1.96	1.93	1.91
	0.050	2.69	2.62	2.54	2.50	2.47	2.43	2.40	2.38	2.34	2.30
12	0.025	3.28	3.18	3.07	3.01	2.96	2.91	2.87	2.85	2.79	2.73
	0.010	4.16	4.01	3.86	3.76	3.70	3.62	3.57	3.54	3.45	3.37
	0.001	7.00	6.71	6.40	6.22	6.09	5.93	5.83	5.76	5.59	5.44
	0.100	2.10	2.05	2.01	1.98	1.96	1.93	1.92	1.90	1.88	1.85
	0.050	2.60	2.53	2.46	2.41	2.38	2.34	2.31	2.30	2.25	2.21
13	0.025	3.15	3.05	2.95	2.88	2.84	2.78	2.74	2.72	2.66	2.60
	0.010	3.96	3.82	3.66	3.57	3.51	3.43	3.38	3.34	3.25	3.18
	0.001	6.52	6.23	5.93	5.75	5.63	5.47	5.37	5.30	5.14	4.99

[표 B.6] F 분포—오른쪽 꼬리 확률(계속)

분모의 자유도	α	분자의 자유도 1	2	3	4	5	6	7	8	9	10
	0.100	3.10	2.73	2.52	2.39	2.31	2.24	2.19	2.15	2.12	2.10
	0.050	4.60	3.74	3.34	3.11	2.96	2.85	2.76	2.70	2.65	2.60
14	0.025	6.30	4.86	4.24	3.89	3.66	3.50	3.38	3.29	3.21	3.15
	0.010	8.86	6.51	5.56	5.04	4.69	4.46	4.28	4.14	4.03	3.94
	0.001	17.14	11.78	9.73	8.62	7.92	7.44	7.08	6.80	6.58	6.40
	0.100	3.07	2.70	2.49	2.36	2.27	2.21	2.16	2.12	2.09	2.06
	0.050	4.54	3.68	3.29	3.06	2.90	2.79	2.71	2.64	2.59	2.54
15	0.025	6.20	4.77	4.15	3.80	3.58	3.41	3.29	3.20	3.12	3.06
	0.010	8.68	6.36	5.42	4.89	4.56	4.32	4.14	4.00	3.89	3.80
	0.001	16.59	11.34	9.34	8.25	7.57	7.09	6.74	6.47	6.26	6.08
	0.100	3.05	2.67	2.46	2.33	2.24	2.18	2.13	2.09	2.06	2.03
	0.050	4.49	3.63	3.24	3.01	2.85	2.74	2.66	2.59	2.54	2.49
16	0.025	6.12	4.69	4.08	3.73	3.50	3.34	3.22	3.12	3.05	2.99
	0.010	8.53	6.23	5.29	4.77	4.44	4.20	4.03	3.89	3.78	3.69
	0.001	16.12	10.97	9.01	7.94	7.27	6.80	6.46	6.19	5.98	5.81
	0.100	3.03	2.64	2.44	2.31	2.22	2.15	2.10	2.06	2.03	2.00
	0.050	4.45	3.59	3.20	2.96	2.81	2.70	2.61	2.55	2.49	2.45
17	0.025	6.04	4.62	4.01	3.66	3.44	3.28	3.16	3.06	2.98	2.92
	0.010	8.40	6.11	5.19	4.67	4.34	4.10	3.93	3.79	3.68	3.59
	0.001	15.72	10.66	8.73	7.68	7.02	6.56	6.22	5.96	5.75	5.58
	0.100	3.01	2.62	2.42	2.29	2.20	2.13	2.08	2.04	2.00	1.98
	0.050	4.41	3.55	3.16	2.93	2.77	2.66	2.58	2.51	2.46	2.41
18	0.025	5.98	4.56	3.95	3.61	3.38	3.22	3.10	3.01	2.93	2.87
	0.010	8.29	6.01	5.09	4.58	4.25	4.01	3.84	3.71	3.60	3.51
	0.001	15.38	10.39	8.49	7.46	6.81	6.35	6.02	5.76	5.56	5.39
	0.100	2.99	2.61	2.40	2.27	2.18	2.11	2.06	2.02	1.98	1.96
	0.050	4.38	3.52	3.13	2.90	2.74	2.63	2.54	2.48	2.42	2.38
19	0.025	5.92	4.51	3.90	3.56	3.33	3.17	3.05	2.96	2.88	2.82
	0.010	8.18	5.93	5.01	4.50	4.17	3.94	3.77	3.63	3.52	3.43
	0.001	15.08	10.16	8.28	7.27	6.62	6.18	5.85	5.59	5.39	5.22
	0.100	2.97	2.59	2.38	2.25	2.16	2.09	2.04	2.00	1.96	1.94
	0.050	4.35	3.49	3.10	2.87	2.71	2.60	2.51	2.45	2.39	2.35
20	0.025	5.87	4.46	3.86	3.51	3.29	3.13	3.01	2.91	2.84	2.77
	0.010	8.10	5.85	4.94	4.43	4.10	3.87	3.70	3.56	3.46	3.37
	0.001	14.82	9.95	8.10	7.10	6.46	6.02	5.69	5.44	5.24	5.08

[표 B.6] F 분포—오른쪽 꼬리 확률(계속)

분모의 자유도	α	분자의 자유도									
		12	15	20	25	30	40	50	60	120	1,000
	0.100	2.05	2.01	1.96	1.93	1.91	1.89	1.87	1.86	1.83	1.80
	0.050	2.53	2.46	2.39	2.34	2.31	2.27	2.24	2.22	2.18	2.14
14	0.025	3.05	2.95	2.84	2.78	2.73	2.67	2.64	2.61	2.55	2.50
	0.010	3.80	3.66	3.51	3.41	3.35	3.27	3.22	3.18	3.09	3.02
	0.001	6.13	5.85	5.56	5.38	5.25	5.10	5.00	4.94	4.77	4.62
	0.100	2.02	1.97	1.92	1.89	1.87	1.85	1.83	1.82	1.79	1.76
	0.050	2.48	2.40	2.33	2.28	2.25	2.20	2.18	2.16	2.11	2.07
15	0.025	2.96	2.86	2.76	2.69	2.64	2.59	2.55	2.52	2.46	2.40
	0.010	3.67	3.52	3.37	3.28	3.21	3.13	3.08	3.05	2.96	2.88
	0.001	5.81	5.54	5.25	5.07	4.95	4.80	4.70	4.64	4.47	4.33
	0.100	1.99	1.94	1.89	1.86	1.84	1.81	1.79	1.78	1.75	1.72
	0.050	2.42	2.35	2.28	2.23	2.19	2.15	2.12	2.11	2.06	2.02
16	0.025	2.89	2.79	2.68	2.61	2.57	2.51	2.47	2.45	2.38	2.32
	0.010	3.55	3.41	3.26	3.16	3.10	3.02	2.97	2.93	2.84	2.76
	0.001	5.55	5.27	4.99	4.82	4.70	4.54	4.45	4.39	4.23	4.08
	0.100	1.96	1.91	1.86	1.83	1.81	1.78	1.76	1.75	1.72	1.69
	0.050	2.38	2.31	2.23	2.18	2.15	2.10	2.08	2.06	2.01	1.97
17	0.025	2.82	2.72	2.62	2.55	2.50	2.44	2.41	2.38	2.32	2.26
	0.010	3.46	3.31	3.16	3.07	3.00	2.92	2.87	2.83	2.75	2.66
	0.001	5.32	5.05	4.78	4.60	4.48	4.33	4.24	4.18	4.02	3.87
	0.100	1.93	1.89	1.84	1.80	1.78	1.75	1.74	1.72	1.69	1.66
	0.050	2.34	2.27	2.19	2.14	2.11	2.06	2.04	2.02	1.97	1.92
18	0.025	2.77	2.67	2.56	2.49	2.44	2.38	2.35	2.32	2.26	2.20
	0.010	3.37	3.23	3.08	2.98	2.92	2.84	2.78	2.75	2.66	2.58
	0.001	5.13	4.87	4.59	4.42	4.30	4.15	4.06	4.00	3.84	3.69
	0.100	1.91	1.86	1.81	1.78	1.76	1.73	1.71	1.70	1.67	1.64
	0.050	2.31	2.23	2.16	2.11	2.07	2.03	2.00	1.98	1.93	1.88
19	0.025	2.72	2.62	2.51	2.44	2.39	2.33	2.30	2.27	2.20	2.14
	0.010	3.30	3.15	3.00	2.91	2.84	2.76	2.71	2.67	2.58	2.50
	0.001	4.97	4.70	4.43	4.26	4.14	3.99	3.90	3.84	3.68	3.53
	0.100	1.89	1.84	1.79	1.76	1.74	1.71	1.69	1.68	1.64	1.61
	0.050	2.28	2.20	2.12	2.07	2.04	1.99	1.97	1.95	1.90	1.85
20	0.025	2.68	2.57	2.46	2.40	2.35	2.29	2.25	2.22	2.16	2.09
	0.010	3.23	3.09	2.94	2.84	2.78	2.69	2.64	2.61	2.52	2.43
	0.001	4.82	4.56	4.29	4.12	4.00	3.86	3.77	3.70	3.54	3.40

[표 B.6] F 분포—오른쪽 꼬리 확률(계속)

분모의 자유도	α	1	2	3	4	5	6	7	8	9	10
21	0.100	2.96	2.57	2.36	2.23	2.14	2.08	2.02	1.98	1.95	1.92
	0.050	4.32	3.47	3.07	2.84	2.68	2.57	2.49	2.42	2.37	2.32
	0.025	5.83	4.42	3.82	3.48	3.25	3.09	2.97	2.87	2.80	2.73
	0.010	8.02	5.78	4.87	4.37	4.04	3.81	3.64	3.51	3.40	3.31
	0.001	14.59	9.77	7.94	6.95	6.32	5.88	5.56	5.31	5.11	4.95
22	0.100	2.95	2.56	2.35	2.22	2.13	2.06	2.01	1.97	1.93	1.90
	0.050	4.30	3.44	3.05	2.82	2.66	2.55	2.46	2.40	2.34	2.30
	0.025	5.79	4.38	3.78	3.44	3.22	3.05	2.93	2.84	2.76	2.70
	0.010	7.95	5.72	4.82	4.31	3.99	3.76	3.59	3.45	3.35	3.26
	0.001	14.38	9.61	7.80	6.81	6.19	5.76	5.44	5.19	4.99	4.83
23	0.100	2.94	2.55	2.34	2.21	2.11	2.05	1.99	1.95	1.92	1.89
	0.050	4.28	3.42	3.03	2.80	2.64	2.53	2.44	2.37	2.32	2.27
	0.025	5.75	4.35	3.75	3.41	3.18	3.02	2.90	2.81	2.73	2.67
	0.010	7.88	5.66	4.76	4.26	3.94	3.71	3.54	3.41	3.30	3.21
	0.001	14.20	9.47	7.67	6.70	6.08	5.65	5.33	5.09	4.89	4.73
24	0.100	2.93	2.54	2.33	2.19	2.10	2.04	1.98	1.94	1.91	1.88
	0.050	4.26	3.40	3.01	2.78	2.62	2.51	2.42	2.36	2.30	2.25
	0.025	5.72	4.32	3.72	3.38	3.15	2.99	2.87	2.78	2.70	2.64
	0.010	7.82	5.61	4.72	4.22	3.90	3.67	3.50	3.36	3.26	3.17
	0.001	14.03	9.34	7.55	6.59	5.98	5.55	5.23	4.99	4.80	4.64
25	0.100	2.92	2.53	2.32	2.18	2.09	2.02	1.97	1.93	1.89	1.87
	0.050	4.24	3.39	2.99	2.76	2.60	2.49	2.40	2.34	2.28	2.24
	0.025	5.69	4.29	3.69	3.35	3.13	2.97	2.85	2.75	2.68	2.61
	0.010	7.77	5.57	4.68	4.18	3.85	3.63	3.46	3.32	3.22	3.13
	0.001	13.88	9.22	7.45	6.49	5.89	5.46	5.15	4.91	4.71	4.56
26	0.100	2.91	2.52	2.31	2.17	2.08	2.01	1.96	1.92	1.88	1.86
	0.050	4.23	3.37	2.98	2.74	2.59	2.47	2.39	2.32	2.27	2.22
	0.025	5.66	4.27	3.67	3.33	3.10	2.94	2.82	2.73	2.65	2.59
	0.010	7.72	5.53	4.64	4.14	3.82	3.59	3.42	3.29	3.18	3.09
	0.001	13.74	9.12	7.36	6.41	5.80	5.38	5.07	4.83	4.64	4.48
27	0.100	2.90	2.51	2.30	2.17	2.07	2.00	1.95	1.91	1.87	1.85
	0.050	4.21	3.35	2.96	2.73	2.57	2.46	2.37	2.31	2.25	2.20
	0.025	5.63	4.24	3.65	3.31	3.08	2.92	2.80	2.71	2.63	2.57
	0.010	7.68	5.49	4.60	4.11	3.78	3.56	3.39	3.26	3.15	3.06
	0.001	13.61	9.02	7.27	6.33	5.73	5.31	5.00	4.76	4.57	4.41

(상단 열 제목: 분자의 자유도)

분모의 자유도	α	분자의 자유도 12	15	20	25	30	40	50	60	120	1,000
	0.100	1.87	1.83	1.78	1.74	1.72	1.69	1.67	1.66	1.62	1.59
	0.050	2.25	2.18	2.10	2.05	2.01	1.96	1.94	1.92	1.87	1.82
21	0.025	2.64	2.53	2.42	2.36	2.31	2.25	2.21	2.18	2.11	2.05
	0.010	3.17	3.03	2.88	2.79	2.72	2.64	2.58	2.55	2.46	2.37
	0.001	4.70	4.44	4.17	4.00	3.88	3.74	3.64	3.58	3.42	3.28
	0.100	1.86	1.81	1.76	1.73	1.70	1.67	1.65	1.64	1.60	1.57
	0.050	2.23	2.15	2.07	2.02	1.98	1.94	1.91	1.89	1.84	1.79
22	0.025	2.60	2.50	2.39	2.32	2.27	2.21	2.17	2.14	2.08	2.01
	0.010	3.12	2.98	2.83	2.73	2.67	2.58	2.53	2.50	2.40	2.32
	0.001	4.58	4.33	4.06	3.89	3.78	3.63	3.54	3.48	3.32	3.17
	0.100	1.84	1.80	1.74	1.71	1.69	1.66	1.64	1.62	1.59	1.55
	0.050	2.20	2.13	2.05	2.00	1.96	1.91	1.88	1.86	1.81	1.76
23	0.025	2.57	2.47	2.36	2.29	2.24	2.18	2.14	2.11	2.04	1.98
	0.010	3.07	2.93	2.78	2.69	2.62	2.54	2.48	2.45	2.35	2.27
	0.001	4.48	4.23	3.96	3.79	3.68	3.53	3.44	3.38	3.22	3.08
	0.100	1.83	1.78	1.73	1.70	1.67	1.64	1.62	1.61	1.57	1.54
	0.050	2.18	2.11	2.03	1.97	1.94	1.89	1.86	1.84	1.79	1.74
24	0.025	2.54	2.44	2.33	2.26	2.21	2.15	2.11	2.08	2.01	1.94
	0.010	3.03	2.89	2.74	2.64	2.58	2.49	2.44	2.40	2.31	2.22
	0.001	4.39	4.14	3.87	3.71	3.59	3.45	3.36	3.29	3.14	2.99
	0.100	1.82	1.77	1.72	1.68	1.66	1.63	1.61	1.59	1.56	1.52
	0.050	2.16	2.09	2.01	1.96	1.92	1.87	1.84	1.82	1.77	1.72
25	0.025	2.51	2.41	2.30	2.23	2.18	2.12	2.08	2.05	1.98	1.91
	0.010	2.99	2.85	2.70	2.60	2.54	2.45	2.40	2.36	2.27	2.18
	0.001	4.31	4.06	3.79	3.63	3.52	3.37	3.28	3.22	3.06	2.91
	0.100	1.81	1.76	1.71	1.67	1.65	1.61	1.59	1.58	1.54	1.51
	0.050	2.15	2.07	1.99	1.94	1.90	1.85	1.82	1.80	1.75	1.70
26	0.025	2.49	2.39	2.28	2.21	2.16	2.09	2.05	2.03	1.95	1.89
	0.010	2.96	2.81	2.66	2.57	2.50	2.42	2.36	2.33	2.23	2.14
	0.001	4.24	3.99	3.72	3.56	3.44	3.30	3.21	3.15	2.99	2.84
	0.100	1.80	1.75	1.70	1.66	1.64	1.60	1.58	1.57	1.53	1.50
	0.050	2.13	2.06	1.97	1.92	1.88	1.84	1.81	1.79	1.73	1.68
27	0.025	2.47	2.36	2.25	2.18	2.13	2.07	2.03	2.00	1.93	1.86
	0.010	2.93	2.78	2.63	2.54	2.47	2.38	2.33	2.29	2.20	2.11
	0.001	4.17	3.92	3.66	3.49	3.38	3.23	3.14	3.08	2.92	2.78

[표 B.6] F 분포—오른쪽 꼬리 확률(계속)

분모의 자유도	α	분자의 자유도 1	2	3	4	5	6	7	8	9	10
28	0.100	2.89	2.50	2.29	2.16	2.06	2.00	1.94	1.90	1.87	1.84
	0.050	4.20	3.34	2.95	2.71	2.56	2.45	2.36	2.29	2.24	2.19
	0.025	5.61	4.22	3.63	3.29	3.06	2.90	2.78	2.69	2.61	2.55
	0.010	7.64	5.45	4.57	4.07	3.75	3.53	3.36	3.23	3.12	3.03
	0.001	13.50	8.93	7.19	6.25	5.66	5.24	4.93	4.69	4.50	4.35
29	0.100	2.89	2.50	2.28	2.15	2.06	1.99	1.93	1.89	1.86	1.83
	0.050	4.18	3.33	2.93	2.70	2.55	2.43	2.35	2.28	2.22	2.18
	0.025	5.59	4.20	3.61	3.27	3.04	2.88	2.76	2.67	2.59	2.53
	0.010	7.60	5.42	4.54	4.04	3.73	3.50	3.33	3.20	3.09	3.00
	0.001	13.39	8.85	7.12	6.19	5.59	5.18	4.87	4.64	4.45	4.29
30	0.100	2.88	2.49	2.28	2.14	2.05	1.98	1.93	1.88	1.85	1.82
	0.050	4.17	3.32	2.92	2.69	2.53	2.42	2.33	2.27	2.21	2.16
	0.025	5.57	4.18	3.59	3.25	3.03	2.87	2.75	2.65	2.57	2.51
	0.010	7.56	5.39	4.51	4.02	3.70	3.47	3.30	3.17	3.07	2.98
	0.001	13.29	8.77	7.05	6.12	5.53	5.12	4.82	4.58	4.39	4.24
40	0.100	2.84	2.44	2.23	2.09	2.00	1.93	1.87	1.83	1.79	1.76
	0.050	4.08	3.23	2.84	2.61	2.45	2.34	2.25	2.18	2.12	2.08
	0.025	5.42	4.05	3.46	3.13	2.90	2.74	2.62	2.53	2.45	2.39
	0.010	7.31	5.18	4.31	3.83	3.51	3.29	3.12	2.99	2.89	2.80
	0.001	12.61	8.25	6.59	5.70	5.13	4.73	4.44	4.21	4.02	3.87
50	0.100	2.81	2.41	2.20	2.06	1.97	1.90	1.84	1.80	1.76	1.73
	0.050	4.03	3.18	2.79	2.56	2.40	2.29	2.20	2.13	2.07	2.03
	0.025	5.34	3.97	3.39	3.05	2.83	2.67	2.55	2.46	2.38	2.32
	0.010	7.17	5.06	4.20	3.72	3.41	3.19	3.02	2.89	2.78	2.70
	0.001	12.22	7.96	6.34	5.46	4.90	4.51	4.22	4.00	3.82	3.67
60	0.100	2.79	2.39	2.18	2.04	1.95	1.87	1.82	1.77	1.74	1.71
	0.050	4.00	3.15	2.76	2.53	2.37	2.25	2.17	2.10	2.04	1.99
	0.025	5.29	3.93	3.34	3.01	2.79	2.63	2.51	2.41	2.33	2.27
	0.010	7.08	4.98	4.13	3.65	3.34	3.12	2.95	2.82	2.72	2.63
	0.001	11.97	7.77	6.17	5.31	4.76	4.37	4.09	3.86	3.69	3.54
100	0.100	2.76	2.36	2.14	2.00	1.91	1.83	1.78	1.73	1.69	1.66
	0.050	3.94	3.09	2.70	2.46	2.31	2.19	2.10	2.03	1.97	1.93
	0.025	5.18	3.83	3.25	2.92	2.70	2.54	2.42	2.32	2.24	2.18
	0.010	6.90	4.82	3.98	3.51	3.21	2.99	2.82	2.69	2.59	2.50
	0.001	11.50	7.41	5.86	5.02	4.48	4.11	3.83	3.61	3.44	3.30

[표 B.6] *F* 분포—오른쪽 꼬리 확률(계속)

분모의 자유도	α	분자의 자유도 12	15	20	25	30	40	50	60	120	1,000
28	0.100	1.79	1.74	1.69	1.65	1.63	1.59	1.57	1.56	1.52	1.48
	0.050	2.12	2.04	1.96	1.91	1.87	1.82	1.79	1.77	1.71	1.66
	0.025	2.45	2.34	2.23	2.16	2.11	2.05	2.01	1.98	1.91	1.84
	0.010	2.90	2.75	2.60	2.51	2.44	2.35	2.30	2.26	2.17	2.08
	0.001	4.11	3.86	3.60	3.43	3.32	3.18	3.09	3.02	2.86	2.72
29	0.100	1.78	1.73	1.68	1.64	1.62	1.58	1.56	1.55	1.51	1.47
	0.050	2.10	2.03	1.94	1.89	1.85	1.81	1.77	1.75	1.70	1.65
	0.025	2.43	2.32	2.21	2.14	2.09	2.03	1.99	1.96	1.89	1.82
	0.010	2.87	2.73	2.57	2.48	2.41	2.33	2.27	2.23	2.14	2.05
	0.001	4.05	3.80	3.54	3.38	3.27	3.12	3.03	2.97	2.81	2.66
30	0.100	1.77	1.72	1.67	1.63	1.61	1.57	1.55	1.54	1.50	1.46
	0.050	2.09	2.01	1.93	1.88	1.84	1.79	1.76	1.74	1.68	1.63
	0.025	2.41	2.31	2.20	2.12	2.07	2.01	1.97	1.94	1.87	1.80
	0.010	2.84	2.70	2.55	2.45	2.39	2.30	2.25	2.21	2.11	2.02
	0.001	4.00	3.75	3.49	3.33	3.22	3.07	2.98	2.92	2.76	2.61
40	0.100	1.71	1.66	1.61	1.57	1.54	1.51	1.48	1.47	1.42	1.38
	0.050	2.00	1.92	1.84	1.78	1.74	1.69	1.66	1.64	1.58	1.52
	0.025	2.29	2.18	2.07	1.99	1.94	1.88	1.83	1.80	1.72	1.65
	0.010	2.66	2.52	2.37	2.27	2.20	2.11	2.06	2.02	1.92	1.82
	0.001	3.64	3.40	3.14	2.98	2.87	2.73	2.64	2.57	2.41	2.25
50	0.100	1.68	1.63	1.57	1.53	1.50	1.46	1.44	1.42	1.38	1.33
	0.050	1.95	1.87	1.78	1.73	1.69	1.63	1.60	1.58	1.51	1.45
	0.025	2.22	2.11	1.99	1.92	1.87	1.80	1.75	1.72	1.64	1.56
	0.010	2.56	2.42	2.27	2.17	2.10	2.01	1.95	1.91	1.80	1.70
	0.001	3.44	3.20	2.95	2.79	2.68	2.53	2.44	2.38	2.21	2.05
60	0.100	1.66	1.60	1.54	1.50	1.48	1.44	1.41	1.40	1.35	1.30
	0.050	1.92	1.84	1.75	1.69	1.65	1.59	1.56	1.53	1.47	1.40
	0.025	2.17	2.06	1.94	1.87	1.82	1.74	1.70	1.67	1.58	1.49
	0.010	2.50	2.35	2.20	2.10	2.03	1.94	1.88	1.84	1.73	1.62
	0.001	3.32	3.08	2.83	2.67	2.55	2.41	2.32	2.25	2.08	1.92
100	0.100	1.61	1.56	1.49	1.45	1.42	1.38	1.35	1.34	1.28	1.22
	0.050	1.85	1.77	1.68	1.62	1.57	1.52	1.48	1.45	1.38	1.30
	0.025	2.08	1.97	1.85	1.77	1.71	1.64	1.59	1.56	1.46	1.36
	0.010	2.37	2.22	2.07	1.97	1.89	1.80	1.74	1.69	1.57	1.45
	0.001	3.07	2.84	2.59	2.43	2.32	2.17	2.08	2.01	1.83	1.64

연습문제 해답

제1장

1.1.1 (a) 144,000
(b) 72,576

1.1.2 180

1.1.3 144, 18개

1.1.4 27

1.1.5 (a) 26! (b) ${}_{26}P_4$
(c) 26^4

1.1.6 (a) $26^3 \times 10^3$
(b) $26 \times 25 \times 24 \times 10^3$

1.1.7 24

1.1.8 900

1.2.1 24

1.2.2 $5! \times 4! \times 3! \times 3! \times 4!$

1.2.3 $5! \times 4!$

1.2.4 (a) 8! (b) $4! \times 2^4$
(c) $4! \times 4!$

1.2.5 (a) 6! (b) 72
(c) 144 (d) 72

1.2.6 (a) 8! (b) $2! \times 7!$
(c) $2! \times (4!)^2$ (d) $5! \times 4!$

1.2.7 (a) 9! (b) $5! \times 3! \times 3!$
(c) $5! \times 5!$

1.2.8 (a) ${}_6P_4 = 360$

1.2.9 (a) 7! (b) 3,600
(c) 720

1.2.10 6,720

1.2.11 $\binom{30}{2}$

1.2.12 (a) $\binom{35}{5}$ (b) $\binom{20}{3}\binom{15}{2}$

1.2.13 (a) $\binom{50}{2}\binom{60}{2}\binom{40}{4}\binom{30}{2}$
(b) $\binom{50}{2}\binom{59}{1}\binom{39}{3}\binom{30}{2}$
$+\binom{50}{2}\binom{59}{2}\binom{39}{4}\binom{30}{2}$

1.2.14 $\binom{5}{2}\binom{5}{2}\binom{2}{1}$

1.2.15 (a) 32 (b) 2^{2n-1}

1.2.19 $\binom{11}{8}$

1.2.21 (a) $\binom{12}{3}$ (b) 572

1.3.1 (a) 5! (b) $\dfrac{11!}{2!\,2!\,2!}$
(c) $\dfrac{11!}{4!\,4!\,2!} = 34{,}650$
(d) $\dfrac{7!}{2!\,2!} = 1{,}260$

1.3.2 $\dfrac{10!}{5!\,4!} = 1{,}260$

1.3.3 $\dfrac{6!}{3!\,2!} = 60$

1.3.4 (a) $10! \times 6! \times 4!$
(b) $\binom{20}{10,\ 6,\ 4}$
(c) $\binom{19}{9,\ 6,\ 4}$ (d) $\binom{18}{8,\ 6,\ 4}$

1.3.5 (a) $\binom{50}{20,\ 20,\ 10}$

1.3.6 (a) 60 (b) 13
(c) 170

1.3.7 $\dfrac{8!}{3!\,3!\,2!} = 560$

1.3.8 $\binom{100}{30,\ 30,\ 25,\ 15}$

1.3.9 4,200

1.3.10 $\dfrac{10!}{3!\,4!\,2!} = 12{,}600$

1.3.11 $\binom{6}{3,\ 1,\ 2} = 60$

1.3.12 $-241{,}920$

제2장

2.2.1 $S = \{0,\ 1,\ 2,\ \ldots,\ n\}$

2.2.2 빨간색 구슬을 R, 녹색 구슬을 G, 푸른색 구슬을 B라 하면

(a) $S=\{RR, RG, RB, GG, GR, GB, BG, BR, BB\}$

(b) $S=\{RG, RB, GR, GB, BG, BR\}$

2.2.3 (a) $S=\{6, i_1 6, i_1 i_2 6, i_1 i_2 i_3 6, \dots \mid i_j=1, 2, 3, 4, 5 \,;\, j=1, 2, \dots\}$

(b) 5^{k-1}

2.2.4 $S=\{TT, HTT, THT, THHT, HTHT, HHTT, HHHH, THHH, HTHH, HHTH, HHHT\}$

2.2.5 $A=\{HHH, HHT, HTH, THH\}$

2.2.6 (a) $\{HTT, THT, TTH, TTT\}$

(b) $\{HHH, HHT\}$

(c) $\{HHH, HHT, HTH, THH, HTT, THT, TTT\}$

2.2.7 (a) $S=\{(i, j) \mid i, j=1, 2, \dots, 6\}$

(b) (i) $\varnothing$

(ii) $\{(5, 1), (5, 2), (5, 3), (5, 4)\}$

(iii) $\{(2, 1), (3, 1), (3, 2), (4, 1)\}$

2.2.8 (a) $S=\{(1, 6), (2, 6), (3, 6), (4, 6), (5, 6), (1, 5), (2, 5), (3, 5), (4, 5), (1, 4), (2, 4), (3, 4), (1, 3), (2, 3), (1, 2)\}$

(b) $\{(2, 6), (2, 5), (2, 4), (2, 3)\}$

2.2.9 $S=\{3, 4, 5, 6, 7, 8, 9, 10\}$

2.2.10 (a) $S=\{\text{ABC, ACB, BAC, BCA, CAB, CBA}\}$

(b) $D=\{\text{ABC, ACB, BAC}\}$

2.3.1 (a) 확률모형이 될 수 없다.

(b) 확률모형이 될 수 있다.

2.3.2 $\frac{1}{4}$

2.3.3 $\frac{1}{2}$

2.3.4 $\frac{1}{4}$

2.3.5 $\frac{{}_{26}P_5}{26^5}$

2.3.6 $\frac{4}{15}$

2.3.7 (a) $\frac{3}{4}$ (b) $\frac{9}{10}$

(c) $\frac{17}{20}$

2.3.8 $\frac{3}{4}$

2.3.9 $\frac{3}{4}$

2.3.10 $\frac{\binom{20}{3}\binom{15}{2}}{\binom{35}{5}}$

2.3.11 $\frac{10}{21}$

2.3.12 (a) $\frac{10(4^5-4)}{\binom{52}{5}}$

(b) $\frac{(13)(12)\binom{4}{2}\binom{4}{3}}{\binom{52}{5}}$

(c) $\frac{4}{\binom{52}{5}}$

(d) $\frac{\binom{13}{2}\binom{4}{2}\binom{4}{2}\binom{44}{1}}{\binom{52}{5}}$

(e) $\frac{\binom{13}{1}\binom{4}{3}\binom{12}{2}\binom{4}{1}\binom{4}{1}}{\binom{52}{5}}$

2.3.13 $1-\frac{\binom{30}{5}+\binom{30}{1}\binom{30}{4}}{\binom{60}{5}}$

2.3.14 $\dfrac{\binom{13}{3}\binom{13}{6}\binom{13}{3}\binom{13}{1}}{\binom{52}{13}}$

2.3.15 (a) $\dfrac{{}_{10}P_4}{10^4}=0.504$

(b) 0.496

2.3.16 (a) $\binom{7}{3}$ (b) $\dfrac{1}{7}$

(c) 7! (d) 576

2.3.17 $\dfrac{\binom{5}{3}\binom{4}{2}\binom{3}{1}\binom{4}{2}}{\binom{16}{8}}$

2.3.18 (a) $\binom{30}{11}$ (b) $\binom{15}{5}\binom{15}{6}\Big/\binom{30}{11}$

2.3.19 (a) $\dfrac{12}{143}$ (b) $\dfrac{62}{143}$

2.3.20 (a) $\dfrac{9}{16}$ (b) $\dfrac{1}{4}$

(c) $\dfrac{1}{8}$

2.3.21 (a) $\dfrac{1}{2}$ (b) $\dfrac{1}{4}$

(c) $\dfrac{7}{8}$

2.3.22 (a) 0 (b) $\dfrac{1}{9}$

(c) $\dfrac{1}{9}$

2.3.23 0.6

2.3.25 (a) 0.5 (b) $\dfrac{5}{6}$

(c) $\dfrac{1}{6}$ (d) $\dfrac{2}{3}$

2.3.26 (a) 0.95 (b) 0.8

(c) 0.1 (d) 0.9

(e) 0.95 (f) 0.2

2.3.28 (a) 0.8 (b) 0.2

2.4.1 $\dfrac{3}{5}$

2.4.2 (a) $\dfrac{18}{23}$ (b) $\dfrac{4}{23}$

2.4.3 (a) $\dfrac{2}{9}$ (b) $\dfrac{3}{20}$

2.4.4 (a) $\dfrac{1}{2}$ (b) $\dfrac{3}{7}$

2.4.5 0.16

2.4.6 (a) $\dfrac{1}{2}$ (b) $\dfrac{6}{57}$

(c) $\dfrac{12}{57}$

2.4.7 (a) $\dfrac{3}{5}$ (b) $\dfrac{1}{2}$

2.4.8 (a) $\dfrac{14}{99}$ (b) $\dfrac{7}{66}$

2.4.9 (a) 0.04086 (b) 0.0001043

2.4.10 $\dfrac{1}{3}$

2.4.11 $\dfrac{30}{56}$

2.4.12 (b) $\dfrac{3}{5}$ (c) $\dfrac{4}{5}$

2.4.13 $\dfrac{1}{15}$

2.4.14 (a) $\dfrac{57}{108}$ (b) $\dfrac{41}{108}$

(c) $\dfrac{32}{57}$

2.4.15 $\dfrac{4}{7}$

2.4.16 (a) $\dfrac{1}{2}$ (b) $\dfrac{1}{2}$

2.4.17 $\dfrac{1}{3}$

2.4.18 (a) $\dfrac{5}{12}$ (b) $\dfrac{4}{5}$

2.4.19 (a) $\dfrac{2}{3}$ (b) $\dfrac{5}{6}$

2.4.20 (a) $\dfrac{2}{3}$ (b) $\dfrac{1}{3}$

2.4.21 $\dfrac{105}{123}$

2.4.22 (a) $\frac{43}{80}$ (b) $\frac{28}{43}$

2.4.23 $\frac{1}{1+a}$

2.4.25 $\frac{1}{3}$

2.4.26 $\frac{\binom{4}{1}\binom{48}{12}}{\binom{52}{13}}\times\frac{\binom{3}{1}\binom{36}{12}}{\binom{39}{13}}\times\frac{\binom{2}{1}\binom{24}{12}}{\binom{26}{13}}$

2.5.2 (a) 0.72 (b) 0

2.5.3 (a) 0.4 (b) $\frac{4}{7}$

2.5.4 $\frac{6}{11}$

2.5.5 $1-\frac{\sqrt{2}}{2}$

2.5.6 (a) $\frac{13}{16}$ (b) $\frac{4}{13}$

(c) $\frac{12}{13}$

2.5.7 상호독립 아님.

2.5.8 (a) 쌍별로 독립

(b) 상호독립 아님.

2.5.9 쌍별로 독립. 상호독립 아님.

2.5.10 (a) 쌍별로 독립

(b) 상호독립

2.5.11 $4p^3(1-p)^3+2p(1-p)$
$\times(6p^2-8p^3+3p^4)$

2.5.12 0.54

2.5.13 (a) 0.8 (b) 0.608

2.5.14 상호독립 아님.

제3장

3.2.1 (a) 0, 1, 2, 3 (b) $\{X\le 2\}$

(c) $\{X\ge 1\}$ (d) $\frac{7}{8}$, $\frac{7}{8}$

3.2.2 (a) 0, 1, 2, 3

(b) $F(x)=\begin{cases}0, & x<0\\ \frac{125}{512}, & 0\le x<1\\ \frac{350}{512}, & 1\le x<2\\ \frac{485}{512}, & 2\le x<3\\ 1, & x\ge 3\end{cases}$

3.2.3 (a) $P[X=0]=\frac{99}{476}$

$P[X=1]=\frac{220}{476}$

$P[X=2]=\frac{132}{476}$

$P[X=3]=\frac{24}{476}$

$P[X=4]=\frac{1}{476}$

(b) $\frac{27}{476}$ (c) $\frac{6}{476}$

3.2.4 X의 가능한 값은 0, 1, 2, 3, 4
Y의 가능한 값은 -4, -2, 0, 2, 4

3.2.5 (a) $F_Z(z)=\begin{cases}0, & x<0\\ \frac{1}{16}, & 0\le x<1\\ \frac{5}{16}, & 1\le x<2\\ \frac{11}{16}, & 2\le x<3\\ \frac{15}{16}, & 3\le x<4\\ 1, & x\ge 4\end{cases}$

(b) 제 1 사분위수는 1, 제 2 사분위수(중앙값)는 2, 제 3 사분위수는 3이다.

3.2.6 0, 1, 2, 3

3.2.7 (a) 2, 3, ..., 12

(b) 0, 1, 2, 3, 4, 5

(c) 1, 2, 3, 4, 5, 6

(d) 1, 2, 3, 4, 5, 6

3.2.8 (a)

x	2	3	4	5	6	7	8	9	10	11	12
$P[X=x]$	$\frac{1}{36}$	$\frac{2}{36}$	$\frac{3}{36}$	$\frac{4}{36}$	$\frac{5}{36}$	$\frac{6}{36}$	$\frac{5}{36}$	$\frac{4}{36}$	$\frac{3}{36}$	$\frac{2}{36}$	$\frac{1}{36}$

(b)

x	0	1	2	3	4	5
$P[X=x]$	$\frac{6}{36}$	$\frac{10}{36}$	$\frac{8}{36}$	$\frac{6}{36}$	$\frac{4}{36}$	$\frac{2}{36}$

(c)

x	1	2	3	4	5	6
$P[X=x]$	$\frac{1}{36}$	$\frac{3}{36}$	$\frac{5}{36}$	$\frac{7}{36}$	$\frac{9}{36}$	$\frac{11}{36}$

(d)

x	1	2	3	4	5	6
$P[X=x]$	$\frac{11}{36}$	$\frac{9}{36}$	$\frac{7}{36}$	$\frac{5}{36}$	$\frac{3}{36}$	$\frac{1}{36}$

3.2.9 0, 1, 2

3.2.10 (a) cdf가 될 수 있다.

(b) cdf가 될 수 없다.

3.2.11 0.488

3.2.12 1달러를 딸 확률: $\frac{39}{55}$

2달러를 딸 확률: $\frac{15}{55}$

3달러를 딸 확률: $\frac{1}{55}$

3.2.13 $P[X=1]=F(1)-\lim_{h\to 0}F(1-h)$

3.3.1

x	0	1	2
$f(x)$	$\frac{10}{28}$	$\frac{15}{28}$	$\frac{3}{28}$

3.3.2

x	0	1	2	3
$f(x)$	$\frac{1}{8}$	$\frac{3}{8}$	$\frac{3}{8}$	$\frac{1}{8}$

3.3.3

x	0	1	2	3
$f(x)$	$\frac{125}{512}$	$\frac{225}{512}$	$\frac{135}{512}$	$\frac{27}{512}$

3.3.4

x	0	1	2	3	4
$f(x)$	$\frac{1}{2}$	$\frac{1}{4}$	$\frac{1}{8}$	$\frac{1}{16}$	$\frac{1}{16}$

3.3.5 $P[X=k]$

$$=\left(\frac{n-1}{n}\right)\left(\frac{n-2}{n}\right)\cdots\left(\frac{n-k+2}{n}\right)\left(\frac{k-1}{n}\right),\ k>1$$

3.3.6 (a)와 (b) pmf로 사용할 수 있다.

(c) pmf가 될 수 없다.

3.3.7 (a) $\frac{3}{4}$ (b) $\frac{1}{4}$

(c) $\frac{1}{2}$ (d) $\frac{1}{2}$

(e)

x	-1	1	3	5
$f(x)$	$\frac{1}{4}$	$\frac{1}{4}$	$\frac{1}{4}$	$\frac{1}{4}$

(f) 제 1 사분위수 -1,

제 3 사분위수 3.

3.3.8 (a) 분포함수가 될 수 없다.

(b) 분포함수로 사용될 수 있다.

3.3.9 (a) $p=\frac{1}{3}$ (b) $\frac{5}{9}$

3.3.10 2

3.3.11 (a) $F(x)=\begin{cases}0, & x<0\\ 0.4, & 0\le x<1\\ 0.7, & 1\le x<2\\ 0.8, & 2\le x<3\\ 0.85, & 3\le x<4\\ 1, & x\ge 4\end{cases}$

(b) 1

3.3.12 (a) 1 (b) 1

3.4.1 $f(x)=\frac{x+1}{8},\ -1<x<3$

3.4.2 $P[X\le 6]=0.75$

$P[X>10]=0.09$

3.4.3 (a) 0.7

(b) $-\frac{1}{3}\ln\left(\frac{5}{6}\right)\approx 0.0608$

(c) 0.7648

3.4.4 (a) $\frac{7}{16}$ (b) $\frac{9}{16}$

3.4.5 (a) $\frac{1}{2}(x-1),\ 1\le x\le 3$

(b) $\frac{1}{4}$ (c) 0.7

3.4.6 (a) $1-3e^{-2}$

(b) $3.5e^{-2.5}$

3.4.7 (a) $F(x)=\begin{cases}0, & x<0\\ x^2/2, & 0\le x<1\\ 2x-x^2/2-1, & 1\le x<2\\ 1, & x\ge 2\end{cases}$

(b) 0.875 (c) 0.555

3.4.8 (a) $\frac{7}{27}$ (b) $\frac{20}{27}$

3.4.9 (a) $c=6$ (b) $\frac{13}{125}$, $\frac{27}{32}$

3.4.10 (a) $c=3$

(b) $F(x)=\begin{cases}0, & x<0\\ x^3, & 0\le x<1\\ 1, & x\ge 1\end{cases}$

(c) 0.485

3.4.11 (a) $\frac{3}{2}$

(b) $(0.7)^{1.5}-(0.4)^{1.5}\approx 0.3327$

3.4.12 (a) 2 (b) e^{-4}

3.4.13 (a) $a=5,\quad b=22$

(b) 0.3 (c) 0.175

3.4.14 (a) cdf가 될 수 있다.

$$f(x)=\begin{cases}\frac{1}{2}, & 0<x<1\\ \frac{1}{4}, & 2<x<4\\ 0, & \text{그 외}\end{cases}$$

(b) cdf가 될 수 있다.

$f(x)=xe^{-x},\quad x>0$

3.4.15 (a) $x_{0.5}=\sqrt{0.5}$

(b) $x_{0.25}=\frac{1}{2}$, $x_{0.75}=\frac{\sqrt{3}}{2}$

3.4.16 (a) $1-(1+x)^{-3},\quad x>0$

(b) $x_{0.5}=\sqrt[3]{2}-1\approx 0.2599$

3.4.17 $x_{0.5}=\ln(2\alpha)$

$x_{0.25}=-\ln 3+\ln(4\alpha)$

$x_{0.75}=\ln(4\alpha)$

3.4.18 (a) $2-4^{1/3}\approx 0.4126$

(b) 0

3.4.19 (a) $\frac{2}{3}$ (b) 2

3.4.20 (a) $x_{0.5}=2^{-1/3}$

(b) $x_{0.5}=0$

3.4.21 (a) $x_{0.4}\approx 1.55826$

(b) $f(x)=2\left(1-\frac{1}{x^2}\right),\quad 1<x<2$

3.4.22 (a) $F(t)=1-e^{-\alpha t},\ t>0$

(b) $f(t)=\alpha e^{-\alpha t},\ t>0$

(c) $1-e^{-5\alpha}$

3.4.23 (a) $\overline{F}(t)=e^{-t^\beta},\ t>0$

(b) $h(t)=\beta t^{\beta-1},\ t>0$

3.4.24 $h(t)=a+2bt,\quad t>0$

3.5.1 $f(0,\ -3)=f(3,\ 3)=\frac{1}{8}$,

$f(1,\ -1)=f(2,\ 1)=\frac{3}{8}$,

$f(x,\ y)=0$ 그 외

3.5.2 (a)

$$f(x,\ y)=\begin{cases}\frac{x}{36}, & x=y=1,2,\ \dots,6\\ \frac{1}{36}, & x,\ y=1,2,\ \dots,6;\ x<y\\ 0, & \text{그 외}\end{cases}$$

(b)

$$f(x,\ y)=\begin{cases}\frac{1}{36}, & x=y=1,2,\ \dots,6\\ \frac{2}{36}, & x,\ y=1,2,\ \dots,6;\ x<y\\ 0, & \text{그 외}\end{cases}$$

3.5.3 (a)

x_2 \ x_1	0	1
0	$\frac{14}{39}$	$\frac{10}{39}$
1	$\frac{10}{39}$	$\frac{5}{39}$

(b) $f(0, 0, 0) = \frac{28}{143}$,

$f(0, 0, 1) = f(0, 1, 0)$

$= f(1, 0, 0) = \frac{70}{429}$,

$f(0, 1, 1) = f(1, 0, 1)$

$= f(1, 1, 0) = \frac{40}{429}$,

$f(1, 1, 1) = \frac{5}{143}$

3.5.4 (b) $\frac{11}{12}$

3.5.5 (a) $\frac{1}{36}$ (b) $\frac{1}{15}$

3.5.6 (a) $\frac{7}{30}$ (b) $\frac{3}{5}$

(c) $\frac{3}{10}$

3.5.8 cdf가 될 수 없다.

3.5.9 (a) $f(x, y) = x + y,\ 0 < x < 1,\ 0 < y < 1$

(b) 0.216 (c) $\frac{1}{2}$

(d) $\frac{1}{24}$ (e) $\frac{19}{24}$

(f) $P[X + Y \leq z]$

$$= \begin{cases} 0, & z < 0 \\ \frac{1}{3}z^3, & 0 \leq z < 1 \\ z^2 - \frac{1}{3}z^3 - \frac{1}{3}, & 1 \leq z < 2 \\ 1, & z \geq 2 \end{cases}$$

3.5.10 $f(x, y) = 4xye^{-(x^2+y^2)},\ x > 0,\ y > 0$

3.5.11 (a) $\frac{135}{1024}$ (b) $\frac{1}{2}$

3.5.12 (a) $k = \frac{1}{50}$ (b) $\frac{13}{75}$

(c) $\frac{14}{25}$ (d) $\frac{8}{15}$

3.5.13 (a) $c = \frac{1}{25}$ (b) $\frac{12}{25}$

(c) $\frac{2}{25}$

3.5.14 (a) $c = 6$ (b) $\frac{3}{20}$

(d) $F(x, y)$

$$= \begin{cases} 0, & x < 0,\ y < 0 \\ x^2y^3, & 0 \leq x < 1,\ 0 \leq y < 1 \\ y^3, & x \geq 1,\ 0 \leq y < 1 \\ x^2, & 0 \leq x < 1,\ y \geq 1 \\ 1, & x \geq 1,\ y \geq 1 \end{cases}$$

3.5.15 (a) $\frac{1}{2}$ (b) $1 - 4e^{-3}$

3.5.16 $\frac{5}{12}$

3.5.17 $\frac{1}{16}$

3.5.18 $\frac{1}{4}(1 - e^{-1})$

3.6.1 (a)

x	0	1	2	3
$f_X(x)$	$\frac{1}{10}$	$\frac{1}{5}$	$\frac{3}{10}$	$\frac{2}{5}$

(b)

y	0	1	2
$f_Y(y)$	$\frac{1}{5}$	$\frac{1}{3}$	$\frac{7}{15}$

3.6.2 (a)

z \ w	0	1	2
0	0.36	0.24	0
1	0	0.24	0.16

(d) 0.64

3.6.4 (a) $f_X(x) = \frac{2}{3}(x+1),\ 0 < x < 1$

(b) $f_Y(y) = \frac{1}{3}(1+4y),\ 0 < y < 1$

(c) $\frac{3}{16}$

3.6.5 (a) $f_X(x) = (1+x)^{-2},\ x > 0$

$f_Y(y) = e^{-y},\ y > 0$

(b) $\frac{1}{3}e^{-6}$

3.6.6 (a) $f_X(x) = x + \frac{1}{2},\ 0 < x < 1$

$f_Y(y) = y + \frac{1}{2},\ 0 < y < 1$

(b) $\frac{3}{8}$

3.6.7 (a) $f_X(x) = 4(1-x)^3,\ 0<x<1$

(b) $f_Y(y) = 12y(1-y)^2,\ 0<y<1$

3.6.8 (a) $f_X(x) = e^{-x},\quad x>0$

(b) $f_Y(y) = e^{-y},\quad y>0$

3.6.9 (a) $f_X(x) = 2x+1-3x^2,\ 0<x<1$

(b) $f_Y(y) = 3y^2,\ 0<y<1$

3.6.10 (a) 양인 임의의 실숫값

(b) $f_X(x) = \frac{2(c-x)}{c^2},\quad 0<x<c$

$f_Y(y) = 2y/c^2,\quad 0<y<c$

3.6.11 (a) $f_X(x) = 1,\ 0<x<1$

(b) $f_Y(y) = 1+2y-3y^2,\ 0<y<1$

3.6.12 (a) $f(x,\ y) = \frac{1}{36}xy,$

$x = 1,\ 2,\ 3\ ;\ y = 1,\ 2,\ 3$

(b) $f(x,\ z) = \frac{1}{18}xz,$

$x = 1,\ 2,\ 3\ ;\ z = 1,\ 2$

(c) $f_X(x) = \frac{1}{6}x,\ x = 1,\ 2,\ 3$

3.6.13 (a) $f_1(x_1) = 3(1-x_1)^2,\ 0<x_1<1$

(b) $f_2(x_2) = 6x_2(1-x_2),\ 0<x_2<1$

3.6.14 $f(x_1,\ x_2) = x_1 + x_2,$

$0<x_1<1,\ 0<x_2<1,$

$f_1(x_1) = x_1 + \frac{1}{2},\ 0<x_1<1$

3.7.1 (a) $f(0|1) = \frac{4}{5},\ f(1|1) = \frac{1}{5},$

$f(2|1) = 0$

(b) $\frac{4}{5}$

3.7.2 (a)

x	1	2	3
$f_X(x)$	$\frac{1}{3}$	$\frac{19}{36}$	$\frac{5}{36}$

(b)

y	1	2	3
$f_Y(y)$	$\frac{1}{4}$	$\frac{14}{45}$	$\frac{79}{180}$

(c) $\frac{9}{19}$

3.7.3 (b) $\frac{101}{180}$ (c) $\frac{25}{36}$

3.7.4 (a) $f(0|1) = \frac{2}{3},\ f(1|1) = \frac{1}{3}$

(b) $f(0|0) = \frac{7}{12},\ f(1|0) = \frac{5}{12}$

3.7.5 $f(k|m) = \binom{n-m}{k}\left(\frac{p_1}{p_1+p_3}\right)^k$

$\times\left(\frac{p_3}{p_1+p_3}\right)^{n-m-k}$

3.7.6 (a) $F(x,\ y) = (1-e^{-x})(1-e^{-y}),$

$x>0,\ y>0$

(b) e^{-2} (c) $1-e^{-a}$

(d) $3e^{-2}$ (e) $1-e^{-a}$

3.7.7 (a) $\frac{1}{16}$

(b) $f_X(x) = 12x(1-x)^2,\ 0<x<1$

(c) $\frac{1}{4}$

3.7.8 $\frac{5}{8}$

3.7.9 (a) $f(x|y) = \frac{2(x+2y)}{1+4y},$

$0<x<1,\ 0<y<1$

(b) $f(y|x) = \frac{x+2y}{x+1},$

$0<y<1,\ 0<x<1$

(c) $\frac{5}{12}$

3.7.10 (a) $f(x|y) = ye^{-yx},\ x>0,\ y>0$

(b) $1-e^{-6}$

3.7.11 (a) $f(x|y)=\dfrac{2(1-x-y)}{(1-y)^2}$, $0<x<1-y$

(b) $\dfrac{3}{4}$ (c) $\dfrac{13}{22}$

3.7.12 (a) $f(y|x)=\dfrac{1}{c-x}$, $x<y<c$

(b) $f(x|y)=\dfrac{1}{y}$, $0<x<y$

3.7.13 (a) $f(x_3|x_1, x_2)=\dfrac{1}{1-x_2}$, $x_2<x_3<1$

(b) $f(x_2, x_3|x_1)=\dfrac{2}{(1-x_1)^2}$, $x_1<x_2<x_3<1$

3.7.14 (a) $f(x_3|x_1, x_2)=e^{-x_3}$, $x_3>0$

(b) $f(x_2, x_3|x_1)=\dfrac{2(x_1+x_2)e^{-x_3}}{2x_1+1}$, $0<x_2<1$, $x_3>0$

3.7.15 (a) $f_{Y,Z}(y, z)=\dfrac{2}{9}yz^2$, $0<y<1$, $0<z<3$

(b) $f_Y(y)=2y$, $0<y<1$

(c) $\dfrac{7}{162}$ (d) $\dfrac{1}{4}$

3.8.1 독립

3.8.2 종속

3.8.3 독립

3.8.4 독립

3.8.5 종속

3.8.6 독립

3.8.7 종속

3.8.8 종속

3.8.9 종속

3.8.10 종속

3.8.11 종속

3.8.12 종속

3.8.13 종속

3.8.14 종속

3.8.15 (a) $f_X(x)=\dfrac{3}{18}(2x-1)$, $1<x<3$

$f_Y(y)=\dfrac{2}{9}(6-y)$, $1<y<2$

(b) 종속 (c) $\dfrac{2}{3}$

3.8.16 (a) 독립 (b) 종속

3.8.17 (b) 0.64

제4장

4.2.1 (a) 5.5 (b) 46.5

(c) 209

4.2.2 0

4.2.3 1.125

4.2.4 $\dfrac{3}{4}$

4.2.5 2

4.2.6 $\dfrac{161}{36}$

4.2.7 (a) 3.5 (b) $\dfrac{94}{3}$

4.2.8 −700원

4.2.9 2.25

4.2.10 6

4.2.11 $\dfrac{11}{3}$

4.2.12 0.5

4.2.13 (a) $\dfrac{1}{\lambda}$ (b) 1.5

(c) 1

4.2.14 $\dfrac{3}{4}$

4.2.15 (a) $\dfrac{2}{3}$ (b) 2

4.2.16 (a) $k>0$

(b) $F(x)=1-x^{-k},\ 1 \le x < \infty$

(c) $k>1$ (d) $k>2$

4.2.17 (a) 존재하지 않음

(b) $\frac{1}{2}$로 존재한다.

(c) $k<1$일 때 존재함

4.2.18 (a) θ (b) $\frac{1}{1-a\theta}$

4.2.19 68.2843

4.2.20 (a) $\frac{1}{3}$ (b) $\frac{1}{6}$

(c) 3 (d) 2

4.2.21 (a) 1 (b) 4

4.2.26 θ

4.2.28 $(k!)\theta^k$

4.2.29 (a) $\frac{1}{2}$ (b) 1.5

(c) 1

4.2.30 (a) 2 (b) 8

4.2.31 $\frac{20}{19}$

4.2.32 107

4.3.1 (a) 4.11 (b) 0.7379

(c) 10.33

4.3.2 (a) 2.5 (b) 1.25

4.3.3 (a) $\frac{25}{8}$ (b) $\frac{55}{64}$

4.3.4 $\frac{35}{12}$

4.3.5 1.6875

4.3.6 (a) $\frac{3}{2}$ (b) 1

(c) 4

4.3.7 (a) $\frac{1}{18}$ (b) $-\frac{2\sqrt{2}}{5}$

4.3.8 (a) $\frac{2}{9}$ (b) $-\frac{2\sqrt{2}}{5}$

(c) $-\frac{3}{5}$

4.3.9 평균은 2이고 분산은 존재하지 않는다.

4.3.10 $\frac{1}{18}$

4.3.11 (a) $\frac{1}{3}$ (b) $\frac{4}{45}$

(c) $\frac{4}{5}$

4.3.12 0.75

4.3.13 (a) $p_1=p_3=\frac{1}{2},\ p_2=0$

(b) $p_1=p_3=0,\ p_2=1$

4.3.14 $|a|\sigma$

4.3.15 (a) 2, 6

(b) 오른쪽으로 긴 꼬리를 가진 분포

4.4.1 $\frac{21}{25}$

4.4.2 0.75

4.4.3 (a) $\frac{8}{15}$ (b) $\frac{35}{62}$

4.4.4 (a) $\frac{3}{5}$ (b) $1-\frac{1}{10k^2}$

4.4.5 (a) 0.9839 (b) 0.75

4.4.6 $k=\sqrt{20}$

4.4.7 (a) $\frac{5}{6}$ (b) $\frac{2}{3}$

4.5.1 (a) $\frac{1}{36}(e^{2t}+2e^{3t}+3e^{4t}$
$+4e^{5t}+5e^{6t}+6e^{7t}+5e^{8t}+4e^{9t}$
$+3e^{10t}+2e^{11t}+e^{12t})$

(b) $E(X)=7,\ \mathrm{Var}(X)=\frac{35}{6}$

4.5.2 (a) $\frac{4}{10}e^t+\frac{3}{10}e^{2t}+\frac{2}{10}e^{3t}+\frac{1}{10}e^{4t}$

(b) $\frac{1}{3}(e^t+e^{2t}+e^{3t})$

4.5.3 $M_X(t)=\frac{2e^t}{3-e^t},\ t<\ln 3$

$\mu=\frac{3}{2},\ 3$

4.5.4 0.5

4.5.6 $M_X(t)=\dfrac{e^t-1}{t},\ t\neq 0$

$\mu=\dfrac{1}{2},\ \mu_2{}'=\dfrac{1}{3},\ \sigma^2=\dfrac{1}{12}$

4.5.8 $M_Z(t)=e^{t^2/2},\ 0,\ 1$

4.5.11 (a) $\dfrac{11}{6}$ (b) $\dfrac{17}{36}$

(c)

x	1	2	3
$f(x)$	$\frac{2}{6}$	$\frac{3}{6}$	$\frac{1}{6}$

(d) $\dfrac{2}{6}t+\dfrac{3}{6}t^2+\dfrac{1}{6}t^3$

4.5.12 4, 4

4.5.13 (a) $M_X(t)=\dfrac{1}{2-e^t},\ t<\ln 2$

(b) $\eta_X(t)=\dfrac{1}{2-t},\ t<2$

(c) 2 (d) 6

(e) $M_Y(t)=\dfrac{e^{4t}}{2-e^{3t}},\ t<\dfrac{1}{3}\ln 2$

4.5.14 (a) $M_X(t)$

$=\dfrac{1}{6}(e^t+e^{2t}+e^{3t}+e^{4t}+e^{5t}+e^{6t})$

4.5.15 $M_{X,\ Y}(t_1,\ t_2)$

$=\dfrac{1}{36}\left(\dfrac{e^{t_2}-e^{7t_2}}{1-e^{t_2}}\right)\left(\dfrac{e^{t_1+t_2}-e^{7(t_1+t_2)}}{1-e^{t_1+t_2}}\right)$

4.5.16 (a) $M_{X,\ Y}(t_1,\ t_2)=\dfrac{2}{(1-t_2)(2-t_1-t_2)},$

$t_2<1,\ t_1+t_2<2$

(b) $M_X(t_1)=\dfrac{2}{2-t_1},\ t_1<2$

$M_Y(t_2)=\dfrac{2}{(1-t_2)(2-t_2)},\ t_2<1$

(c) 종속

4.5.17 (a) $M_{X,\ Y}(t_1,\ t_2)=\dfrac{1}{(1-t_1)^2(1-t_2)},$

$t_1<1,\ t_2<1$

(b) $M_X(t_1)=\dfrac{1}{(1-t_1)^2},\ t_1<1$

$M_Y(t_2)=\dfrac{1}{1-t_2},\ t_2<1$

(c) X와 Y는 독립이다.

4.6.2 (a) $\dfrac{3}{32}$ (b) $\dfrac{3}{\sqrt{335}}$

4.6.3 0

4.6.4 (a) $-\dfrac{1}{144}$ (b) $-\dfrac{15}{144}$

4.6.5 0.5

4.6.6 (a) 7 (b) 116

(c) 16 (d) 20

4.6.7 (a) $\dfrac{2}{15}$ (b) $-\dfrac{2}{75}$

(c) $-\dfrac{2}{3}$ (d) $-\dfrac{2}{5}$

4.6.8 (a) $\dfrac{4}{225}$ (b) $\dfrac{8}{45}$

(c) $\dfrac{4}{\sqrt{66}}$

4.6.9 (a) $-\sigma_X^2$ (b) $\dfrac{-\sigma_X}{\sqrt{\sigma_X^2+\sigma_Y^2}}$

4.6.10 (a) 2 (b) 0

(c) 0 (d) 0

4.6.11 $\dfrac{829}{162}$

4.6.12 75, $\dfrac{75}{\sqrt{9840}}$

4.6.13 $-\dfrac{5}{18}$

4.6.14 $\dfrac{4}{7}$

4.6.15 $\dfrac{360}{361}$

4.7.1 (a) $\dfrac{n+y}{2},\ y=1,\ ...,n$

(b) $\dfrac{x+1}{2},\ x=1,\ ...,n$

4.7.2 $E(Y|X=0)=1$

$E(Y|X=1)=\frac{1}{2}$

$E(Y|X=2)=0$

4.7.3 $\frac{7}{12}$

4.7.4 $2(1+x),\ x>0$

4.7.5 $\frac{3}{10}(1-x)^2,\ 0<x<1$

4.7.6 (a) $\frac{2}{3}x,\ 0<x<1$

(b) $\frac{1}{2}$ (c) $\frac{2}{3}x^2,\ 0<x<1$

4.7.7 (a) $\frac{2}{3}x,\ 0<x<2$

(b) $\frac{2}{3}x^3,\ 0<x<2$

4.7.8 $\frac{2y}{2y-1},\ y>\frac{1}{2}$

4.7.9 $E(X)=E(Y)=1$,

$\mathrm{Cov}(X,\ Y)=1$,

$E(X^2|y)=2y^2$

4.7.10 $\frac{5}{9},\ \frac{13}{162}$

4.7.11 (a) $\frac{3}{2}$ (b) $\frac{25}{12}$

(c) 6

4.7.13 (a) $\frac{1}{y},\ y>0$ (b) $\frac{1}{y^2},\ y>0$

4.7.14 (a) $\frac{3x+4}{6(x+1)},\ 0<x<2$

(b) $\frac{3x^2+6x+2}{36(x+1)^2},\ 0<x<2$

(c) $\frac{x(3x+4)}{6(x+1)},\ 0<x<2$

4.7.15 (a) $\frac{y}{2},\ y>0$ (b) $\frac{y^2}{12},\ y>0$

4.7.16 (a) $\frac{1}{\lambda}$ (b) $\frac{1}{\lambda^2}$

4.7.17 (a) $\frac{x+1}{2},\ 0<x<1$

(b) $\frac{y}{2},\ 0<y<1$

(c) $\frac{y^2}{12},\ 0<y<1$

(d) $\frac{1}{3}$ (e) $\frac{1}{18}$

제5장

5.3.1 0.9984

5.3.2 0.1642

5.3.3 0.1859

5.3.4 (a) 0.1746 (b) 0.3704

5.3.5 (a) 0.2182 (b) 0.8441

(c) 0.5886

5.3.6 0.8208

5.3.7 (a) $(0.7)^{10}$ (b) 0.6172

5.3.8 0.07656

5.3.9 (a) $(0.8)^6$ (b) 0.24576

5.3.10 0.9885, 0.6778

5.3.11 0.012689

5.3.12 0.0016

5.3.13 700,000원

5.3.14 (a) $(pe^t+q)^{\sum_{i=1}^{k} n_i}$

(b) $\mathrm{Bin}\left(\sum_{i=1}^{k} n_i,\ p\right)$

5.3.18 $p_2(1+19p_1)$,

$p_2(1-p_2)+19p_1p_2(1-p_1p_2)$

5.4.1 $\frac{\binom{80}{2}\binom{40}{3}}{\binom{120}{5}}\approx 0.1638$

5.4.2 0.1646

5.4.3 0.0325

5.4.4 $\frac{1}{12}$

5.4.5 (a) 0.1105 (b) 0.1115

5.4.6 (a) 0.2 (b) 1

(c) $\frac{2}{5}$

5.4.7 (a) $\frac{3}{10}$, $\frac{5}{6}$

(b) $\frac{25}{46}$

5.5.1 (a) 0.1755 (b) 0.4405

5.5.2 0.9802, 0.9802

5.5.3 0.8886

5.5.4 0.9862

5.5.5 0.8753

5.5.6 0.6023

5.5.7 0.0902

5.5.8 0.1695

5.5.9 $\exp[-10(1-\mathrm{e}^t)]$, 10

5.5.10 (a) μ. (b) μ^2

(c) μ

5.5.11 0.1008

5.5.12 0.02424

5.5.13 (a) 1 (b) 0.9197

5.5.14 $\binom{z}{x}\left(\frac{1}{2}\right)^x\left(\frac{1}{2}\right)^{z-x}$

5.5.15 (a) 0.1540 (b) $\frac{16}{3}$

5.5.16 (a) $100p-25$ (b) $p>0.25$

(c) 0 (d) 없다

5.5.17 (a) 0.2μ (b) 0.2μ

5.6.1 0.07203

5.6.2 0.00914

5.6.3 (a) 0.488 (b) 5

5.6.4 2

5.6.5 $\frac{1}{2}$

5.6.7 $\frac{1}{p}$, $\frac{q}{p^2}$

5.7.1 $f_X(x)=\binom{9+x}{9}\left(\frac{1}{2}\right)^{10+x}$,

$x=0,\ 1,\ 2,\ \ldots$

5.7.2 $\frac{63}{512}$

5.7.3 $\frac{27}{256}$

5.7.4 $\frac{9}{256}$

5.7.5 (a) 0.1875 (b) 0.6875

5.7.6 $\frac{r}{p}$, $\frac{rq}{p^2}$

5.7.7 $\frac{m}{1-p}$

5.7.9 $M_Y(t)=\left(\frac{pe^t}{1-qe^t}\right)^k$,

$t<-\ln q,\ q=1-p$,

$Y\sim \mathrm{NB}(k,\ p)$

5.7.10 (a) $M_Y(t)=\left(\frac{pe^t}{1-qe^t}\right)^{r_1+r_2}$, $t<-\ln q$

(b) $\mathrm{NB}(r_1+r_2,\ p)$

5.7.11 $P[X=i|X+Y=n]=\frac{1}{n-1}$

5.8.1 -184원

5.8.3 (a) $\frac{a+b}{2}$

(b) $\frac{(b-a)(b-a+2)}{12}$

5.9.1 (a) $f(x,\ y)=\frac{\binom{4}{x}\binom{4}{y}\binom{4}{3-x-y}}{\binom{12}{3}}$,

$0\le x\le 3,\ 0\le y\le 3,\ 0\le x+y\le 3$

(b) $\frac{42}{55}$

5.9.2 (a) 0.0331 (b) 0.0666

5.9.3 $\frac{72}{1001}$

5.9.4 $\frac{105}{646}$

5.9.5 (a) $\frac{144}{1001}$ (b) $\frac{192}{1001}$

5.10.1 0.1458

5.10.2 0.03484

5.10.3 (a) 0.1176 (b) 0.5314

(c) 0.08232

5.10.4 $\text{Mult}\left(t,\ \mu_1\Big/\sum_{i=1}^{n}\mu_i,\ \ldots,\ \mu_n\Big/\sum_{i=1}^{n}\mu_i\right)$

제6장

6.2.1 $\frac{a+b}{2},\ \frac{1}{12}(b-a)^2$

6.2.3 (a) $\frac{4}{5}$ (b) $\frac{2}{5}$

6.2.4 (a) $\frac{1}{2}$ (b) $\frac{1}{2}$

6.2.5 (a) $f(x\,;\,0,\ 6)=\frac{1}{6},\ 0<x<6$

(b) $\frac{5}{12}$

6.2.6 (a) 4.5 (b) $\frac{1}{12}$

(c) 0.5

6.2.7 $\frac{2}{5}$

6.2.8 $\frac{1}{2}$

6.2.9 (a) $\theta=2$ (b) $\theta=\frac{5}{4}$

6.2.10 $\frac{a+b}{2}$

6.2.11 $\frac{1}{3}$

6.2.12 (a) $f_X(x)=1,\ 0<x<1$

$f_Y(y)=1,\ 0<y<1$

(b) 독립 (c) $1-\frac{\pi}{16}$

6.2.13 (a) $\frac{1}{2}$ (b) $\frac{1}{2}+\frac{1}{2}\ln 2$

6.2.14 (a) $\frac{1}{2}$ (b) $\frac{1}{3}$

6.2.15 (a) $\frac{1}{i}$ (b) $\frac{1}{i(i+1)}$

(c) ∞

6.2.16 $\frac{1}{a-t},\ 0<t<a$

6.3.3 $\frac{2}{\alpha}$ 시간

6.3.4 (a) $\frac{1}{5832}$ (b) $\frac{(4+r)!}{4!}3^r$

(c) 0.8944 (d) 1.2

6.3.6 (a) 0.9810 (b) 0.4236

6.3.7 0.5366

6.3.8 0.1991

6.3.9 0.3712

6.3.10 1

6.4.1 (a) $e^{-1.25}$ (b) $e^{-0.5}-e^{-1.0}$

6.4.2 (a) $1-e^{-1}$ (b) $e^{-0.5}-e^{-1.5}$

(c) $e^{-0.5}$

6.4.3 (a) $1-e^{-3/4}$ (b) 0.3968

6.4.4 $\frac{2}{\ln 2}$

6.4.5 (a) $e^{-k/\theta}(1-e^{-1/\theta})$

(b) $P[Y=k]=pq^k,\ k=0,\ 1,\ 2,\ \ldots,$

$p=1-e^{-1/\theta},\ q=1-p$

6.4.6 $x_{0.5}=\theta\ln 2$

$x_{0.25}=-\theta\ln(3/4)$

$x_{0.75}=\theta\ln 4$

6.4.7 2, 6

6.4.8 (a) $(1-\theta^2t^2)^{-1},\ t<1/\theta$

(b) DE(θ, 0)

6.4.9 (a) $M_Y(t)=(1-5t)^{-15},\ t<\frac{1}{5}$

(b) $Y\sim\text{Gam}(15,\ 5)$

6.4.10 e^{-1}

6.4.11 (a) $1-\exp\left(-\frac{t^{r+1}}{r+1}\right)$

(b) $(r+1)^{1/(r+1)}\Gamma\left(\frac{1}{r+1}+1\right)$, $r>-1$

6.5.1 (a) 0.4539 (b) 0.0072

(c) $4.5\sqrt{\pi}$

6.5.2 (a) $\beta=10$ (b) $5\sqrt{\pi}$

6.5.3 (a) $1-e^{-4}$ (b) $1-e^{-4/3}$

6.5.4 (a) $x_{0.5}=\beta(\ln 2)^{1/\alpha}$

(b) $m_0=\beta\left(\frac{\alpha-1}{\alpha}\right)^{1/\alpha}$

6.5.5 $h(t)=\frac{\alpha}{\beta^{\alpha}}t^{\alpha-1}$, $t>0$

6.6.2 2.9740

6.6.3 (a) 0.7037 (b) 0.3254

(c) 0.6297

6.6.4 (a) $f(x_1, x_2)=2(1+x_1)^{-2}\times(1+x_2)^{-3}$, $x_1>0$, $x_2>0$

(b) $\frac{1}{3}$

6.6.5 $h(t)=\frac{\alpha}{\theta}\left(1+\frac{t}{\theta}\right)^{-1}$

6.7.1 (a) $a=1.645$ (b) $b=1.96$

6.7.2 (a) 0.1056 (b) 0.3830

(c) $x=24.64$ (d) 12.16, 27.84

6.7.3 (a) 0.2119 (b) $k=11.7$

(c) 0.5403 (d) $k=17.35$

6.7.4 (a) 0.0228 (b) 0.3830

(c) 약 14개 (d) 191.9

6.7.5 (a) 0.0179 (b) 0.6826

(c) 9.9766

6.7.6 (a) 60점 (b) 74점

6.7.7 (a) 서로 다른 해의 강우량은 독립이고 강우량이 125cm를 초과할 확률이 매년 동일하다. 0.9397

(b) 0.0002278

6.7.8 1417.75

6.7.9 0.0456

6.7.10 (a) 214.2 (b) 410.8

(c) 32.9

6.7.11 (a) 13.36% (b) 57.62%

6.7.12 0.6826

6.7.13 $x_{0.5}=\mu$

6.7.15 $\alpha_3=0$, $\alpha_4=0$

6.7.16 (a) 1875 (b) 41,015,625

6.8.4 (a) 5.6742 (b) 52.1213

6.8.5 0.7198

6.8.6 $\mathrm{Cov}(X+Y, X-Y)=0$

6.8.7 (a) $\sigma_1^2\sigma_2^2(1+\rho^2)$

(b) $\rho\sigma_1\sigma_2$

6.9.1 (a) $\frac{31}{24}$ (b) $\frac{15}{64}$, $\frac{1}{4}$, 0

6.9.2 (a) $F_d(x)=\begin{cases}0, & x<0\\ 1, & x\geq 0\end{cases}$

$F_c(x)=\begin{cases}0, & x<0\\ 1-e^{-x}, & x\geq 0\end{cases}$

$a=0.4$

(b) $\ln(6/5)$

제7장

7.2.1 $f_Y(y)=\frac{1}{y^2}e^{-1/y}$, $y>0$

7.2.2 $F_Y(y)=(y+1)^3$, $-1<y<0$

$f_Y(y)=3(y+1)^2$, $-1<y<0$

7.2.3 (a) $\frac{1}{2}-\frac{1}{\pi}\sin^{-1}\left(\frac{1}{3}\right)$

(b) $f_Y(y)=\frac{1}{4}$, $13<y<17$

(c) $f_Y(y)=\frac{1}{2\sqrt{y}}$, $0<y<1$

7.2.4 $f_X(y)=\frac{1}{2\sqrt{y}}$, $0<y<1$

7.2.6 $f_Y(y)=\frac{1}{\sigma y\sqrt{2\pi}}\exp\left[-\frac{(\ln y-\mu)^2}{2\sigma^2}\right]$, $0<y<\infty$

7.2.7 $f_W(w)=-\ln w$, $0<w<1$

7.2.8 $f_Z(z)=4ze^{-2z}$, $0<z<\infty$

7.2.9 $f_Y(y)=\frac{3}{2}(1-y^2)$, $0<y<1$

7.2.10 $F_Z(z)=1-\frac{\theta_1}{\theta_1+z\theta_2}$, $z>0$,

$\frac{\theta_2}{\theta_1+\theta_2}$

7.3.1 $f_Y(y)=\begin{cases}\frac{1}{4}, & y=1,\ 3,\ 5,\ 7\\ 0, & \text{그 외}\end{cases}$

7.3.2 $f_Y(y)=\binom{5}{\sqrt{y}}\left(\frac{1}{5}\right)^{\sqrt{y}}\left(\frac{4}{5}\right)^{5-\sqrt{y}}$, $y=0,\ 1,\ 4,\ 9,\ 16,\ 25$

7.3.3 $f_Y(y)=\left(\frac{1}{2}\right)^{y^{1/3}}$, $y=1,\ 8,\ 27,\ \ldots$

7.3.4 $f_Y(y)=\frac{e^{-\mu}\mu^{\sqrt{y-3}}}{(\sqrt{y-3})!}$, $y=3,\ 4,\ 7,\ 12,\ \ldots$

7.3.5 $f_Y(y)=\frac{y}{8}$, $0<y<4$

7.3.6 $f_Y(y)=\frac{5}{18\sqrt{2\pi}}\exp\left[-\frac{25}{648}(y-32)^2\right]$, $-\infty<y<\infty$

7.3.7 $f_Y(y)=\frac{1}{\theta}e^{-y/\theta}$, $0<y<\infty$

7.3.8 $f_Y(y)=\frac{1}{27}$, $0<y<27$

7.3.9 $f_Y(y)=1$, $0<y<1$

7.3.10 $f_X(x)=\frac{3}{2}x^2$, $-1<x<1$

7.3.11 $f_Y(y)=\frac{1}{\sqrt{2\pi}}e^{-y^2/2}$, $-\infty<y<\infty$

7.3.12 $f_Y(y)=e^{-y}$, $0<y<\infty$

7.3.13 $f_Y(y)=\frac{1}{(1-y)^2}$, $0<y<\frac{1}{2}$

7.3.14 $f_Y(y)=-\frac{2}{y}\ln y$, $e^{-1}<y<1$

7.3.15 (a) $f_Y(y)=\frac{32}{y^3}$, $y>4$

(b) $\frac{1}{4}$

7.3.16 $f_Y(y)=\frac{1}{2\sqrt{y}}e^{-\sqrt{y}}$, $0<y<\infty$

7.3.17 $f_Y(y)=\frac{1}{2\sqrt{y}}$, $0<y<1$

7.3.18 $f_Y(y)=\frac{1}{\sqrt{2\pi}\sqrt{y}}e^{-y/2}$, $0<y<\infty$

7.3.19 $f_Y(y)=\begin{cases}\frac{2}{9\sqrt{y}}, & 0<y<1\\ \frac{\sqrt{y}+1}{9\sqrt{y}}, & 1<y<4\end{cases}$

7.3.20 $f_Y(y)=\begin{cases}\frac{2}{3}, & 0<y<1\\ \frac{1}{3}, & 1<y<2\end{cases}$

7.3.21 $f_Y(y)=\frac{1}{2\theta}y^{-3/2}$, $y>\frac{1}{\theta^2}$

7.3.22 (a) $f_T(t)=\binom{2n}{t}p^t(1-p)^{2n-t}$, $t=0,\ 1,\ 2,\ \ldots,2n$

(b) $f_W(w)=\left(\frac{p}{1-p}\right)^w\sum_{t=0}^{n}\binom{n}{w+t}\times\binom{n}{t}p^{2t}(1-p)^{2n-2t}$, $w=0,\ \pm1,\ \ldots,\ \pm n$

(c) $f_{U,V}(u,\ v)=\binom{n}{uv}\binom{n}{v-1}\times p^{uv+v-1}(1-p)^{2n+1-v-uv}$, $v=1,\ 2,\ \ldots,n+1$, $uv=0,\ 1,\ 2,\ \ldots,n$

7.3.23 $f_T(t)$
$=\binom{t+k-1}{t}(p_1+p_2)^t\times(1-p_1-p_2)^{k-1}$, $t=0,\ 1,\ 2,\ \ldots$

7.3.24 $f_{Y_1,\ Y_2}(y_1,\ y_2)$

$$=\binom{2}{\frac{y_1+y_2}{2},\ \frac{y_1-y_2}{2},\ 2-y_1}\times\left(\frac{1}{4}\right)^{\frac{y_1+y_2}{2}}\left(\frac{1}{3}\right)^{\frac{y_1-y_2}{2}}\left(\frac{5}{12}\right)^{2-y_1},$$

$y_1=0,\ 1,\ 2,\ y_2=-2,\ -1,\ 0,\ 1,\ 2,$

$y_2 \le y_1\ ;\ y_1+y_2=0,\ 2,\ 4$

7.3.25

y	1	2	3	4	6
$f_Y(y)$	$\frac{1}{18}$	$\frac{4}{18}$	$\frac{3}{18}$	$\frac{4}{18}$	$\frac{6}{18}$

7.3.26 (a) $f_Z(z)=4z^3,\ 0<z<1$

(b) $\frac{65}{256}$

7.3.27 (a) $f_{Y_1,\ Y_2}(y_1,\ y_2)=e^{-(y_1+y_2)},$

$0<y_1<\infty,\ 0<y_2<\infty$

(b) 독립

7.3.28 $f_{Y_1,\ Y_2}(y_1,\ y_2)=\frac{1}{4}e^{-y_2/2},$

$0<y_1<y_2<\infty,$ 종속

7.3.29 $f_Y(y)=\frac{2}{(1+y)^3},\ 0<y<\infty$

7.3.30 $f_Y(y)=\frac{4\ln y}{y^3},\ y\ge 1$

7.3.31 (a) $f_{Y_1}(y_1)=\frac{1}{\pi(1+y_1^2)},$

$-\infty<y_1<\infty$

(b) $f_{Y_2}(y_2)=\frac{1}{\pi[2(y_2-1/2)^2+1/2]},$

$-\infty<y_2<\infty$

7.3.32 (a) $f_{Y_1,\ Y_2}(y_1,\ y_2)=y_1e^{-y_1},$

$0<y_1<\infty,\ 0<y_2<1$

(b) 독립

7.3.33 (a) $f_Y(y)=2y^3e^{-y^2},\ y>0$

(b) $f_{Y_1,\ Y_2}(y_1,\ y_2)=\frac{1}{(1+y_2)^2}y_1e^{-y_1},$

$0<y_1<\infty,\ 0<y_2<\infty$

(c) $f_{Y_1}(y_1)=y_1e_1^{-y},\quad 0<y_1<\infty$

7.3.34 $f_{Y_1,\ Y_2}(y_1,\ y_2)$

$=\frac{1}{1536}y_1^2(1-y_1)^3y_2^6e^{-y_2/2},$

$0<y_1<1,\ 0<y_2<\infty$

7.3.35 $f_{Y_1}(y_1)=60y_1^2(1-y_1)^3,\ 0<y_1<1$

7.3.36 $f_{R,\ \theta}(r,\ \theta)=\frac{1}{2\pi}re^{-r^2/2},$

$0<r<\infty,\ 0<\theta<2\pi,$ 독립

7.3.37 $f_{Y_1,\ Y_2}(y_1,\ y_2)=\frac{1}{\theta^2y_2}e^{-y_1/\theta},$

$1<y_2<\infty,\ \ln y_2<y_1<\infty$

7.3.38 (a) $f_{Y_1,\ Y_2}(y_1,\ y_2)=\frac{1}{4\pi\sigma^2}\times\exp\left\{-\frac{1}{4\sigma^2}(y_1-2\mu)^2-\frac{y_2^2}{4\sigma^2}\right\},$

$-\infty<y_1<\infty,\ -\infty<y_2<\infty$

(b) 독립

7.3.39 $f_{R,\ \Theta}(r,\ \theta)=\frac{4}{\pi}r,\ 0<\theta<\frac{\pi}{2},\ 0<r<1$

7.3.41 $f_{Y_1,\ Y_2,\ Y_3}(y_1,\ y_2,\ y_3)=y_2y_3^2e^{-y_3},$

$0<y_1<1,\ 0<y_2<1,\ 0<y_3<\infty$

7.3.42 $f_Y(y)=\frac{1}{(y+1)^2},\ 0<y<\infty$

7.4.1 (a) $f(x_1,\ \ldots, x_n)=3^n(x_1x_2\cdots x_n)^2,$

$0<x_i<1,\ i=1,\ \ldots, n$

(b) $\frac{1}{8}$ (c) $\left(\frac{1}{8}\right)^n$

7.4.2

y	2	3	4	5	6
$f_Y(y)$	$\frac{1}{36}$	$\frac{4}{36}$	$\frac{10}{36}$	$\frac{12}{36}$	$\frac{9}{36}$

7.4.3 $Y\sim \text{Bin}(n,\ p)$

7.4.4 $Y\sim \text{Gam}\left(\sum_{i=1}^{n}\alpha_i,\ \beta\right)$

7.4.5 $Y\sim \text{U}(b,\ a+b)$

7.4.6 $Y = X_1 - X_2 + n_2 \sim \text{Bin}\left(n_1 + n_2,\ \frac{1}{2}\right)$

7.4.7 $T \sim \text{N}(70,\ 252)$

7.5.1

y_1	1	2	3
$f_{Y_1}(y_1)$	0.6	0.2	0.2

7.5.2 $P[Y_n = 0] = (1-p)^n$

$P[Y_n = 1] = 1 - (1-p)^n$

7.5.3 (a) $f_R(r) = \frac{4}{3}(1-r)^2(2+r),\quad 0 < r < 1$

(b) $\frac{4}{15}$

7.5.5 $1 - (1 - e^{-3})^4$

7.5.6 0.31744

7.5.7 (a) $a = \theta - \ln[1 - (0.6)^{1/3}]$

(b) $\theta + \frac{1}{3}$

7.5.8 (a) $f_{Z_{1/2}}(z) = 60[(1-z)^5 - 2(1-z)^7 + (1-z)^9],\ 0 < z < 1$

(b) 0.3777

7.5.9 $f_R(r) = \frac{1}{\sqrt{\pi}} e^{-r^2/4},\ 0 < r < \infty$

7.5.10 $\frac{203}{256}$

7.5.11 (a) $g_n(y_n) = \frac{n\theta(y_n - \theta)^{n-1}}{y_n^{n+1}},\quad y_n \geq \theta$

(b) $f_R(r) = \frac{2\theta}{r^2}\left(1 + \frac{2\theta}{r}\ln\theta - \frac{2\theta}{r}\ln(\theta + r) - \frac{\theta^2}{r}\frac{1}{\theta + r} + \frac{\theta}{r}\right),\quad r > 0$

7.5.12 $\frac{5}{16}$

7.5.13 $F_R(r) = \frac{1}{10} r^3[(8+r)(2-r)^4 + r^5],\quad 0 < r < 1$

7.5.14 (a) $f_R(r) = \frac{n-1}{\theta} e^{-r/\theta}(1 - e^{-r/\theta})^{n-2},\quad r > 0$

(b) $g(y_k | y_1) = \frac{(n-1)!}{(k-2)!(n-k)!} \times \frac{1}{\theta} e^{-(1-n)y_1/\theta} e^{-(n-k+1)y_k/\theta} \times (e^{-y_1/\theta} - e^{-y_k/\theta})^{k-2},\quad 0 < y_1 < y_k < \infty$

7.5.15 (a) $Y_1 \sim \text{Geo}\left(1 - \left(\frac{5}{6}\right)^5\right)$

(b) $1 - (5/6)^{50}$

7.5.16 (a) Exp(1) (b) $1 - e^{-6}$

7.5.17 (a) 0.1582 (b) 0.00836

(c) 0.00836

7.5.19 (a) $f_{Z_1, Z_2}(z_1, z_2) = 5!(1 - e^{-z_1})(1 - e^{-z_2}) e^{-(4z_1 + 2z_2)},\quad 0 < z_1 < \infty,\ 0 < z_2 < \infty$

(b) 독립

제8장

8.2.1 $T = \sum_{i=1}^{n} Y_i \sim \text{Bin}(n,\ 1 - F_X(\mu))$

8.2.4 (a) 0.0228 (b) 0.8904

(c) 0.0918

8.2.5 $n = 385$

8.2.6 $n = 16$

8.2.7 $\overline{X} \sim \text{Gam}(n,\ \theta/n)$

8.2.8 (a) $\text{LN}\left(\sum_{i=1}^{n}\mu_i,\ \sum_{i=1}^{n}\sigma_i^2\right)$

(b) $\text{LN}\left(\sum_{i=1}^{n}a_i\mu_i,\ \sum_{i=1}^{n}a_i^2\sigma_i^2\right)$

(c) $\text{LN}(\mu_1 - \mu_2,\ \sigma_1^2 + \sigma_2^2)$

(d) $\exp\left(\sum_{i=1}^{n}\mu_i + \frac{1}{2}\sum_{i=1}^{n}\sigma_i^2\right)$

8.3.1 0.75

8.3.2 0.08

8.3.3 0.125

8.3.4 0.95

8.3.5 0.85

8.3.6 0.925

8.3.7 0.95

8.3.8 $a=15.99$

8.3.9 0.0746

8.3.10 (a) 0.025 (b) 0.965

8.3.11 $a\approx 0.9379,\ b\approx 3.4579$

8.3.12 (a) 0.0152 (b) 0.10

8.3.13 12개

8.3.14 $\sigma^2,\ \dfrac{2\sigma^4}{n-1}$

8.3.15 (a) 0.95 (b) 0.95

8.3.16 따르지 않는다.

8.3.18 (a) 1.53125점

(b) $10-5e^{-1/8}-2e^{-9/8}-3e^{-25/8}$

8.3.19 $\alpha_3\approx 0.8944,\ \alpha_4=1.2$

8.4.1 (a) 0.1475 (b) $a=1.316$

(c) $b=2.228$

8.4.2 (a) 0.025 (b) 0.90

(c) 0.85

8.4.3 0.975

8.4.4 (a) $\dfrac{3k^2}{(k-2)(k-4)}$

(b) $0,\ \dfrac{6}{k-4}$

8.4.5 0.85

8.5.2 0.05

8.5.3 0.99

8.5.5 (a) 0.04 (b) 0.975

8.5.6 (a) 0.975

(b) $a=9.48/10.48\approx 0.9046$

8.6.2 (a) $f_Y(y)=ye^{-y^2/2},\ y>0$

(b) $f_W(w)=\dfrac{1}{\pi}w^{-1/2}(1+w)^{-1},\ w>0$

8.6.4 0.7031

8.6.5 (a) 1260 (b) 0.7384

제9장

9.2.1 $y=\mu$에서 퇴화분포

$$F_Y(y)=\begin{cases}0, & y<\mu\\ 1, & y\ge\mu\end{cases}$$

9.2.3 (a) $G_n(y)=\begin{cases}0, & y\le 0\\ (y/\theta)^n, & 0<y<\theta\\ 1, & y\ge\theta\end{cases}$

(b) $y=\theta$ 에서 퇴화분포

9.2.4 $\text{Exp}(\theta)$

9.2.5 $\text{Exp}(1)$

9.2.6 (a) $y=\theta$에서 퇴화분포

(b) 정리 9.2.6에 의해 성립

9.2.7 $\text{Exp}(\theta)$

9.2.8 $\text{Exp}(\theta)$

9.3.1 $\text{Bin}(\beta,\ 1)$

9.3.2 (b) $\text{N}(0,\ 1)$

9.3.3 (b) $\text{N}(0,\ 1)$

9.3.5 $c=0.329$

9.3.6 0.1587

9.3.7 0.0606

9.3.8 0.7851, 0.6915

9.3.9 0.8413

9.3.10 (a) 0.975 (b) 0.9625

9.3.11 0.0838

9.3.12 0.8664

9.3.13 0.8858

9.3.14 0.9708

9.3.15 $n\ge 1083$

9.3.16 0.9713

9.3.17 $\mathrm{N}(0,\ c^2)$, $\mathrm{N}(0,\ 1/c^2)$

9.3.20 $\mathrm{N}(0,\ 1)$

9.3.21

	정확한 값	근삿값
$\chi^2_{0.975}(15)$	6.26	6.24299
$\chi_{0.025}(15)$	27.49	27.4896

9.3.22 (a) 0.9829 (b) 0.9859

9.3.23 0.9328

9.3.24 0.9847

9.3.25 (a) 0.9890 (b) 0.8739

9.3.26 96부

9.4.1 $\mathrm{N}\left(e^{-\mu},\ \dfrac{\mu e^{-2\mu}}{n}\right)$

9.4.2 (a) $\mathrm{N}\left(p,\ \dfrac{p(1-p)}{n}\right)$

(b) $\mathrm{N}\left(p(1-p),\ \dfrac{p(1-p)(1-2p)^2}{n}\right)$

9.4.3 (a) $\mathrm{N}(\theta,\ \theta^2/n)$

(b) $\mathrm{N}(1-e^{-1},\ e^{-2}/n)$

(c) $c=1-e^{-1}$

9.4.4 (a) $\mathrm{N}(10\ln 2,\ 100/81)$

(b) 0.9332 (c) 9.10925

(d) 3.5667 (e) 0.3

참 | 고 | 문 | 헌

1. 강석복 역. (2020). 《확률의 입문》 자유아카데미.
2. 강석복, 곽민정, 오창혁, 이제영, 이지연 역. (2020). 《통계학: 원리와 방법》 교우사.
3. 강석복, 우정수. (2012). 《통계이론과 연습》 경문사.
4. Arnold, B. C., Balakrishnan, N., and Nagaraja, H. N. (1992). *A First Course in Order Statistics*, John Wiley & Sons, Inc., New York.
5. Bain, L. J. and Engelhardt, M. (1992). *An Introduction to Probability and Mathematical Statistics* (2nd ed.), PWS-KENT Publishing Company, California.
6. Balakrishnan, N. and Cohen, A. C. (1991). *Order Statistics and Inference: Estimation Methods*, Academic Press, Inc.
7. Bartoszynski, R. and Niewiadomska-Bugaj, M. (1996). *Probability and Statistical Inference*, John Wiley & Sons, Inc., New York.
8. Casella, G. and Berger, R. L. (2002). *Statistical Inference* (2nd ed)., Duxbury California.
9. David, H. A. (2003). *Order Statistics* (3rd ed.), John Wiley & Sons, Inc., New Jersey.
10. Devore, J. L. (2004). *Probability and Statistics for Engineering and the Sciences* (6th ed.), Brooks/Cole, California.
11. Dudewicz, E. J. and Mishra, S. N. (1988). *Modern Mathematical Statistics,* John Wiley & Sons, Inc., New York.
12. Freund, J. E. (1992). *Mathematical Statistics* (5th ed.), Prentice-Hall, Inc., New Jersey.
13. Groeneveld, R. A. (1988). *Introductory Statistical Method: An Integrated Approach using Minitab,* PWS-KENT Publishing Company.
14. Hogg, R. V. and Craig, A. T. (1995). *Introduction to Mathematical Statistics* (5th ed.), Prentice-Hall Inc., New Jersey.
15. Hogg, R. V. and Tanis, E. A. (2001). *Probability and Statistical Infernece* (6th ed.), Prentice-Hall Inc., New Jersey.

16. Larsen, R. J. and Marx, M. L. (2001). *An Introduction to Mathematical Statistics and its Applications* (3rd ed.), Prentice-Hall Inc., New Jersey.

17. Larson, M. J. (1974). *Introduction to Probability Theory and Statistical Inference,* John Wiley & Sons, Inc., New York.

18. Mood, A. M., Graybill, F. A., and Boes, D. C. (1969). *Introduction to the Theory of Statistics* (3rd ed.), McGraw-Hill Book Company, New York.

19. Pestman, W. R. (1998). *Mathematical Statistics: An Introduction,* Walter de Gruyter GmbH & Co., Berlin.

20. Rice, J. A. (1995). *Mathematical Statistics and Data Analysis* (2nd ed.), Wadsworth, Inc., Belmont, California.

21. Rohatgi, V. K. (1976). *An Introduction to Probability Theory and Mathematical Statistics,* John Wiley & Sons, Inc., New York.

22. Rohatgi, V. K. (1984). *Statistical Inference,* John Wiley & Sons, Inc., New York.

23. Ross, S. (2014). *A First Course in Probability* (9th ed.), Pearson, New Jersey.

24. Roussas, G. G. (1997). *A Course in Mathematical Statistics* (2nd ed.), Academic Press, California.

25. Shao, J. (1999). *Mathematical Statistics,* Springer-Verlang New York, Inc.

26. Terrell, G. K. (1999). *Mathematical Statistics: A Unified Introduction*, Springer-Verlag New York, Inc.

27. Wackerly, D. D., Mendenhall, W., and Scheaffer, R. L. (2008). *Mathematical Statistics with Applications* (7th ed.), PWS Publishers.

28. Walpole, R. E. and Myers, R. H. (1990). *Probability and Statistics for Engineers and Scientists,* Macmillan Publishing Company, New York.

찾 | 아 | 보 | 기

통계적 확률분포이론 제3판

지은이 강석복
펴낸이 조경희
펴낸곳 경문사
펴낸날 2003년 3월 5일 1판 1쇄
2024년 3월 4일 3판 1쇄
등 록 1979년 11월 9일 제1979-000023호
주 소 04057, 서울특별시 마포구 와우산로 174
전 화 (02)332-2004 팩스 (02)336-5193
이메일 kyungmoon@kyungmoon.com

값 32,000원

ISBN 979-11-6073-192-7